"十三五"国家重点出版物出版规划项目

面向可持续发展的土建类工程教育丛书

普通高等教育工程造价类专业系列教材

工程造价本科专业工作坊实践教学系列教材

识图算量计价工作坊
——案例教学教程

吴静 陈丽萍 李毅佳 编著

机械工业出版社

本书以培养学生识图、算量、计价的核心能力为目标，以一栋住宅楼工程项目作为背景，介绍编制招标控制价的过程。编制过程中既注重针对计量计价中的重点与难点问题对学生进行专门训练，又能从整个案例出发形成完整的项目招标控制价的编制文件。

本书内容涵盖房屋建筑与装饰工程、钢筋工程、给排水工程、采暖工程、电气工程的招标控制价编制。全书分为上下两篇。上篇以任务为核心，将招标控制价编制过程中的每个单位工程分解为若干项任务，每项任务均提出任务要求，设置过关问题，列出实施依据，并给出了实施程序及任务完成的具体内容要求。下篇以成果范例为核心，给出了可供参考的过关问题答案以及各单位工程招标控制价编制的成果文件。

本书既可作为高校工程造价、工程管理等专业的教材，也可作为工程造价专业人员的参考书。

书中案例涉及的工程图均以二维码形式呈现，手机微信扫描二维码可看图或下载相应图。

图书在版编目（CIP）数据

识图算量计价工作坊：案例教学教程/吴静，陈丽萍，李毅佳编著．—北京：机械工业出版社，2022.6

（面向可持续发展的土建类工程教育丛书）

"十三五"国家重点出版物出版规划项目 普通高等教育工程造价类专业系列教材 工程造价本科专业工作坊实践教学系列教材

ISBN 978-7-111-70699-1

I.①识… II.①吴… ②陈… ③李… III.①建筑造价－工程造价－工程计算－高等学校－教材 IV.①TU723.32

中国版本图书馆 CIP 数据核字（2022）第 076998 号

机械工业出版社（北京市百万庄大街 22 号　邮政编码 100037）

策划编辑：刘　涛　　　　　责任编辑：刘　涛　舒　宜
责任校对：张晓蓉　王　延　封面设计：马精明
责任印制：常天培
北京铭成印刷有限公司印刷
2022 年 7 月第 1 版第 1 次印刷
184mm×260mm·23 印张·568 千字
标准书号：ISBN 978-7-111-70699-1
定价：69.80 元

电话服务　　　　　　　　网络服务
客服电话：010-88361066　机 工 官 网：www.cmpbook.com
　　　　　010-88379833　机 工 官 博：weibo.com/cmp1952
　　　　　010-68326294　金 书 网：www.golden-book.com
封底无防伪标均为盗版　机工教育服务网：www.cmpedu.com

前 言

一、目的意义

工程造价专业是应用型专业，要求其教育要注重学生执业能力。工程造价专业学生除了要学习相关理论知识和必要的技能之外，还必须有机会接触真正的工程造价工作，以印证理论知识，熟练掌握专业技能，积累从业经验，成为能够快速介入工作的社会急需人才。知识靠学习，能力靠训练，素质靠培养。工作坊形式，就是让学生在模拟真实的工作背景之下，以最有效的方式引导学生进行针对性训练，使学生快速获得全面的实用专业技能，建立综合运用专业知识和技能解决实际复杂问题的思维方式及工作方法，并使学生在工作坊任务完成的过程中获得团队合作、信息处理、报告撰写等多方面能力，全面提升学生在工程实践中分析问题、解决问题的能力，培养学生团队协作的精神，以提高学生的职业素养，使学生成为实用型人才，增强学生在人力资源市场中的竞争力。

建筑识图、算量和计价是工程造价专业的基础能力，工程造价专业的学生要能够依据建筑工程施工图、工程量清单计价规范、工程量清单计算规范以及当地定额、市场信息价等文件和资料，综合运用知识进行识图、算量和计价工作，进而完成招标控制价编制等工程造价工作。识图算量计价工作坊在工程造价系列工作坊中处于基础地位，本书以实际工程项目为背景，对识图算量计价能力进行分解，引导学生由易到难、由浅入深地进行有针对性的训练，目的是使学生的能力最终达到相应的专业能力标准，并引导学生对知识进行反思和融汇，使学生获得识图算量计价工作的全面能力，能够在未来职业生涯中解决各种复杂的专业问题。

二、编写说明

建筑识图、算量和计价工作是招投标、工程合同价款管理和工程结算与决算工作的基础，为保证该部分能力训练的独立性，本书以编制招标控制价作为最终工作任务假设，要求学生在学习本书内容前，已经学习掌握了工程识图、工程结构、建筑材料、施工技术组织、建筑设备概论、工程计量、工程计价等专业课程的理论知识，并进行过相应的课程训练。

本书作者选取并改编了一个建筑工程实例，按实际工作分配习惯进行能力训练单元的划分，引导学生在具体工作中将复杂任务分解成多个简单任务，以利于团队并行工作。具体划分原则是以单位工程和分部工程为基础，并对在算量上有内在联系的一些分部工程进行合并。

本书分上下两篇，上篇是基础能力的训练，下篇解答基础能力训练中提出的问题，并完成综合能力的训练。在上篇中，针对各个能力项目的要求，从实际工程中抽取尽可能小的单元作为背景，明确任务要求，以及任务实施的具体依据和完成任务的工作步骤。学生在有效训练强度下完成能力训练任务，获得完成相关实际工作的能力，能够正确完成过关问题，即说明该项能力训练达到标准。

在下篇中，对上篇的各个能力项目进行解答和讲解，引导学生检查自己的能力短板，融汇和反思相关专业知识。在每个能力项目的成果与范例中，给出实际工程相关能力的工作信息以及工作依据列表，学生可以在模拟真实情景下完成所有工作，并能得到要求的工作成果。在成果与范例中还给出了相关工作的最终成果文件以及计算底稿，供学生参考以及分析比对自己的工作成果，积累实际的工作经验。

三、使用说明

工作坊实践教学以任务驱动、学生自主学习以及教师辅导为主要特征，教学过程中特别强调师生互动，任务驱动型教学过程中有五个重要节点：

（1）教师布置任务环节：该环节由教师针对项目单元，根据书中提供的具体案例，提出任务要求和目标。在这个过程中，可以给学生讲解各分部分项工程之间的关联，并提出针对本项目单元的过关问题，但是这一阶段要做到引而不发，要求学生自行解决问题。

（2）学生实施任务环节：该环节主要由学生自主完成设定的任务，教师说明任务实施中相关的计算规则，规定学生根据图样结合工程量清单计算规则进行工程量清单的计量计价。

（3）教师任务实施指导环节：在约定的时间内，教师组织学生讨论过关问题，并对学生任务实施中的共性问题进行解答，针对个别学生的问题进行辅导，确保大多数学生受益。

（4）学生分组汇报环节：组织学生将完成的工作分组汇报，分组讨论，教师给予点评。

（5）学生修改总结环节：学生汇报之后针对薄弱环节进行修改和完善，并最终提交成果文件。

在教学过程中，要注意几个问题：一是教师角色的转换。教师不再以讲授知识为主，而是整个工作坊实践教学的组织者和引领者。教师提出过关问题，组织问题讨论和答疑，进行任务点评。最好以工作小组的形式形成教师团队，安排教师不同的角色和分工，完成整个教学过程。二是教师对学生的评价可以按照"过程＋结果"的测评方式进行，设置汇报和面试环节，帮助学生提高能力。要求学生记录工作日志，对解决问题情况以及组织讨论的情况进行记录，并标明自身的贡献和获得的能力。

另外，对本书中的部分计算问题进行说明。虽然工程造价从业人员目前采用工程造价相关软件进行计算，但是在掌握计算软件之前应该学会手工算量计价，只有懂得算量计价的原理，才能更好地利用软件进行计算。手工进行算量计价时需要熟练掌握 Excel 表格的用法，可以简化计算过程中的计算强度，实现算量和计价的关联。本书采用了 Excel 表格进行算量计价，有些计算结果会出现因显示的保留位数问题而引起个位数有差异的现象，这些计算上的偏差不影响学习掌握算量计价的方法，特此说明。

四、编写安排

本书编写分工如下：

吴静：项目一、二、三、五、六（上篇、下篇）

李毅佳：项目四（上篇、下篇）

陈丽萍：项目七、八、九（上篇、下篇）

本书作者虽然对稿件几度推敲和校阅，但由于水平和能力有限，难免会有不随人愿之处，恳请长期以来给予我们支持和关注的广大读者对疏漏之处进行批评和指正。

吴　静

目　录

下篇　过关问题与成果范例

上篇

能力标准与任务要求

建筑面积及部分与建筑面积相关的措施项目招标控制价的编制

能力标准

本项目主要培养学生计算简单工程建筑面积的能力，具体能力要求如下：

（1）计算建筑面积的能力。

（2）编制与建筑面积相关的措施项目招标控制价的能力。

项目分解

以能力标准为导向分解的建筑面积及相关措施项目，可以划分为若干任务，任务具体要求以及需要提交的任务成果文件见表1-1。

表1-1　建筑面积及部分与建筑面积相关的措施项目的任务分解与任务要求

项目	任务分解	任务要求	项目成果文件
建筑面积计算	任务一：计算建筑面积并编制与建筑面积相关措施项目的分部分项工程量清单表	1. 根据施工图计算建筑面积 2. 编制与建筑面积相关措施项目的分部分项工程量清单表	计算建筑面积，并根据与建筑面积相关的措施项目，编制招标控制价及计算底稿，具体包括： 1. 项目概况 2. 编制依据 3. 编制说明 4. 与建筑面积相关措施项目的招标工程量清单——分部分项工程和单价措施项目清单与计价表 5. 与建筑面积相关措施项目的招标控制价 6. 建筑面积的计算底稿
	任务二：编制与建筑面积相关措施项目的招标控制价	1. 根据与建筑面积相关措施项目的特征及定额计算规则，分别进行组价 2. 确定综合单价，生成与建筑面积相关措施项目的招标控制价	

案　　例

一、项目概况

某住宅1号楼，地上6层，檐高19.8m，各层层高2.8m，结构形式采用砖混结构。建筑工程费用的计取方式为：管理费为人工费、施工机具使用费（分部分项工程项目 + 可计量的措施项目）之和的 11.82%；规费为人工费合计（分部分项工程项目 + 措施项目）的 37.64%；建筑工程利润为分部分项工程费、措施项目费、管理费、规费之和的 4.66%；增值税税率为 9%；假设不计取其他项目。

二、项目其他信息

首层和二~六层平面图如图 1-1 和图 1-2 所示（微信扫描二维码看图）。

　图1-1　首层平面图　　　　图1-2　二~六层平面图

任务一　计算建筑面积及编制与建筑面积相关措施项目的分部分项工程量清单表

一、任务要求

本任务是确定项目规模、技术经济指标的依据，也是编制脚手架、垂直运输等措施项目招标控制价的基础，主要是根据平面图及建筑面积的计算规则，并结合脚手架、垂直运输等措施项目清单相应项目的工作内容，编制其分部分项工程和单价措施项目清单与计价表。

（1）根据《建筑工程建筑面积计算规范》（GB/T 50353—2013）、《房屋建筑与装饰工程工程量计算规范》（GB 50854—2013）和案例的具体情况，编制与建筑面积相关的措施项目清单表。报告中包括以下几部分内容：

1）项目概况。

2）编制依据。

3）编制说明。

4）编制与建筑面积相关措施项目的招标工程量清单。

5）建筑面积的计算底稿。

（2）提交过关讨论的会议纪要。

二、任务中的过关问题

过关问题 1：根据《建筑工程建筑面积计算规范》（GB/T 50353—2013）和案例中的背景资料，叙述本工程涉及的建筑面积计算规则有哪些？

过关问题 2：根据《房屋建筑与装饰工程工程量计算规范》（GB 50854—2013），对于脚手架的清单项目，应如何列项？

过关问题 3：根据《建筑工程建筑面积计算规范》（GB/T 50353—2013）和案例中首层平面图，计算首层建筑面积。

过关问题 4：根据《房屋建筑与装饰工程工程量计算规范》（GB 50854—2013）和案例

中的背景资料，叙述与建筑面积相关的措施清单项目，并说明其计算规则和项目特征的内容。

过关问题5：根据《房屋建筑与装饰工程工程量计算规范》（GB 50854—2013）和案例中的背景资料，编制与建筑面积相关措施项目的招标工程量清单表，并填入表1-2。

表1-2　分部分项工程和单价措施项目清单与计价表（与建筑面积相关措施项目）

序号	项目编码	项目名称	项目特征	计量单位	工程量	金额（元）	
						综合单价	合价

过关问题6：计算建筑面积的作用是什么？

三、任务实施依据

（1）《建筑工程建筑面积计算规范》（GB/T 50353—2013）的工程量计算规则：

3.0.1 建筑物的建筑面积应按自然层外墙结构外围水平面积之和计算。结构层高在2.20m及以上的，应计算全面积；结构层高在2.20m以下的，应计算1/2面积。

3.0.2 建筑物内设有局部楼层时，对于局部楼层的二层及以上楼层，有围护结构的应按其围护结构外围水平面积计算，无围护结构的应按其结构底板水平面积计算，且结构层高在2.20m及以上的，应计算全面积，结构层高在2.20m以下的，应计算1/2面积。

3.0.3 形成建筑空间的坡屋顶，结构净高在2.10m及以上的部位应计算全面积；结构净高在1.20m及以上至2.10m以下的部位应计算1/2面积；结构净高在1.20m以下的部位不应计算建筑面积。

3.0.4 场馆看台下的建筑空间，结构净高在2.10m及以上的部位应计算全面积；结构净高在1.20m及以上至2.10m以下的部位应计算1/2面积；结构净高在1.20m以下的部位不应计算建筑面积。室内单独设置的有围护设施的悬挑看台，应按看台结构底板水平投影面积计算建筑面积。有顶盖无围护结构的场馆看台应按其顶盖水平投影面积的1/2计算面积。

3.0.5 地下室、半地下室应按其结构外围水平面积计算。结构层高在2.20m及以上的，应计算全面积；结构层高在2.20m以下的，应计算1/2面积。

3.0.6 出入口外墙外侧坡道有顶盖的部位，应按其外墙结构外围水平面积的1/2计算面积。

3.0.7 建筑物架空层及坡地建筑物吊脚架空层，应按其顶板水平投影计算建筑面积。结构层高在2.20m及以上的，应计算全面积；结构层高在2.20m以下的，应计算1/2面积。

3.0.8 建筑物的门厅、大厅应按一层计算建筑面积，门厅、大厅内设置的走廊应按走廊结构底板水平投影面积计算建筑面积。结构层高在2.20m及以上的，应计算全面积；结构层高在2.20m以下的，应计算1/2面积。

3.0.9 建筑物间的架空走廊，有顶盖和围护结构的，应按其围护结构外围水平面积计算全面积；无围护结构、有围护设施的，应按其结构底板水平投影面积计算1/2面积。

3.0.10 立体书库、立体仓库、立体车库，有围护结构的，应按其围护结构外围水平面积计算建筑面积；无围护结构、有围护设施的，应按其结构底板水平投影面积计算建筑面积。无结构层的应按一层计算，有结构层的应按其结构层面积分别计算。结构层高在2.20m及以上的，应计算全面积；结构层高在2.20m以下的，应计算1/2面积。

3.0.11 有围护结构的舞台灯光控制室，应按其围护结构外围水平面积计算。结构层高在2.20m及以上的，应计算全面积；结构层高在2.20m以下的，应计算1/2面积。

3.0.12 附属在建筑物外墙的落地橱窗，应按其围护结构外围水平面积计算。结构层高在2.20m及以上的，应计算全面积；结构层高在2.20m以下的，应计算1/2面积。

3.0.13 窗台与室内楼地面高差在0.45m以下且结构净高在2.10m及以上的凸（飘）窗，应按其围护结构外围水平面积计算1/2面积。

3.0.14 有围护设施的室外走廊（挑廊），应按其结构底板水平投影面积计算1/2面积；有围护设施（或柱）的檐廊，应按其围护设施（或柱）外围水平面积计算1/2面积。

3.0.15 门斗应按其围护结构外围水平面积计算建筑面积。结构层高在2.20m及以上的，应计算全面积；结构层高在2.20m以下的，应计算1/2面积。

3.0.16 门廊应按其顶板水平投影面积的1/2计算建筑面积；有柱雨篷应按其结构板水平投影面积的1/2计算建筑面积；无柱雨篷的结构外边线至外墙结构外边线的宽度在2.10m及以上的，应按雨篷结构板的水平投影面积的1/2计算建筑面积。

3.0.17 设在建筑物顶部的、有围护结构的楼梯间、水箱间、电梯机房等，结构层高在2.20m及以上的应计算全面积；结构层高在2.20m以下的，应计算1/2面积。

3.0.18 围护结构不垂直于水平面的楼层，应按其底板面的外墙外围水平面积计算。结构净高在2.10m及以上的部位，应计算全面积；结构净高在1.20m及以上至2.10m以下的部位，应计算1/2面积；结构净高在1.20m以下的部位，不应计算建筑面积。

3.0.19 建筑物的室内楼梯、电梯井、提物井、管道井、通风排气竖井、烟道，应并入建筑物的自然层计算建筑面积。有顶盖的采光井应按一层计算面积，结构净高在2.10m及以上的，应计算全面积，结构净高在2.10m以下的，应计算1/2面积。

3.0.20 室外楼梯应并入所依附建筑物自然层，并应按其水平投影面积的1/2计算建筑面积。

3.0.21 在主体结构内的阳台，应按其结构外围水平面积计算全面积；在主体结构外的阳台，应按其结构底板水平投影面积计算1/2面积。

3.0.22 有顶盖无围护结构的车棚、货棚、站台、加油站、收费站等，应按其顶盖水平投影面积的1/2计算建筑面积。

3.0.23 以幕墙作为围护结构的建筑物，应按幕墙外边线计算建筑面积。

3.0.24 建筑物的外墙外保温层，应按其保温材料的水平截面积计算，并计入自然层建筑面积。

3.0.25 与室内相通的变形缝，应按其自然层合并在建筑物建筑面积内计算。对于高低联跨的建筑物，当高低跨内部连通时，其变形缝应计算在低跨面积内。

3.0.26 对于建筑物内的设备层、管道层、避难层等有结构层的楼层，结构层高在2.20m及以上的，应计算全面积；结构层高在2.20m以下的，应计算1/2面积。

3.0.27 不计算建筑面积的范围。

① 与建筑物内不相连通的建筑部件。

② 骑楼、过街楼底层的开放公共空间和建筑物通道。

③ 舞台及后台悬挂幕布和布景的天桥、挑台等。

④ 露台、露天游泳池、花架、屋顶的水箱及装饰性结构构件。

⑤ 建筑物内的操作平台、上料平台、安装箱和罐体的平台。

⑥ 勒脚、附墙柱（附墙柱是指非结构性装饰柱）、垛、台阶、墙面抹灰、装饰面、镶贴块料面层、装饰性幕墙，主体结构外的空调室外机搁板（箱）、构件、配件，挑出宽度在2.10m以下的无柱雨篷和顶盖高度达到或超过两个楼层的无柱雨篷。

⑦ 窗台与室内地面高差在0.45m以下且结构净高在2.10m以下的凸（飘）窗，窗台与室内地面高差在0.45m及以上的凸（飘）窗。

⑧ 室外爬梯、室外专用消防钢楼梯。

⑨ 无围护结构的观光电梯。

⑩ 建筑物以外的地下人防通道，独立的烟囱、烟道、地沟、油（水）罐、气柜、水塔、贮油（水）池、贮仓、栈桥等构筑物。

（2）《房屋建筑与装饰工程工程量计算规范》（GB 50854—2013）的工程量计算规则（仅列与本案例相关的计算规则）见表1-3。

表1-3 措施项目工程量清单计算规则

项目编码	项目名称	项目特征	计量单位	工程量计算规则	工作内容
011701001	综合脚手架	1. 建筑结构形式 2. 檐口高度	m²	按建筑面积计算	1. 场内、场外材料搬运 2. 搭、拆脚手架、斜道、上料平台 3. 安全网的铺设 4. 选择附墙点与主体连接 5. 测试电动装置、安全锁等 6. 拆除脚手架后材料的堆放
011702001	垂直运输	1. 建筑物建筑类型及结构形式 2. 地下室建筑面积 3. 建筑物檐口高度、层数	1. m² 2. 天	1. 按建筑面积计算 2. 按施工工期日历天数计算	1. 垂直运输机械的固定装置、基础制作、安装 2. 行走式垂直运输机械轨道的铺设、拆除、摊销

四、任务实施程序与内容

步骤一：识图

（1）查找图样。查找计算建筑面积所需要的各层建筑平面图。

（2）分析图样。根据建筑平面图，结合建筑面积计算规则，分析查找相应的建筑说明、结构平面图和墙身大样图。

步骤二：计算建筑面积

（1）计算建筑面积。根据各层建筑平面图的特点，并结合需要的相关图样，按照《建筑工程建筑面积计算规范》（GB/T 50353—2013）分块计算建筑面积。

（2）汇总建筑面积。将采用不同分割方法计算的各部分建筑面积进行汇总，得出总建筑面积。

步骤三：编制与建筑面积相关的单价措施项目招标工程量清单

（1）列项。根据《房屋建筑与装饰工程工程量计算规范》（GB 50854—2013），列出与建筑面积相关措施项目的清单项目。

（2）编制工程量清单表。根据相应单价措施项目和清单计算规则的工作内容描述项目特征，生成完整的招标工程量清单表。

任务二 编制与建筑面积相关措施项目的招标控制价

一、任务要求

本任务是在部分单价措施项目招标工程量清单的基础上，编制其招标控制价，主要是根据招标工程量清单中项目特征的描述、《天津市建筑工程预算基价》（DBD29 - 101 - 2020），填写单价措施项目的清单综合单价分析表，进而进行部分单价措施项目招标控制价的编制。

（1）根据《建设工程工程量清单计价规范》（GB 50500—2013）、《天津市建筑工程预算基价》（DBD 29 - 101 - 2020）和案例具体情况，编制部分单价措施项目的招标控制价。报告中包括以下几部分内容：

1）项目概况。

2）编制依据。

3）编制说明。

4）招标控制价。

5）单价措施项目清单综合单价分析表。

（2）提交过关讨论的会议纪要。

二、任务中的过关问题

过关问题1：根据《建设工程工程量清单计价规范》（GB 50500—2013），叙述清单综合单价包括的费用有哪些。

过关问题2：根据任务一中的招标工程量清单表和《天津市建筑工程预算基价》（DBD 29 - 101 - 2020），分析综合脚手架和垂直运输费分别应该套用哪些定额项目进行组价，并填写综合单价分析表，见表1-4。

过关问题3：结合案例具体情况，根据《建设工程工程量清单计价规范》（GB 50500—2013）、《天津市建筑工程预算基价》（DBD 29 - 101 - 2020）和部分单价措施项目的招标工程量清单表，编制招标控制价，并填写分部分项工程和单价措施项目清单与计价表（部分措施项目）（表1-5）和规费、税金项目计价表（部分单价措施项目）（表1-6）。

三、任务实施依据

（1）节选《天津市建筑工程预算基价》（DBD 29 - 101 - 2020），多层建筑综合脚手架见表1-7，垂直运输费见表1-8。

表1-4　清单综合单价分析表

项目编码		项目名称			计量单位		工程量	

清单综合单价组成明细

定额编号	定额名称	定额单位	数量	单价（元）				合价（元）			
				人工费	材料费	施工机具使用费	管理费和利润	人工费	材料费	施工机具使用费	管理费和利润
人工单价			小　计								
—			材料差价								
清单项目综合单价											

材料费明细	主要材料名称、规格、型号	单位	数量	定额价（元）	市场价（元）	合价（元）
	材料差价小计					

表1-5　分部分项工程和单价措施项目清单与计价表（部分措施项目）

序号	项目编码	项目名称	项目特征	计量单位	工程量	金额（元）	
						综合单价（其中：人工费）	合价（其中：人工费）
合计							

表1-6　规费、税金项目计价表（部分单价措施项目）

序号	项目名称	计算基础	计算基数（元）	计算费率（%）	金额（元）
1	规费				
2	税金				
合计					

表 1-7　多层建筑综合脚手架

编号	项目			单位	预算计价			
					总价 （元）	人工费 （元）	材料费 （元）	机械费 （元）
12 – 7	混合结构		20		1574.63	1190.70	337.75	46.18
12 – 8			30		2110.37	1525.50	529.45	55.42
12 – 9	框架结构	檐高 （m 以内）	20	100m²	4273.36	2926.80	1198.78	147.78
12 – 10			30		4874.69	3303.45	1409.60	161.64
12 – 11			50		7041.70	4962.60	1917.46	161.64
12 – 12			70		9242.49	5764.50	3260.93	217.06
12 – 13			90		10131.71	6399.00	3501.80	230.91
12 – 14			110		11010.80	7034.85	3745.04	230.91
12 – 15			120		11213.78	7182.00	3791.63	240.15
12 – 16			130		11965.32	7732.80	3987.76	244.76
12 – 17			140		12301.60	7965.00	4082.60	254.00
12 – 18			150		12778.07	8303.85	4210.98	263.24
12 – 19			160		13690.86	8959.95	4458.44	272.47
12 – 20			170		14368.99	9447.30	4635.36	286.33
12 – 21			180		15439.44	10230.30	4922.81	286.33
12 – 22			190		16387.23	10906.65	5180.40	300.18
12 – 23			200		17474.26	11689.65	5470.57	314.04

表 1-8　垂直运输费

编号	项目			单位	预算计价			
					总价 （元）	人工费 （元）	材料费 （元）	机械费 （元）
15 – 1	混合结构		20		15.75			15.75
15 – 2	框架结构	檐高 （m 以内）	20	m²	17.33			17.33
15 – 3			40		28.15	7.92		20.23
15 – 4			70		37.02	7.41		29.61
15 – 5			100		38.90	7.16		31.74
15 – 6			140		47.13	6.97		40.16
15 – 7			170		53.48	6.87		46.61
15 – 8			200		56.75	6.82		49.93

（2）采用《天津市工程造价信息》（2020 年第 6 期）。

四、任务实施程序与内容

步骤一：组价

（1）分析项目特征。在上述计算招标工程量清单的基础上，分析单价措施项目招标工程量清单中的项目特征，并结合单价措施项目的工作内容查找定额相应的项目。

（2）分析定额项目。在单价措施项目进行组价时，当清单计量单位和定额计量单位不同时，需要按照定额计量单价重新计算施工工程量，套取定额的相应单价，得出总价，然后用总价除以清单工程量，最终形成清单综合单价。

步骤二：编制部分单价措施项目招标控制价

根据清单综合单价的组成及费用的构成，生成部分单价措施项目招标控制价。

2

基础和土石方工程招标控制价的编制

能力标准

本项目主要培养学生编制基础和土石方工程的招标工程量清单和招标控制价的能力，具体能力要求如下：

（1）编制基础工程招标工程量清单表和招标控制价的能力。

（2）编制土石方工程招标工程量清单表和招标控制价的能力。

项目分解

以能力标准为导向分解的"基础和土石方招标工程工程量清单表和招标控制价编制"项目，可以划分为若干任务，任务具体要求以及需要提交的任务成果文件见表2-1。

表2-1　基础和土石方工程招标控制价编制的任务分解与任务要求

项目	任务分解		任务要求	项目成果文件
基础和土石方工程招标控制价	招标工程量清单表的编制	任务一：编制基础工程招标工程量清单表	1. 计算桩、承台梁、基础梁工程量 2. 编制基础工程的招标工程量清单表	结合具体项目编制招标控制价及计算底稿，具体包括： 1. 项目概况 2. 编制依据 3. 编制说明 4. 基础和土石方工程招标工程量清单——分部分项工程和单价措施项目清单与计价表 5. 基础和土石方工程的招标控制价 6. 基础和土石方工程清单工程量的计算底稿
		任务二：编制土石方工程招标工程量清单表	1. 计算土石方工程工程量 2. 编制土石方工程的招标工程量清单表	
	招标控制价的编制	任务三：编制基础工程招标控制价	1. 根据基础工程项目特征及定额计算规则，对清单项目分别进行组价 2. 根据材料的市场价格调整综合单价，生成基础工程招标控制价	
		任务四：编制土石方工程招标控制价	1. 根据土石方工程项目特征及定额计算规则，对清单项目分别进行组价 2. 确定综合单价，生成土石方工程招标控制价	

案　　例

一、项目概况

某住宅 1 号楼，首层建筑面积约为 150m²，结构形式采用砖混结构，预制桩基础。土壤类别为三类土，采用挖土机挖土，装载机装土，自卸汽车运土，运距 1km，采用人工平整场地、人工回填土。现场场地比较宽敞，挖土方可以采取放坡的施工方案。建筑工程费用的计取方式为：管理费为人工费、施工机具使用费（分部分项工程项目 + 可计量的措施项目）之和的 11.82%；规费为人工费合计（分部分项工程项目 + 措施项目）的 37.64%；建筑工程利润为分部分项工程费、措施项目费、管理费、规费之和的 4.66%；增值税税率为 9%；假设不计取其他项目。

二、项目其他信息

（1）基础部分的设计图如图 2-1 ~ 图 2~3 所示（微信扫描二维码看图）。

（2）采用预制混凝土空心桩，桩型号□ZH1：断面尺寸为 500mm × 500mm，桩底标高 −11.95m；桩型号▬SZH1：断面尺寸为 500mm × 500mm，桩底标高 −11.95m，桩基安全等级二级。

（3）工程桩全面施工前桩须进行一根单桩静载荷试桩，ZH1 单桩竖向极限承载力标准为 880kN；采用堆载法试桩，试桩位置如图 2-1 所示。要求静载荷试验严格按规范执行，试桩报告应提交设计。

（4）混凝土均采用预拌式混凝土，基础为 AC35，垫层 AC25 素混凝土。

（5）砌体采用页岩标准砖（240 × 115 × 53），干拌砂浆，砂浆强度等级 M7.5。

（6）钢筋采用 HPB300 级钢筋和 HRB335 级钢筋。

（7）混凝土碱集料反应等级，地下部分为 Ⅱ 类。

（8）按当地行业建设主管部门的规定实施，挖沟槽、基坑、一般土方因工作面和放坡增加的工程量，不并入各土方清单工程量中。

图2-1　桩位平面图

图2-2　承台基础平面图

图2-3　基础详图

任务一　编制基础工程招标工程量清单表

一、任务要求

本任务是编制基础工程招标控制价及计算土石方工程招标工程清单的基础，主要是根据施工图中的基础类型和基础的平面布置，及基础工程工程量清单的计算规则，并结合图样的说明和基础工程工程量清单相应项目的工作内容编制招标工程量清单。

（1）根据《房屋建筑与装饰工程工程量计算规范》（GB 50854—2013）和案例具体情况，编制基础工程的招标工程量清单。报告中包括以下几部分内容：

1）项目概况。

2）编制依据。

3）编制说明。

4）招标工程量清单——分部分项工程和单价措施项目清单与计价表。

5）基础工程清单工程量的计算底稿。

（2）提交过关讨论的会议纪要。

二、任务中的过关问题

过关问题1：根据《房屋建筑与装饰工程工程量计算规范》（GB 50854—2013）和案例中的背景资料，判断基础的类型，并叙述相应的工程量清单计算规则。

过关问题2：根据《房屋建筑与装饰工程工程量计算规范》（GB 50854—2013）、案例中的桩位平面图和承台平面图，如何计算桩、承台梁、基础梁和基础墙（−0.45m以下）的清单工程量（假设7轴基础部分按图示计算，砌体部分只计算左侧墙体）？

过关问题3：根据《房屋建筑与装饰工程工程量计算规范》（GB 50854—2013）和案例中的背景资料，对于桩、承台梁、基础梁和砖基础如何描述项目特征？

过关问题4：根据《房屋建筑与装饰工程工程量计算规范》（GB 50854—2013）和案例背景资料，编制基础工程的招标工程量清单表，并填入表2-2。

表2-2 分部分项工程和单价措施项目清单与计价表（基础工程）

序号	项目编码	项目名称	项目特征	计量单位	工程量	金额（元）	
						综合单价	合价

三、任务实施依据

《房屋建筑与装饰工程工程量计算规范》（GB 50854—2013）的工程量计算规则（仅列与本案例相关的计算规则）见表2-3。

表2-3 基础工程工程量清单计算规则

项目编码	项目名称	项目特征	计量单位	工程量计算规则	工作内容
010301001	预制钢筋混凝土方桩	1. 地层情况 2. 送桩深度、桩长 3. 桩截面 4. 桩倾斜度 5. 沉桩方法 6. 接桩方式 7. 混凝土强度等级	1. m 2. m³ 3. 根	1. 以米计量，按设计图示尺寸以桩长（包括桩尖）计算 2. 以立方米计量，按设计图示截面积乘以桩长（包括桩尖）以实体积计算 3. 以根计量，按设计图示数量计算	1. 工作平台搭拆 2. 桩机竖拆、移位 3. 沉桩 4. 接桩 5. 送桩

（续）

项目编码	项目名称	项目特征	计量单位	工程量计算规则	工作内容
010301004	截（凿）桩头	1. 桩类型 2. 桩头截面、高度 3. 混凝土强度等级 4. 有无钢筋	1. m³ 2. 根	1. 以立方米计量，按设计桩截面乘以桩头长度以体积计算 2. 以根计量，按设计图示数量计算	1. 截（切割）桩头 2. 凿平 3. 废料外运
010503001	基础梁	1. 混凝土种类 2. 混凝土强度等级	m³	按设计图示尺寸以体积计算。伸入墙内的梁头、梁垫并入梁体积内 梁长： 1. 梁与柱连接时，梁长算至柱侧面 2. 主梁与次梁连接时，次梁长算至主梁侧面	1. 模板及支撑制作、安装、拆除、堆放、运输及清理模内杂物、刷隔离剂等 2. 混凝土制作、运输、浇筑、振捣、养护
010503004	圈梁				
010501001	垫层	1. 混凝土种类 2. 混凝土强度等级	m³	按设计图示尺寸以体积计算。不扣除伸入承台基础的桩头所占体积	1. 模板及支架（撑）制作、安装、拆除、堆放、运输及清理模内杂物、刷隔离剂等 2. 混凝土制作、运输、浇筑、振捣、养护
010401001	砖基础	1. 砖品种、规格、强度等级 2. 基础类型 3. 砂浆强度等级 4. 防潮层材料种类	m³	按设计图示尺寸以体积计算，包括附墙垛基础宽出部分体积，扣除地梁（圈梁）、构造柱所占体积，不扣除基础大放脚T形接头处的重叠部分及嵌入基础内的钢筋、铁件、管道、基础砂浆防潮层和单个面积≤0.3m² 的孔洞所占体积 靠墙暖气沟的挑檐不增加 基础长度：外墙按外墙中心线，内墙按内墙净长线计算	1. 砂浆制作、运输 2. 砌砖 3. 防潮层铺设 4. 材料运输
010402001	砌块墙	1. 砌块品种、规格、强度等级 2. 墙体类型 3. 砂浆强度等级	m³	按设计图示尺寸以体积计算，扣除门窗、洞口、嵌入墙内的钢筋混凝土柱、梁、圈梁、挑梁、过梁及凹进墙内的壁龛、管槽、暖气槽、消火栓箱所占体积，不扣除梁头、板头、檩头、垫木、木楞头、沿椽木、木砖、门窗走头、砖墙内加固钢筋、木筋、铁件、钢管及单个面积≤0.3m² 的孔洞所占体积。凸出墙面的腰线、挑檐、压顶、窗台线、虎头砖、门窗套的体积亦不增加。凸出墙面的砖垛并入墙体体积内计算	1. 砂浆制作、运输 2. 砌砖、砌块 3. 勾缝 4. 材料运输

（续）

项目编码	项目名称	项目特征	计量单位	工程量计算规则	工作内容
010402001	砌块墙	1. 砌块品种、规格、强度等级 2. 墙体类型 3. 砂浆强度等级	m³	1. 墙长度：外墙按中心线，内墙按净长线计算 2. 墙高度： （1）外墙：斜（坡）屋面无檐口天棚者算至屋面板底；有屋架且室内外均有天棚者算至屋架下弦底另加200mm；无天棚者算至屋架下弦底另加300mm；出檐宽度超过600mm时按实砌高度计算；平屋面算至钢筋混凝土板底 （2）内墙：位于屋架下弦者，算至屋架下弦底；无屋架者算至天棚底另加100mm；有钢筋混凝土楼板隔层者算至楼板顶；有框架梁时算至梁底 （3）女儿墙：从屋面板上表面算至女儿墙顶面（如有混凝土压顶时算至压顶下表面） （4）内、外山墙：按其平均高度计算 3. 框架间墙：不分内外墙按墙体净尺寸以体积计算 4. 围墙：高度算至压顶上表面（如有混凝土压顶时算至压顶下表面），围墙柱并入围墙体积内	1. 砂浆制作、运输 2. 砌砖、砌块 3. 勾缝 4. 材料运输

四、任务实施程序与内容

步骤一：识图

（1）查找图样。查找计算基础工程量所需要的图样包括：承台基础平面图、桩位平面图、基础详图和结构说明。

（2）种类和尺寸的确定。根据图样中桩和承台类型，确定桩和承台的尺寸及相应的混凝土种类。

步骤二：计算基础工程清单工程量

（1）项目名称。根据基础工程施工图，确定所列工程量清单项目名称。

（2）计算清单工程量。根据所列基础的工程量清单项目，结合基础平面图分别计算桩和承台的清单工程量。

步骤三：编制基础工程招标工程量清单

（1）列项。根据《房屋建筑与装饰工程工程量计算规范》（GB 50854—2013），列基础工程的清单项目。

（2）编制招标工程量清单表。根据结构设计说明和清单计算规则的工作内容描述项目特征，生成完整的招标工程量清单。

任务二　编制土石方工程招标工程量清单表

一、任务要求

本任务是编制土石方工程招标控制价的基础，主要是根据施工图的基础平面图和施工方案，及土石方工程工程量清单的计算规则，并结合图样的设计说明和土石方工程工程量清单相应项目的工作内容编制招标工程量清单。

（1）根据《房屋建筑与装饰工程工程量计算规范》（GB 50854—2013）和案例具体情况，编制土石方工程的招标工程量清单。报告中包括以下几部分内容：

1）项目概况。

2）编制依据。

3）编制说明。

4）招标工程量清单——分部分项工程和单价措施项目清单与计价表。

5）土石方工程清单工程量的计算底稿。

（2）提交过关讨论的会议纪要。

二、任务中的过关问题

过关问题1：根据《房屋建筑与装饰工程工程量计算规范》（GB 50854—2013）和案例中的基础施工图，结合土石方的开挖方案，叙述相应的工程量清单计算规则。

过关问题2：根据《房屋建筑与装饰工程工程量计算规范》（GB 50854—2013）和案例中的基础平面图和开挖方案，如何计算土石方的清单工程量？

过关问题3：根据《房屋建筑与装饰工程工程量计算规范》（GB 50854—2013）和案例中的设计说明，对于土石方工程如何列清单子目？如何描述每一个清单项目的项目特征？

过关问题4：根据《房屋建筑与装饰工程工程量计算规范》（GB 50854—2013）和案例的背景资料，编制土石方工程的招标工程量清单表，并填入表2-4。

表2-4　分部分项工程和单价措施项目清单与计价表（土石方工程）

序号	项目编码	项目名称	项目特征	计量单位	工程量	金额（元）	
						综合单价	合价

三、任务实施依据

（1）《房屋建筑与装饰工程工程量计算规范》（GB 50854—2013）的工程量计算规则（仅列与本案例相关的计算规则）见表2-5。

（2）相关说明。

1）基础土方开挖深度应按基础垫层底表面标高至交付施工场地标高确定，无交付施工场地标高时，应按自然地面标高确定。

表2-5　土石方工程工程量清单计算规则

项目编码	项目名称	项目特征	计量单位	工程量计算规则	工作内容
010101001	平整场地	1. 土壤类别 2. 弃土运距 3. 取土运距	m²	按设计图示尺寸以建筑物首层建筑面积计算	1. 土方挖填 2. 场地找平 3. 运输
010101002	挖一般土方	1. 土壤类别 2. 挖土深度 3. 弃土运距	m³	按设计图示尺寸以体积计算	1. 排地表水 2. 土方开挖 3. 围护（挡土板）及拆除 4. 基底钎探 5. 运输
010101003	挖沟槽土方			按设计图示尺寸以基础垫层底面积乘以挖土深度计算	
010101004	挖基坑土方				
010103001	回填方	1. 密实度要求 2. 填方材料品种 3. 填方粒径要求 4. 填方来源、运距	m³	按设计图示尺寸以体积计算 1. 场地回填：回填面积乘以平均回填厚度 2. 室内回填：主墙间面积乘以回填厚度，不扣除间隔墙 3. 基础回填：按挖方清单项目工程量减去自然地坪以下埋设的基础体积（包括基础垫层及其他构筑物）	1. 运输 2. 回填 3. 压实

2）沟槽、基坑、一般土方的划分为：

① 底宽≤7m，底长 >3 倍底宽为沟槽。

② 底长≤3 倍底宽、底面积≤150m² 为基坑。

③ 超出上述范围则为一般土方。

3）挖沟槽、基坑、一般土方因工作面和放坡增加的工程量（管沟工作面增加的工程量），是否并入各土方工程量中，按各省、自治区、直辖市或行业建设主管部门的规定实施，如并入各土方工程量中，办理工程结算时，按发包人认可的施工组织设计规定计算，在编制工程量清单时，其放坡系数、基础施工所需工作面宽度、管沟施工每侧工作面宽度，可按《房屋建筑与装饰工程工程量计算规范》（GB 50854—2013）中表 A. 1 - 2、表 A. 1 - 3、表 A. 1 - 4 规定计算。

4）沟槽、基坑中土类别不同时，分别按其放坡起点、放坡系数、依不同土类别厚度加权平均计算。

5）计算放坡时，在交接处的重复工程量不予扣除，原槽、坑作基础垫层时，放坡自垫层上表面开始计算。

6）管道结构宽，有管座的按基础外缘，无管座的按管道外径。

四、任务实施程序与内容

步骤一：识图

（1）查找图样。查找计算土石方工程量所需要的图样包括：承台基础平面图和结构设计说明。

（2）施工方案的确定。根据承台基础平面图、设计说明中的土壤类别和总平面图中建筑物与周边建筑物的距离，确定挖土方的施工方案。

步骤二：计算土石方工程清单工程量

（1）项目名称。根据承台基础平面图和施工方案，确定所列工程量清单的项目名称。

（2）计算清单工程量。根据所列土石方的工程量清单项目，结合基础平面图计算土石方的清单工程量。

步骤三：编制土石方工程招标工程量清单

（1）列项。根据《房屋建筑与装饰工程工程量计算规范》（GB 50854—2013），列土石方工程的清单项目。

（2）编制招标工程量清单。根据结构设计说明和清单计算规则的工作内容描述项目特征，生成完整的招标工程量清单。

任务三　编制基础工程招标控制价

一、任务要求

本任务是在基础工程招标工程量清单的基础上，编制其招标控制价，主要是根据招标工程量清单中项目特征的描述、《天津市建筑工程预算基价》（DBD 29 - 101 - 2020），填写基础工程的清单综合单价分析表，进而进行基础工程招标控制价的编制。

（1）根据《建设工程工程量清单计价规范》（GB 50500—2013）、《天津市建筑工程预算基价》（DBD 29 - 101 - 2020）、《天津市工程造价信息》（2020年第6期）和案例具体情况，编制基础工程的招标控制价。报告中包括以下几部分内容：

1）项目概况。

2）编制依据。

3）编制说明。

4）招标控制价。

5）部分基础工程项目清单综合单价分析表。

（2）提交过关讨论的会议纪要。

二、任务中的过关问题

过关问题1：根据任务一中的基础工程招标工程量清单表和《天津市建筑工程预算基价》（DBD 29 - 101 - 2020），分析地圈梁应该套用哪些定额项目进行组价，并填写清单综合单价分析表，见表2-6。

过关问题2：结合案例具体情况，根据《建设工程工程量清单计价规范》（GB 50500—2013）、《天津市建筑工程预算基价》（DBD 29 - 101 - 2020）和基础工程的招标工程量清单表，编制招标控制价，并填写分部分项工程和单价措施项目清单与计价表（基础工程）（表2-7）和规费、税金项目计价表（基础工程）（表2-8）。

表2-6　清单综合单价分析表

项目编码		项目名称				计量单位		工程量		
清单综合单价组成明细										
定额编号	定额名称	定额单位	数量	单价（元）				合价（元）		
				人工费	材料费	施工机具使用费	管理费和利润	人工费	材料费	施工机具使用费	管理费和利润
人工单价		小　计								
—		材料差价								
清单项目综合单价										

材料费明细	主要材料名称、规格、型号	单位	数量	定额价（元）	市场价（元）	合价（元）
	材料差价小计					

表2-7　分部分项工程和单价措施项目清单与计价表（基础工程）

序号	项目编码	项目名称	项目特征	计量单位	工程量	金额（元）	
						综合单价（其中：人工费）	合价（其中：人工费）
				合计			

表2-8　规费、税金项目计价表（基础工程）

序号	项目名称	计算基础	计算基数（元）	计算费率（%）	金额（元）
1	规费				
2	税金				
		合计			

三、任务实施依据

（1）节选《天津市建筑工程预算基价》（DBD 29 – 101 – 2020），基础工程预算基价见表2-9。

（2）《天津市工程造价信息》（2020年第6期），部分材料价格（基础工程）见表2-10。

表2-9　基础工程预算基价

编号	项目		单位	预算计价			
				总价（元）	人工费（元）	材料费（元）	机械费（元）
2 – 3	预制混凝土方桩	打桩	10m³	2225.55	641.25	437.59	1146.71
		打拔送桩	m³	458.77	253.80	16.16	188.81
1 – 71	混凝土垫层	厚度10cm以内	10m³	6029.70	1476.91	4535.20	17.59
1 – 72		厚度10cm以外		5738.99	1272.38	4453.42	13.19
4 – 24	基础梁、地圈梁、基础加筋带		10m³	6152.89	1309.50	4834.99	8.40

表2-10　部分材料价格（基础工程）

序号	名称	规格、型号	单位	市场价格（元）
1	预制混凝土空心桩	500mm×500mm	元/m	300
2	预拌式混凝土	AC35	元/m³	486
3	预拌式混凝土	AC25	元/m³	459
4	页岩标准砖	240×115×53	元/千块	550

四、任务实施程序与内容

步骤一：组价

（1）分析项目特征。在上述计算招标工程量清单的基础上，分析基础工程招标工程量清单中的项目特征，并结合基础工程的工作内容查找定额相应的项目。

（2）分析定额项目。根据基础工程清单工程量的项目名称，套取相应的定额，并根据项目特征的描述，确定本项目模板的费用是否计入清单综合单价中。

步骤二：调价

（1）分析主要材料价格。根据套取定额的项目，对比定额中混凝土（水泥）的型号和案例中是否有区别，如果有区别，应根据定额消耗量进行材料差价的计算，最后将差价计入清单综合单价中。

（2）调整价格。查找《天津市工程造价信息》（2020年第6期）的价格，按照《天津市建筑工程预算基价》（DBD 29 – 101 – 2020）中规定，本项目应该调整的内容进行调整，形成综合单价。

步骤三：编制基础工程招标控制价

根据清单综合单价的组成及费用的构成，生成基础工程招标控制价。

任务四　编制土石方工程招标控制价

一、任务要求

本任务是在土石方工程招标工程量清单的基础上，编制其招标控制价，主要是根据招标工程量清单中项目特征的描述、《天津市建筑工程预算基价》（DBD 29 - 101 - 2020），填写土石方工程的清单综合单价分析表，进而进行土石方工程招标控制价的编制。

（1）根据《建设工程工程量清单计价规范》（GB 50500—2013）、《天津市建筑工程预算基价》（DBD 29 - 101 - 2020）和案例具体情况，编制土石方工程的招标控制价。报告中包括以下几部分内容：

1）项目概况。

2）编制依据。

3）编制说明。

4）招标控制价。

5）土石方工程项目清单综合单价分析表。

（2）提交过关讨论的会议纪要。

二、任务中的过关问题

过关问题1：根据任务二中的土石方工程招标工程量清单表和《天津市建筑工程预算基价》（DBD 29 - 101 - 2020），分析平整场地和挖基坑土方项目分别应该套用哪些定额项目进行组价，并填写清单综合单价分析表，见表2-11（假设施工方案为垫层下表面放坡，放坡系数见表2-12，基础施工所需工作面宽度计算见表2-13，并采用人工回填）。

过关问题2：结合案例具体情况，根据《建设工程工程量清单计价规范》（GB 50500—2013）、《天津市建筑工程预算基价》（DBD 29 - 101 - 2020）和土石方工程的招标工程量清单表，编制招标控制价，并填写分部分项工程和单价措施项目清单与计价表（土石方工程）（表2-14）和规费、税金项目计价表（土石方工程）（表2-15）。

表 2-11 清单综合单价分析表

项目编码		项目名称			计量单位		工程量	
清单综合单价组成明细								
定额编号	定额名称	定额单位	数量	单价（元）				合价（元）
				人工费	材料费	施工机具使用费	管理费和利润	人工费	材料费	施工机具使用费	管理费和利润
人工单价			小 计					
—			材料差价					
清单项目综合单价								
材料费明细	主要材料名称、规格、型号		单位		数量	定额价（元）	市场价（元）	合价（元）
	材料差价小计							

表 2-12　放坡系数

土类别	放坡起点/m	人工挖土	机械挖土		
			坑内作业	坑上作业	顺沟槽在坑上作业
一、二类土	1.20	1:0.5	1:0.33	1:0.75	1:0.5
三类土	1.50	1:0.33	1:0.25	1:0.67	1:0.33
四类土	2.00	1:0.25	1:0.10	1:0.33	1:0.25

表 2-13　基础施工所需工作面宽度计算

基础材料	每边各增加工作面宽度/mm
砖基础	200
毛石、方整石基础	250
混凝土基础垫层支模板	150
混凝土基础支模板	400
基础垂直面做砂浆防潮层	400（自防潮层面）
基础垂直面做防水层或防腐层	1000（自防水层面或防腐层面）
支挡土板	100（另加）

表 2-14　分部分项工程和单价措施项目清单与计价表（土石方工程）

序号	项目编码	项目名称	项目特征	计量单位	工程量	金额（元）	
						综合单价（其中：人工费）	合价（其中：人工费）
合计							

表 2-15　规费、税金项目计价表（土石方工程）

序号	项目名称	计算基础	计算基数（元）	计算费率（%）	金额（元）
1	规费				
2	税金				
合计					

三、任务实施依据

（1）节选《天津市建筑工程预算基价》（DBD 29 - 101 - 2020），土石方工程预算基价见表 2-16。

（2）《天津市工程造价信息》（2020 年第 6 期）。

表 2-16 土石方工程预算基价

编号	项目		单位	预算计价			
				总价 （元）	人工费 （元）	材料费 （元）	机械费 （元）
1-1	人工平整场地		100m²	891.57	891.57		
1-16	挖土机挖土	一般土	1000m³	4804.56	1789.92		3014.64
1-17		砂砾坚土		6356.73	2366.22		3990.51
1-35	装载机装土自卸汽车运土运距1km		10m³	161.59			161.59
1-48	回填土	人工		264.59	248.60		15.99
1-49		机械		178.33	82.49		95.84

四、任务实施程序与内容

步骤一：组价

（1）分析项目特征。在上述计算招标工程量清单的基础上，分析土石方工程招标工程量清单中项目特征，并结合土石方工程的工作内容查找定额相应的项目。

（2）分析定额项目。分析套取定额项目中包含的工作是项目特征中的一项还是多项，从而确定套用定额的项目名称。

（3）分析施工工程量。对于土方工程，有两个工程量，一个是清单工程量，一个是施工工程量，后者是一定包括工作面和放坡的，前者需要按照当地行业建设主管部门的规定实施，按照前面案例的背景，挖沟槽、基坑、一般土方因工作面和放坡增加的工程量，不并入各土方清单工程量中。

步骤二：编制土石方工程招标控制价

根据清单综合单价的组成及费用的构成，生成土石方工程招标控制价。

3

项目三
门窗、混凝土和砌筑工程招标
控制价的编制

能力标准

本项目主要培养学生编制门窗、混凝土和砌筑工程的招标工程量清单和招标控制价的能力，具体能力要求如下：

(1) 编制门窗工程招标工程量清单表和招标控制价的能力。

(2) 编制砌筑工程招标工程量清单表和招标控制价的能力。

(3) 编制混凝土工程招标工程量清单表和招标控制价的能力。

项目分解

以能力标准为导向分解的"门窗、混凝土和砌筑工程招标工程量清单表和招标控制价编制"项目，可以划分为若干任务，任务要求以及需要提交的任务成果文件见表 3-1。

表 3-1 门窗、混凝土和砌筑工程招标控制价编制的任务分解与任务要求

项目	任务分解		任务要求	项目成果文件
门窗、混凝土和砌筑工程招标控制价的编制	招标工程量清单表的编制	任务一：编制门窗工程招标工程量清单表	1. 计算门、窗工程工程量 2. 编制门窗工程的招标工程量清单表	结合具体项目编制招标控制价及计算底稿，具体包括： 1. 项目概况 2. 编制依据 3. 编制说明 4. 门窗、混凝土和砌筑工程招标工程量清单——分部分项工程和单价措施项目清单与计价表 5. 门窗、混凝土和砌筑工程的招标控制价 6. 门窗、混凝土和砌筑工程清单工程量的计算底稿
		任务二：编制混凝土工程招标工程量清单表	1. 计算梁、板、柱工程量 2. 编制混凝土工程的招标工程量清单表	
		任务三：编制砌筑工程招标工程量清单表	1. 计算砌体工程量 2. 编制砌筑工程的招标工程量清单表	
	招标控制价的编制	任务四：编制门窗工程招标控制价	1. 根据门、窗工程项目特征及定额分别进行组价 2. 根据门、窗市场价进行调价，确定综合单价，生成门窗工程招标控制价	
		任务五：编制混凝土工程招标控制价	1. 根据梁、板、柱项目特征及定额分别进行组价 2. 根据混凝土市场价进行调价，确定综合单价，生成混凝土工程招标控制价	
		任务六：编制砌筑工程招标控制价	1. 根据砌体项目特征及定额进行分别组价 2. 根据砌块市场价进行调价，确定综合单价，生成砌筑工程招标控制价	

案　例

一、项目概况

某住宅 1 号楼，首层建筑面积约为 150m²，结构形式采用砖混结构，其设计使用年限为 70 年，建筑抗震设防类别为丙类，抗震设防烈度为七度，安全等级二级。梁板柱均采用商品混凝土 AC35，砌体采用页岩标准砖（240×115×53），干拌砂浆，砂浆强度等级 M7.5。建筑工程费用的计取方式为：管理费为人工费、施工机具使用费（分部分项工程项目＋可计量的措施项目）之和的 11.82%；规费为人工费合计（分部分项工程项目＋措施项目）的 37.64%；建筑工程利润为分部分项工程费、措施项目费、管理费、规费之和的 4.66%；增值税税率为 9%；装饰工程费用的计取方式为：管理费为人工费、施工机具使用费（分部分项工程项目＋可计量的措施项目）之和的 9.63%；规费为人工费合计（分部分项工程项目＋措施项目）的 37.64%；装饰工程利润为人工费合计（分部分项工程项目＋措施项目）的 20%；增值税税率为 9%；假设不计取其他项目。

二、项目其他信息

（1）假设模板在措施项目中考虑。

（2）假设 1 轴左侧，G 轴以上的板按 B0 计，构造同 B1。

（3）首层门窗表见表 3-2。

表 3-2　首层门窗表

门窗名称	洞口尺寸(宽/mm)×(高/mm)	门窗数量（樘）	材料
C1	2800×1900	2	断桥铝、单槽双玻
C2	1800×1900	1	断桥铝、单槽双玻
C3	1500×1900	1	断桥铝、单槽双玻
C4	500×1900	1	断桥铝、单槽双玻
C8	1800×1500	1	断桥铝、单槽双玻
YC1	3370×2300	1	断桥铝、单槽双玻
YC2	3100×1350	1	断桥铝、单槽双玻
YC4	3870×1550	1	断桥铝、单槽双玻
M1	1000×2100	2	防火门
M2	5060×4500	1	断桥铝、单槽双玻
M3	2400×2400	1	断桥铝、单槽双玻
M4	1000×2400	1	断桥铝、单槽双玻
M5	1500×2400	1	断桥铝、单槽双玻
FM1	1000×2000	1	防火门
FM2	700×2000	1	防火门

（4）首层平面图如图 3-1 所示，首层结构平面图如图 3-2 所示（微信扫描二维码看图）。

（5）假设首层平面图中的主卧室、卧室洞口尺寸为 900mm×2000mm；厨房、卫生间洞口尺寸为 800mm×2000mm。

任务一 编制门窗工程招标工程量清单表

一、任务要求

本任务是编制门窗工程招标控制价及计算砌筑工程招标工程量清单的基础，主要是根据各层平面图，及门窗工程工程量清单的计算规则，并结合首层门窗表和门窗工程工程量清单相应项目的工作内容编制招标工程量清单。

（1）根据《房屋建筑与装饰工程工程量计算规范》（GB 50854—2013）和案例具体情况，编制门窗工程的招标工程量清单。报告中包括以下几部分内容：

1）项目概况。

2）编制依据。

3）编制说明。

4）招标工程量清单——分部分项工程和单价措施项目清单与计价表。

5）门窗工程清单工程量的计算底稿。

（2）提交过关讨论的会议纪要。

二、任务中的过关问题

过关问题 1：根据《房屋建筑与装饰工程工程量计算规范》（GB 50854—2013）和案例中的背景资料，说明计算门窗工程量时应根据哪些图样和相应的工程量清单计算规则。

过关问题 2：根据《房屋建筑与装饰工程工程量计算规范》（GB 50854—2013）、案例中的首层平面图和首层门窗表，应如何计算门窗的清单工程量？

过关问题 3：根据《房屋建筑与装饰工程工程量计算规范》（GB 50854—2013）和案例中的门窗表，对于门窗工程的工程量清单应如何列项？如何描述其项目特征？

过关问题 4：根据《房屋建筑与装饰工程工程量计算规范》（GB 50854—2013）和案例的背景资料，编制门窗工程的招标工程量清单表，并填入表 3-3。

表 3-3 分部分项工程和单价措施项目清单与计价表（门窗工程）

序号	项目编码	项目名称	项目特征	计量单位	工程量	金额（元）	
						综合单价	合价

三、任务实施依据

《房屋建筑与装饰工程工程量计算规范》（GB 50854—2013）的工程量计算规则（仅列与本案例相关的计算规则）见表 3-4。

表 3-4　门窗工程工程量清单计算规则

项目编码	项目名称	项目特征	计量单位	工程量计算规则	工作内容
010802001	金属（塑钢）门	1. 门代号及洞口尺寸 2. 门框或扇外围尺寸 3. 门框、扇材质 4. 玻璃品种、厚度	1. 樘 2. m²	1. 以樘计量，按设计图示数量计算 2. 以平方米计量，按设计图示洞口尺寸以面积计算	1. 门安装 2. 五金安装 3. 玻璃安装
010802002	彩板门	1. 门代号及洞口尺寸 2. 门框或扇外围尺寸			
010802003	钢质防火门	1. 门代号及洞口尺寸 2. 门框或扇外围尺寸 3. 门框、扇材质			1. 门安装 2. 五金安装
010802004	防盗门				
010807001	金属（塑钢、断桥）窗	1. 窗代号及洞口尺寸 2. 框、扇材质 3. 玻璃品种、厚度		1. 以樘计量，按设计图示数量计算 2. 以平方米计量，按设计图示洞口尺寸以面积计算	1. 窗安装 2. 五金、玻璃安装
010807002	金属防火窗				
010807003	金属百叶窗	1. 窗代号及洞口尺寸 2. 框、扇材质 3. 玻璃品种、厚度		1. 以樘计量，按设计图示数量计算 2. 以平方米计量，按设计图示洞口尺寸以面积计算	
010807004	金属纱窗	1. 窗代号及框的外围尺寸 2. 框材质 3. 窗纱材料品种、规格		1. 以樘计量，按设计图示数量计算 2. 以平方米计量，按框的外围尺寸以面积计算	1. 窗安装 2. 五金安装
010807005	金属格栅窗	1. 窗代号及洞口尺寸 2. 框外围尺寸 3. 框、扇材质		1. 以樘计量，按设计图示数量计算 2. 以平方米计量，按设计图示洞口尺寸以面积计算	
010807006	金属（塑钢、断桥）橱窗	1. 窗代号 2. 框外围展开面积 3. 框、扇材质 4. 玻璃品种、厚度 5. 防护材料种类		1. 以樘计量，按设计图示数量计算 2. 以平方米计量，按设计图示以框外围展开面积计算	1. 窗制作、运输、安装 2. 五金、玻璃安装 3. 刷防护材料
010807007	金属（塑钢、断桥）飘（凸）窗	1. 窗代号 2. 框外围展开面积 3. 框、扇材质 4. 玻璃品种、厚度			1. 窗安装 2. 五金、玻璃安装
010807008	彩板窗	1. 窗代号及洞口尺寸 2. 框外围尺寸 3. 框、扇材质 4. 玻璃品种、厚度		1. 以樘计量，按设计图示数量计算 2. 以平方米计量，按设计图示洞口尺寸或框外围以面积计算	
010807009	复合材料窗				

四、任务实施程序与内容

步骤一：识图

（1）查找图样。查找计算门窗工程量所需要的图样包括：首层平面图和首层门窗表。

（2）种类和尺寸的确定。根据首层门窗表和首层平面图，确定门窗的种类和洞口的尺寸。

步骤二：计算门窗工程清单工程量

（1）项目名称。根据首层门窗表中门窗的种类和洞口尺寸，确定所列项目名称。

（2）计算清单工程量。根据所列门窗的项目，结合首层平面图分别计算门窗的清单工程量。

步骤三：编制门窗工程工程量清单

（1）列项。根据《房屋建筑与装饰工程工程量计算规范》（GB 50854—2013），列门窗工程的清单项目。

（2）编制招标工程量清单表。根据门窗表和清单计算规则的工作内容描述项目特征，生成完整的招标工程量清单表。

任务二 编制混凝土工程招标工程量清单表

一、任务要求

本任务是编制混凝土工程招标控制价及计算砌筑工程招标工程量清单的基础，主要是根据各层结构平面图，及混凝土工程工程量清单的计算规则，并结合设计和施工说明，以及混凝土工程工程量清单相应项目的工作内容，编制招标工程量清单。

（1）根据《房屋建筑与装饰工程工程量计算规范》（GB 50854—2013）和案例具体情况，编制混凝土工程的招标工程量清单。报告中包括以下几部分内容：

1）项目概况。

2）编制依据。

3）编制说明。

4）招标工程量清单——分部分项工程和单价措施项目清单与计价表。

5）混凝土工程清单工程量的计算底稿。

（2）提交过关讨论的会议纪要。

二、任务中的过关问题

过关问题1：根据《房屋建筑与装饰工程工程量计算规范》（GB 50854—2013）和案例中的背景资料，计算混凝土工程量时应根据哪些图样和工程量清单计算规则？

过关问题2：根据《房屋建筑与装饰工程工程量计算规范》（GB 50854—2013）和案例中的首层结构平面图等，应如何计算首层梁、板、柱、阳台的清单工程量？

过关问题 3：根据《房屋建筑与装饰工程工程量计算规范》（GB 50854—2013）和案例中的背景资料，对于混凝土工程的工程量清单项目应如何描述其项目特征？

过关问题 4：根据《房屋建筑与装饰工程工程量计算规范》（GB 50854—2013）和案例的背景资料，编制混凝土工程的招标工程量清单表，并填入表 3-5。

表 3-5　分部分项工程和单价措施项目清单与计价表（混凝土工程）

序号	项目编码	项目名称	项目特征	计量单位	工程量	金额（元）	
						综合单价	合价

三、任务实施依据

《房屋建筑与装饰工程工程量计算规范》（GB 50854—2013）的工程量计算规则（仅列与案例项目的计算规则）见表 3-6。

表 3-6　混凝土工程工程量清单计算规则

项目编码	项目名称	项目特征	计量单位	工程量计算规则	工作内容
010502001	矩形柱	1. 混凝土种类 2. 混凝土强度等级	m³	按设计图示尺寸以体积计算柱高： 1. 有梁板的柱高，应自柱基上表面（或楼板上表面）至上一层楼板上表面之间的高度计算 2. 无梁板的柱高，应自柱基上表面（或楼板上表面）至柱帽下表面之间的高度计算 3. 框架柱的柱高，应自柱基上表面至柱顶高度计算 4. 构造柱按全高计算，嵌接墙体部分（马牙槎）并入柱身体积 5. 依附柱上的牛腿和升板的柱帽，并入柱身体积计算	1. 模板及支架（撑）制作、安装、拆除、堆放、运输及清理模内杂物、刷隔离剂等 2. 混凝土制作、运输、浇筑、振捣、养护
010502002	构造柱				
010502003	异形柱	1. 柱形状 2. 混凝土种类 3. 混凝土强度等级			
010503002	矩形梁	1. 混凝土种类 2. 混凝土强度等级	m³	按设计图示尺寸以体积计算。伸入墙内的梁头、梁垫并入梁体积内 梁长： 1. 梁与柱连接时，梁长算至柱侧面 2. 主梁与次梁连接时，次梁长算至主梁侧面	1. 模板及支架（撑）制作、安装、拆除、堆放、运输及清理模内杂物、刷隔离剂等 2. 混凝土制作、运输、浇筑、振捣、养护
010503003	异形梁				
010503004	圈梁				
010503005	过梁				
010503006	弧形、拱形梁				

（续）

项目编码	项目名称	项目特征	计量单位	工程量计算规则	工作内容
010505001	有梁板	1. 混凝土种类 2. 混凝土强度等级	m³	按设计图示尺寸以体积计算。不扣除单个面积≤0.3m² 的柱、垛以及孔洞所占体积 压形钢板混凝土楼板扣除构件内压形钢板所占体积 有梁板（包括主、次梁与板）按梁、板体积之和计算，无梁板按板和柱帽体积之和计算，各类板伸入墙内的板头并入板体积内，薄壳板的肋、基梁并入薄壳体积内计算	1. 模板及支架（撑）制作、安装、拆除、堆放、运输及清理模内杂物、刷隔离剂等 2. 混凝土制作、运输、浇筑、振捣、养护
010505002	无梁板				
010505003	平板				
010505004	拱板				
010505005	薄壳板				
010505006	栏板				
010505007	天沟（檐沟）、挑檐板			按设计图示尺寸以体积计算	
010505008	雨篷、悬挑板、阳台板			按设计图示尺寸以外墙部分体积计算。包括伸出墙外的牛腿和雨篷反挑檐的体积	
010505009	空心板			按设计图示尺寸以体积计算。空心板（GBF高强薄壁蜂巢芯板等）应扣除空心部分体积	
010505010	其他板			按设计图示尺寸以体积计算	
010506001	直形楼梯		1. m² 2. m³	1. 以平方米计量，按设计图示尺寸以水平投影面积计算。不扣除宽度≤500mm 的楼梯井，伸入墙内部分不计算 2. 以立方米计量，按设计图示尺寸以体积计算	
010506002	弧形楼梯				

四、任务实施程序与内容

步骤一：识图

（1）查找图样。计算混凝土工程量所需要的图样包括：首层结构平面图和设计、施工说明。

（2）构件类型和混凝土品种、强度等级的确定。根据首层结构平面图确定混凝土构件的类型，并根据设计和施工说明确定首层混凝土品种和强度等级。

步骤二：计算混凝土工程清单工程量

（1）项目名称。根据混凝土类型、品种和强度等级，确定所列项目名称。

（2）计算清单工程量。根据所列混凝土的项目，结合首层结构平面图分别计算梁板柱的清单工程量。

步骤三：编制混凝土工程招标工程量清单

（1）列项。根据《房屋建筑与装饰工程工程量计算规范》（GB 50854—2013），列混凝土工程的清单项目。

（2）编制招标工程量清单表。根据设计、施工说明和清单计算规则的工作内容描述项目特征，生成完整的招标工程量清单表。

任务三　编制砌筑工程招标工程量清单表

一、任务要求

本任务是编制砌筑工程招标控制价的基础，主要是根据各层建筑平面图、剖面图，以及各层结构平面图，及砌筑工程工程量清单的计算规则，并结合设计和施工说明和砌筑工程工程量清单相应项目的工作内容，编制砌筑工程部分的招标工程量清单。

（1）根据《房屋建筑与装饰工程工程量计算规范》（GB 50854—2013）和案例具体情况，编制砌筑工程的招标工程量清单。报告中包括以下几部分内容：

1）项目概况。

2）编制依据。

3）编制说明。

4）招标工程量清单——分部分项工程和单价措施项目清单与计价表。

5）砌筑工程清单工程量的计算底稿。

（2）提交过关讨论的会议纪要。

二、任务中的过关问题

过关问题 1：根据《房屋建筑与装饰工程工程量计算规范》（GB 50854—2013）和案例中的背景资料，计算砌体工程量时应根据哪些图样和工程量清单计算规则？

过关问题 2：根据《房屋建筑与装饰工程工程量计算规范》（GB 50854—2013）、案例中的建筑平面图、剖面图、说明，以及结构平面图，应如何计算首层砌体的清单工程量？

过关问题 3：根据《房屋建筑与装饰工程工程量计算规范》（GB 50854—2013）、案例中设计、施工说明，对于砌筑工程的工程量清单项目，应如何描述其项目特征？

过关问题 4：根据《房屋建筑与装饰工程工程量计算规范》（GB 50854—2013）和案例的背景资料，编制砌筑工程的招标工程量清单表，并填入表 3-7。

表 3-7　分部分项工程和单价措施项目清单与计价表（砌筑工程）

序号	项目编码	项目名称	项目特征	计量单位	工程量	金额（元）	
						综合单价	合价

三、任务实施依据

《房屋建筑与装饰工程工程量计算规范》（GB 50854—2013）的工程量计算规则（仅列与案例项目的计算规则）见表 3-8。

表 3-8　砌筑工程工程量清单计算规则

项目编码	项目名称	项目特征	计量单位	工程量计算规则	工作内容
010401003	实心砖墙	1. 砖品种、规格、强度等级 2. 墙体类型 3. 砂浆强度等级、配合比	m³	按设计图示尺寸以体积计算 扣除门窗、洞口、嵌入墙内的钢筋混凝土柱、梁、圈梁、挑梁、过梁及凹进墙内的壁龛、管槽、暖气槽、消火栓箱所占体积，不扣除梁头、板头、檩头、垫木、木楞头、沿缘木、木砖、门窗走头、砖墙内加固钢筋、木筋、铁件、钢管及单个面积≤0.3m²的孔洞所占的体积。凸出墙面的腰线、挑檐、压顶、窗台线、虎头砖、门窗套的体积亦不增加。凸出墙面的砖垛并入墙体体积内计算 　1. 墙长度：外墙按中心线、内墙按净长线计算 　2. 墙高度： 　（1）外墙：斜（坡）屋面无檐口天棚者算至屋面板底；有屋架且室内外均有天棚者算至屋架下弦底另加200mm，无天棚者算至屋架下弦底另加300mm，出檐宽度超过600mm时按实砌高度计算；有钢筋混凝土楼板隔层者算至板顶。平屋顶算至钢筋混凝土板底 　（2）内墙：位于屋架下弦者，算至屋架下弦底；无屋架者算至天棚底另加100mm；有钢筋混凝土楼板隔层者算至楼板顶；有框架梁时算至梁底 　（3）女儿墙：从屋面板上表面算至女儿墙顶面（如有混凝土压顶时算至压顶下表面） 　（4）内、外山墙：按其平均高度计算 　3. 框架间墙：不分内外墙按墙体净尺寸以体积计算 　4. 围墙：高度算至压顶上表面（如有混凝土压顶时算至压顶下表面），围墙柱并入围墙体积内	1. 砂浆制作、运输 2. 砌砖 3. 刮缝 4. 砖压顶砌筑 5. 材料运输
010401004	多孔砖墙				
010401005	空心砖墙				
010402001	砌块墙	1. 砌块品种、规格、强度等级 2. 墙体类型 3. 砂浆强度等级	m³	按设计图示尺寸以体积计算 扣除门窗、洞口、嵌入墙内的钢筋混凝土柱、梁、圈梁、挑梁、过梁及凹进墙内的壁龛、管槽、暖气槽、消火栓箱所占体积，不扣除梁头、板头、檩头、垫木、木楞头、沿缘木、木砖、门窗走头、砌块墙内加固钢筋、木筋、铁件、钢管及单个面积≤0.3m²的孔洞所占的体积。凸出墙面的腰线、挑檐、压顶、窗台线、虎头砖、门窗套的体积亦不增加。凸出墙面的砖垛并入墙体体积内计算 　1. 墙长度：外墙按中心线、内墙按净长线	1. 砂浆制作、运输 2. 砌砖、砌块 3. 勾缝 4. 材料运输

（续）

项目编码	项目名称	项目特征	计量单位	工程量计算规则	工作内容
010402001	砌块墙	1. 砌块品种、规格、强度等级 2. 墙体类型 3. 砂浆强度等级	m³	2. 墙高度： （1）外墙：斜（坡）屋面无檐口天棚者算至屋面板底；有屋架且室内外均有天棚者算至屋架下弦底另加200mm，无天棚者算至屋架下弦底另加300mm，出檐宽度超过600mm时按实砌高度计算；有钢筋混凝土楼板隔层者算至板顶；平屋顶算至钢筋混凝土板底 （2）内墙：位于屋架下弦者，算至屋架下弦底；无屋架者算至天棚底另加100mm；有钢筋混凝土楼板隔层者算至楼板顶；有框架梁时算至梁底 （3）女儿墙：从屋面板上表面算至女儿墙顶面（如有混凝土压顶时算至压顶下表面） （4）内、外山墙：按其平均高度计算 3. 框架间墙：不分内外墙按墙体净尺寸以体积计算 4. 围墙：高度算至压顶上表面（如有混凝土压顶时算至压顶下表面），围墙柱并入围墙体积内	1. 砂浆制作、运输 2. 砌砖、砌块 3. 勾缝 4. 材料运输
010404001	垫层	垫层材料种类、配合比、厚度	m³	按设计图示尺寸以立方米计算	1. 垫层材料的拌制 2. 垫层铺设 3. 材料运输

四、任务实施程序与内容

步骤一：识图

（1）查找图样。计算砌筑工程量所需要的图样包括：首层建筑平面图、剖面图、首层结构平面图和设计、施工说明。

（2）砌体类型和砂浆品种、强度等级的确定。根据设计和施工说明确定，首层砌体的材料种类，以及所用砂浆的品种和强度等级。

步骤二：计算砌筑工程清单工程量

（1）项目名称。根据砌体类型、品种，确定所列项目名称。

（2）计算清单工程量。根据所列砌体的项目，结合首层建筑平面图分别计算各种砌体的清单工程量。

步骤三：编制砌筑工程招标工程量清单

（1）列项。根据《房屋建筑与装饰工程工程量计算规范》（GB 50854—2013），列砌筑工程的清单项目。

（2）编制招标工程量清单表。根据设计、施工说明和清单计算规则的工作内容描述项目特征，生成完整的招标工程量清单表。

任务四　编制门窗工程招标控制价

一、任务要求

本任务是在门窗工程招标工程量清单的基础上，编制门窗工程的招标控制价，主要是根据招标工程量清单中项目特征的描述、《天津市装饰装修工程预算基价》（DBD 29 - 201 - 2020），填写门窗工程的清单综合单价分析表，进而进行门窗工程招标控制价的编制。

（1）根据《建设工程工程量清单计价规范》（GB 50500—2013）、《天津市装饰装修工程预算基价》（DBD 29 - 201 - 2020）、《天津市工程造价信息》（2020 年第 6 期）和案例具体情况，编制门窗工程的招标控制价。报告中包括以下几部分内容：

1）项目概况。
2）编制依据。
3）编制说明。
4）招标控制价。
5）部分门窗工程清单综合单价分析表。

（2）提交过关讨论的会议纪要。

二、任务中的过关问题

过关问题1：根据任务一中的门窗工程招标工程量清单和《天津市装饰装修工程预算基价》（DBD 29 - 201 - 2020），分析断桥铝门应该套用哪些定额项目进行组价，并填写清单综合单价分析表，见表3-9。

表 3-9　清单综合单价分析表

项目编码		项目名称			计量单位		工程量		
清单综合单价组成明细									
定额编号	定额名称	定额单位	数量	单价（元）				合价（元）			
				人工费	材料费	施工机具使用费	管理费和利润	人工费	材料费	施工机具使用费	管理费和利润
人工单价			小　计								
—			材料差价								
清单项目综合单价											
材料费明细	主要材料名称、规格、型号			单位		数量		定额价（元）	市场价（元）	合价（元）
	材料差价小计										

过关问题2：结合案例具体情况，根据《建设工程工程量清单计价规范》（GB 50500—2013）、《天津市装饰装修工程预算基价》（DBD 29 – 201 – 2020）和门窗工程的招标工程量清单表，编制招标控制价，并填写分部分项工程和单价措施项目清单与计价表（门窗工程）（表3-10）和规费、税金项目计价表（门窗工程）（表3-11）。

表3-10　分部分项工程和单价措施项目清单与计价表（门窗工程）

序号	项目编码	项目名称	项目特征	计量单位	工程量	金额（元）	
						综合单价（其中：人工费）	合价（其中：人工费）
合计							

表3-11　规费、税金项目计价表（门窗工程）

序号	项目名称	计算基础	计算基数（元）	计算费率（%）	金额（元）
1	规费				
2	税金				
合计					

三、任务实施依据

（1）节选《天津市装饰装修工程预算基价》（DBD 29 – 201 – 2020），门窗工程预算基价见表3-12。

表3-12　门窗工程预算基价

编号	项目	单位	预算计价			
			总价（元）	人工费（元）	材料费（元）	机械费（元）
4 – 37	断桥隔热铝合金平开门安装	100m²	95221.45	7650.00	87571.45	
4 – 48	钢制防火门安装		92040.97	14382.00	77631.49	27.48
4 – 174	断桥隔热铝合金平开窗安装		72782.90	7344.00	65438.90	

（2）《天津市工程造价信息》（2020年第6期），部分材料价格（门窗工程）见表3-13。

表3-13　部分材料价格（门窗工程）

序号	名称	规格、型号	单位	市场价格（元）
1	断桥隔热铝合金平开门	含中空玻璃、五金配件	元/m²	791.77
2	断桥隔热铝合金平开窗	含中空玻璃、五金配件	元/m²	678.77
3	钢制防火门		元/m²	550

四、任务实施程序与内容

步骤一：组价

（1）分析项目特征。在上述计算招标工程量清单的基础上，分析门窗工程招标工程量清单中项目特征，并结合门窗工程的工作内容查找定额相应的项目。

（2）分析定额项目。根据门窗工程清单工程量的项目名称，套取相应的定额，计入清单综合单价中。

步骤二：调价

（1）分析主要材料价格。根据套取定额的项目，分析其中门窗材料是否需要进行材料价格的调整。

（2）调整价格。查找《天津市工程造价信息》（2020年第6期）的价格，按照《天津市装饰装修工程预算基价》（DBD 29 – 201 – 2020）中规定，本项目应该调整的内容进行调整，形成综合单价。

步骤三：编制门窗工程招标控制价

根据清单综合单价的组成及费用的构成，生成门窗工程招标控制价。

任务五 编制混凝土工程招标控制价

一、任务要求

本任务是在混凝土工程招标工程量清单的基础上，编制混凝土工程的招标控制价，主要是根据工程量清单中项目特征的描述、《天津市建筑工程预算基价》（DBD 29 – 101 – 2020），填写混凝土工程的清单综合单价分析表，进而进行招标控制价的编制。

（1）根据《建设工程工程量清单计价规范》（GB 50500—2013）、《天津市建筑工程预算基价》（DBD 29 – 101 – 2020）、《天津市工程造价信息》（2020年第6期）和案例具体情况，编制混凝土工程的招标控制价。报告中包括以下几部分内容：

1）项目概况。

2）编制依据。

3）编制说明。

4）招标控制价。

5）混凝土工程清单综合单价分析表。

（2）提交过关讨论的会议纪要。

二、任务中的过关问题

过关问题1：根据任务二中混凝土工程构造柱的工程量清单子目和《天津市建筑工程预算基价》（DBD 29 – 101 – 2020），确定构造柱应该套用哪个定额项目进行组价。

过关问题2：根据混凝土工程的定额组价项目，分析采用商品混凝土和现浇混凝土进行材料差价调整的区别，并说明应该如何调整。

过关问题3：根据任务二中混凝土工程构造柱的工程量清单子目，和《天津市建筑工程预算基价》（DBD 29 – 101 – 2020），填写构造柱清单综合单价分析表，见表3-14。

表3-14 清单综合单价分析表

项目编码		项目名称				计量单位			工程量		
清单综合单价组成明细											
定额编号	定额名称	定额单位	数量	单价（元）				合价（元）			
				人工费	材料费	施工机具使用费	管理费和利润	人工费	材料费	施工机具使用费	管理费和利润
人工单价		小 计									
—		材料差价									
清单项目综合单价											

材料费明细	主要材料名称、规格、型号	单位	数量	定额价（元）	市场价（元）	合价（元）
	材料差价小计					

过关问题4：结合案例具体情况，根据《建筑工程工程量清单计价规范》（GB 50500—2013）、《天津市建筑工程预算基价》（DBD 29 – 101 – 2020）和混凝土工程的招标工程量清单表，编制招标控制价，并填写分部分项工程和单价措施项目清单与计价表（混凝土工程）（表3-15）和规费、税金项目计价表（混凝土工程）（表3-16）。

表3-15 分部分项工程和单价措施项目清单与计价表（混凝土工程）

序号	项目编码	项目名称	项目特征	计量单位	工程量	金额（元）	
						综合单价（其中：人工费）	合价（其中：人工费）
合计							

表3-16 规费、税金项目计价表（混凝土工程）

序号	项目名称	计算基础	计算基数（元）	计算费率（%）	金额（元）
1	规费				
2	税金				
合计					

三、任务实施依据

（1）《天津市建筑工程预算基价》（DBD 29 – 101 – 2020），混凝土工程预算基价见表 3-17。

表 3-17　混凝土工程预算基价

编号	项目	单位	预算计价			
			总价 （元）	人工费 （元）	材料费 （元）	机械费 （元）
4－20	矩形柱	10m³	6734.16	1915.65	4810.11	8.40
4－21	构造柱		8329.32	3511.35	4809.57	8.40
4－25	矩形梁（单梁、连续梁）		5874.82	1031.40	4835.02	8.40
4－28	圈梁		7764.55	2916.00	4840.15	8.40
4－29	过梁		8107.63	3199.50	4899.73	8.40
4－39	平板		5892.04	1000.35	4883.29	8.40

（2）《天津市工程造价信息》（2020 年第 6 期），部分材料价格（混凝土工程）见表 3-18。

表 3-18　部分材料价格（混凝土工程）

序号	名称	规格、型号	单位	市场价格（元）
1	预拌式混凝土	AC35	元/m³	486

四、任务实施程序与内容

步骤一：组价

（1）分析项目特征。在上述计算招标工程量清单的基础上，分析混凝土工程招标工程量清单中项目特征，并结合混凝土工程的工作内容查找定额相应的项目。

（2）分析定额项目。根据混凝土工程清单工程量的项目名称，套取相应的定额，并根据项目特征的描述，确定本项目模板的费用是否计入清单综合单价中。

步骤二：调价

（1）分析主要材料价格。根据套取定额的项目，对比定额中混凝土（水泥）的型号和案例中是否有区别，如果有区别，应根据定额消耗量进行材料差价的计算，最后将材料差价计入清单综合单价中。

（2）调整材料价格。查找《天津市工程造价信息》（2020 年第 6 期）的价格，按照《天津市建筑工程预算基价》（DBD 29－101－2020）中规定，本项目应该调整的内容进行调整，形成综合单价。

步骤三：编制混凝土工程招标控制价

根据清单综合单价的组成及费用的构成，生成招标控制价。

任务六　编制砌筑工程招标控制价

一、任务要求

本任务是在砌筑工程招标工程量清单的基础上，编制砌筑工程的招标控制价，主要是根据招标工程量清单中项目特征的描述、《天津市建筑工程预算基价》（DBD 29 - 101 - 2020），填写砌筑工程的清单综合单价分析表，进而进行招标控制价的编制。

（1）根据《建设工程工程量清单计价规范》（GB 50500—2013）、《天津市建筑工程预算基价》（DBD 29 - 101 - 2020）、《天津市工程造价信息》（2020 年第 6 期）和案例具体情况，编制砌筑工程的招标控制价。报告中包括以下几部分内容：

1）项目概况。

2）编制依据。

3）编制说明。

4）招标控制价。

5）砌筑工程清单综合单价分析表。

（2）提交过关讨论的会议纪要。

二、任务中的过关问题

过关问题 1：根据任务三中砌筑工程的招标工程量清单和《天津市建筑工程预算基价》（DBD 29 - 101 - 2020），分析砌块墙应该套用哪个定额项目进行组价。

过关问题 2：根据砌筑工程的定额组价项目，分析砌块墙是否应该进行材料价格调整，如果需要进行调整，说明应如何调整。

过关问题 3：根据任务三中砌筑工程的招标工程量清单和《天津市建筑工程预算基价》（DBD 29 - 101 - 2020），填写砌块墙清单综合单价分析表，见表 3-19。

表 3-19 清单综合单价分析表

项目编码		项目名称				计量单位			工程量		
清单综合单价组成明细											
定额编号	定额名称	定额单位	数量	单价（元）				合价（元）			
				人工费	材料费	施工机具使用费	管理费和利润	人工费	材料费	施工机具使用费	管理费和利润
人工单价			小　计								
—			材料差价								
清单项目综合单价											
材料费明细	主要材料名称、规格、型号			单位		数量		定额价（元）	市场价（元）		合价（元）
	材料差价小计										

过关问题 4：结合案例具体情况，根据《建设工程工程量清单计价规范》（GB 50500—

2013）、《天津市建筑工程预算基价》（DBD 29 – 101 – 2020）和砌筑工程的招标工程量清单表，编制招标控制价，并填写分部分项工程和单价措施项目清单与计价表（砌筑工程）（表3-20）和规费、税金项目计价表（砌筑工程）（表3-21）。

表3-20 分部分项工程和单价措施项目清单与计价表（砌筑工程）

序号	项目编码	项目名称	项目特征	计量单位	工程量	金额（元）	
						综合单价（其中：人工费）	合价（其中：人工费）
合计							

表3-21 规费、税金项目计价表（砌筑工程）

序号	项目名称	计算基础	计算基数（元）	计算费率（%）	金额（元）
1	规费				
2	税金				
合计					

三、任务实施依据

（1）《天津市建筑工程预算基价》（DBD 29 – 101 – 2020），砌筑工程预算基价见表3-22。

表3-22 砌筑工程预算基价

编号	项目		单位	预算计价			
				总价（元）	人工费（元）	材料费（元）	机械费（元）
3 – 9	砌页岩标准砖	现场搅拌砂浆	10m³	5981.32	2469.15	3361.59	150.58
3 – 10		干拌砌筑砂浆		6680.46	2288.25	4275.28	116.93
3 – 11		湿拌砌筑砂浆		5816.52	2176.20	3640.32	

（2）《天津市工程造价信息》（2020 年第 6 期），部分材料价格（砌筑工程）见表3-23。

表3-23 部分材料价格（砌筑工程）

序号	名称	规格、型号	单位	市场价格
1	页岩标准砖	240 × 115 × 53	元/千块	550

四、任务实施程序与内容

步骤一：组价

（1）分析项目特征。在上述计算招标工程量清单的基础上，分析砌筑工程招标工程量清单中项目特征，并结合砌筑工程的工作内容查找定额相应的项目。

（2）分析定额项目。根据砌筑工程清单工程量的项目名称，套取相应的定额，计入清单综合单价中。

步骤二：调价

（1）分析砌筑材料价格。根据套取定额的项目，分析其中砌筑材料是否需要进行材料价格的调整。

（2）调整价格。查找《天津市工程造价信息》（2020年第6期）的价格，按照《天津市建筑工程预算基价》（DBD 29 – 101 – 2020）中规定，本项目应该调整的内容进行调整，形成综合单价。

步骤三：编制砌筑工程招标控制价

根据清单综合单价的组成及费用的构成，生成招标控制价。

4

能力标准

本项目主要培养学生编制钢筋工程的招标工程量清单和招标控制价的能力，具体能力要求如下：

编制钢筋工程招标工程量清单表和招标控制价的能力。

项目分解

以能力标准为导向分解的钢筋招标工程工程量清单表和招标控制价编制项目，可以划分为若干任务，任务具体要求以及需要提交的任务成果文件见表4-1。

表 4-1　钢筋工程招标控制价的编制的任务分解与任务要求

项目		任务分解	任务要求	项目成果文件
钢筋工程招标控制价	招标工程量清单表的编制	任务一：编制基础配筋招标工程量清单表	1. 计算钢筋工程的基础配筋的工程量 2. 编制钢筋工程的基础配筋的招标工程量清单表	结合具体项目编制招标控制价及计算底稿，具体包括： 1. 项目概况 2. 编制依据 3. 编制说明 4. 钢筋工程招标工程量清单——分部分项工程和单价措施项目清单与计价表 5. 钢筋工程的招标控制价 6. 钢筋工程清单工程量的计算底稿
		任务二：编制板的配筋招标工程量清单表	1. 计算钢筋工程的板的配筋的工程量 2. 编制钢筋工程的板的配筋的招标工程量清单表	
		任务三：编制构造柱配筋招标工程量清单表	1. 计算钢筋工程的构造柱配筋的工程量 2. 编制钢筋工程的构造柱配筋的招标工程量清单表	
		任务四：编制加筋墙配筋招标工程量清单表	1. 计算钢筋工程的加筋墙配筋的工程量 2. 编制钢筋工程的加筋墙配筋的招标工程量清单表	
		任务五：编制过梁配筋招标工程量清单表	1. 计算钢筋工程的过梁配筋的工程量 2. 编制钢筋工程的过梁配筋的招标工程量清单表	
		任务六：编制阳台梁配筋招标工程量清单表	1. 计算钢筋工程的阳台梁配筋的工程量 2. 编制钢筋工程的阳台梁配筋的招标工程量清单表	
		任务七：编制空调板配筋招标工程量清单表	1. 计算钢筋工程的空调板配筋的工程量 2. 编制钢筋工程的空调板配筋的招标工程量清单表	
		任务八：编制圈梁配筋招标工程量清单表	1. 计算钢筋工程的圈梁配筋的工程量 2. 编制钢筋工程的圈梁配筋的招标工程量清单表	
	招标控制价的编制	任务九：编制钢筋工程招标控制价	1. 根据钢筋工程项目特征及定额，以板的配筋为例，进行组价 2. 根据钢筋钢调价，以板的配筋为例，确定综合单价，生成钢筋工程招标控制价	

案 例

一、项目概况

天津某住宅 2 号楼，该工程占地 $985m^2$，地上 6 层，檐高 17.4m，各层层高 2.8m，总建筑面积约 $5500m^2$，结构形式采用砖混结构，混凝土空心桩基础，其设计使用年限为 50 年，该建筑抗震设防类别为丙类，抗震设防烈度为七度，安全等级二级。该工程分为 24 个居住单元，2 种户型。

二、项目其他信息

（1）基础部分的设计图如图 4-1 ~ 图 4-5 所示（微信扫描二维码看图）。

（2）采用混凝土空心桩，桩型号 ZH1：断面尺寸为 500mm × 500mm，桩底标高 - 12m，SZH1：断面尺寸为 500mm × 500mm，桩底标高 - 12m，桩基安全等级二级。

（3）工程桩全面施工前桩须进行一根单桩静载荷试桩，ZH1 单桩竖向极限承载力标准为 880kN；采用堆载法试桩。要求静载荷试验严格按规范执行，试桩报告应提交设计。

（4）基础 AC35，垫层 AC25 素混凝土，采用加气混凝土砌块 M7.5。

（5）钢筋采用ΦHPB235 级钢筋和ΦHRB335 级钢筋。

（6）混凝土碱集料反应等级，地下部分为Ⅱ类。

图4-1 一 ~ 三层结构平面图

图4-2 四层结构平面图

图4-3 五层结构平面图

图4-4 六层结构平面图

图4-5 顶层结构平面图

任务一 编制基础配筋招标工程量清单表

一、任务要求

本任务是编制钢筋工程招标控制价及计算钢筋工程招标工程清单的基础，主要是根据施工图中的配筋类型及钢筋工程工程量清单的计算规则，并结合图样的说明和钢筋工程工程量清单相应项目的工作内容编制招标工程量清单。

（1）结合案例具体情况，编制钢筋工程的工程量清单。报告中包括以下几部分内容：

1）项目概况。

2）编制依据。

3）编制说明。

4）招标工程量清单——分部分项工程和单价措施项目清单与计价表。

5）基础配筋工程清单工程量的计算底稿。

（2）提交过关讨论的会议纪要。

二、任务中的过关问题

过关问题 1：根据案例中的背景资料，计算钢筋工程量时应根据哪些图样和相应的工程量清单计算规则？

过关问题 2：根据案例中的结构平面图和详图，应如何计算基础配筋清单工程量？

过关问题 3：根据案例中的钢筋，对于钢筋工程的工程量清单应如何列项？如何描述其项目特征？

过关问题 4：根据案例，编制钢筋工程的招标工程量清单表，并填入表 4-2。

表 4-2　分部分项工程和单价措施项目清单与计价表

| 序号 | 项目编码 | 项目名称 | 项目特征 | 计量单位 | 工程量 | 金额（元） | |
						综合单价	合价

三、任务实施依据

《房屋建筑与装饰工程工程量计算规范》（GB 50854—2013）的工程量计算规则（仅列与本案例相关的计算规则），见表 4-3。

表 4-3　钢筋工程（编号：010515）

项目编码	项目名称	项目特征	计量单位	工程量计算规则	工作内容
010515001	现浇构件钢筋	钢筋种类、规格	t	按设计图示钢筋（网）长度（面积）乘以单位理论质量计算	1. 钢筋制作、运输 2. 钢筋安装 3. 焊接（绑扎）
010515003	钢筋网片				1. 钢筋网制作、运输 2. 钢筋网安装 3. 焊接（绑扎）
010515004	钢筋笼				1. 钢筋笼制作、运输 2. 钢筋笼安装 3. 焊接（绑扎）
010515005	先张法预应力钢筋	1. 钢筋种类、规格 2. 锚具种类		按设计图示钢筋长度乘以单位理论质量计算	1. 钢筋制作、运输 2. 钢筋张拉

（续）

项目编码	项目名称	项目特征	计量单位	工程量计算规则	工作内容
010515006	后张法预应力钢筋	1. 钢筋种类、规格 2. 钢丝种类、规格 3. 钢绞线种类、规格 4. 锚具种类 5. 砂浆强度等级	t	按设计图示钢筋（丝束、绞线）长度乘以单位理论质量计算 1. 低合金钢筋两端均采用螺杆锚具时，钢筋长度按孔道长度减0.35m计算，螺杆另行计算 2. 低合金钢筋一端采用镦头插片、另一端采用螺杆锚具时，钢筋长度按孔道长度计算，螺杆另行计算 3. 低合金钢筋一端采用镦头插片、另一端采用帮条锚具时，钢筋增加0.15m计算；两端均采用帮条锚具时，钢筋长度按孔道长度增加0.3m计算 4. 低合金钢筋采用后张混凝土自锚时，钢筋长度按孔道长度增加0.35m计算 5. 低合金钢筋（钢绞线）采用JM、XM、QM型锚具，孔道长度≤20m时，钢筋长度增加1m计算，孔道长度>20m时，钢筋长度增加1.8m计算 6. 碳素钢丝采用锥形锚具，孔道长度≤20m时，钢丝束长度按孔道长度增加1m计算，孔道长度>20m时，钢丝束长度按孔道长度增加1.8m计算 7. 碳素钢丝采用镦头锚具时，钢丝束长度按孔道长度增加0.35m计算	1. 钢筋、钢丝、钢绞线制作、运输 2. 钢筋、钢丝、钢绞线安装 3. 预埋管孔道铺设 4. 锚具安装 5. 砂浆制作、运输 6. 孔道压浆、养护
010515007	预应力钢丝				
010515008	预应力钢绞线				
010515009	支撑钢筋（铁马）	1. 钢筋种类 2. 规格		按钢筋长度乘以单位理论质量计算	钢筋制作、焊接、安装
01051510	声测管	1. 材质 2. 规格型号		按设计图示尺寸质量计算	1. 检测管截断、封头 2. 套管制作、焊接 3. 定位、固定

注：1. 现浇构件中伸出构件的锚固钢筋应并入钢筋工程量内。除设计（包括规范规定）标明的搭接外，其他施工搭接不计算工程量，在综合单价中综合考虑。

2. 现浇构件中固定位置的支撑钢筋、双层钢筋用的"铁马"在编制工程量清单时，其工程量可为暂估量，结算时按现场签证数量计算。

四、任务实施程序与内容

步骤一：识图

（1）图样。查找计算基础配筋工程量所需要的图样包括：结构平面图、檐口平面图和结构说明。

（2）种类和尺寸的确定。根据墙柱类型，确定基础种类。

步骤二：计算混凝土工程清单工程量

（1）项目名称。根据结构工程施工图，确定所列项目名称。

（2）计算清单工程量。根据所列基础配筋的项目，结合结构平面图计算基础配筋的清单工程量。

步骤三：编制钢筋工程招标工程量清单

（1）列项。根据工程量清单计算规则列钢筋工程的清单项目。

（2）编制招标工程量清单表。根据结构说明和清单计算规则的工作内容描述项目特征，生成完整的招标工程量清单。

任务二　编制板的配筋招标工程量清单表

一、任务要求

本任务是编制钢筋工程招标控制价及计算钢筋工程招标工程清单的基础，主要是根据施工图中的配筋类型及钢筋工程工程量清单的计算规则，并结合图样的说明和钢筋工程工程量清单相应项目的工作内容编制招标工程量清单。

（1）结合案例具体情况，编制钢筋工程的工程量清单。报告中包括以下几部分内容：

1）项目概况。

2）编制依据。

3）编制说明。

4）招标工程量清单——分部分项工程和单价措施项目清单与计价表。

5）板的配筋工程清单工程量的计算底稿。

（2）提交过关讨论的会议纪要。

二、任务中的过关问题

过关问题1：根据案例中的背景资料，计算钢筋工程量时应根据哪些图样和相应的工程量清单计算规则？

过关问题2：根据案例中的结构平面图和详图，应如何计算板的配筋清单工程量？

过关问题3：根据案例中的钢筋，对于钢筋工程的工程量清单应如何列项，如何描述其项目特征？

过关问题4：根据案例，编制钢筋工程的招标工程量清单表，并填入表4-4。

表4-4　分部分项工程和单价措施项目清单与计价表

序号	项目编码	项目名称	项目特征	计量单位	工程量	金额（元）	
						综合单价	合价

三、任务实施依据

《房屋建筑与装饰工程工程量计算规范》（GB 50854—2013）的工程量计算规则（仅列与本案例相关的计算规则），见表4-5。

表 4-5　钢筋工程

项目编码	项目名称	项目特征	计量单位	工程量计算规则	工作内容
010515001	现浇构件钢筋	钢筋种类、规格	t	按设计图示钢筋（网）长度（面积）乘以单位理论质量计算	1. 钢筋制作、运输 2. 钢筋安装 3. 焊接（绑扎）
010515003	钢筋网片				1. 钢筋网制作、运输 2. 钢筋网安装 3. 焊接（绑扎）
010515004	钢筋笼				1. 钢筋笼制作、运输 2. 钢筋笼安装 3. 焊接（绑扎）
010515005	先张法预应力钢筋	1. 钢筋种类、规格 2. 锚具种类		按设计图示钢筋长度乘以单位理论质量计算	1. 钢筋制作、运输 2. 钢筋张拉
010515006	后张法预应力钢筋	1. 钢筋种类、规格 2. 钢丝种类、规格 3. 钢绞线种类、规格 4. 锚具种类 5. 砂浆强度等级	t	按设计图示钢筋（丝束、绞线）长度乘以单位理论质量计算 1. 低合金钢筋两端均采用螺杆锚具时，钢筋长度按孔道长度减 0.35m 计算，螺杆另行计算 2. 低合金钢筋一端采用镦头插片、另一端采用螺杆锚具时，钢筋长度按孔道长度计算，螺杆另行计算 3. 低合金钢筋一端采用镦头插片、另一端采用帮条锚具时，钢筋增加 0.15m 计算；两端均采用帮条锚具时，钢筋长度按孔道长度增加 0.3m 计算 4. 低合金钢筋采用后张混凝土自锚时，钢筋长度按孔道长度增加 0.35m 计算 5. 低合金钢筋（钢绞线）采用 JM、XM、QM 型锚具，孔道长度 ≤20m 时，钢筋长度增加 1m 计算，孔道长度 >20m 时，钢筋长度增加 1.8m 计算 6. 碳素钢丝采用锥形锚具，孔道长度 ≤20m 时，钢丝束长度按孔道长度增加 1m 计算，孔道长度 >20m 时，钢丝束长度按孔道长度增加 1.8m 计算 7. 碳素钢丝采用镦头锚具时，钢丝束长度按孔道长度增加 0.35m 计算	1. 钢筋、钢丝、钢绞线制作、运输 2. 钢筋、钢丝、钢绞线安装 3. 预埋管孔道铺设 4. 锚具安装 5. 砂浆制作、运输 6. 孔道压浆、养护
010515007	预应力钢丝				
010515008	预应力钢绞线				
010515009	支撑钢筋（铁马）	1. 钢筋种类 2. 规格		按钢筋长度乘以单位理论质量计算	钢筋制作、焊接、安装
01051510	声测管	1. 材质 2. 规格型号		按设计图示尺寸质量计算	1. 检测管截断、封头 2. 套管制作、焊接 3. 定位、固定

注：1. 现浇构件中伸出构件的锚固钢筋应并入钢筋工程量内。除设计（包括规范规定）标明的搭接外，其他施工搭接不计算工程量，在综合单价中综合考虑。

2. 现浇构件中固定位置的支撑钢筋、双层钢筋用的"铁马"在编制工程量清单时，其工程量可为暂估量，结算时按现场签证数量计算。

四、任务实施程序与内容

步骤一：识图

（1）图样。查找计算板的配筋工程量所需要的图样包括：结构平面图、檐口平面图和结构说明。

（2）种类和尺寸的确定。根据墙柱类型，确定板的种类。

步骤二：计算混凝土工程清单工程量

（1）项目名称。根据结构工程施工图，确定所列项目名称。

（2）计算清单工程量。根据所列板的配筋的项目，结合结构平面图计算板的配筋的清单工程量。

步骤三：编制钢筋工程招标工程量清单

（1）列项。根据工程量清单计算规则列钢筋工程的清单项目。

（2）编制招标工程量清单表。根据结构说明和清单计算规则的工作内容描述项目特征，生成完整的招标工程量清单。

任务三 编制构造柱配筋招标工程量清单表

一、任务要求

本任务是编制钢筋工程招标控制价及计算钢筋工程招标工程清单的基础，主要是根据施工图中的配筋类型，及钢筋工程工程量清单的计算规则，并结合图样的说明和钢筋工程工程量清单相应项目的工作内容编制招标工程量清单。

（1）结合案例具体情况，编制钢筋工程的工程量清单。报告中包括以下几部分内容：

1）项目概况。

2）编制依据。

3）编制说明。

4）招标工程量清单——分部分项工程和单价措施项目清单与计价表。

5）构造柱配筋工程清单工程量的计算底稿。

（2）提交过关讨论的会议纪要。

二、任务中的过关问题

过关问题1：根据案例中的背景资料，计算钢筋工程量时应根据哪些图样和相应的工程量清单计算规则？

过关问题2：根据案例中的结构平面图和详图，应如何计算构造柱配筋清单工程量？

过关问题3：根据案例中的钢筋，对于钢筋工程的工程量清单应如何列项？如何描述其项目特征？

过关问题4：根据案例，编制钢筋工程的招标工程量清单表，并填入表4-6。

表4-6 分部分项工程和单价措施项目清单与计价表

序号	项目编码	项目名称	项目特征	计量单位	工程量	金额（元）	
						综合单价	合价

三、任务实施依据

《房屋建筑与装饰工程工程量计算规范》（GB 50854—2013）的工程量计算规则（仅列与本案例相关的计算规则），见表4-7。

表4-7　钢筋工程（编号：010515）

项目编码	项目名称	项目特征	计量单位	工程量计算规则	工作内容
010515001	现浇构件钢筋	钢筋种类、规格	t	按设计图示钢筋（网）长度（面积）乘以单位理论质量计算	1. 钢筋制作、运输 2. 钢筋安装 3. 焊接（绑扎）
010515003	钢筋网片				1. 钢筋网制作、运输 2. 钢筋网安装 3. 焊接（绑扎）
010515004	钢筋笼				1. 钢筋笼制作、运输 2. 钢筋笼安装 3. 焊接（绑扎）
010515005	先张法预应力钢筋	1. 钢筋种类、规格 2. 锚具种类		按设计图示钢筋长度乘以单位理论质量计算	1. 钢筋制作、运输 2. 钢筋张拉
010515006	后张法预应力钢筋	1. 钢筋种类、规格 2. 钢丝种类、规格 3. 钢绞线种类、规格 4. 锚具种类 5. 砂浆强度等级	t	按设计图示钢筋（丝束、绞线）长度乘单位理论质量计算 1. 低合金钢筋两端均采用螺杆锚具时，钢筋长度按孔道长度减0.35m计算，螺杆另行计算 2. 低合金钢筋一端采用镦头插片、另一端采用螺杆锚具时，钢筋长度按孔道长度计算，螺杆另行计算 3. 低合金钢筋一端采用镦头插片、另一端采用帮条锚具时，钢筋增加0.15m计算；两端均采用帮条锚具时，钢筋长度按孔道长度增加0.3m计算 4. 低合金钢筋采用后张混凝土自锚时，钢筋长度按孔道长度增加0.35m计算 5. 低合金钢筋（钢绞线）采用JM、XM、QM型锚具，孔道长度≤20m时，钢筋长度增加1m计算，孔道长度>20m时，钢筋长度增加1.8m计算 6. 碳素钢丝采用锥形锚具，孔道长度≤20m时，钢丝束长度按孔道长度增加1m计算，孔道长度>20m时，钢丝束长度按孔道长度增加1.8m计算 7. 碳素钢丝采用镦头锚具时，钢丝束长度按孔道长度增加0.35m计算	1. 钢筋、钢丝、钢绞线制作、运输 2. 钢筋、钢丝、钢绞线安装 3. 预埋管孔道铺设 4. 锚具安装 5. 砂浆制作、运输 6. 孔道压浆、养护
010515007	预应力钢丝				
010515008	预应力钢绞线				
010515009	支撑钢筋（铁马）	1. 钢筋种类 2. 规格		按钢筋长度乘以单位理论质量计算	钢筋制作、焊接、安装
01051510	声测管	1. 材质 2. 规格型号		按设计图示尺寸质量计算	1. 检测管截断、封头 2. 套管制作、焊接 3. 定位、固定

注：1. 现浇构件中伸出构件的锚固钢筋应并入钢筋工程量内。除设计（包括规范规定）标明的搭接外，其他施工搭接不计算工程量，在综合单价中综合考虑。

　　2. 现浇构件中固定位置的支撑钢筋、双层钢筋用的"铁马"在编制工程量清单时，其工程量可为暂估量，结算时按现场签证数量计算。

四、任务实施程序与内容

步骤一：识图

（1）图样。查找计算构造柱配筋工程量所需要的图样包括：结构平面图、檐口平面图和结构说明。

（2）种类和尺寸的确定。根据墙柱类型，确定构造柱的种类。

步骤二：计算钢筋工程清单工程量

（1）项目名称。根据结构工程施工图，确定所列项目名称。

（2）计算清单工程量。根据所列构造柱配筋的项目，结合结构平面图计算构造柱配筋的清单工程量。

步骤三：编制钢筋工程招标工程量清单

（1）列项。根据工程量清单计算规则列钢筋工程的清单项目。

（2）编制招标工程量清单表。根据结构说明和清单计算规则的工作内容描述项目特征，生成完整的招标工程量清单。

任务四　编制加筋墙配筋招标工程量清单表

一、任务要求

本任务是编制钢筋工程招标控制价及计算钢筋工程招标工程清单的基础，主要是根据施工图中的配筋类型及钢筋工程工程量清单的计算规则，并结合图样的说明和钢筋工程工程量清单相应项目的工作内容编制招标工程量清单。

（1）结合案例具体情况，编制钢筋工程的工程量清单。报告中包括以下几部分内容：

1）项目概况。

2）编制依据。

3）编制说明。

4）招标工程量清单——分部分项工程和单价措施项目清单与计价表。

5）加筋墙配筋工程清单工程量的计算底稿。

（2）提交过关讨论的会议纪要。

二、任务中的过关问题

过关问题 1：根据案例中的背景资料，计算钢筋工程量时应根据哪些图样和相应的工程量清单计算规则？

过关问题 2：根据案例中的结构平面图和详图，应如何计算加筋墙配筋清单工程量？

过关问题 3：根据案例中的钢筋，对于钢筋工程的工程量清单应如何列项？如何描述其项目特征？

过关问题 4：根据案例，编制钢筋工程的招标工程量清单表，并填入表 4-8。

表 4-8　分部分项工程和单价措施项目清单与计价表

序号	项目编码	项目名称	项目特征	计量单位	工程量	金额（元）	
						综合单价	合价

三、任务实施依据

《房屋建筑与装饰工程工程量计算规范》（GB 50854—2013）的工程量计算规则（仅列与本案例相关的计算规则），见表4-9。

表4-9　钢筋工程

项目编码	项目名称	项目特征	计量单位	工程量计算规则	工作内容
010515001	现浇构件钢筋	钢筋种类、规格	t	按设计图示钢筋（网）长度（面积）乘以单位理论质量计算	1. 钢筋制作、运输 2. 钢筋安装 3. 焊接（绑扎）
010515003	钢筋网片				1. 钢筋网制作、运输 2. 钢筋网安装 3. 焊接（绑扎）
010515004	钢筋笼				1. 钢筋笼制作、运输 2. 钢筋笼安装 3. 焊接（绑扎）
010515005	先张法预应力钢筋	1. 钢筋种类、规格 2. 锚具种类		按设计图示钢筋长度乘以单位理论质量计算	1. 钢筋制作、运输 2. 钢筋张拉
010515006	后张法预应力钢筋	1. 钢筋种类、规格 2. 钢丝种类、规格 3. 钢绞线种类、规格 4. 锚具种类 5. 砂浆强度等级	t	按设计图示钢筋（丝束、绞线）长度乘以单位理论质量计算 1. 低合金钢筋两端均采用螺杆锚具时，钢筋长度按孔道长度减0.35m计算，螺杆另行计算 2. 低合金钢筋一端采用镦头插片、另一端采用螺杆锚具时，钢筋长度按孔道长度计算，螺杆另行计算 3. 低合金钢筋一端采用镦头插片、另一端采用帮条锚具时，钢筋增加0.15m计算；两端均采用帮条锚具时，钢筋长度按孔道长度增加0.3m计算 4. 低合金钢筋采用后张混凝土自锚时，钢筋长度按孔道长度增加0.35m计算 5. 低合金钢筋（钢绞线）采用JM、XM、QM型锚具，孔道长度≤20m时，钢筋长度增加1m计算，孔道长度>20m时，钢筋长度增加1.8m计算 6. 碳素钢丝采用锥形锚具，孔道长度≤20m时，钢丝束长度按孔道长度增加1m计算，孔道长度>20m时，钢丝束长度按孔道长度增加1.8m计算 7. 碳素钢丝采用镦头锚具时，钢丝束长度按孔道长度增加0.35m计算	1. 钢筋、钢丝、钢绞线制作、运输 2. 钢筋、钢丝、钢绞线安装 3. 预埋管孔道铺设 4. 锚具安装 5. 砂浆制作、运输 6. 孔道压浆、养护
010515007	预应力钢丝				
010515008	预应力钢绞线				
010515009	支撑钢筋（铁马）	1. 钢筋种类 2. 规格		按钢筋长度乘以单位理论质量计算	钢筋制作、焊接、安装
01051510	声测管	1. 材质 2. 规格型号		按设计图示尺寸质量计算	1. 检测管截断、封头 2. 套管制作、焊接 3. 定位、固定

注：1. 现浇构件中伸出构件的锚固钢筋应并入钢筋工程量内。除设计（包括规范规定）标明的搭接外，其他施工搭接不计算工程量，在综合单价中综合考虑。

2. 现浇构件中固定位置的支撑钢筋、双层钢筋用的"铁马"在编制工程量清单时，其工程量可为暂估量，结算时按现场签证数量计算。

四、任务实施程序与内容

步骤一：识图

（1）图样。查找计算加筋墙配筋工程量所需要的图样包括：结构平面图、檐口平面图和结构说明。

（2）种类和尺寸的确定。根据墙柱类型，确定加筋墙的种类。

步骤二：计算钢筋工程清单工程量

（1）项目名称。根据结构工程施工图，确定所列项目名称。

（2）计算清单工程量。根据所列加筋墙配筋的项目，结合结构平面图计算加筋墙配筋的清单工程量。

步骤三：编制钢筋工程招标工程量清单

（1）列项。根据工程量清单计算规则列钢筋工程的清单项目。

（2）编制招标工程量清单表。根据结构说明和清单计算规则的工作内容描述项目特征，生成完整的招标工程量清单。

任务五　编制过梁配筋招标工程量清单表

一、任务要求

本任务是编制钢筋工程招标控制价及计算钢筋工程招标工程清单的基础，主要是根据施工图中的配筋类型，及钢筋工程工程量清单的计算规则，并结合图样的说明和钢筋工程工程量清单相应项目的工作内容编制招标工程量清单。

（1）结合案例具体情况，编制钢筋工程的工程量清单。报告中包括以下几部分内容：

1）项目概况。

2）编制依据。

3）编制说明。

4）招标工程量清单——分部分项工程和单价措施项目清单与计价表。

5）过梁配筋工程清单工程量的计算底稿。

（2）提交过关讨论的会议纪要。

二、任务中的过关问题

过关问题1：根据案例中的背景资料，计算钢筋工程量时应根据哪些图样和相应的工程量清单计算规则？

过关问题2：根据案例中的结构平面图和详图，应如何计算过梁配筋清单工程量？

过关问题3：根据案例中的钢筋，对于钢筋工程的工程量清单应如何列项？如何描述其项目特征？

过关问题4：根据案例，编制钢筋工程的招标工程量清单表，并填入表4-10。

表4-10　分部分项工程和单价措施项目清单与计价表

序号	项目编码	项目名称	项目特征	计量单位	工程量	金额（元）	
						综合单价	合价

三、任务实施依据

《房屋建筑与装饰工程工程量计算规范》（GB 50854—2013）的工程量计算规则（仅列与本案例相关的计算规则）见表 4-11。

表 4-11 钢筋工程

项目编码	项目名称	项目特征	计量单位	工程量计算规则	工作内容
010515001	现浇构件钢筋	钢筋种类、规格	t	按设计图示钢筋（网）长度（面积）乘以单位理论质量计算	1. 钢筋制作、运输 2. 钢筋安装 3. 焊接（绑扎）
010515003	钢筋网片				1. 钢筋网制作、运输 2. 钢筋网安装 3. 焊接（绑扎）
010515004	钢筋笼				1. 钢筋笼制作、运输 2. 钢筋笼安装 3. 焊接（绑扎）
010515005	先张法预应力钢筋	1. 钢筋种类、规格 2. 锚具种类		按设计图示钢筋长度乘以单位理论质量计算	1. 钢筋制作、运输 2. 钢筋张拉
010515006	后张法预应力钢筋	1. 钢筋种类、规格 2. 钢丝种类、规格 3. 钢绞线种类、规格 4. 锚具种类 5. 砂浆强度等级	t	按设计图示钢筋（丝束、绞线）长度乘以单位理论质量计算 1. 低合金钢筋两端均采用螺杆锚具时，钢筋长度按孔道长度减 0.35m 计算，螺杆另行计算 2. 低合金钢筋一端采用镦头插片、另一端采用螺杆锚具时，钢筋长度按孔道长度计算，螺杆另行计算 3. 低合金钢筋一端采用镦头插片、另一端采用帮条锚具时，钢筋增加 0.15m 计算；两端均采用帮条锚具时，钢筋长度按孔道长度增加 0.3m 计算 4. 低合金钢筋采用后张混凝土自锚时，钢筋长度按孔道长度增加 0.35m 计算 5. 低合金钢筋（钢绞线）采用 JM、XM、QM 型锚具，孔道长度≤20m 时，钢筋长度增加 1m 计算，孔道长度＞20m 时，钢筋长度增加 1.8m 计算 6. 碳素钢丝采用锥形锚具，孔道长度≤20m 时，钢丝束长度按孔道长度增加 1m 计算，孔道长度＞20m 时，钢丝束长度按孔道长度增加 1.8m 计算 7. 碳素钢丝采用镦头锚具时，钢丝束长度按孔道长度增加 0.35m 计算	1. 钢筋、钢丝、钢绞线制作、运输 2. 钢筋、钢丝、钢绞线安装 3. 预埋管孔道铺设 4. 锚具安装 5. 砂浆制作、运输 6. 孔道压浆、养护
010515007	预应力钢丝				
010515008	预应力钢绞线				
010515009	支撑钢筋（铁马）	1. 钢筋种类 2. 规格	t	按钢筋长度乘以单位理论质量计算	钢筋制作、焊接、安装
01051510	声测管	1. 材质 2. 规格型号		按设计图示尺寸质量计算	1. 检测管截断、封头 2. 套管制作、焊接 3. 定位、固定

注：1. 现浇构件中伸出构件的锚固钢筋应并入钢筋工程量内。除设计（包括规范规定）标明的搭接外，其他施工搭接不计算工程量，在综合单价中综合考虑。

2. 现浇构件中固定位置的支撑钢筋、双层钢筋用的"铁马"在编制工程量清单时，其工程量可为暂估量，结算时按现场签证数量计算。

四、任务实施程序与内容

步骤一：识图

（1）图样。查找计算过梁配筋工程量所需要的图样包括：结构平面图、檐口平面图和结构说明。

（2）种类和尺寸的确定。根据墙柱类型，确定过梁的种类。

步骤二：计算钢筋工程清单工程量

（1）项目名称。根据结构工程施工图，确定所列项目名称。

（2）计算清单工程量。根据所列过梁配筋的项目，结合结构平面图计算过梁配筋的清单工程量。

步骤三：编制钢筋工程招标工程量清单

（1）列项。根据工程量清单计算规则列钢筋工程的清单项目。

（2）编制招标工程量清单表。根据结构说明和清单计算规则的工作内容描述项目特征，生成完整的招标工程量清单。

任务六　编制阳台梁配筋招标工程量清单表

一、任务要求

本任务是编制钢筋工程招标控制价及计算钢筋工程招标工程清单的基础，主要是根据施工图中的配筋类型，及钢筋工程工程量清单的计算规则，并结合图样的说明和钢筋工程工程量清单相应项目的工作内容编制招标工程量清单。

（1）结合案例具体情况，编制钢筋工程的工程量清单。报告中包括以下几部分内容：

1）项目概况。

2）编制依据。

3）编制说明。

4）招标工程量清单——分部分项工程和单价措施项目清单与计价表。

5）阳台梁配筋工程清单工程量的计算底稿。

（2）提交过关讨论的会议纪要。

二、任务中的过关问题

过关问题1：根据案例中的背景资料，计算钢筋工程量时应根据哪些图样和相应的工程量清单计算规则？

过关问题2：根据案例中的结构平面图和详图，应如何计算阳台梁配筋清单工程量？

过关问题3：根据案例中的钢筋，对于钢筋工程的工程量清单应如何列项？如何描述其项目特征？

过关问题4：根据案例，编制钢筋工程的招标工程量清单表，并填入表4-12。

表4-12　分部分项工程和单价措施项目清单与计价表

序号	项目编码	项目名称	项目特征	计量单位	工程量	金额（元）	
						综合单价	合价

三、任务实施依据

《房屋建筑与装饰工程工程量计算规范》（GB 50854—2013）的工程量计算规则（仅列与本案例相关的计算规则）见表4-13。

表4-13 钢筋工程

项目编码	项目名称	项目特征	计量单位	工程量计算规则	工作内容
010515001	现浇构件钢筋	钢筋种类、规格	t	按设计图示钢筋（网）长度（面积）乘以单位理论质量计算	1. 钢筋制作、运输 2. 钢筋安装 3. 焊接（绑扎）
010515003	钢筋网片				1. 钢筋网制作、运输 2. 钢筋网安装 3. 焊接（绑扎）
010515004	钢筋笼				1. 钢筋笼制作、运输 2. 钢筋笼安装 3. 焊接（绑扎）
010515005	先张法预应力钢筋	1. 钢筋种类、规格 2. 锚具种类		按设计图示钢筋长度乘以单位理论质量计算	1. 钢筋制作、运输 2. 钢筋张拉
010515006	后张法预应力钢筋	1. 钢筋种类、规格 2. 钢丝种类、规格 3. 钢绞线种类、规格 4. 锚具种类 5. 砂浆强度等级	t	按设计图示钢筋（丝束、绞线）长度乘以单位理论质量计算 1. 低合金钢筋两端均采用螺杆锚具时，钢筋长度按孔道长度减0.35m计算，螺杆另行计算 2. 低合金钢筋一端采用镦头插片、另一端采用螺杆锚具时，钢筋长度按孔道长度计算，螺杆另行计算 3. 低合金钢筋一端采用镦头插片、另一端采用帮条锚具时，钢筋增加0.15m计算；两端均采用帮条锚具时，钢筋长度按孔道长度增加0.3m计算 4. 低合金钢筋采用后张混凝土自锚时，钢筋长度按孔道长度增加0.35m计算 5. 低合金钢筋（钢绞线）采用JM、XM、QM型锚具，孔道长度≤20m时，钢筋长度增加1m计算，孔道长度>20m时，钢筋长度增加1.8m计算 6. 碳素钢丝采用锥形锚具，孔道长度≤20m时，钢丝束长度按孔道长度增加1m计算，孔道长度>20m时，钢丝束长度按孔道长度增加1.8m计算 7. 碳素钢丝采用镦头锚具时，钢丝束长度按孔道长度增加0.35m计算	1. 钢筋、钢丝、钢绞线制作、运输 2. 钢筋、钢丝、钢绞线安装 3. 预埋管孔道铺设 4. 锚具安装 5. 砂浆制作、运输 6. 孔道压浆、养护
010515007	预应力钢丝				
010515008	预应力钢绞线				
010515009	支撑钢筋（铁马）	1. 钢筋种类 2. 规格		按钢筋长度乘以单位理论质量计算	钢筋制作、焊接、安装
01051510	声测管	1. 材质 2. 规格型号		按设计图示尺寸质量计算	1. 检测管截断、封头 2. 套管制作、焊接 3. 定位、固定

注：1. 现浇构件中伸出构件的锚固钢筋应并入钢筋工程量内。除设计（包括规范规定）标明的搭接外，其他施工搭接不计算工程量，在综合单价中综合考虑。

2. 现浇构件中固定位置的支撑钢筋、双层钢筋用的"铁马"在编制工程量清单时，其工程量可为暂估量，结算时按现场签证数量计算。

四、任务实施程序与内容

步骤一：识图

（1）图样。查找计算阳台梁配筋工程量所需要的图样包括：结构平面图、檐口平面图和结构说明。

（2）种类和尺寸的确定。根据墙柱类型，确定阳台梁的种类。

步骤二：计算钢筋工程清单工程量

（1）项目名称。根据结构工程施工图，确定所列项目名称。

（2）计算清单工程量。根据所列阳台梁配筋的项目，结合结构平面图计算阳台梁配筋的清单工程量。

步骤三：编制钢筋工程招标工程量清单

（1）列项。根据工程量清单计算规则列钢筋工程的清单项目。

（2）编制招标工程量清单表。根据结构说明和清单计算规则的工作内容描述项目特征，生成完整的招标工程量清单。

任务七　编制空调板配筋招标工程量清单表

一、任务要求

本任务是编制钢筋工程招标控制价及计算钢筋工程招标工程清单的基础，主要是根据施工图中的配筋类型，及钢筋工程工程量清单的计算规则，并结合图样的说明和钢筋工程工程量清单相应项目的工作内容编制招标工程量清单。

（1）结合案例具体情况，编制钢筋工程的工程量清单。报告中包括以下几部分内容：

1）项目概况。

2）编制依据。

3）编制说明。

4）招标工程量清单——分部分项工程和单价措施项目清单与计价表。

5）空调板配筋工程清单工程量的计算底稿。

（2）提交过关讨论的会议纪要。

二、任务中的过关问题

过关问题1：根据案例中的背景资料，计算钢筋工程量时应根据哪些图样和相应的工程量清单计算规则？

过关问题2：根据案例中的结构平面图和详图，应如何计算空调板配筋清单工程量？

过关问题3：根据案例中的钢筋，对于钢筋工程的工程量清单应如何列项？如何描述其项目特征？

过关问题4：根据案例，编制钢筋工程的招标工程量清单表，并填入表4-14。

表4-14　分部分项工程和单价措施项目清单与计价表

序号	项目编码	项目名称	项目特征	计量单位	工程量	金额（元）	
						综合单价	合价

三、任务实施依据

《房屋建筑与装饰工程工程量计算规范》（GB 50854—2013）的工程量计算规则（仅列与本案例相关的计算规则）见表4-15。

表4-15 钢筋工程

项目编码	项目名称	项目特征	计量单位	工程量计算规则	工作内容
010515001	现浇构件钢筋	钢筋种类、规格	t	按设计图示钢筋（网）长度（面积）乘以单位理论质量计算	1. 钢筋制作、运输 2. 钢筋安装 3. 焊接（绑扎）
010515003	钢筋网片				1. 钢筋网制作、运输 2. 钢筋网安装 3. 焊接（绑扎）
010515004	钢筋笼				1. 钢筋笼制作、运输 2. 钢筋笼安装 3. 焊接（绑扎）
010515005	先张法预应力钢筋	1. 钢筋种类、规格 2. 锚具种类		按设计图示钢筋长度乘以单位理论质量计算	1. 钢筋制作、运输 2. 钢筋张拉
010515006	后张法预应力钢筋	1. 钢筋种类、规格 2. 钢丝种类、规格 3. 钢绞线种类、规格 4. 锚具种类 5. 砂浆强度等级	t	按设计图示钢筋（丝束、绞线）长度乘以单位理论质量计算 1. 低合金钢筋两端均采用螺杆锚具时，钢筋长度按孔道长度减0.35m计算，螺杆另行计算。 2. 低合金钢筋一端采用镦头插片、另一端采用螺杆锚具时，钢筋长度按孔道长度计算，螺杆另行计算。 3. 低合金钢筋一端采用镦头插片、另一端采用帮条锚具时，钢筋增加0.15m计算；两端均采用帮条锚具时，钢筋长度按孔道长度增加0.3m计算。 4. 低合金钢筋采用后张混凝土自锚时，钢筋长度按孔道长度增加0.35m计算。 5. 低合金钢筋（钢绞线）采用JM、XM、QM型锚具，孔道长度≤20m时，钢筋长度增加1m计算，孔道长度>20m时，钢筋长度增加1.8m计算。 6. 碳素钢丝采用锥形锚具，孔道长度≤20m时，钢丝束长度按孔道长度增加1m计算，孔道长度>20m时，钢丝束长度按孔道长度增加1.8m计算。 7. 碳素钢丝采用镦头锚具时，钢丝束长度按孔道长度增加0.35m计算	1. 钢筋、钢丝、钢绞线制作、运输 2. 钢筋、钢丝、钢绞线安装 3. 预埋管孔道铺设 4. 锚具安装 5. 砂浆制作、运输 6. 孔道压浆、养护
010515007	预应力钢丝				
010515008	预应力钢绞线				
010515009	支撑钢筋（铁马）	1. 钢筋种类 2. 规格	t	按钢筋长度乘以单位理论质量计算	钢筋制作、焊接、安装
01051510	声测管	1. 材质 2. 规格型号		按设计图示尺寸质量计算	1. 检测管截断、封头 2. 套管制作、焊接 3. 定位、固定

注：1. 现浇构件中伸出构件的锚固钢筋应并入钢筋工程量内。除设计（包括规范规定）标明的搭接外，其他施工搭接不计算工程量，在综合单价中综合考虑。

　　2. 现浇构件中固定位置的支撑钢筋、双层钢筋用的"铁马"在编制工程量清单时，其工程量可为暂估量，结算时按现场签证数量计算。

四、任务实施程序与内容

步骤一：识图

（1）图样。查找计算空调板配筋工程量所需要的图样包括：结构平面图、檐口平面图和结构说明。

（2）种类和尺寸的确定。根据墙柱类型，确定空调板的种类。

步骤二：计算钢筋工程清单工程量

（1）项目名称。根据结构工程施工图，确定所列项目名称。

（2）计算清单工程量。根据所列空调板配筋的项目，结合结构平面图计算空调板配筋的清单工程量。

步骤三：编制钢筋工程招标工程量清单

（1）列项。根据工程量清单计算规则列钢筋工程的清单项目。

（2）编制招标工程量清单表。根据结构说明和清单计算规则的工作内容描述项目特征，生成完整的招标工程量清单。

任务八　编制圈梁配筋招标工程量清单表

一、任务要求

本任务是编制钢筋工程招标控制价及计算钢筋工程招标工程清单的基础，主要是根据施工图中的配筋类型及钢筋工程工程量清单的计算规则，并结合图样的说明和钢筋工程工程量清单相应项目的工作内容编制招标工程量清单。

（1）结合案例具体情况，编制钢筋工程的工程量清单。报告中包括以下几部分内容：

1）项目概况。

2）编制依据。

3）编制说明。

4）招标工程量清单——分部分项工程和单价措施项目清单与计价表。

5）圈梁配筋工程清单工程量的计算底稿。

（2）提交过关讨论的会议纪要。

二、任务中的过关问题

过关问题 1：根据案例中的背景资料，计算钢筋工程量时应根据哪些图样和相应的工程量清单计算规则？

过关问题 2：根据案例中的结构平面图和详图，应如何计算圈梁配筋清单工程量？

过关问题 3：根据案例中的钢筋，对于钢筋工程的工程量清单应如何列项？如何描述其项目特征？

过关问题 4：根据案例，编制钢筋工程的招标工程量清单表，并填入表 4-16。

表 4-16　分部分项工程和单价措施项目清单与计价表

序号	项目编码	项目名称	项目特征	计量单位	工程量	金额（元）	
						综合单价	合价

三、任务实施依据

《房屋建筑与装饰工程工程量计算规范》（GB 50854—2013）的工程量计算规则（仅列与本案例相关的计算规则）见表4-17。

表4-17　钢筋工程

项目编码	项目名称	项目特征	计量单位	工程量计算规则	工作内容
010515001	现浇构件钢筋	钢筋种类、规格	t	按设计图示钢筋（网）长度（面积）乘以单位理论质量计算	1. 钢筋制作、运输 2. 钢筋安装 3. 焊接（绑扎）
010515003	钢筋网片				1. 钢筋网制作、运输 2. 钢筋网安装 3. 焊接（绑扎）
010515004	钢筋笼				1. 钢筋笼制作、运输 2. 钢筋笼安装 3. 焊接（绑扎）
010515005	先张法预应力钢筋	1. 钢筋种类、规格 2. 锚具种类		按设计图示钢筋长度乘以单位理论质量计算	1. 钢筋制作、运输 2. 钢筋张拉
010515006	后张法预应力钢筋	1. 钢筋种类、规格 2. 钢丝种类、规格 3. 钢绞线种类、规格 4. 锚具种类 5. 砂浆强度等级	t	按设计图示钢筋（丝束、绞线）长度乘以单位理论质量计算 1. 低合金钢筋两端均采用螺杆锚具时，钢筋长度按孔道长度减0.35m计算，螺杆另行计算 2. 低合金钢筋一端采用镦头插片、另一端采用螺杆锚具时，钢筋长度按孔道长度计算，螺杆另行计算 3. 低合金钢筋一端采用镦头插片、另一端采用帮条锚具时，钢筋增加0.15m计算；两端均采用帮条锚具时，钢筋长度按孔道长度增加0.3m计算 4. 低合金钢筋采用后张混凝土自锚时，钢筋长度按孔道长度增加0.35m计算 5. 低合金钢筋（钢绞线）采用JM、XM、QM型锚具，孔道长度≤20m时，钢筋长度增加1m计算，孔道长度>20m时，钢筋长度增加1.8m计算 6. 碳素钢丝采用锥形锚具，孔道长度≤20m时，钢丝束长度按孔道长度增加1m计算，孔道长度>20m时，钢丝束长度按孔道长度增加1.8m计算 7. 碳素钢丝采用镦头锚具时，钢丝束长度按孔道长度增加0.35m计算	1. 钢筋、钢丝、钢绞线制作、运输 2. 钢筋、钢丝、钢绞线安装 3. 预埋管孔道铺设 4. 锚具安装 5. 砂浆制作、运输 6. 孔道压浆、养护
010515007	预应力钢丝				
010515008	预应力钢绞线				
010515009	支撑钢筋（铁马）	1. 钢筋种类 2. 规格		按钢筋长度乘以单位理论质量计算	钢筋制作、焊接、安装
01051510	声测管	1. 材质 2. 规格型号		按设计图示尺寸质量计算	1. 检测管截断、封头 2. 套管制作、焊接 3. 定位、固定

注：1. 现浇构件中伸出构件的锚固钢筋应并入钢筋工程量内。除设计（包括规范规定）标明的搭接外，其他施工搭接不计算工程量，在综合单价中综合考虑。

2. 现浇构件中固定位置的支撑钢筋、双层钢筋用的"铁马"在编制工程量清单时，其工程量可为暂估量，结算时按现场签证数量计算。

四、任务实施程序与内容

步骤一：识图

（1）图样。查找计算圈梁配筋工程量所需要的图样包括：结构平面图、檐口平面图和结构说明。

（2）种类和尺寸的确定。根据墙柱类型，确定圈梁的种类。

步骤二：计算钢筋工程清单工程量

（1）项目名称。根据结构工程施工图，确定所列项目名称。

（2）计算清单工程量。根据所列圈梁配筋的项目，结合结构平面图计算圈梁配筋的清单工程量。

步骤三：编制钢筋工程招标工程量清单

（1）列项。根据工程量清单计算规则列钢筋工程的清单项目。

（2）编制招标工程量清单表。根据结构说明和清单计算规则的工作内容描述项目特征，生成完整的招标工程量清单。

任务九　编制钢筋工程招标控制价

一、任务要求

本任务是在钢筋工程招标工程量清单的基础上，编制其招标控制价，主要是根据招标工程量清单中项目特征的描述，结合《天津市建筑工程预算基价》（DBD 29 – 101 –2020），填写钢筋工程的清单综合单价分析表，进而进行钢筋工程招标控制价的编制。

（1）结合案例具体情况，编制钢筋工程的招标控制价。报告中包括以下几部分内容：

1）项目概况。

2）编制依据。

3）编制说明。

4）招标控制价。

5）部分基础配筋工程项目清单综合单价分析表。

（2）提交过关讨论的会议纪要。

二、任务中的过关问题

过关问题1：根据钢筋工程的招标工程量清单表，分析 D10mm 以内圆钢筋应该套用哪些定额项目进行组价，并填写清单综合单价分析表（表4-18）。

过关问题2：结合案例具体情况，根据钢筋工程的招标工程量清单表，编制招标控制价，并填写分部分项工程和单价措施项目清单与计价表（表4-19）和规费、税金项目计价表（表4-20）。

表 4-18　清单综合单价分析表

项目编码		项目名称			计量单位		工程量	
清单综合单价组成明细								

定额编号	定额名称	定额单位	数量	单价（元）				合价（元）			
				人工费	材料费	施工机具使用费	管理费和利润	人工费	材料费	施工机具使用费	管理费和利润

人工单价	小　计			
—	未计价材料费			
清单项目综合单价				

材料费明细	主要材料名称、规格、型号	单位	数量	定额价（元）	市场价（元）	合价（元）
	其他材料费					
	材料费小计					

表 4-19　分部分项工程和单价措施项目清单与计价表

序号	项目编码	项目名称	项目特征	计量单位	工程量	金额（元）	
						综合单价	合价

表 4-20　规费、税金项目计价表

序号	项目名称	计算基础	计算基数（元）	计算费率（%）	金额（元）
1	规费				
2	税金				
合计					

三、任务实施依据

（1）节选《天津市建筑工程预算基价》（DBD29 - 101 - 2020），现浇构件普通钢筋见表 4-21。

表 4-21　现浇构件普通钢筋

编号	项目		单位	预算基价				
				总价	人工费	材料费	机械费	管理费
				（元）	（元）	（元）	（元）	（元）
4－126	现浇构件普通钢筋	圆钢筋 D10 以内	t	5633.50	1525.50	4082.94	25.06	99.92
4－127		圆钢筋 D10 以外		5145.09	1119.15	3970.09	55.85	86.35
4－128		螺纹钢筋 D20 以内		5126.69	1148.85	3904.22	73.62	94.28
4－129		螺纹钢筋 D20 以外		4667.85	720.90	3888.64	58.31	63.36

（2）《天津市工程造价信息》（2020 年第 6 期）。

四、任务实施程序与内容

步骤一：组价

（1）分析项目特征。在上述计算招标工程量清单的基础上，分析钢筋工程招标工程量清单中项目特征，并结合钢筋工程的工作内容查找定额相应的项目。

（2）分析定额项目。分析套取定额项目中包含的工作是项目特征中的一项还是多项，从而确定套用定额的项目名称。

步骤二：编制钢筋工程招标控制价

根据清单综合单价的组成及费用的构成，生成钢筋工程招标控制价。

能力标准

本项目主要培养学生编制屋面工程的招标工程量清单和招标控制价的能力，具体能力要求如下：

（1）编制屋面工程招标工程量清单表的能力。

（2）编制屋面工程招标控制价的能力。

项目分解

以能力标准为导向分解的"屋面工程招标工程量清单表和招标控制价编制"项目，可以划分为若干任务，任务具体要求以及需要提交的任务成果文件见表5-1。

表5-1 屋面工程招标控制价编制的任务分解与任务要求

项目	任务分解	任务要求	项目成果文件
屋面工程招标控制价的编制	招标工程量清单表的编制 任务一：编制屋面工程招标工程量清单表	1. 计算屋面工程工程量 2. 编制屋面工程的招标工程量清单表	结合具体项目编制招标控制价及计算底稿，具体包括： 1. 项目概况 2. 编制依据 3. 编制说明 4. 屋面工程招标工程量清单——分部分项工程和单价措施项目清单与计价表 5. 屋面工程的招标控制价 6. 屋面工程清单工程量的计算底稿
	招标控制价的编制 任务二：编制屋面工程招标控制价	1. 根据屋面工程项目特征及定额分别进行组价 2. 根据屋面市场价进行调价，确定综合单价，生成屋面工程招标控制价	

案　例

一、项目概况

某住宅1号楼，地上6层，檐高19.8m，各层层高2.8m，结构形式采用砖混结构。建筑工程费用的计取方式为：管理费为人工费、施工机具使用费（分部分项工程项目 + 可计量的措施项目）之和的 11.82%；规费为人工费合计（分部分项工程项目 + 措施项目）的 37.64%；建筑工程利润为分部分项工程费、措施项目费、管理费、规费之和的 4.66%；增值税税率为 9%；假设不计取其他项目。

二、项目其他信息

（1）屋面平面图如图 5-1 所示（微信扫描二维码看图）。

（2）营造做法见表 5-2，屋面做法见表 5-3。

图5-1 屋面平面图

表 5-2 营造做法表

分类	编号	做法
屋面	屋面 1	1. 40mm 厚 AC20 预拌式细石混凝土 2. 1.5mm 厚合成高分子防水卷材 3. 20mm 厚 1:3 水泥砂浆 4. 1:1:12 水泥白灰炉渣找 2% 坡，最薄处 20mm 5. 钢筋混凝屋面板
	屋面 2	1. 1.0mm 厚聚合物水泥防水涂料 2. 1.5mm 厚合成高分子防水卷材 3. 20mm 厚 1:3 水泥砂浆 4. 1:1:12 水泥白灰炉渣找 2% 坡，最薄处 20mm 5. 钢筋混凝土屋面板

表 5-3 屋面做法表

层数	部位	楼地面
屋面	屋顶	屋面 1
	16.8m 处	屋面 2

（3）假设女儿墙上翻高度为 300mm。

任务一 编制屋面工程招标工程量清单表

一、任务要求

本任务是编制屋面工程招标控制价的基础，主要是根据屋面平面图、剖面图和营造做法表，及屋面工程工程量清单的计算规则，并结合屋面工程工程量清单相应项目的工作内容编制招标工程量清单。

（1）根据《房屋建筑与装饰工程工程量计算规范》（GB 50854—2013）和案例具体情况，编制屋面工程的招标工程量清单。报告中包括以下几部分内容：

1）项目概况。

2）编制依据。

3）编制说明。

4）招标工程量清单——分部分项工程和单价措施项目清单与计价表。

5）屋面工程清单工程量的计算底稿。

（2）提交过关讨论的会议纪要。

二、任务中的过关问题

过关问题1：根据《房屋建筑与装饰工程工程量计算规范》（GB 50854—2013）和案例中的背景资料，计算屋面工程量时应根据哪些图样和相应的工程量清单计算规则？

过关问题2：根据《房屋建筑与装饰工程工程量计算规范》（GB 50854—2013）、案例中的屋面平面图和营造做法表，计算标高在16.8m处屋面的清单工程量。

过关问题3：根据《房屋建筑与装饰工程工程量计算规范》（GB 50854—2013）和案例中的营造做法表，对于标高在16.8m处屋面工程的工程量清单应如何列项？如何描述其项目特征？

过关问题4：根据《房屋建筑与装饰工程工程量计算规范》（GB 50854—2013）和案例的背景资料，编制屋面工程的招标工程量清单表，并填入表5-4。

表5-4　分部分项工程和单价措施项目清单与计价表（屋面工程）

序号	项目编码	项目名称	项目特征	计量单位	工程量	金额（元）	
						综合单价	合价

三、任务实施依据

《房屋建筑与装饰工程工程量计算规范》（GB 50854—2013）的工程量计算规则（仅列与本案例相关的计算规则）见表5-5。

表5-5　屋面工程工程量清单计算规则

项目编码	项目名称	项目特征	计量单位	工程量计算规则	工作内容
010902001	屋面卷材防水	1. 卷材品种、规格、厚度 2. 防水层数 3. 防水层做法	m²	按设计图示尺寸以面积计算 1. 斜屋顶（不包括平屋顶找坡）按斜面积计算，平屋顶按水平投影面积计算	1. 基层处理 2. 刷底油 3. 铺油毡卷材、接缝
010902002	屋面涂膜防水	1. 防水膜品种 2. 涂膜厚度、遍数 3. 增强材料种类	m²	2. 不扣除房上烟囱、风帽底座、风道、屋面小气窗、斜沟等所占面积 3. 屋面的女儿墙、伸缩缝和天窗等处的弯起部分，并入屋面工程量内	1. 基层处理 2. 刷基层处理剂 3. 铺布、喷涂防水层

（续）

项目编码	项目名称	项目特征	计量单位	工程量计算规则	工作内容
011101006	平面砂浆找平层	1. 找平层砂浆配合比、厚度 2. 界面剂材料种类 3. 中层漆材料种类、厚度 4. 面漆材料种类、厚度 5. 面层材料种类	m^2	按设计图示尺寸以面积计算	1. 基层处理 2. 抹找平层 3. 涂界面剂 4. 涂刷中层漆 5. 打磨、吸尘 6. 镘自流平面漆（浆） 7. 拌合自流平浆料 8. 铺面层
011001001	保温隔热屋面	1. 保温隔热材料品种、规格、厚度 2. 隔气层材料品种、厚度 3. 黏结材料种类、做法 4. 防护材料种类、做法	m^2	按设计图示尺寸以面积计算，扣除面积 $>0.3m^2$ 孔洞所占面积	1. 基础清理 2. 刷粘结材料 3. 铺黏保温层 4. 铺、刷（喷）防护材料
010902003	屋面刚性层	1. 刚性层厚度 2. 混凝土种类 3. 混凝土强度等级 4. 嵌缝材料种类 5. 钢筋规格、型号	m^2	按设计图示尺寸以面积计算，不扣除房上烟囱、风帽底座、风道等所占面积	1. 基层处理 2. 混凝土制作、运输、铺筑、养护 3. 钢筋制安

四、任务实施程序与内容

步骤一：识图

（1）查找图样。查找计算屋面工程量所需要的图样包括：屋顶平面图、营造做法表，以及剖面图。

（2）屋面各层做法的确定。根据营造做法表，确定各种屋面各层的具体做法。

步骤二：计算屋面工程清单工程量

（1）项目名称。根据营造做法表中各种屋面，确定所列各层项目的名称。

（2）计算清单工程量。根据所列屋面清单的项目，结合屋面平面图分别计算各种屋面的清单工程量。

步骤三：编制屋面工程工程量清单

（1）列项。根据《房屋建筑与装饰工程工程量计算规范》（GB 50854—2013），列屋面工程的清单项目。

（2）编制招标工程量清单表。根据营造做法表和清单计算规则的工作内容描述项目特征，生成完整的招标工程量清单表。

任务二 编制屋面工程招标控制价

一、任务要求

本任务是在屋面工程招标工程量清单的基础上，编制屋面工程的招标控制价，主要是根据招标工程量清单中项目特征的描述、《天津市建筑工程预算基价》（DBD 29 – 101 –2020），填写屋面工程的清单综合单价分析表，进而进行屋面工程招标控制价的编制。

（1）根据《建设工程工程量清单计价规范》（GB 50500—2013）、《天津市建筑工程预算基价》（DBD 29 – 101 –2020）、《天津市工程造价信息》（2020 年第 6 期）和案例具体情况，编制屋面工程的招标控制价。报告中包括以下几部分内容：

1）项目概况。

2）编制依据。

3）编制说明。

4）招标控制价。

5）部分屋面工程清单综合单价分析表。

（2）提交过关讨论的会议纪要。

二、任务中的过关问题

过关问题1：根据任务一中的屋面工程的招标工程量清单和《天津市建筑工程预算基价》（DBD 29 – 101 –2020），分析屋面保温层应该套用哪些定额项目进行组价，并填写清单综合单价分析表，见表5-6。

表5-6 清单综合单价分析表

项目编码		项目名称			计量单位			工程量	
清单综合单价组成明细									
定额编号	定额名称	定额单位	数量	单价（元）				合价（元）			
				人工费	材料费	施工机具使用费	管理费和利润	人工费	材料费	施工机具使用费	管理费和利润
人工单价			小 计								
—			材料差价								
清单项目综合单价											
材料费明细	主要材料名称、规格、型号			单位		数量		定额价（元）	市场价（元）	合价（元）	
	材料差价小计										

过关问题2：结合案例具体情况，根据《建设工程工程量清单计价规范》（GB 50500—2013）、《天津市建筑工程预算基价》（DBD 29 – 101 – 2020）和屋面工程的招标工程量清单表，编制招标控制价，并填写分部分项工程和单价措施项目清单与计价表（屋面工程）（表5-7）和规费、税金项目计价表（屋面工程）（表5-8）。

表5-7　分部分项工程和单价措施项目清单与计价表（屋面工程）

序号	项目编码	项目名称	项目特征	计量单位	工程量	金额（元）	
						综合单价（其中：人工费）	合价（其中：人工费）
合计							

表5-8　规费、税金项目计价表（屋面工程）

序号	项目名称	计算基础	计算基数（元）	计算费率（%）	金额（元）
1	规费				
2	税金				
合计					

三、任务实施依据

（1）节选《天津市建筑工程预算基价》（DBD 29 – 101 – 2020），屋面工程预算基价见表5-9。

表5-9　屋面工程预算基价

编号	项目		单位	预算计价			
				总价（元）	人工费（元）	材料费（元）	机械费（元）
8 – 167	水泥白灰炉渣	1:1:12	10m³	3646.12	1576.80	2069.32	
7 – 58	1.0mm 厚聚合物水泥防水涂料	平面	100m²	2669.67	283.50	2386.17	
7 – 59		立面		2937.40	368.55	2568.85	
7 – 37	高聚物改性沥青自粘卷材（自粘法一层）	平面	100m²	4539.52	274.05	4265.47	
7 – 38		立面		4743.37	477.90	4265.47	
7 – 1	1:3 水泥砂浆抹找平层	在填充材料上厚2cm（现场搅拌砂浆）	100m²	1741.09	837.00	833.10	70.99

（2）《天津市工程造价信息》（2020 年第 6 期）。

四、任务实施程序与内容

步骤一：组价

（1）分析项目特征。在上述计算招标工程量清单的基础上，分析屋面工程招标工程量清单中项目特征，并结合屋面工程的工作内容查找定额相应的项目。

（2）分析定额项目。根据屋面工程清单工程量的项目名称，套取相应的定额，计入清单综合单价中。

步骤二：调价

（1）分析主要材料价格。根据套取定额的项目，分析其中主要材料的价格和市场价格的差价，确定是否需要进行材料价格的调整。

（2）调整价格。查找《天津市工程造价信息》（2020年第6期）的价格，按照《天津市建筑工程预算基价》（DBD 29－101－2020）中规定，本项目应该调整的内容进行调整，形成综合单价。

步骤三：编制屋面工程招标控制价

根据清单综合单价的组成及费用的构成，生成屋面工程招标控制价。

6

项目六
装饰工程及总价措施项目招标
控制价的编制

能力标准

本项目主要培养学生编制装饰工程及总价措施项目的招标工程量清单和招标控制价的能力，具体能力要求如下：

（1）编制装饰工程招标工程量清单表和招标控制价的能力。

（2）编制总价措施项目招标工程量清单表和招标控制价的能力。

项目分解

以能力标准为导向分解的"装饰工程及总价措施项目招标工程量清单表和招标控制价编制"项目，可以划分为若干任务，任务具体要求以及需要提交的任务成果文件见表6-1。

表6-1　装饰工程及总价措施项目招标控制价编制的任务分解与任务要求

项目	任务分解		任务要求	项目成果文件
装饰工程和总价措施项目招标控制价	招标工程量清单表的编制	任务一：编制装饰工程招标工程量清单表	1. 计算楼地面、天棚、内墙面工程量 2. 编制楼地面、天棚、内墙面的招标工程量清单表	结合具体项目编制招标控制价及计算底稿，具体包括： 1. 项目概况 2. 编制依据 3. 编制说明 4. 装饰工程和总价措施项目的招标工程量清单——分部分项工程和单价措施项目清单与计价表 5. 装饰工程和总价措施项目的招标控制价 6. 装饰工程和总价措施项目工程清单工程量的计算底稿
		任务二：编制总价措施项目招标工程量清单表	1. 列总价措施项目名称 2. 编制总价措施项目的招标工程量清单表	
	招标控制价的编制	任务三：编制装饰工程招标控制价	1. 根据楼地面、天棚、内墙面的项目特征及定额分别进行组价 2. 根据装饰材料市场价进行调价，确定综合单价，生成装饰工程招标控制价	
		任务四：编制总价措施项目招标控制价	1. 根据定额的计算规则确定总价措施项目的价格 2. 根据总价措施项目，生成总价措施项目招标控制价	

案　例

一、项目概况

某住宅 1 号楼，地上 6 层，檐高 19.8m，各层层高 2.8m，结构形式采用砖混结构。拟建建筑物周边场地宽敞，施工方法不受周边其他建筑物的影响。施工时间为 2020 年 4 月 1 日至 2020 年 10 月 30 日。地区：华北地区。正常施工期完成。装饰工程费用的计取方式为：管理费为人工费、施工机具使用费（分部分项工程项目 + 可计量的措施项目）之和的 9.63%；规费为人工费合计（分部分项工程项目 + 措施项目）的 37.64%；装饰工程利润为人工费合计（分部分项工程项目 + 措施项目）的 20%；增值税税率为 9%；假设不计取其他项目。

二、项目其他信息

（1）首层建筑平面图如图 6-1 所示（微信扫描二维码看图）。

（2）营造做法见表 6-2，室内地面做法见表 6-3。

（3）假设首层平面图中的主卧室、卧室洞口尺寸为 900mm×2000mm；厨房、卫生间洞口尺寸为 800mm×2000mm。

（4）板厚 100mm。

图6-1　首层平面图

表 6-2　营造做法表

分类	编号	名称	做　　法
楼地面	地面 2	地砖地面防水地面	1. 8～10mm 厚地砖（600×600）铺实拍平，水泥浆擦缝 2. 20mm 厚 1:4 干硬性水泥砂浆 3. 1.5mm 厚聚氨酯防水涂料，面撒黄沙，四周沿墙上翻 150mm 高 4. 刷基层处理剂一遍 5. 15mm 厚 1:2 水泥砂浆找平 6. 100mm 厚 AC15 混凝土 7. 素土夯实

表 6-3　室内地面做法表

层　数	部　位	楼地面
一层	卧室	地面 1
	卫生间	地面 2
	客厅	地面 3

任务一　编制装饰工程招标工程量清单表

一、任务要求

本任务是根据首层建筑平面图、营造做法表，及装饰工程工程量清单的计算规则，并结合装饰工程工程量清单相应项目的工作内容，编制招标工程量清单。

（1）根据《房屋建筑与装饰工程工程量计算规范》（GB 50854—2013）和案例具体情况，编制装饰工程的工程量清单。报告中包括以下几部分内容：

1）项目概况。

2）编制依据。

3）编制说明。

4）招标工程量清单——分部分项工程和单价措施项目清单与计价表。

5）装饰工程清单工程量的计算底稿。

（2）提交过关讨论的会议纪要。

二、任务中的过关问题

过关问题1：根据《房屋建筑与装饰工程工程量计算规范》（GB 50854—2013）和案例中的背景资料，计算装饰工程工程量时应根据哪些图样，并叙述楼地面、天棚、墙面的工程量清单计算规则。

过关问题2：根据《房屋建筑与装饰工程工程量计算规范》（GB 50854—2013），关于楼地面防水、防潮的工程量计算规则是如何规定的？

过关问题3：根据《房屋建筑与装饰工程工程量计算规范》（GB 50854—2013）、案例中的首层平面图和营造做法表，列式计算主卧室、卧室、卫生间的楼地面、天棚和内墙面的清单工程量。

过关问题4：根据《房屋建筑与装饰工程工程量计算规范》（GB 50854—2013）、案例中的首层平面图和营造做法表，对于装饰工程中卫生间地面的工程量清单应如何列项？如何描述其项目特征？

过关问题5：根据《房屋建筑与装饰工程工程量计算规范》（GB 50854—2013）和案例的背景资料，编制装饰工程中卫生间地面的招标工程量清单表，并填入表6-4。

表6-4　分部分项工程和单价措施项目清单与计价表（装饰工程）

序号	项目编码	项目名称	项目特征	计量单位	工程量	金额（元）	
						综合单价	合价

三、任务实施依据

《房屋建筑与装饰工程工程量计算规范》（GB 50854—2013）的工程量计算规则（仅列

与本案例相关的计算规则）见表6-5。

表6-5　装饰工程工程量清单计算规则

项目编码	项目名称	项目特征	计量单位	工程量计算规则	工作内容
011102003	块料楼地面	1. 找平层厚度、砂浆配合比 2. 结合层厚度、砂浆配合比 3. 面层材料品种、规格、颜色 4. 嵌缝材料种类 5. 防护层材料种类 6. 酸洗、打蜡要求	m²	按设计图示尺寸以面积计算。门洞、空圈、暖气包槽、壁龛的开口部分并入相应的工程量内	1. 基层清理 2. 抹找平层 3. 面层铺设、磨边 4. 嵌缝 5. 刷防护材料 6. 酸洗、打蜡 7. 材料运输
010904002	楼（地）面涂膜防水	1. 防水膜品种 2. 涂膜厚度、遍数 3. 增强材料种类 4. 反边高度		按设计图示尺寸以面积计算。 1. 楼（地）面防水：按主墙间净空面积计算，扣除凸出地面的构筑物、设备基础等所占面积，不扣除间壁墙及单个≤0.3m²柱、垛、烟囱和孔洞所占面积 2. 楼（地）面防水反边高度≤300mm算作地面防水，反边高度>300mm按墙面防水计算	1. 基层处理 2. 刷基层处理剂 3. 铺布、喷涂防水层
011201001	墙面一般抹灰		m²	按设计图示尺寸以面积计算。扣除墙裙、门窗洞口及单个>0.3m²的孔洞面积，不扣除踢脚线、挂镜线和墙与构件交界处的面积，门窗洞口和孔洞的侧壁及顶面不增加面积。附墙柱、梁、垛、烟囱侧壁并入相应的墙面面积内	1. 基层清理 2. 砂浆制作、运输 3. 底层抹灰 4. 抹面层 5. 抹装饰面 6. 勾分格缝
011201002	墙面装饰抹灰	1. 墙体类型 2. 底层厚度、砂浆配合比 3. 面层厚度、砂浆配合比 4. 装饰面材料种类 5. 分格缝宽度、材料种类		1. 外墙抹灰面积按外墙垂直投影面积计算 2. 外墙裙抹灰面积按其长度乘以高度计算 3. 内墙抹灰面积按主墙间的净长乘以高度计算	
011201003	墙面勾缝	1. 勾缝类型 2. 勾缝材料种类		（1）无墙裙的内墙高度按室内楼地面至天棚底面计算 （2）有墙裙的内墙高度按墙裙顶至天棚底面计算	1. 基层清理 2. 砂浆制作、运输 3. 勾缝
011201004	立面砂浆找平层	1. 基层类型 2. 找平层砂浆厚度、配合比		（3）有吊顶天棚抹灰，高度算至天棚底 4. 内墙裙抹灰面积按内墙净长乘以高度计算	1. 基层清理 2. 砂浆制作、运输 3. 抹灰找平
011301001	天棚抹灰	1. 基层类型 2. 抹灰厚度、材料种类 3. 砂浆配合比	m²	按设计图示尺寸以水平投影面积计算。不扣除间壁墙、垛、柱、附墙烟囱、检查口和管道所占的面积，带梁天棚、梁两侧抹灰面积并入天棚面积内，板式楼梯底面抹灰按斜面积计算，锯齿形楼梯底板抹灰按展开计算	1. 基层清理 2. 底层抹灰 3. 抹面层

四、任务实施程序与内容

步骤一：识图

（1）查找图样。查找计算装饰工程量所需要的图样，包括：首层平面图、建筑设计说明和营造做法表。

（2）楼地面做法的确定。根据营造做法和室内做法，确定各个部位的楼地面做法。

步骤二：计算装饰工程清单工程量

（1）项目名称。根据营造做法表中的楼地面做法，确定所列项目名称。

（2）计算清单工程量。根据所列楼地面的项目，结合首层平面图分别计算清单工程量。

步骤三：编制装饰工程工程量清单

（1）列项。根据《房屋建筑与装饰工程工程量计算规范》（GB 50854—2013）和营造做法，列楼地面的清单项目。

（2）编制工程量清单表。根据营造做法表和清单计算规则的工作内容描述项目特征，生成完整的工程量清单表。

任务二　编制总价措施项目招标工程量清单表

一、任务要求

本任务是编制总价措施项目招标控制价的基础，主要是根据总价措施项目的计算规则，并结合总价措施项目的工作内容编制招标工程量清单。

（1）根据《房屋建筑与装饰工程工程量计算规范》（GB 50854—2013）和案例具体情况，编制总价措施项目的招标工程量清单。报告中包括以下几部分内容：

1）项目概况。

2）编制依据。

3）编制说明。

4）招标工程量清单——总价措施项目清单与计价表。

5）总价措施项目清单工程量的计算底稿。

（2）提交过关讨论的会议纪要。

二、任务中的过关问题

过关问题1：根据《房屋建筑与装饰工程工程量计算规范》（GB 50854—2013），叙述装饰装修工程中总价措施项目的内容有哪些。

过关问题2：根据《房屋建筑与装饰工程工程量计算规范》（GB 50854—2013）和案例中的背景资料，确定应该计取哪些总价措施项目，说明如何计取。并编制总价措施项目清单与计价表，填入表6-6。

表 6-6 总价措施项目清单与计价表

序号	项目编码	项目名称	计算基础	费率（%）	金额（元）	备注

三、任务实施依据

《房屋建筑与装饰工程工程量计算规范》（GB 50854—2013）的工程量计算规则（仅列与本案例相关的计算规则），见表6-7。

表 6-7 总价措施项目工程量清单计算规则

项目编码	项目名称	工作内容及包含范围
011707001	安全文明施工	包含环境保护、文明施工、安全施工、临时设施
011707005	冬雨季施工	工作内容及范围： 1. 冬雨（风）季施工时增加的临时设施（防寒保温、防雨、防风设施）的搭设、拆除 2. 冬雨（风）季施工时，对砌体、混凝土等采用的特殊加温、保温和养护措施 3. 冬雨（风）季施工时，施工现场的防滑处施工现场的防滑处理、对影响施工的雨雪的清除 4. 包括冬雨（风）季施工时增加的临时设施的摊销、施工人员的劳动保护用品、冬雨（风）季施工劳动效率降低等费用

四、任务实施程序与内容

步骤一：识图

（1）查找图样。查找计算总价措施项目列项所需要的图样，包括：总平面图、各层平面图、立面图及剖面图。

（2）施工方案的确定。根据案例的特点及本工程与其他建筑物的位置关系和施工工期等，确定施工方案。

步骤二：编制总价措施项目工程量清单

根据《房屋建筑与装饰工程工程量计算规范》（GB 50854—2013）和本项目的施工方案，列总价措施项目的清单项目，形成总价措施项目的招标工程量清单表。

任务三 编制装饰工程招标控制价

一、任务要求

本任务是在装饰工程招标工程量清单的基础上，编制装饰工程的招标控制价，主要是根据招标工程量清单中项目特征的描述、《天津市装饰装修工程预算基价》（DBD 29 – 201 –

2020），填写装饰工程的清单综合单价分析表，进而进行装饰工程招标控制价的编制。

（1）根据《建设工程工程量清单计价规范》（GB 50500—2013）、《天津市装饰装修工程预算基价》（DBD 29 – 201 – 2020）、《天津市工程造价信息》（2020 年第 6 期）和案例具体情况，编制装饰工程的招标控制价。报告中包括以下几部分内容：

1）项目概况。

2）编制依据。

3）编制说明。

4）招标控制价。

5）部分装饰工程清单综合单价分析表。

（2）提交过关讨论的会议纪要。

二、任务中的过关问题

过关问题 1：根据任务一中装饰工程招标工程量清单中块料楼地面项目和《天津市装饰装修工程预算基价》（DBD 29 – 201 – 2020），分析应该套用哪些定额项目进行组价，并填写清单综合单价分析表，见表6-8。

表 6-8　清单综合单价分析表

项目编码		项目名称			计量单位		工程量		
清单综合单价组成明细									
定额编号	定额名称	定额单位	数量	单价（元）				合价（元）	
				人工费	材料费	施工机具使用费	管理费和利润	人工费	材料费	施工机具使用费	管理费和利润
人工单价			小　计						
—			材料差价						
清单项目综合单价									
材料费明细	主要材料名称、规格、型号		单位		数量		定额价（元）	市场价（元）	合价（元）
	材料差价小计								

过关问题 2：结合案例具体情况，根据《建设工程工程量清单计价规范》（GB 50500—2013）、《天津市装饰装修工程预算基价》（DBD 29 – 201 – 2020）和装饰工程地面 2 的招标工程量清单表，编制招标控制价，并填写分部分项工程和单价措施项目清单与计价表（装饰工程）（表 6-9）和规费、税金项目计价表（装饰工程）（表 6-10）。

表6-9　分部分项工程和单价措施项目清单与计价表（装饰工程）

序号	项目编码	项目名称	项目特征	计量单位	工程量	金额（元）	
						综合单价 （其中：人工费， 施工机具使用费）	合价 （其中：人工费， 施工机具使用费）
				合计			

表6-10　规费、税金项目计价表（装饰工程）

序号	项目名称	计算基础	计算基数（元）	计算费率（%）	金额（元）
1	规费				
2	税金				
	合计				

三、任务实施依据

（1）节选《天津市装饰装修工程预算基价》（DBD 29 – 201 – 2020），见表6-11。

表6-11　装饰工程预算基价

编号	项目		单位	预算计价			
				总价（元）	人工费（元）	材料费（元）	机械费（元）
1 – 54	陶瓷地砖楼地面 周长/mm	2400mm 以内	100m²	13652.38	4270.23	9303.98	78.17
1 – 299	1:3 水泥砂浆找平层	在混凝土或硬基层 上厚度20mm	100m²	1559.52	837.00	666.59	55.93
1 – 300		每增减 5mm		355.88	174.15	166.67	15.06
1 – 293	聚氨酯防水涂膜	刷涂膜二遍 1mm （平面）	100m²	6582.93	3677.40	2905.53	0
1 – 295		每增加 0.1mm （平面）		533.47	324.00	209.47	0
1 – 276	混凝土垫层	厚度 100mm 以内 （无筋）	10m³	6129.45	1524.15	4588.76	16.54

注：1. 1 – 54 "陶瓷地砖楼地面"和1 – 299 "1:3 水泥砂浆找平层"的定额中的1:3 水泥砂浆只有消耗量，没有计入价格。

　　2. 定额中的水泥砂浆配合比不同时，允许换算。

（2）《天津市工程造价信息》（2020 年第 6 期），部分材料价格（装饰工程）见表6-12。

表 6-12　部分材料价格（装饰工程）

序号	名称	规格、型号	单位	市场价格
1	陶瓷地砖	600×600	元/片	43.58
2	预拌混凝土	AC15	元/m³	435.00

四、任务实施程序与内容

步骤一：组价

（1）分析项目特征。在上述计算招标工程量清单的基础上，分析装饰工程招标工程量清单中项目特征，并结合装饰工程的工作内容查找定额相应的项目。

（2）分析定额项目。根据装饰工程清单工程量的项目名称，套取相应的定额，计入清单综合单价中。

步骤二：调价

（1）分析主要材料价格。根据套取定额的项目，分析其中装饰材料是否需要进行材料价格的调整。另外，分析定额项目中是否有未计价材料，也应计入主要材料费用。

（2）调整价格。查找《天津市工程造价信息》（2020 年第 6 期）的价格，按照《天津市装饰装修工程预算基价》（DBD 29 – 201 – 2020）的规定，对本项目应该调整的内容进行调整，形成综合单价。

步骤三：编制装饰工程招标控制价

根据清单综合单价的组成及费用的构成，生成装饰工程招标控制价。

任务四　编制总价措施项目招标控制价

一、任务要求

本任务是在总价措施项目招标工程量清单的基础上，编制总价措施项目的招标控制价，主要是根据《天津市装饰装修工程预算基价》（DBD 29 – 201 – 2020），进行总价措施项目招标控制价的编制。（假设以装饰工程为基数计取总价措施项目费）

（1）根据《建设工程工程量清单计价规范》（GB 50500—2013）、《天津市装饰装修工程预算基价》（DBD 29 – 201 – 2020）和案例具体情况，编制总价措施项目的招标控制价。报告中包括以下几部分内容：

1）项目概况。

2）编制依据。

3）编制说明。

4）招标控制价。

5）部分总价措施项目工程清单综合单价分析表。

（2）提交过关讨论的会议纪要。

二、任务中的过关问题

过关问题 1：假设分部分项工程费中的人工费为 50 万元，材料费为 60 万元，机械费为

70 万元，可以计量的措施项目费中的人工费为 10 万元，材料费为 20 万元，机械费为 30 万元，根据《建设工程工程量清单计价规范》（GB 50500—2013）和《天津市装饰装修工程预算基价》（DBD 29 - 201 - 2020），列式计算总价措施项目费及其人工费。

过关问题 2：结合案例具体情况，根据《建设工程工程量清单计价规范》（GB 50500—2013）、《天津市装饰装修工程预算基价》（DBD 29 - 201 - 2020）和总价措施项目的招标工程量清单表，编制招标控制价，并填写总价措施项目清单与计价表（表6-13）和规费、税金项目计价表（总价措施项目）（表6-14）。

表6-13　总价措施项目清单与计价表

序号	项目编码	项目名称	计算基础	费率（%）	金额 （其中：人工费） （元）	备注
合计						

表6-14　规费、税金项目计价表（总价措施项目）

序号	项目名称	计算基础	计算基数（元）	计算费率（%）	金额（元）
1	规费				
2	税金				
合计					

三、任务实施依据

（1）节选《天津市装饰装修工程预算基价》（DBD 29 - 201 - 2020）：

安全文明施工措施费 = 计算基数 × 7.15%，其中计算基数为人工费和施工机具使用费（分部分项工程项目 + 可计量的措施项目），其中人工费占 16%。

冬雨季施工增加费 = 计算基数 × 0.73%，其中计算基数为人工费和施工机具使用费（分部分项工程项目 + 可计量的措施项目），其中人工费占 60%。

竣工验收存档资料编制费 = 计算基数 × 0.20%，其中计算基数为人工费和施工机具使用费（分部分项工程项目 + 可计量的措施项目），其中人工费为 0。

（2）《天津市工程造价信息》（2020 年第 6 期）。

四、任务实施程序与内容

步骤一：各总价措施项目金额的形成

根据《天津市装饰装修工程预算基价》（DBD 29 - 201 - 2020）的规定，确定各总价措施项目的计算基数及相应的费率，计算各总价措施项目的金额。

步骤二：编制总价措施项目招标控制价

根据总价措施项目及费用的构成，生成总价措施项目招标控制价。

7

项目七
给排水工程招标控制价的编制

能力标准

给排水工程量计量是由招标人或有资质的招标代理机构根据给排水施工图、工程量计算规则，按照工程量清单要求列出分部分项工程名称和工程量计算结果的过程。工程量计算是给排水专业计量计价过程中最繁重的一道工序。给排水工程招标控制价就是招标人或有资质的招标代理机构按照给排水工程量清单进行计价，参考市场价或信息价，并根据地方性定额或全国定额进行套价，并进行适当调整，最后汇总分部分项工程费、措施项目费、其他项目费、规费和税金项清单，得到给排水工程的招标控制价。

通过本项目，培养学生给排水工程工程计量能力和编制给排水工程工程量清单计价表的实际能力，具体包括：

（1）给排水工程施工图的识图能力。

（2）给排水工程工程量的计量能力。

（3）给排水工程的定额套价能力。

（4）给排水工程分部分项工程量清单计价表的编制能力。

（5）给排水工程的措施项目费、其他项目费、规费和税金项的编制能力。

项目分解

本项目参照《建设工程工程量清单计价规范》（GB 50500—2013）和《通用安装工程工程量计算规范》（GB 50856—2013），以能力为导向分解给排水工程招标控制价的编制项目，划分为五个任务，任务要求以及需要提交的任务成果文件见表7-1。

表 7-1　给排水工程招标控制价编制的任务分解与任务要求

项目	任务分解		任务要求	项目成果文件
给排水和中水工程招标控制价的编制	招标工程量清单表的编制	任务一：编制给水工程招标工程量清单表	1. 计算给水管道系统的管道工程量 2. 编制给水工程的招标工程量清单表	结合具体项目编制招标控制价及计算底稿，具体包括： 1. 项目概况 2. 编制依据 3. 编制说明 4. 给排水和中水工程招标工程量清单——分部分项工程和单价措施项目清单与计价表 5. 给排水和中水工程的招标控制价 6. 给排水和中水工程清单工程量的计算底稿
		任务二：编制中水工程招标工程量清单表	1. 计算中水管道系统的管道工程量 2. 编制中水工程的招标工程量清单表	
		任务三：编制排水及废水工程招标工程量清单表	1. 计算排水及废水管道系统的管道工程量 2. 编制排水及废水工程的招标工程量清单表	
	招标控制价的编制	任务四：编制给排水工程招标控制价	1. 根据给排水工程项目特征及定额分别进行组价 2. 根据建材信息价计入未计价主材价格，确定综合单价，生成给排水工程招标控制价	
		任务五：编制中水工程招标控制价	1. 根据中水工程项目特征及定额分别进行组价 2. 根据建材信息价计入未计价主材价格，确定综合单价，生成中水工程招标控制价	

提交的成果文件格式如下：

（1）清单工程量的计算表要清楚、明了，基础尺寸数据均需来源于图样或现行规范。采用的表格形式见表 7-2。

表 7-2　××工程工程量计算表

序号	项目名称	计　算　式	工程量	单位	备注
1					
1.1					
1.2					
…					
2					
2.1					
2.2					
…					

（2）分部分项工程工程量清单计价表的编制，采用的表格形式见表 7-3。

表 7-3 分部分项工程和单价措施项目清单与计价表

工程名称：　　　　　　　　　　标段：　　　　　　　　　　　　　　　　　　　　第　页　共　页

序号	项目编码	项目名称	项目特征	计量单位	工程量	金额		
						综合单价	合价	其中：暂估价
本页小计								

（3）综合单价分析表的格式见表 7-4。

表 7-4 综合单价分析表

项目编码		项目名称		计量单位		工程量	

清单综合单价组成明细

定额编号	定额名称	定额单位	数量	单价（元）				合价（元）			
				人工费	材料费	机械费	管理费和利润	人工费	材料费	机械费	管理费和利润
人工单价		小　计									
—		未计价材料费（元）									
清单项目综合单价											

材料费明细	主要材料名称、规格、型号			单位	数量	单价（元）	合价（元）	暂估单价（元）	暂估合价（元）
	其他材料费（元）								
	材料费小计（元）								

（4）单位工程招标控制价汇总表见表 7-5。

表7-5　单位工程招标控制价汇总表

序号	汇总内容	金额（元）	其中：暂估价（元）
1	分部分项工程		
1.1			
1.2			
…			
2	措施项目		
2.1	其中：安全文明施工费		
3	其他项目		
3.1	其中：暂列金额		
3.2	其中：专业工程暂估价		
3.3	其中：计日工		
3.4	其中：总包服务费		
4	规费		
5	税金		
招标控制价合计=（1）+（2）+（3）+（4）+（5）			

案　例

一、项目概况

某住宅1号楼，该工程占地984.99m²，地上6层，檐高19.8m，各层层高2.8m，总建筑面积5462.41m²，结构形式采用砖混结构，设计使用年限为50年，抗震设防烈度为七度，安全等级二级。该工程分为6个单元，每单元2种户型。利润按人工费的20.71%计取，规费按人工费的37.64%计取，增值税税率为9%。生活给水系统采用市政水压直接供水，给水管道采用PP-R给水塑料管，热熔连接。给水管道压力试验：先将压力升至试验压力0.6MPa稳压1h，压力降不大于0.05MPa，再降至0.3MPa，稳压2h，压力降不大于0.03MPa为合格。室内排水系统采用污、废合流，排水采用排水塑料管，粘接。重力流排水管道应做灌水试验，其灌水高度不低于本层层高高度，满水15min后待液面下降，再灌，延续5min液面不降为合格。管道穿越楼板、剪力墙、梁时应预留钢套管，套管管径较所穿越管道大2号。管道支架按照一般给排水管道常规做法。给水管道DN≤50mm时采用与管道同质截止阀，管道DN>50mm时采用蝶阀。

二、项目其他信息

详见给排水专业设计施工说明，各层给排水平面图（图7-1~图7-5）、A房型卫生间平面图（图7-7），A房型卫生间给水、中水、排水、废水管道投影图（图7-8、图7-9、图7-12、图7-14），给水、中水、排水、废水管道投影图（图7-6、图7-10、图7-11、图7-13）。微信扫描二维码看图。

图7-1 一层给排水平面图

图7-2 标准层给排水平面图

图7-3 三~四层给排水平面图

图7-4 五层给排水平面图

图7-5 六层给排水平面图

图7-6 给水管道投影图

图7-7 A房型卫生间平面图

图7-8 A房型卫生间给水管道投影图

图7-9 A房型卫生间中水管道投影图

图7-10 中水管道投影图

图7-11 排水管道投影图

图7-12 A房型卫生间排水管道投影图

图7-13 废水管道投影图

图7-14 A房型卫生间废水管道投影图

任务一 编制给水工程招标工程量清单表

一、任务要求

根据《建设工程工程量清单计价规范》（GB 50500—2013）和《通用安装工程工程量计算规范》（GB 50856—2013）的规定，结合案例中的设计说明和图样，列式计算给水管道的清单工程量，并编制给水工程的招标工程量清单。

提交的文件如下：

（1）结合案例具体情况，编制给水工程的招标工程量清单。报告中包括以下几部分内容：

1）项目概况。

2）编制依据。

3）编制说明。

4）招标工程量清单——分部分项工程和单价措施项目清单与计价表。

5）给水工程清单工程量的计算底稿。

（2）过关问题讨论的会议纪要。

二、任务中的过关问题

结合案例中的资料以及任务要求，讨论以下问题：

过关问题1：依据《建设工程工程量清单计价规范》，说明管道工程量计量时，不同公称通径管道的节点划分在什么位置？

过关问题2：给水管道室内外界限的划分是什么？

过关问题3：给水管道的工程量计算规则是什么？

过关问题4：给排水管道的管件、套管、支架是否需要在清单中列项？请一一说明。

过关问题5：给水系统分部分项工程量清单中的项目特征如何描述？

过关问题6：如何计算1号楼1单元给水管道的清单工程量？编制1号楼1单元给水工程的招标工程量清单表，并填入表7-6。

表7-6 分部分项工程和单价措施项目清单与计价表（给水工程）

序号	项目编码	项目名称	项目特征	计量单位	工程量	金额（元）	
						综合单价	合价

三、任务实施依据

（1）《建设工程工程量清单计价规范》（GB 50500—2013）。

（2）《通用安装工程工程量计算规范》（GB 50856—2013）。

（3）《天津市安装工程预算基价》（2020年）。

（4）《天津市工程造价信息》（2020年第6期）。

《通用安装工程工程量计算规范》（GB 50856—2013）工程量计算规则（仅列与本案例相关的计算规则）见表7-7。

表7-7 给水工程工程量清单计算规则

项目编码	项目名称	项目特征	计量单位	工程量计算规则	工作内容
031001006	塑料管	1. 安装部位 2. 介质 3. 材质、规格 4. 连接形式 5. 阻火圈设计要求 6. 压力试验及吹、洗设计要求 7. 警示带形式	m	按设计图示管道中心线以长度计算	1. 管道安装 2. 管件安装 3. 塑料卡固定 4. 阻火圈安装 5. 压力试验 6. 吹扫、冲洗 7. 警示带铺设

（续）

项目编码	项目名称	项目特征	计量单位	工程量计算规则	工作内容
031002001	管道支架	1. 材质 2. 管架形式	1. kg 2. 套	1. 以千克计量，按设计图示质量计算 2. 以套计量，按设计图示数量计算	1. 制作 2. 安装
031002003	套管	1. 名称、类型 2. 材质 3. 规格 4. 填料材质	个	按设计图示数量计算	1. 制作 2. 安装 3. 除锈、刷油
031003001	螺纹阀门	1. 类型 2. 材质 3. 规格、压力等级 4. 连接形式 5. 焊接方法	个	按设计图示数量计算	1. 安装 2. 电气接线 3. 调试
031003013	水表	1. 安装部位（室内外） 2. 型号、规格 3. 连接形式 4. 附件配置	组（个）		组装
031004014	给、排水附（配）件	1. 材质 2. 型号、规格 3. 安装方式	组（个）	按设计图示数量计算	安装
031201003	金属结构刷油	1. 除锈级别 2. 油漆品种 3. 结构类型 4. 涂刷遍数、漆膜厚度	1. m² 2. kg	1. 以平方米计量，按设计图示表面尺寸以面积计算 2. 以千克计量，按金属结构的理论质量计算	1. 除锈 2. 调配、涂刷
031208002	管道绝热	1. 绝热材料品种 2. 绝热厚度 3. 管道外径 4. 软木品种	m³	按图示表面积加绝热层厚度及调整系数计算	1. 安装 2. 软木制品安装

注：1. 给水管道室内外界限划分：以建筑物外墙皮 1.5m 为界，入口处设阀门者以阀门为界。

2. 管道安装部位指管道安装在室内、室外。

3. 塑料管安装使用于 UPVC、PVC、PP–C、PP–R、PE、PB 管等塑料管材。

4. 管道工程量计算不扣除阀门、管件（包括减压器、疏水器、水表、伸缩器等组成安装）及附属构筑物所占长度。

5. 压力试验按设计要求描述试验方法，如水压试验、气压试验、泄漏性实验、闭水试验、通球试验、真空试验等。

6. 吹洗按设计要求描述吹扫、冲洗方法，如水冲洗、消毒冲洗、空气吹扫等。

7. 套管制作安装，适用于穿基础、墙、楼板等部位的防水套管、填料套管、无填料套管及防火套管等，应分别列项。

8. 给、排水附（配）件是指独立安装的水嘴、地漏、地面扫除口等。

9. 设备筒体、管道绝热工程量 $V = \pi(D + 1.033\delta) \times 1.033\delta \times L$，$\pi$—圆周率，$D$—直径，1.033—调整系数，$\delta$—绝热层厚度，$L$—设备筒体高或管道延长米。

四、任务实施程序与内容

步骤一：识图

阅读图纸目录、施工设计总说明，根据给水平面图和系统图分析管道系统走向。顺着水流的方向，从大管径入手，依次计算不同管径的清单工程量。

步骤二：计算给水管道清单工程量

根据首层平面图计算水平干管工程量，结合系统图计算总立管工程量，分析各楼层之间的图形是否具有一致性，对于标准层管道算量，要考虑倍乘方法的应用。对于管路系统复杂的图样，可以先主干后分支计算，依次计算不同分支不同管径的清单工程量，再把每个分支的管道工程量分门别类相加，进而计算出各种规格管道工程量。

步骤三：计算给水系统套管、附件等的工程量

管道系统中套管、附件等的计量依照管道算量的顺序，分别计量出不同管道分支上的附件等的种类和数量，最后不同分支上的量分门别类汇总。

步骤四：编制给水系统分部分项工程量清单计价表，并填写不含价的部分

根据工程量清单计算规则列给水系统的清单项目名称，并根据设计说明和清单计算规则的工作内容描述项目特征，最后结合手工算量的结果，完成项目编码、计量单位、工程量的填写。

任务二　编制中水工程招标工程量清单表

一、任务要求

根据《建设工程工程量清单计价规范》（GB 50500—2013）和《通用安装工程工程量计算规范》（GB 50856—2013）的规定，结合案例中的设计说明和图样，列式计算中水系统管道的清单工程量，并编制中水工程的招标工程量清单。

提交的文件如下：

（1）结合案例具体情况，编制中水工程的招标工程量清单。报告中包括以下几部分内容：

1）项目概况。

2）编制依据。

3）编制说明。

4）招标工程量清单——分部分项工程和单价措施项目清单与计价表。

5）中水系统清单工程量的计算底稿。

（2）过关问题讨论的会议纪要。

二、任务中的过关问题

结合案例中的资料以及任务要求，讨论以下问题：

过关问题1：当图样比例为1∶50，用比例尺1∶100测量出的尺寸数据该如何处理？

过关问题2：中水管道室内外界限的划分是什么？中水的工程量计算规则与给水系统有

无区别？

过关问题 3：中水系统清单列项时，管件是否需要单独在清单中列项？工程量计算时，管件所占的长度是否需要从管道长度中扣除？

过关问题 4：穿墙、穿楼板等的套管的公称通径如何确定？

过关问题 5：如何计算 1 号楼 1 单元中水管道的清单工程量？编制 1 号楼 1 单元中水工程的招标工程量清单表，并填入表 7-8。

表 7-8　分部分项工程和单价措施项目清单与计价表（中水工程）

序号	项目编码	项目名称	项目特征	计量单位	工程量	金额（元）	
						综合单价	合价

三、任务实施依据

（1）《建设工程工程量清单计价规范》（GB 50500—2013）。

（2）《通用安装工程工程量计算规范》（GB 50856—2013）。

（3）《天津市安装工程预算基价》（2020 年）。

（4）《天津市工程造价信息》（2020 年第 6 期）。

《通用安装工程工程量计算规范》（GB 50856—2013）工程量计算规则（仅列与本案例相关的计算规则）见表 7-9。

表 7-9　中水工程工程量清单计算规则

项目编码	项目名称	项目特征	计量单位	工程量计算规则	工作内容
031001006	塑料管	1. 安装部位 2. 介质 3. 材质、规格 4. 连接形式 5. 阻火圈设计要求 6. 压力试验及吹、洗设计要求 7. 警示带形式	m	按设计图示管道中心线以长度计算	1. 管道安装 2. 管件安装 3. 塑料卡固定 4. 阻火圈安装 5. 压力试验 6. 吹扫、冲洗 7. 警示带铺设
031002001	管道支架	1. 材质 2. 管架形式	1. kg 2. 套	1. 以千克计量，按设计图示质量计算 2. 以套计量，按设计图示数量计算	1. 制作 2. 安装
031002003	套管	1. 名称、类型 2. 材质 3. 规格 4. 填料材质	个	按设计图示数量计算	1. 制作 2. 安装 3. 除锈、刷油

（续）

项目编码	项目名称	项目特征	计量单位	工程量计算规则	工作内容
031003001	螺纹阀门	1. 类型 2. 材质 3. 规格、压力等级 4. 连接形式 5. 焊接方法	个	按设计图示数量计算	1. 安装 2. 电气接线 3. 调试
031003013	水表	1. 安装部位（室内外） 2. 型号、规格 3. 连接形式 4. 附件配置	组（个）		组装
031208002	管道绝热	1. 绝热材料品种 2. 绝热厚度 3. 管道外径 4. 软木品种	m³	按图示表面积加绝热层厚度及调整系数计算	1. 安装 2. 软木制品安装

注：1. 中水管道室内外界限划分：以建筑物外墙皮 1.5m 为界，入口处设阀门者以阀门为界。

2. 管道安装部位指管道安装在室内、室外。

3. 塑料管安装使用于 UPVC、PVC、PP - C、PP - R、PE、PB 管等塑料管材。

4. 管道工程量计算不扣除阀门、管件（包括减压器、疏水器、水表、伸缩器等组成安装）及附属构筑物所占长度。

5. 压力试验按设计要求描述试验方法，如水压试验、气压试验、泄漏性实验、闭水试验、通球试验、真空试验等。

6. 吹洗按设计要求描述吹扫、冲洗方法，如水冲洗、消毒冲洗、空气吹扫等。

7. 套管制作安装，适用于穿基础、墙、楼板等部位的防水套管、填料套管、无填料套管及防火套管等，应分别列项。

8. 设备筒体、管道绝热工程量 $V = \pi(D + 1.033\delta) \times 1.033\delta \times L$，$\pi$—圆周率，$D$—直径，1.033—调整系数，$\delta$—绝热层厚度，$L$—设备筒体高或管道延长米。

四、任务实施程序与内容

步骤一：识图

阅读图纸目录、施工设计总说明，根据中水平面图和系统图分析管道系统走向。顺着中水水流的方向，从大管径入手，依次计算不同管径的清单工程量。

步骤二：计算中水管道清单工程量

根据首层平面图计算水平干管工程量，结合系统图计算总立管工程量，分析各楼层之间的图形是否具有一致性，对于标准层管道算量，要考虑倍乘方法的应用。对于管路系统复杂的图样，可以先主干后分支计算，依次计算不同分支不同管径的清单工程量，再把每个分支的管道工程量分门别类相加，进而计算出各种规格管道工程量。

步骤三：计算中水系统套管、附件等的工程量

管道系统中套管、附件等的计量依照管道算量的顺序，分别计量出不同管道分支上的附件等的种类和数量，最后不同分支上的量分门别类汇总。

步骤四：编制中水系统分部分项工程量清单计价表，并填写不含价的部分

根据工程量清单计算规则列中水系统的清单项目名称，并根据设计说明和清单计算规则的工作内容描述项目特征，最后结合手工算量的结果，完成项目编码、计量单位、工程量的填写。

任务三　编制排水及废水工程招标工程量清单表

一、任务要求

根据《建设工程工程量清单计价规范》（GB 50500—2013）和《通用安装工程工程量计算规范》（GB 50856—2013）的规定，结合案例中的设计说明和图样，列式计算排水、废水管道的清单工程量，并编制排水和废水工程的招标工程量清单。

提交的文件如下：

（1）结合案例具体情况，编制排水和废水工程的招标工程量清单。报告中包括以下几部分内容：

1）项目概况。

2）编制依据。

3）编制说明。

4）招标工程量清单——分部分项工程和单价措施项目清单与计价表。

5）排水和废水系统清单工程量的计算底稿。

（2）过关问题讨论的会议纪要。

二、任务中的过关问题

结合案例中的资料以及任务要求，讨论以下问题：

过关问题1：在给排水工程图样中，排水管道是如何标注的？

过关问题2：排水管道室内外界限的划分是什么？

过关问题3：分析1号楼图样，可以发现A房型总计6层，1层给排水平面图有8个排水管道系统（P1～P8），但A房型卫生间排水管道投影图却只有4个（WLA－1～WLA－4），为什么？

过关问题4：排水管道平面图上，水平支管与水平干管的连接处管段均有一定的倾斜角度，为什么？

过关问题5：存水弯所占长度及卫生器具处的立管是否计入管道工程量？为什么？

过关问题6：如何计算1号楼1单元排水及废水管道的清单工程量？如何编制1号楼1单元排水及废水工程的招标工程量清单表，并填入表7-10。

表7-10　分部分项工程和单价措施项目清单与计价表

序号	项目编码	项目名称	项目特征	计量单位	工程量	金额（元）	
						综合单价	合价

三、任务实施依据

（1）《建设工程工程量清单计价规范》（GB 50500—2013）。

（2）《通用安装工程工程量计算规范》（GB 50856—2013）。

（3）《天津市安装工程预算基价》（2020 年）。

（4）《天津市工程造价信息》（2020 年第 6 期）。

《通用安装工程工程量计算规范》（GB 50856—2013）工程量计算规则，（仅列与本案例相关的计算规则）见表 7-11。

表 7-11 排水及废水工程工程量清单计算规则

项目编码	项目名称	项目特征	计量单位	工程量计算规则	工作内容
031001006	塑料管	1. 安装部位 2. 介质 3. 材质、规格 4. 连接形式 5. 阻火圈设计要求 6. 压力试验及吹、洗设计要求 7. 警示带形式	m	按设计图示管道中心线以长度计算	1. 管道安装 2. 管件安装 3. 塑料卡固定 4. 阻火圈安装 5. 压力试验 6. 吹扫、冲洗 7. 警示带铺设
031002001	管道支架	1. 材质 2. 管架形式	1. kg 2. 套	1. 以千克计量，按设计图示质量计算 2. 以套计量，按设计图示数量计算	1. 制作 2. 安装
031002003	套管	1. 名称、类型 2. 材质 3. 规格 4. 填料材质	个	按设计图示数量计算	1. 制作 2. 安装 3. 除锈、刷油
031003001	螺纹阀门	1. 类型 2. 材质 3. 规格、压力等级 4. 连接形式 5. 焊接方法	个	按设计图示数量计算	1. 安装 2. 电气接线 3. 调试
031003013	水表	1. 安装部位（室内外） 2. 型号、规格 3. 连接形式 4. 附件配置	组（个）		组装

（续）

项目编码	项目名称	项目特征	计量单位	工程量计算规则	工作内容
031004003	洗脸盆	1. 材质 2. 规格、类型 3. 组装形式 4. 附件名称、数量	组	按设计图示数量计算	1. 器具安装 2. 附件安装
031004004	洗涤盆	1. 材质 2. 规格、类型 3. 组装形式 4. 附件名称、数量	组	按设计图示数量计算	1. 器具安装 2. 附件安装
031004006	大便器	1. 材质 2. 规格、类型 3. 组装形式 4. 附件名称、数量	组	按设计图示数量计算	1. 器具安装 2. 附件安装
031004014	给、排水附（配）件	1. 材质 2. 型号、规格 3. 安装方式	组（个）	按设计图示数量计算	安装
031201003	金属结构刷油	1. 除锈级别 2. 油漆品种 3. 结构类型 4. 涂刷遍数、漆膜厚度	1. m^2 2. kg	1. 以平方米计量，按设计图示表面积尺寸以面积计算 2. 以千克计量，按金属结构的理论质量计算	1. 除锈 2. 调配、涂刷

注：1. 排水管道室内外界限划分：以出户第一个排水检查井为界。

2. 管道安装部位指管道安装在室内、室外。

3. 塑料管安装使用于 UPVC、PVC、PP－C、PP－R、PE、PB 管等塑料管材。

4. 管道工程量计算不扣除阀门、管件（包括减压器、疏水器、水表、伸缩器等组成安装）及附属构筑物所占长度。

5. 压力试验按设计要求描述试验方法，如水压试验、气压试验、泄漏性实验、闭水试验、通球试验、真空试验等。

6. 吹洗按设计要求描述吹扫、冲洗方法，如水冲洗、消毒冲洗、空气吹扫等。

7. 套管制作安装，适用于穿基础、墙、楼板等部位的防水套管、填料套管、无填料套管及防火套管等，应分别列项。

8. 给、排水附（配）件是指独立安装的水嘴、地漏、地面扫除口等。

9. 成品卫生器具项目中的附件安装，主要指给水附件包括水嘴、阀门、喷头等，排水配件包括存水弯、排水栓、下水口等以及配备的连接管。

四、任务实施程序与内容

步骤一：识图

阅读图样目录、施工设计总说明，根据排水、废水平面图和系统图分析管道系统走向。逆着水流的方向，从大管径的排出管、废水管入手，依次计算不同管径的清单工程量。

步骤二：计算排水、废水管道清单工程量

根据首层平面图计算水平干管工程量，结合系统图计算总立管工程量，分析各楼层之间的图形是否具有一致性，对于标准层管道算量，要考虑倍乘方法的应用。管道的水平长度要按图示尺寸量取。对于管路系统复杂的图样，可以先主干后分支依次计算出不同分支、不同管径的清单工程量，再将每个分支的管道工程量分门别类相加，进而计算出各种规格管道工程量。

步骤三：计算排水、废水系统套管、卫生器具、排水附件等的工程量

管道系统中套管、卫生器具、排水附件的计量依照管道算量的顺序，分别计量出不同管道分支上套管、卫生器具、排水附件的种类和数量，最后分门别类汇总。

步骤四：编制排水、废水管道工程分部分项工程量清单计价表，并填写不含价的部分

根据工程量清单计算规则列排水、废水管道工程的清单项目名称，并根据设计说明和清单计算规则的工作内容描述项目特征，最后结合手工算量的结果，完成项目编码、计量单位、工程量的填写。

任务四　编制给排水工程招标控制价

一、任务要求

本任务是在给排水工程招标工程量清单的基础上，编制其招标控制价，主要是根据招标工程量清单中项目特征的描述，结合《天津市安装工程预算基价》（2020年），填写安装工程的清单综合单价分析表，进而进行给排水工程招标控制价的编制。

（1）结合案例具体情况，编制给排水工程的招标控制价。报告中包括以下几部分内容：

1）项目概况。

2）编制依据。

3）编制说明。

4）招标控制价。

5）给排水工程项目清单综合单价分析表。

（2）过关问题讨论的会议纪要。

二、任务中的过关问题

过关问题1：根据给排水工程的招标工程量清单表，分析给水系统DN50塑料管、排水系统的金属结构刷油应该套用哪些定额项目进行组价，并填写清单综合单价分析表，见表7-12。

表 7-12　清单综合单价分析表

项目编码		项目名称			计量单位		工程量	

清单综合单价组成明细

定额编号	定额名称	定额单位	数量	单价（元）				合价（元）			
				人工费	材料费	机械费	管理费和利润	人工费	材料费	机械费	管理费和利润

人工单价		小　计									
—		未计价材料费（元）									
清单项目综合单价											

材料费明细	主要材料名称、规格、型号		单位	数量	单价（元）	合价（元）	暂估单价（元）	暂估合价（元）
	其他材料费（元）							
	材料费小计（元）							

过关问题 2：结合案例具体情况，根据给排水工程的招标工程量清单表，编制招标控制价，并填写分部分项工程和单价措施项目清单与计价表（给排水工程）（表 7-13），总价措施项目费表（给排水工程）（表 7-14）和规费、税金项目计价表（给排水工程）（表 7-15）。

表 7-13　分部分项工程和单价措施项目清单与计价表（给排水工程）

序号	项目编码	项目名称	项目特征	计量单位	工程量	金额（元）	
						综合单价	合价

表 7-14　总价措施项目清单与计价表（给排水工程）

序号	项目编码	项目名称	计算基础	费率（%）	金额（元）	备注

表 7-15 规费、税金项目计价表（给排水工程）

序号	项目名称	计算基础	计算基数（元）	计算费率（%）	金额（元）
1	规费				
2	税金				
合计					

三、任务实施依据

（1）节选《天津市安装工程预算基价》（2020 年），预算基价表（给水工程）和预算基价表（排水和废水工程）见表 7-16 和表 7-17。

根据《天津市安装工程预算基价》（2020 年），给出了与本项目相关的给排水工程各项定额的预算基价（即总价）、人工费、材料费、机械费。为了与清单、图样协调一致，定额表中塑料管的定额项均按公称外径换算后的公称通径给出。企业管理费依据《天津市安装工程预算基价》（2020 年），按分部分项工程费及可计量的措施项目费中的人工费与机械费的合计乘以相应的费率计算，其中人工费、机械费为基期价格，企业管理费费率按一般计税取 13.57%。利润按人工费合计的 20.71% 计取。

表 7-16 《天津市给排水、采暖、燃气工程预算基价》预算基价表（给水工程）

定额编号	定额名称	定额单位	总价（元）	人工费（元）	材料费（元）	机械费（元）	未计价主材消耗量（元）
8 - 410	塑料给水管 DN20（热熔连接）	10m	135.83	133.65	2.05	0.13	塑料给水管 10.160m，塑料给水管件 15.200
8 - 411	塑料给水管 DN25（热熔连接）	10m	152.20	149.85	2.22	0.13	塑料给水管 10.160m，塑料给水管件 12.250 个
8 - 412	塑料给水管 DN32（热熔连接）	10m	164.61	162.00	2.48	0.13	塑料给水管 10.160m，塑料给水管件 10.810 个
8 - 413	塑料给水管 DN40（热熔连接）	10m	185.24	182.25	2.84	0.15	塑料给水管 10.160m，塑料给水管件 8.870 个
8 - 414	塑料给水管 DN50（热熔连接）	10m	215.15	211.95	2.98	0.22	塑料给水管 10.160m，塑料给水管件 7.420 个
8 - 490	管道消毒冲洗（DN50 以内）	100m	108.44	70.20	38.24	—	
8 - 452	DN20 一般钢套管制作安装（介质管道 DN20 以内）	个	17.68	12.15	4.81	0.72	0.318m
8 - 453	DN32 一般钢套管制作安装（介质管道 DN32 以内）	个	21.35	13.50	7.02	0.83	0.318m

（续）

定额编号	定额名称	定额单位	总价（元）	人工费（元）	材料费（元）	机械费（元）	未计价主材消耗量（元）
8-454	DN50 一般钢套管制作安装（介质管道 DN50 以内）	个	34.89	18.90	15.09	0.90	0.318m
6-3003	DN50 刚性防水套管制作	个	131.78	85.05	31.68	15.05	0.00326t
6-3020	DN50 刚性防水套管安装	个	140.70	87.75	52.95	—	—
8-579	螺纹阀门（DN15 截止阀）	个	16.24	13.50	2.74	—	1.01 个
8-580	螺纹阀门（DN20 截止阀）	个	17.08	13.50	3.58	—	1.01 个
8-584	螺纹阀门（DN50 截止阀）	个	46.29	33.75	12.54	—	1.01 个
8-570	管道支架制作安装	100kg	1377.69	897.75	229.75	250.19	0.106t
8-759	DN20 螺纹水表	组	89.77	74.25	15.52	—	1 个
8-938	水龙头（DN15 水嘴）	10 个	42.40	37.80	4.60	—	10.1 个
8-939	水龙头（DN20 水嘴）	10 个	43.55	37.80	5.75	—	10.1 个
11-7	手工除锈（轻锈，金属结构除锈）	100kg	29.94	27.00	2.94	—	—
11-109	金属结构刷油（红丹防锈漆两遍的第一遍）	100kg	40.02	27.00	13.02	—	—
11-110	金属结构刷油（红丹防锈漆两遍的第二遍）	100kg	35.01	24.30	10.71	—	—
11-580	橡塑保温管壳安装（DN57 以内）	m³	934.51	726.30	208.21	—	1.030m³

表 7-17 《天津市给排水、采暖、燃气工程预算基价》预算基价表（排水和废水工程）

定额编号	定额名称	定额单位	总价（元）	人工费（元）	材料费（元）	机械费（元）	未计价主材消耗量（元）
8-377	DN50 塑料排水管（粘接）	10m	175.52	168.75	6.74	0.03	承插塑料管 10.120m 承插塑料管件 6.900 个
8-378	DN75 塑料排水管（粘接）	10m	236.74	226.80	9.41	0.03	承插塑料管 9.800m 承插塑料管件 8.850 个
8-379	DN100 塑料排水管（粘接）	10m	265.06	252.4	12.54	0.07	承插塑料管 9.500m 承插塑料管件 11.560 个
8-380	DN150 塑料排水管（粘接）	10m	386.74	356.40	15.58	14.76	承插塑料管 9.500m 承插塑料管件 5.950 个
8-840	洗脸盆（铜管冷热水）	10 组	2119.16	646.65	1472.51	—	10.1 个
8-848	单嘴洗涤盆	10 组	1270.36	432.00	838.36	—	10.1 个

（续）

定额编号	定额名称	定额单位	总价（元）	人工费（元）	材料费（元）	机械费（元）	未计价主材消耗量（元）
8－456	DN80 一般钢套管制作安装（管道 DN80 以内）	个	77.40	33.75	42.47	1.18	0.318m
8－457	DN100 一般钢套管制作安装（管道 DN100 以内）	个	91.53	45.90	44.24	1.39	0.318m
8－459	DN150 一般钢套管制作安装（管道 DN150 以内）	个	146.36	76.95	68.00	1.41	0.318m
8－570	管道支架制作安装	100kg	1377.69	897.75	229.75	250.19	0.106t
8－884	带水箱坐便器	10 套	1027.54	916.65	110.89	—	10.1 个
8－941	地漏 DN50	10 个	266.11	203.85	22.26	—	10 个
11－7	手工除锈（轻锈，金属结构除锈）	100kg	29.94	27.00	2.94	—	—
11－109	金属结构刷油（红丹防锈漆两遍的第一遍）	100kg	40.02	27.00	13.02	—	—
11－110	金属结构刷油（红丹防锈漆两遍的第二遍）	100kg	35.01	24.30	10.71	—	—
6－3004	DN75 刚性防水套管制作（管道 DN75 以内）	个	158.02	101.25	39.31	17.46	0.00402t
6－3005	DN100 刚性防水套管制作（管道 DN100 以内）	个	206.82	133.65	46.97	26.20	0.00514t
6－3007	DN150 刚性防水套管制作（管道 DN150 以内）	个	264.42	171.45	61.94	31.03	0.00946t
6－3021	DN150 刚性防水套管安装（管道 DN150 以内）	个	188.88	98.55	90.33	—	—

　　措施项目工程量清单计算规则依据《通用安装工程工程量计算规范》（GB 50856—2013）列出，见表 7-18，各施工措施项目费率（给排水工程），依据《天津市安装工程预算基价》（2020 年），见表 7-19。

规费包括社会保险费（包括养老保险费、失业保险费、医疗保险费、工伤保险费、生育保险费）和住房公积金。根据《天津市安装工程预算基价》（2020 年），规费按人工费合计的 37.64% 计取。增值税的销项税计算基数是税前工程造价，本项目按一般计税模式下税率取 9.00%。

表 7-18　措施项目工程量清单计算规则

项目编码	项目名称	工作内容及包含范围
031301010	安装与生产同时进行施工增加	1. 火灾防护 2. 噪声防护
031301011	在有害身体健康的环境中施工增加	1. 有害化合物防护 2. 粉尘防护 3. 有害气体防护 4. 高浓度氧气防护
031301018	脚手架措施费	1. 场内、场外材料搬运 2. 搭、拆脚手架 3. 拆除脚手架后材料的堆放
031302001	安全文明施工	包含环境保护、文明施工、安全施工、临时设施
031302003	非夜间施工增加	为保证工程施工正常进行，在地下（暗）室、设备及大口径管道内等特殊施工部位施工时所采用的照明设备的安拆、维护及照明用电、通风等；在地下（暗）室等施工引起的人工工效降低以及由于人工工效降低引起的机械降效
031302005	冬雨期施工增加	1. 冬雨（风）季施工时增加的临时设施（防寒保温、防雨、防风设施）的搭设、拆除 2. 冬雨（风）季施工时，对砌体、混凝土等采用的特殊加温、保温和养护措施 3. 冬雨（风）季施工时，施工现场的防滑处施工现场的防滑处理、对影响施工的雨雪的清除 4. 包括冬雨（风）季施工时增加的临时设施的摊销、施工人员的劳动保护用品、冬雨（风）季施工劳动效率降低等
031302006	已完工程及设备保护措施费	对已完工程及设备采取的覆盖、包裹、封闭、隔离等必要保护措施

表 7-19　措施项目费率表（给排水工程）

序号	项目名称	计算基数	费率	人工费占比
1	安装与生产同时进行降效增加费	分部分项工程费中人工费	10%	100%
2	在有害身体健康的环境中施工降效增加费	分部分项工程费中人工费	10%	100%
3	脚手架措施费	分部分项工程费中人工费	4%	35%

（续）

序号	项目名称	计算基数	费率	人工费占比
4	安全文明施工措施费	人工费＋机械费 分部分项工程项目＋可计量的措施项目	9.16%	16%
5	非夜间施工照明费		0.12%	10%
6	冬季施工增加费		1.49%	60%
7	竣工验收存档资料编制费		0.20%	—
8	已完工程及设备保护措施费	被保护设备价值	1%	—

注：本表费率均按一般计税下的费率计取。

（2）天津工程造价信息（2020 年第 6 期）。

四、任务实施程序与内容

步骤一：套定额组价

填写分部分项工程量清单计价表中价的部分。同时，任意选取一个给排水分项工程，填写完成其综合单价分析表。

（1）分析项目特征。在计算招标工程量清单的基础上，分析给排水工程招标工程量清单中项目特征，并结合给排水工程的工作内容查找定额相应的项目。

（2）分析定额项目。分析套取定额项目中包含的工作是项目特征中的一项还是多项，从而确定套用定额的项目名称。

步骤二：编制给排水工程招标控制价

根据清单综合单价的组成及费用的构成，生成给排水工程招标控制价。

任务五　编制中水工程招标控制价

一、任务要求

本任务是在中水工程招标工程量清单的基础上，编制其招标控制价，主要是根据招标工程量清单中项目特征的描述，结合《天津市安装工程预算基价》（2020 年），填写安装工程的清单综合单价分析表，进而进行中水工程招标控制价的编制。

（1）结合案例具体情况，编制中水工程的招标控制价。报告中包括以下几部分内容：

1）项目概况。

2）编制依据。

3）编制说明。

4）招标控制价。

5）中水工程项目清单综合单价分析表。

（2）过关问题讨论的会议纪要。

二、任务中的过关问题

过关问题 1：根据中水工程的招标工程量清单表，分析中水系统中 DN20 螺纹水表应该套用哪些定额项目进行组价，并填写清单综合单价分析表，见表 7-20。

表 7-20　清单综合单价分析表

项目编码	项目名称		计量单位		工程量	

清单综合单价组成明细

定额编号	定额名称	定额单位	数量	单价（元）				合价（元）			
				人工费	材料费	机械费	管理费和利润	人工费	材料费	机械费	管理费和利润
人工单价			小　计								
—			未计价材料费（元）								
清单项目综合单价											

材料费明细	主要材料名称、规格、型号			单位	数量	单价（元）	合价（元）	暂估单价（元）	暂估合价（元）
	其他材料费（元）								
	材料费小计（元）								

过关问题 2：结合案例具体情况，根据给中水工程的招标工程量清单表，编制招标控制价，并填写分部分项工程和单价措施项目清单与计价表（中水工程）（表 7-21），总价措施项目费表（中水工程）（表 7-22）和规费、税金项目计价表（中水工程）（表 7-23）。

表 7-21　分部分项工程和单价措施项目清单与计价表（中水工程）

序号	项目编码	项目名称	项目特征	计量单位	工程量	金额（元）	
						综合单价	合价

表 7-22　总价措施项目清单与计价表（中水工程）

序号	项目编码	项目名称	计算基础	费率（%）	金额（元）	备注

表 7-23　规费、税金项目计价表（中水工程）

序号	项目名称	计算基础	计算基数（元）	计算费率（%）	金额（元）
1	规费				
2	税金				
合计					

三、任务实施依据

（1）节选《天津市安装工程预算基价》（2020 年），预算基价表（中水工程）见表 7-24。

根据《天津市安装工程预算基价》（2020 年），给出了与本项目相关的中水工程各项定额的预算基价（即总价）、人工费、材料费、机械费。为了与清单、图样协调一致，定额表中塑料管的定额项均按公称外径换算后的公称通径给出。企业管理费依据《天津市安装工程预算基价》（2020 年），按分部分项工程费及可计量的措施项目费中的人工费与机械费的合计乘以相应的费率计算，其中人工费、机械费为基期价格，企业管理费费率按一般计税取13.57%。利润按人工费合计的 20.71% 计取。

表 7-24　《天津市给排水、采暖、燃气工程预算基价》预算基价表（中水工程）

定额编号	定额名称	定额单位	总价（元）	人工费（元）	材料费（元）	机械费（元）	未计价主材消耗量（元）
8–410	塑料给水管 DN20（热熔连接）	10m	135.83	133.65	2.05	0.13	10.160m
8–411	塑料给水管 DN25（热熔连接）	10m	152.20	149.85	2.22	0.13	10.160m
8–412	塑料给水管 DN32（热熔连接）	10m	164.61	162.00	2.48	0.13	10.160m
8–490	管道消毒冲洗	100m	108.44	70.20	38.24	—	—
6–3003	DN50 刚性防水套管制作	个	131.78	85.05	31.68	15.05	0.00326t
6–3020	DN50 刚性防水套管安装	个	140.70	87.75	52.95	—	—
8–579	螺纹阀门（DN15 截止阀）	个	16.24	13.50	2.74		1.01 个
8–584	螺纹阀门（DN32 截止阀）	个	26.81	20.25	6.56		1.01 个
8–759	DN20 螺纹水表	组	89.77	74.25	15.52		1 个
11–580	橡塑保温管壳安装（DN57 以内）	m³	934.51	726.30	208.21		1.030m³

措施项目工程量清单计算规则依据《通用安装工程工程量计算规范》（GB 50856—2013）列出，见表 7-25，各施工措施项目费率（中水工程），依据《天津市安装工程预算基价》（2020 年），见表 7-26。

规费包括社会保险费（包括养老保险费、失业保险费、医疗保险费、工伤保险费、生育保险费）和住房公积金。根据《天津市安装工程预算基价》（2020 年），规费按人工费合计的 37.64% 计取。增值税的销项税计算基数是税前工程造价，本项目按一般计税模式下税率取 9.00%。

表 7-25　措施项目工程量清单计算规则

项目编码	项目名称	工作内容及包含范围
031301010	安装与生产同时进行施工增加	1. 火灾防护 2. 噪声防护
031301011	在有害身体健康的环境中施工增加	1. 有害化合物防护 2. 粉尘防护 3. 有害气体防护 4. 高浓度氧气防护

（续）

项目编码	项目名称	工作内容及包含范围
031301018	脚手架措施费	1. 场内、场外材料搬运 2. 搭、拆脚手架 3. 拆除脚手架后材料的堆放
031302001	安全文明施工	包含环境保护、文明施工、安全施工、临时设施
031302003	非夜间施工增加	为保证工程施工正常进行，在地下（暗）室、设备及大口径管道内等特殊施工部位施工时所采用的照明设备的安拆、维护及照明用电、通风等；在地下（暗）室等施工引起的人工工效降低以及由于人工工效降低引起的机械降效
031302005	冬雨季施工增加	1. 冬雨（风）季施工时增加的临时设施（防寒保温、防雨、防风设施）的搭设、拆除 2. 冬雨（风）季施工时，对砌体、混凝土等采用的特殊加温、保温和养护措施 3. 冬雨（风）季施工时，施工现场的防滑处施工现场的防滑处理、对影响施工的雨雪的清除 4. 包括冬雨（风）季施工时增加的临时设施的摊销、施工人员的劳动保护用品、冬雨（风）季施工劳动效率降低等
031302006	已完工程及设备保护措施费	对已完工程及设备采取的覆盖、包裹、封闭、隔离等必要保护措施

表 7-26　措施项目费率表（中水工程）

序号	项目名称	计算基数	费率	人工费占比
1	安装与生产同时进行降效增加费	分部分项工程费中人工费	10%	100%
2	在有害身体健康的环境中施工降效增加费	分部分项工程费中人工费	10%	100%
3	脚手架措施费	分部分项工程费中人工费	4%	35%
4	安全文明施工措施费	人工费＋机械费 分部分项工程项目＋可计量的措施项目	9.16%	16%
5	非夜间施工照明费		0.12%	10%
6	冬季施工增加费		1.49%	60%
7	竣工验收存档资料编制费		0.20%	—
8	已完工程及设备保护措施费	被保护设备价值	1%	—

注：本表费率均按一般计税下的费率计取。

（2）《天津市工程造价信息》（2020 年第 6 期）。

四、任务实施程序与内容

步骤一：套定额组价

填写分部分项工程量清单计价表中价的部分。同时，任意选取一个中水工程的分项工程，填写完成其综合单价分析表。

（1）分析项目特征。在计算招标工程量清单的基础上，分析中水工程招标工程量清单中项目特征，并结合中水工程的工作内容查找定额相应的项目。

（2）分析定额项目。分析套取定额项目中包含的工作是项目特征中的一项还是多项，从而确定套用定额的项目名称。

步骤二：编制中水工程招标控制价

根据清单综合单价的组成及费用的构成，生成中水工程招标控制价。

8

采暖工程招标控制价的编制

能力标准

采暖工程量计量是由招标人或有资质的招标代理机构根据采暖施工图、工程量计算规则，按照工程量清单计算规范的要求列出分部分项工程名称和工程量计算结果的过程。工程量计算是采暖工程计量计价过程中最繁重的一道工序。采暖工程招标控制价就是招标人或有资质的招标代理机构按照采暖工程量清单进行计价，参考市场价或信息价，根据地方性定额或全国定额进行套价，并进行适当调整，最后汇总分部分项工程费、措施项目费、其他项目费、规费和税金项清单，形成采暖工程的招标控制价。

通过本项目，培养学生采暖工程的计量能力和编制采暖工程工程量清单计价表的实际能力，具体包括：

（1）采暖工程施工图的识图能力。

（2）采暖工程工程量的计量能力。

（3）采暖工程的定额套价能力。

（4）采暖工程分部分项工程量清单计价表的编制能力。

（5）采暖工程的措施项目费、其他项目费、规费和税金项的编制能力。

项目分解

本项目参照《建设工程工程量清单计价规范》（GB 50500—2013）和《通用安装工程工程量计算规范》（GB 50856—2013），以能力为导向分解采暖工程招标控制价的编制项目，划分为两个任务，任务具体要求以及需要提交的任务成果文件见表8-1。

表 8-1　采暖工程招标控制价编制的任务分解与任务要求

项目	任务分解	任务要求	项目成果文件
采暖专业招标控制价的编制	任务一：编制采暖工程招标工程量清单表	1. 计算采暖系统的管道工程量 2. 编制采暖工程的招标工程量清单表	1. 项目概况 2. 编制依据 3. 编制说明 4. 采暖工程招标工程量清单——分部分项工程和单价措施项目清单与计价表 5. 采暖工程的招标控制价 6. 采暖工程清单工程量的计算底稿
	任务二：编制采暖工程招标控制价	1. 根据采暖工程项目特征及定额分别进行组价 2. 根据建材信息价计入未计价主材价格，确定综合单价 3. 生成采暖工程招标控制价	

提交的成果文件格式如下：

（1）清单工程量的计算表要清楚、明了，基础尺寸数据均需来源于图样或现行规范。采用的表格形式见表 8-2。

表 8-2　××专业工程工程量计算表

序号	项目名称	计算式	工程量	单位	备注
1					
1. 1					
1. 2					
…					
2					
2. 1					
2: 2					
…					

（2）分部分项工程工程量清单计价表的编制，采用的表格形式见表 8-3。

表 8-3　分部分项工程和单价措施项目清单与计价表

工程名称：　　　　　　　标段：　　　　　　　　　　　　　　第　页　共　页

序号	项目编码	项目名称	项目特征	计量单位	工程量	金额		
						综合单价	合价	其中：暂估价
本页小计								

（3）综合单价分析表的格式见表 8-4。

表8-4　综合单价分析表

项目编码		项目名称			计量单位		工程量	

清单综合单价组成明细

定额编号	定额名称	定额单位	数量	单价（元）				合价（元）			
				人工费	材料费	机械费	管理费和利润	人工费	材料费	机械费	管理费和利润
人工单价			小　计								
			未计价材料费（元）								
清单项目综合单价											

材料费明细	主要材料名称、规格、型号			单位	数量	单价（元）	合价（元）	暂估单价（元）	暂估合价（元）
	其他材料费（元）								
	材料费小计（元）								

（4）单位工程招标控制价汇总表见表8-5。

表8-5　单位工程招标控制价汇总表

序号	汇总内容	金额（元）	其中：暂估价（元）
1	分部分项工程		
1.1			
1.2			
…			
2	措施项目		
2.1	其中：安全文明施工费		
3	其他项目		
3.1	其中：暂列金额		
3.2	其中：专业工程暂估价		
3.3	其中：计日工		
3.4	其中：总包服务费		
4	规费		
5	税金		
招标控制价合计＝（1）+（2）+（3）+（4）+（5）			

案　例

一、项目概况

某住宅 1 号楼，该工程占地 984.99m²，地上 6 层，檐高 19.8m，各层层高 2.8m，总建筑面积 5462.41m²，结构形式采用砖混结构，设计使用年限为 50 年，抗震设防烈度为七度，安全等级二级。该工程分为 6 个单元，每单元 2 种户型。利润按人工费的 20.71% 计取，规费按人工费的 37.64% 计取，增值税税率为 9%。该工程冬季设集中热水采暖系统，热源由小区换热站提供，设计供、回水温度为 80℃/60℃。该工程采用共用供、回水主立管的按户分环水平双管计量供热系统，户内系统形式为下供下回。

热力入口处：外网入户支管采用氢聚塑直埋保温管，保温厚度 40mm。热力入口设置在管沟内，旁通管及泄水管管径均为 DN32。

管井部分：供、回水主立管及户用热计量表等装置均安装于楼梯间管道井内。管道井内供、回水主立管采用热镀锌钢管、螺纹连接。每户均在管道井内供水支干管上暗装锁闭调节过滤一体阀（60 目）、热量表及球阀，回水支干管上安装平衡阀，热计量表额定流量不大于 0.6m/h。管井内立管采用加筋铝箔玻璃棉管壳保温，保温厚度 30mm。管井内支干管采用 DN20 热镀锌钢管，在进入后浇层前变为聚丁烯管（PB 管），管径为 DN20/DN25。管井内支干管均应保温，保温材料采用 25mm 厚一级黑色发泡橡塑绝热材料。

户内系统均采用聚丁烯管（PB 管，热水型），热熔连接，所有连接散热器的支管管径均为 DN15/DN20。所采购的 PB 管适用条件等级为 5 级，并应保证在该工程温度与压力条件下的平均寿命不低于 50 年。该工程最高工作压力是 0.6MPa，设计最高采暖供水温度为 80℃。户内系统敷设方式为暗埋敷设，沿管道做沟槽。埋地直管段每 1000mm 设一固定管卡，管件两端距管件 150mm 各设固定卡一个。户内各层所有埋地管均需在管下皮铺设聚苯板保温，厚度为 10mm。该工程选用内腔无砂铸铁 TZY2 型散热器，落地明装，每组散热器暗装 DN3 手动跑风门一个。所选散热器除锈后涂银粉两道，工作压力为 0.6MPa。散热器有两大类型，A 型中心距 300mm，总高 480mm。B 型中心距 600mm，总高 780mm。所有散热器供水支管均安装同管径自力式温控阀一个，回水支管均安装同管径球阀一个。埋地管与散热器安装完毕，后浇层管槽回填前以 0.9MPa 压力对各层进行水压试验。管道穿墙处预埋大两号塑料套管，套管两端与墙平。管道安装完毕需冲洗干净方可安装热表及温控阀。

二、项目其他信息

详见采暖设计施工说明、采暖平面图（图 8-1 ~ 图 8-3）、室外热力入户井装置详图（图 8-4）、采暖管井平面图（图 8-5）、采暖管井剖面图（图 8-6）、采暖入户装置详图（图 8-7）、采暖系统干管图（图 8-8）。微信扫描二维码看图。

图8-1　一层采暖平面图

图8-2　二~四层采暖平面图

图8-3　五、六层采暖平面图

图8-4　室外热力入户井装置详图

图8-5　采暖管井平面图

图8-6　管井剖面示意图

图8-7　采暖入户装置详图

图8-8　采暖系统干管示意图

任务一　编制采暖工程招标工程量清单表

一、任务要求

根据《建设工程工程量清单计价规范》（GB 50500—2013）和《通用安装工程工程量计算规范》（GB 50856—2013）的规定，结合案例中的设计说明和图样，列式计算采暖管道的清单工程量，并编制采暖工程的招标工程量清单。

提交的文件如下：

（1）结合案例具体情况，编制采暖工程的招标工程量清单。报告中包括以下几部分内容：

1）项目概况。

2）编制依据。

3）编制说明。

4）招标工程量清单——分部分项工程和单价措施项目清单与计价表。

5）采暖工程清单工程量的计算底稿。

（2）过关问题讨论的会议纪要。

二、任务中的过关问题

结合案例中的资料以及任务要求，讨论以下问题：

过关问题1：管道表面与周围墙面的净距、管与管之间的净距留取需考虑哪些因素？

过关问题2：采暖管道室内外界限的划分是什么？

过关问题3：采暖系统散热器的工程量如何计量？

过关问题4：采暖管道系统中常见的阀门类型有哪些？

过关问题5：散热器处的供回水横支管、立管的计量与散热器的规格型号有无关系？

过关问题6：如何计算1号楼1单元采暖管道的清单工程量？编制1号楼1单元采暖工程的招标工程量清单表，并填入表8-6。

表8-6 分部分项工程和单价措施项目清单与计价表

序号	项目编码	项目名称	项目特征	计量单位	工程量	金额（元）	
						综合单价	合价

三、任务实施依据

（1）《建设工程工程量清单计价规范》（GB 50500—2013）。

（2）《通用安装工程工程量计算规范》（GB 50856—2013）。

（3）《天津市安装工程预算基价》（2020年）。

（4）《天津市工程造价信息》（2020年第6期）。

《通用安装工程工程量计算规范》（GB 50856—2013）中与采暖工程相关的工程量计算规则见表8-7。

表8-7 采暖工程工程量清单计算规则

项目编码	项目名称	项目特征	计量单位	工程量计算规则	工作内容
031001001	镀锌钢管	1. 安装部位 2. 介质 3. 规格、压力等级 4. 连接形式 5. 压力试验及吹、洗设计要求 6. 警示带形式			1. 管道安装 2. 管件制作、安装 3. 压力试验 4. 吹扫、冲洗 5. 警示带铺设
031001006	塑料管	1. 安装部位 2. 介质 3. 材质、规格 4. 连接形式 5. 阻火圈设计要求 6. 压力试验及吹、洗设计要求 7. 警示带形式	m	按设计图示管道中心线以长度计算	1. 管道安装 2. 管件安装 3. 塑料卡固定 4. 阻火圈安装 5. 压力试验 6. 吹扫、冲洗 7. 警示带铺设
031001008	直埋式预制保温管	1. 埋设深度 2. 介质 3. 管道材质、规格 4. 连接形式 5. 接口保温材料 6. 压力试验及吹、洗设计要求 7. 警示带形式			1. 管道安装 2. 管件安装 3. 接口保温 4. 压力试验 5. 吹扫、冲洗 6. 警示带铺设

（续）

项目编码	项目名称	项目特征	计量单位	工程量计算规则	工作内容
031002001	管道支架	1. 材质 2. 管架形式	1. kg 2. 套	1. 以千克计量，按设计图示质量算 2. 以套计量、按设计图示数量计算	1. 制作 2. 安装
031002003	套管	1. 名称、类型 2. 材质 3. 规格 4. 填料材质	个	按设计图示数量计算	1. 制作 2. 安装 3. 除锈刷油
031003001	螺纹阀门	1. 类型 2. 材质 3. 规格、压力等级 4. 连接形式 5. 焊接方法	个		1. 安装 2. 电气接线 3. 调试
031003008	除污器 （过滤器）	1. 材质 2. 规格、压力等级 3. 连接形式	组		安装
031003014	热量表	1. 类型 2. 型号、规格 3. 连接形式	块		安装
030601001	温度仪表	1. 名称 2. 型号 3. 规格 4. 类型 5. 套管材质、规格 6. 挠性管材质、规格 7. 支架形式 8. 调试要求	支		1. 本体安装 2. 套管安装 3. 挠性管安装 4. 取源部件配合安装 5. 单体校验调整 6. 支架制作、安装
030601002	压力仪表	1. 名称 2. 型号 3. 规格 4. 压力表弯材质、规格 5. 挠性管材质、规格 6. 支架形式、材质 7. 调试要求 8. 脱脂要求	台		1. 本体安装 2. 压力表弯制作、安装 3. 挠性管安装 4. 取源部件配合安装 5. 单体校验调整 6. 脱脂 7. 支架制作、安装

（续）

项目编码	项目名称	项目特征	计量单位	工程量计算规则	工作内容
031005001	铸铁散热器	1. 型号、规格 2. 安装方式 3. 托架形式 4. 器具、托架除锈、刷油设计要求	片（组）	按设计图示数量计算	1. 组对、安装 2. 水压试验 3. 托架制作、安装 4. 除锈、刷油
031009001	采暖工程系统调试	1. 系统形式 2. 采暖管道工程量	系统	按采暖工程系统计算	系统调试
031201003	金属结构刷油	1. 除锈级别 2. 油漆品种 3. 结构类型 4. 涂刷遍数、漆膜厚度	1. m² 2. kg	1. 以平方米计量，按设计图示表面尺寸以面积计算 2. 以千克计量，按金属结构的理论质量计算	1. 除锈 2. 调配、涂刷
031208002	管道绝热	1. 绝热材料品种 2. 绝热厚度 3. 管道外径 4. 软木品种	m³	按图示表面积加绝热层厚度及调整系数计算	1. 安装 2. 软木制品安装

注：1. 采暖管道室内外界限划分：以建筑物外墙皮 1.5m 为界，入口处设阀门者以阀门为界。

2. 安装部位，指管道安装在室内、室外。

3. 输送介质包括给水、排水、中水、雨水、热媒体、燃气、空调水等。

4. 直埋保温管包括直埋保温管件安装及接口保温。

5. 压力试验按设计要求描述试验方法，如水压试验、气压试验、泄漏性实验、闭水试验、通球试验、真空试验等。

6. 吹洗按设计要求描述吹扫、冲洗方法，如水冲洗、消毒冲洗、空气吹扫等。

7. 套管制作安装适用于穿基础、墙、楼板等部位的防水套管、填料套管、无填料套管及防火套管等，应分别列项。

8. 设备简体、管道绝热工程量 $V = \pi(D + 1.033 \times \delta) \times 1.033 \times \delta \times L$

其中 π—圆周率，D—直径，1.033—调整系数，δ—绝热层厚度，L—设备简体高或管道延长米。

9. 铸铁散热器包括拉条制作、安装。

四、任务实施程序与内容

步骤一：识图

阅读图纸目录、施工设计总说明，根据采暖平面图、采暖系统干管示意图、采暖入户装置详图分析管道系统走向。采暖管道供水干管中的热介质经逐级分支并流经散热器散热后，均回至回水管道，最终汇总至回水干管流出。因此，可结合采暖施工图，顺着供热水的流动方向，找出供水管道的走向，从大管径入手，依次计算不同管径的清单工程量。由于该工程采用的是共用供、回水主立管的按户分环水平双管式供热系统，散热器是供回水管道的分水岭，供热水流经散热器散热后，从回水水平支管流出，并逐级汇总至回水总干管流出户外。

步骤二：计算采暖管道清单工程量

根据首层平面图计算水平供回水干管工程量，结合系统图计算立管工程量，分析各楼层之间的图形是否具有一致性，对于标准层管道算量，要考虑倍乘方法的应用。对于管路系统复杂的图样，可以先主干后分支计算，依次计算不同分支不同管径的清单工程量。每个分支的管道工程量最后分门别类相加，进而计算出各种规格管道工程量。

步骤三：计算采暖系统套管、附件等的工程量

管道系统中套管、附件等的计量依照管道算量的顺序，分别计量出不同管道分支上的附件等的种类和数量，最后将不同分支上的量分门别类汇总。

步骤四：编制采暖工程分部分项工程量清单计价表，并填写不含价的部分

根据工程量清单计算规则列采暖工程的清单项目名称，并根据设计说明和清单计算规则的工作内容描述项目特征，最后结合手工算量的结果，完成项目编码、计量单位、工程量的填写。

任务二 编制采暖工程招标控制价

一、任务要求

本任务是在采暖工程招标工程量清单的基础上，编制其招标控制价，主要是根据招标工程量清单中项目特征的描述，结合《天津市安装工程预算基价》（2020 年），填写安装工程的清单综合单价分析表，进而进行采暖工程招标控制价的编制。

（1）结合案例具体情况，编制采暖工程的招标控制价。报告中包括以下几部分内容：

1）项目概况。

2）编制依据。

3）编制说明。

4）招标控制价。

5）采暖工程的清单综合单价分析表。

（2）过关问题讨论的会议纪要。

二、任务中的过关问题

过关问题1：根据采暖工程的招标工程量清单表，分析 PB20 采暖管应该套用哪些定额项目进行组价，并填写清单综合单价分析表（表8-8）。

表 8-8　清单综合单价分析表

项目编码		项目名称			计量单位		工程量	

清单综合单价组成明细

定额编号	定额名称	定额单位	数量	单价（元）				合价（元）			
				人工费	材料费	机械费	管理费和利润	人工费	材料费	机械费	管理费和利润
人工单价		小　计									
		未计价材料费（元）									
清单项目综合单价											

材料费明细	主要材料名称、规格、型号			单位	数量	单价（元）	合价（元）	暂估单价（元）	暂估合价（元）
	其他材料费（元）								
	材料费小计（元）								

过关问题 2：结合案例具体情况，根据采暖工程的招标工程量清单表，编制招标控制价，并填写分部分项工程和单价措施项目清单与计价表（采暖工程）（表 8-9），总价措施项目费表（采暖工程）（表 8-10）和规费、税金项目计价表（采暖工程）（表 8-11）。

表 8-9　分部分项工程和单价措施项目清单与计价表（采暖工程）

序号	项目编码	项目名称	项目特征	计量单位	工程量	金额（元）	
						综合单价	合价

表 8-10　总价措施项目清单与计价表（采暖工程）

序号	项目编码	项目名称	计算基础	费率（%）	金额（元）	备注

表 8-11　规费、税金项目计价表（采暖工程）

序号	项目名称	计算基础	计算基数（元）	计算费率（%）	金额（元）
1	规费				
2	税金				
	合计				

三、任务实施依据

（1）节选《天津市安装工程预算基价》（2020 年），预算基价表（采暖工程）见表 8-12。

根据《天津市安装工程预算基价》（2020 年），给出与本项目相关的采暖工程各项定额的预算基价（即总价）、人工费、材料费、机械费。为了与清单、图样协调一致，定额表中塑料管的定额项均按公称外径换算后的公称通径给出。企业管理费依据《天津市安装工程预算基价》（2020 年），按分部分项工程费及可计量的措施项目费中的人工费与机械费的合计乘以相应的费率计算，其中人工费、机械费为基期价格，企业管理费费率按一般计税取13.57%。利润按人工费合计的 20.71% 计取。

表 8-12 《天津市给排水、采暖、燃气工程预算基价》预算基价表（采暖工程）

定额编号	定额名称	定额单位	总价（元）	人工费（元）	材料费（元）	机械费（元）	未计价主材消耗量
6 – 3003	DN50 刚性防水套管制作	个	131.78	85.05	31.68	15.05	0.00326t
6 – 3020	DN50 刚性防水套管安装	个	140.70	87.75	52.95	—	—
8 – 173	镀锌钢管 DN15（螺纹连接）	10m	275.72	247.05	28.67	—	10.2m
8 – 175	镀锌钢管 DN25（螺纹连接）	10m	334.91	297.00	36.91	1.00	10.2m
8 – 176	镀锌钢管 DN32（螺纹连接）	10m	339.76	297.00	41.76	1.00	10.2m
8 – 177	镀锌钢管 DN40（螺纹连接）	10m	389.95	353.70	35.25	1.00	10.2m
8 – 178	镀锌钢管 DN50（螺纹连接）	10m	415.59	361.80	51.02	2.77	10.2m
8 – 410	塑料给水管 DN20（热熔连接）	10m	135.83	133.65	2.05	0.13	塑料管 10.160m，塑料给水管件 15.200 个
8 – 452	DN20 一般钢套管制作安装（介质管道 DN20 以内）	个	17.68	12.15	4.81	0.72	0.318m
8 – 453	DN32 一般钢套管制作安装（介质管道 DN32 以内）	个	21.35	13.50	7.02	0.83	0.318m
8 – 454	DN50 一般钢套管制作安装（介质管道 DN50 以内）	个	34.89	18.90	15.09	0.90	0.318m
8 – 490	管道消毒冲洗（DN50 以内）	100m	108.44	70.20	38.24	—	—
8 – 564	螺纹阀门 DN50 自力式压差控制阀	个	47.16	28.25	14.3	0	4.61
8 – 570	管道支架制作安装	100kg	1377.69	897.75	229.75	250.19	0.106t
8 – 579	DN15 螺纹阀门	个	16.24	13.50	2.74	—	1.01 个
8 – 581	DN25 螺纹阀门	个	21.26	16.20	5.06	—	1.01 个
8 – 582	螺纹阀门（DN32 球阀）	个	26.81	20.25	6.56	—	1.01 个
8 – 584	螺纹阀门（DN50 球阀）	个	46.29	33.75	12.54	—	1.01 个
8 – 680	E121 型自动放气阀 DN15	个	23.10	16.20	6.90	—	1 个
8 – 1019	铸铁散热器柱型落地安装	片	10.80	5.4	5.4	—	1.010 片
8 – 1109	热水采暖入口热量表（螺纹连接）	组	1998.01	643.95	1284.89	69.17	法兰热量表 1.000，过滤器 2.000

（续）

定额编号	定额名称	定额单位	总价（元）	人工费（元）	材料费（元）	机械费（元）	未计价主材消耗量
10 – 2	双金属温度计	支	72.31	64.80	2.33	5.18	1 套
10 – 25	就地压力表	台	78.84	70.20	3.02	5.62	取源部件 1 套，仪表接头 1 套
11 – 7	手工除锈（轻锈，金属结构除锈）	100kg	29.94	27.00	2.94	—	
11 – 109	金属结构刷油（红丹防锈漆两遍的第一遍）	100kg	40.02	27.00	13.02	—	
11 – 110	金属结构刷油（红丹防锈漆两遍的第二遍）	100kg	35.01	24.30	10.71	—	
11 – 305	聚氨酯泡沫塑料瓦块安装 DN57 以内管道	m³	3424.71	3365.55	44.98	14.18	1.40m³ 泡沫塑料 30kg 胶黏剂
11 – 330	聚苯乙烯泡沫板材（卧式）	m³	1624.79	1424.25	200.54	—	1.20m³
11 – 407	玻璃棉毡安装	m³	399.48	373.95	25.53	—	1.05m³
11 – 580	橡塑保温管壳安装（DN57 以内）	m³	934.51	726.30	208.21	—	1.030m³

措施项目工程量清单计算规则依据《通用安装工程工程量计算规范》（GB 50856—2013）列出，见表 8-13，各施工措施项目费率（采暖工程）依据《天津市安装工程预算基价》（2020 年），见表 8-14。

规费包括社会保险费（包括养老保险费、失业保险费、医疗保险费、工伤保险费、生育保险费）和住房公积金。根据《天津市安装工程预算基价》（2020 年），规费按人工费合计的 37.64%计取。增值税的销项税计算基数是税前工程造价，本项目按一般计税模式下税率取 9.00%。

表 8-13 措施项目工程量清单计算规则

项目编码	项目名称	工作内容及包含范围
031301010	安装与生产同时进行施工增加	1. 火灾防护 2. 噪声防护
031301011	在有害身体健康的环境中施工增加	1. 有害化合物防护 2. 粉尘防护 3. 有害气体防护 4. 高浓度氧气防护
031301018	脚手架措施费	1. 场内、场外材料搬运 2. 搭、拆脚手架 3. 拆除脚手架后材料的堆放
031302001	安全文明施工	包含环境保护、文明施工、安全施工、临时设施
031302003	非夜间施工增加	为保证工程施工正常进行，在地下（暗）室、设备及大口径管道内等特殊施工部位施工时所采用的照明设备的安拆、维护及照明用电、通风等；在地下（暗）室等施工引起的人工工效降低以及由于人工工效降低引起的机械降效

（续）

项目编码	项目名称	工作内容及包含范围
031302005	冬雨季施工增加	1. 冬雨（风）季施工时增加的临时设施（防寒保温、防雨、防风设施）的搭设、拆除 2. 冬雨（风）季施工时，对砌体、混凝土等采用的特殊加温、保温和养护措施 3. 冬雨（风）季施工时，施工现场的防滑处施工现场的防滑处理、对影响施工的雨雪的清除 4. 包括冬雨（风）季施工时增加的临时设施的摊销、施工人员的劳动保护用品、冬雨（风）季施工劳动效率降低等
031302006	已完工程及设备保护措施费	对已完工程及设备采取的覆盖、包裹、封闭、隔离等必要保护措施

表 8-14　措施项目费率表（采暖工程）

序号	项目名称	计算基数	费率	人工费占比
1	安装与生产同时进行降效增加费	分部分项工程费中人工费	10%	100%
2	在有害身体健康的环境中施工降效增加费	分部分项工程费中人工费	10%	100%
3	脚手架措施费	分部分项工程费中人工费	4%	35%
4	安全文明施工措施费	人工费+机械费 分部分项工程项目+可计量的措施项目	9.16%	16%
5	非夜间施工照明费		0.12%	10%
6	冬期施工增加费		1.49%	60%
7	竣工验收存档资料编制费		0.20%	—
8	已完工程及设备保护措施费	被保护设备价值	1%	—

注：本表费率均按一般计税下的费率计取。

（2）《天津市工程造价信息》（2020 年第 6 期）。

四、任务实施程序与内容

步骤一：套定额组价

填写分部分项工程量清单计价表中价的部分。同时，任意选取一个采暖分项工程，填写完成其综合单价分析表。

（1）分析项目特征。在计算招标工程量清单的基础上，分析采暖工程招标工程量清单中项目特征，并结合采暖工程的工作内容查找定额相应的项目。

（2）分析定额项目。分析套取定额项目中包含的工作是项目特征中的一项还是多项，从而确定套用定额的项目名称。

步骤二：编制采暖工程招标控制价

根据清单综合单价的组成及费用的构成，生成采暖工程招标控制价。

9

能力标准

电气工程量计量是由招标人或有资质的招标代理机构根据电气施工图、工程量计算规则，按照工程量清单要求列出分部分项工程名称和工程量计算结果的过程。工程量计算是电气工程计价过程中最繁重的一道工序。电气工程招标控制价就是招标人按照电气施工图及工程量清单，根据地方性定额或全国定额进行基础计价，结合市场价或者信息价，并对价款进行适当调整，最后汇总分部分项工程费、措施项目费、其他项目费、规费和税金项清单，得到电气工程的招标控制价。

通过本项目，培养学生电气工程工程计量能力和编制电气工程工程量清单计价表的实际能力，具体包括：

（1）电气工程施工图的识图能力。

（2）电气工程工程量的计量能力。

（3）电气工程的定额套价能力。

（4）电气工程分部分项工程量清单计价表的编制能力。

（5）电气工程的措施项目费、其他项目费、规费和税金项的编制能力。

项目分解

本项目参照《建设工程工程量清单计价规范》（GB 50500—2013）和《通用安装工程工程量计算规范》（GB 50856—2013），以能力为导向分解电气工程招标控制价文件的编制项目，划分为四个任务，任务要求以及需要提交的任务成果文件见表9-1。

表 9-1　电气工程招标控制价编制的任务分解与任务要求

项目	任务分解	任务要求	项目成果文件
电气工程招标控制价的编制	**招标工程量清单表的编制**　任务一：编制照明系统的招标工程量清单表	1. 计算照明系统配管、配线的工程量以及与照明系统相关的电缆及电缆保护管工程量 2. 编制照明系统招标工程量清单表	结合具体项目编制招标控制价及计算底稿，具体包括： 1. 项目概况 2. 编制依据 3. 编制说明 4. 电气工程招标工程量清单——分部分项工程和单价措施项目清单与计价表 5. 电气工程的招标控制价 6. 电气工程清单工程量的计算底稿
	任务二：编制防雷接地系统的招标工程量清单表	1. 计算防雷接地系统的避雷网、引下线、接地系统的工程量 2. 编制防雷接地系统招标工程量清单表	
	任务三：编制弱电系统的招标工程量清单表	1. 计算弱电系统的工程量 2. 编制弱电系统招标工程量清单表	
	招标控制价的编制　任务四：编制电气工程招标控制价	1. 根据电气工程项目特征及定额分别进行组价 2. 根据建材信息价计入未计价主材价格，确定综合单价，生成电气工程招标控制价	

提交的成果文件格式如下：

（1）清单工程量的计算表要清楚、明了，基础尺寸数据均需来源于图样或现行规范。采用的表格形式见表 9-2。

表 9-2　电气专业工程工程量计算表

序号	项目名称	计　算　式	工程量	单位	备注
1					
1.1					
1.2					
…					
2					
2.1					
2.2					
…					

（2）分部分项工程工程量清单计价表的编制，采用的表格形式见表 9-3。

表 9-3　分部分项工程和单价措施项目清单与计价表

工程名称：　　　　　　　标段：　　　　　　　　　　　　第　页　共　页

序号	项目编码	项目名称	项目特征	计量单位	工程量	金额（元）		
						综合单价	合价	其中：暂估价
本页小计								

（3）综合单价分析表的格式见表 9-4。

表 9-4　综合单价分析表

项目编码		项目名称			计量单位		工程量	

清单综合单价组成明细

定额编号	定额名称	定额单位	数量	单价（元）				合价（元）			
				人工费	材料费	机械费	管理费和利润	人工费	材料费	机械费	管理费和利润
人工单价		小　计									
		未计价材料费（元）									
清单项目综合单价											

材料费明细	主要材料名称、规格、型号		单位	数量	单价（元）	合价（元）	暂估单价（元）	暂估合价（元）
	其他材料费（元）							
	材料费小计（元）							

（4）单位工程招标控制价汇总表见表 9-5。

表 9-5　单位工程招标控制价汇总表

序号	汇总内容	金额（元）	其中：暂估价（元）
1	分部分项工程		
1.1			
1.2			
...			
2	措施项目		
2.1	其中：安全文明施工费		
3	其他项目		
3.1	其中：暂列金额		
3.2	其中：专业工程暂估价		
3.3	其中：计日工		
3.4	其中：总包服务费		
4	规费		
5	税金		
招标控制价合计 = (1) + (2) + (3) + (4) + (5)			

案　　例

一、项目概况

某住宅 1 号楼，该工程占地 984.99m²，地上 6 层，檐高 19.8m，各层层高 2.8m，总建筑面积 5462.41m²，结构形式采用砖混结构，设计使用年限为 50 年，抗震设防烈度为七度，安全等级二级。该工程分为 6 个单元，每单元两种户型。利润按人工费的 20.71% 计取，规费按人工费的 37.64% 计取，增值税税率为 9%。

配电装置：电源由户外配电箱采用 YJV22 四芯电缆直埋引入各单元终端箱 DZM，进户管伸出散水 1.0m。DZM 箱暗装，下皮距地 0.3m，每楼层楼梯间内设置分层集中表箱，明装，下皮距地均为 1.6m。每户设分户配电箱，暗装，下皮距地 1.6m。由室外至电缆终端箱间采用 YJV22 - 1KV 电缆穿钢管，其他线路均穿 XS - PVC 阻燃管敷设。由电缆终端箱至电表箱导线型号为 BV - 500V 铜芯导线，电表箱至分户配电箱之间管线为 BV - 3 × 10 - PC32 - FC，分户配电箱至用户负荷之间导线为照明线路 BV - 2 × 2.5 - PC16 - CC，BV - 3 × 2.5 - PC20 - CC，BV - 4 × 2.5 - PC25 - CC，未标注插座线路均为 BV - 3 × 2.5 - PC20 - FC。在施工中，相、零、地导线应分颜色施工，Ⅰ类灯具及灯具安装高度低于 2.4m 时须增设保护线 BV - 1 × 2.5。

防雷与接地：该工程按三类防雷建筑设置防雷措施，屋顶有避雷带，避雷带采用 φ8 镀锌圆钢，间距 1m，支架高度 150mm。利用柱内 4 根主筋做防雷引下线，与基础接地极可靠连接。接地极采用联合接地极，利用基础外圈主筋两根作为环形接地极，环形接地极间需可靠焊接，并与基础内横向钢筋网连接，组成基础接地网接地电阻不大于 1Ω。电气保护接地采用 TN - C - S 系统，入户处设有 MEB 总等电位接地端子箱，与基础接地极可靠连接，电气 PE 排，各种金属管道入户均与 MEB 做等电位连接。采用－40×4 镀锌扁钢，在室外地坪下 0.8m 处与引下线主筋焊接，并引出建筑物外墙 1m 以外，作为连接人工接地极备用。同时在室外地上 0.5m 处由引下线焊出检测接点，并设置暗盒共 4 处。

有线电视：各单元只预留进户管，首层预留放大器箱，暗装，尺寸为 400mm×500mm×150mm，下皮距地均为 1.4m；各层预留分支分配器箱，暗装，尺寸为 200mm×250mm×120mm，下皮距地均为 1.6m；每户预留分支分配器箱，暗装，尺寸为 200mm×250mm×120mm，下皮距地均为 0.3m；电视终端插座距地 0.3m，暗装。

电话：各单元只预留进户管，各层预留电话分线箱，暗装，首层电话分线箱尺寸为 300mm×250mm×140mm，下皮距地均为 1.4m；其他各层电话分线箱尺寸为 150mm×250mm×120mm，下皮距地均为 1.6m；电话插座为单孔，距地 0.3m 暗装。

家居安保：安保系统产品由业主选定，本次设计只负责预埋管，在每户话机安装处预留接线箱，下皮距地 1.4m 暗装。

宽带网预留：各单元只预留进户管，各层预留宽带网分线箱，暗装，首层交换机箱尺寸为 200mm×250mm×120mm，下皮距地均为 1.6m；网络插座为单孔，距地 0.3m 暗装。

二、项目其他信息

详细见照明系统图（图 9-1）、电气平面图（图 9-2～图 9-4）、屋顶防雷平面图（图 9-5）、弱电系统图（图 9-6）和弱电平面图（图 9-7～图 9-9）等。微信扫描二维码看图。

任务一 编制照明系统的招标工程量清单表

一、任务要求

根据《建设工程工程量清单计价规范》（GB 50500—2013）和《通用安装工程工程量计

算规范》（GB 50856—2013）的规定，结合案例中的设计说明和图样，列式计算电气照明中电缆、电缆保护管、配管、配线的清单工程量，并编制电气照明工程的招标工程量清单。

提交的文件为：

（1）结合案例具体情况，编制电气工程的招标工程量清单。报告中包括以下几部分内容：

1）项目概况。

2）编制依据。

3）编制说明。

4）招标工程量清单——分部分项工程和单价措施项目清单与计价表。

5）电气照明工程清单工程量的计算底稿。

（2）过关问题讨论的会议纪要。

二、任务中的过关问题

结合案例中的资料以及任务要求，讨论以下问题：

过关问题1：从电气图上量尺寸时，到插座的配管量至何处？

过关问题2：根据《通用安装工程工程量计算规范》（GB 50856—2013）的规定，电气工程中，接线盒是如何计算的？

过关问题3：电缆、配线的工程量预留规则有哪些？

过关问题4：电气工程配管的垂直长度如何计算？

过关问题5：以普通插座为例说明插座处配管的立管如何计量。

过关问题6：1号住宅楼的6个单元的施工图只有两种户型，在计量时如何快速算量？

过关问题7：如何计算1号楼1单元电气照明工程的清单工程量？编制1号楼1单元电气照明工程的招标工程量清单表，并填入表9-6。

表9-6　分部分项工程和单价措施项目清单与计价表（电气照明工程）

序号	项目编码	项目名称	项目特征	计量单位	工程量	金额（元）	
						综合单价	合价

三、任务实施依据

（1）《建设工程工程量清单计价规范》（GB 50500—2013）。

（2）《通用安装工程工程量计算规范》（GB 50856—2013）。

（3）《天津市安装工程预算基价》（2020年）；

（4）《天津市工程造价信息》（2020年第6期）。

《通用安装工程工程量计算规范》（GB 50856—2013）的电气照明工程工程量计算规则（仅列与本案例相关的计算规则）见表9-7。

表9-7　电气照明工程工程量清单计算规则

项目编码	项目名称	项目特征	计量单位	工程量计算规则	工作内容
030404017	配电箱	1. 名称 2. 型号 3. 规格 4. 基础形式、材质、规格 5. 接线端子材质、规格 6. 端子板外部接线材质、规格 7. 安装方式	台	按设计图示数量计算	1. 本体安装 2. 基础型钢制作，安装 3. 焊、压接线端子 4. 补刷（喷）油漆 5. 接地
030404032	端子箱	1. 名称 2. 型号 3. 规格 4. 安装部位	台		1. 本体安装 2. 接线
030404034	照明开关	1. 名称 2. 材质 3. 规格 4. 安装方式	个		1. 本体安装 2. 接线
030404035	插座				
030404036	其他电器	1. 名称 2. 规格 3. 安装方式	个（套、台）		1. 安装 2. 接线
030408001	电力电缆	1. 名称 2. 型号 3. 规格 4. 材质 5. 敷设方式．部位 6. 电压等级/kV 7. 地形	m	按设计图示尺寸以长度计算（含预留长度及附加长度）	1. 电缆敷设 2. 揭（盖）盖板
030408003	电缆保护管	1. 名称 2. 材质 3. 规格 4. 敷设方式		按设计图示尺寸以长度计算	保护管敷设
030408006	电力电缆头	1. 名称 2. 型号 3. 规格 4. 材质、类型 5. 安装部位 6. 电压等级/kV	个	按设计图示数量计算	1. 电力电缆头制作 2. 电力电缆头安装 3. 接地

（续）

项目编码	项目名称	项目特征	计量单位	工程量计算规则	工作内容
030409008	等电位端子箱、测试板	1. 名称 2. 材质 3. 规格	台（块）	按设计图示数量计算	本体安装
030411001	配管	1. 名称 2. 材质 3. 规格 4. 配置形式 5. 接地要求 6. 钢索材质、规格	m	按设计图示尺寸以长度计算	1. 电线管路敷设 2. 钢索架设（拉紧装置安装） 3. 预留沟槽 4. 接地
030411004	配线	1. 名称 2. 配线形式 3. 型号 4. 规格 5. 材质 6. 配线部位 7. 配线限制 8. 钢索材质、规格	m	按设计图示尺寸以单线长度计算（含预留长度）	1. 配线 2. 钢索架设（拉紧装置安装） 3. 支持体（夹板、绝缘子、槽板等）安装
030411006	接线盒	1. 名称 2. 材质 3. 规格 4. 安装形式	个	按设计图示数量计算	本体安装
030412001	普通灯具	1. 名称 2. 型号 3. 规格 4. 类型	套	按设计图示数量计算	本体安装
030412002	工厂灯	1. 名称 2. 型号 3. 规格 4. 安装形式	套	按设计图示数量计算	本体安装

注：1. 配管、线槽安装不扣除管路中间的接线箱（盒）、灯头盒、开关盒所占长度。

2. 盘、箱、柜外部进出电线预留长度见表9-8。

3. 电缆敷设预留及附加长度见表9-9。

4. 配管名称指电线管、钢管、防爆管、塑料管、软管、波纹管等。

5. 配管的配置形式指明配、暗配、吊顶内、钢结构支架、钢索配管、埋地敷设、水下敷设、砌筑沟内敷设等。

6. 配管安装中不包凿槽、刨沟、应按相关项目编码列项。

7. 配线名称指管内穿线、瓷夹板配线、塑料夹板配线、绝缘子配线、槽板配线、塑料护套配线、线槽配线、车间带形母线等。

8. 配线形式指照明线路，动力线路，木结构，顶棚内，砖、混凝土结构，沿支架、钢索、屋架、梁、柱、墙，以及跨屋架、梁、柱。

9. 配线进入箱、柜、板的预留长度见表9-10。

表9-8 盘、箱、柜外部进出线预留长度

序号	项 目	预留长度/m	说 明
1	各种开关箱、柜、盘、板、盒	高+宽	盘面尺寸
2	单独安装的铁壳开关、自动开关、刀开关、启动器、箱式电阻器、变阻器	0.5	从安装对象中心算起
3	继电器、控制开关、信号灯、按钮、熔断器等小电器	0.3	从安装对象中心算起
4	分支接头	0.2	分支线预留

表9-9 电缆敷设预留及附加长度

序号	项 目	预留（附加）长度	说 明
1	电缆敷设驰度、波形弯度、交叉	2.5%	按电缆全长计算
2	电缆进入建筑物	2.0m	规范规定最小值
3	电缆进入沟内或吊架是引上（下）预留	1.5m	规范规定最小值
4	变电所进线、出线	1.5m	规范规定最小值
5	电力电缆终端头	1.5m	检修余量最小值
6	电缆中间接头盒	两端各留2.0m	检修余量最小值
7	电缆进控制、保护屏及模拟盘、配电箱	高+宽	按盘面尺寸
8	高压开关柜及低压配电盘、箱	2.0m	盘下进出线
9	电缆至电动机	0.5m	从电动机接线盒算起
10	厂用变压器	3.0m	从地坪算起
11	电缆绕过梁柱等增加长度	按实计算	按被绕物的断面情况计算增加长度
12	电梯电缆与电缆架固定点	每处0.5m	规范规定最小值

表9-10 配线进入箱、柜、板的预留长度

序号	项 目	预留长度/m	说 明
1	各种开关箱、柜、板	高+宽	盘面尺寸
2	单独安装（无箱、盘）的铁壳开关、闸刀开关、启动器、线槽进出线盒等	0.3	从安装对象中心算起
3	由地面管子出口引至动力接线箱	1.5	从管口计算
4	电源与管内导线连接（管内穿线与软、硬母线接点）	1.5	从管口计算
5	出户线	1.5	从管口计算

四、任务实施程序与内容

步骤一：识图

阅读图样目录、施工设计总说明、主要材料设备表，根据照明系统图、一层电气平面图，理清配电回路的关系：分析照明系统图，分析配电箱之间的配电关系，明确各个配电箱的回路数。从电缆柜入手，按配电的层次，依次分析计算各个回路管和线（缆）的清单工程量。

步骤二：计算电气配管、配线清单工程量

分析首层和其他楼层的回路是否存在一致性，找出一致的地方，并将有区别的部分加以明确。对于回路复杂的电气图，可以从本层配电箱出发，按照系统图中的回路顺序，依次计算每个回路中配管配线的工程量。对于标准层配管、配线的算量，要考虑倍乘方法的应用。根据电气平面图和材料设备表、设计说明中反映出来的安装高度，计算配管工程量，同时明确该种管中穿线的类型与根数，考虑预留规则后，算出相应管路中配线的工程量。

步骤三：计算电气照明系统中灯具、开关、插座等的清单工程量

电气照明系统中灯具、插座、开关、接线盒等的计量可以依照各个回路配管工程量的计算逻辑，分别计量出不同回路上这些分项工程的种类和数量，最后将不同分支上的工程量分门别类汇总。

步骤四：编制电气照明系统的分部分项工程量清单计价表，并填写不含价的部分

根据工程量清单计算规范列电气工程的清单项目名称，并根据设计说明和清单计算规则的工作内容描述项目特征，最后结合手工算量的结果，完成项目编码、计量单位、工程量的填写。

任务二　编制防雷接地系统的招标工程量清单表

一、任务要求

根据《建设工程工程量清单计价规范》（GB 50500—2013）和《通用安装工程工程量计算规范》（GB 50856—2013）的规定，结合案例中的设计说明和图样，列式计算防雷接地系统的避雷网、引下线、接地母线、均压环、接地极等的清单工程量，并编制防雷接地系统的招标工程量清单。

（1）结合案例具体情况，编制防雷接地系统的招标工程量清单。报告中包括以下几部分内容：

1）项目概况。

2）编制依据。

3）编制说明。

4）招标工程量清单——分部分项工程和单价措施项目清单与计价表。

5）防雷接地系统清单工程量的计算底稿。

（2）过关问题讨论的会议纪要。

二、任务中的过关问题

结合案例中的资料以及任务要求，讨论以下问题：

过关问题1：计算防雷接地系统工程量时，避雷网、引下线、接地母线的清单工程量如何计算？

过关问题2：利用基础外圈主筋作为环形接地极时，根据《通用安装工程工程量计算规范》（GB 50856—2013），此接地极如何列项？

过关问题3：利用定额套价时，综合单价的值与清单工程量的大小有无关系？以引下线

的综合单价为例进行说明。

    过关问题4：避雷网是否只能水平布置？

    过关问题5：引下线与接地母线的分界线在哪里？

    过关问题6：如何计算1号楼1单元防雷接地系统的清单工程量？编制1号楼1单元防雷接地系统的招标工程量清单表，并填入表9-11。

表9-11　分部分项工程和单价措施项目清单与计价表（防雷接地系统工程）

序号	项目编码	项目名称	项目特征	计量单位	工程量	金额（元）	
						综合单价	合价

三、任务实施依据

（1）《建设工程工程量清单计价规范》（GB 50500—2013）。

（2）《通用安装工程工程量计算规范》（GB 50856—2013）。

（3）《天津市安装工程预算基价》（2020年）。

（4）《天津市工程造价信息》（2020年第6期）。

《通用安装工程工程量计算规范》（GB 50856—2013）的防雷接地工程工程量计算规则（仅列与本案例相关的计算规则）见表9-12。

表9-12　防雷接地工程工程量清单计算规则

项目编码	项目名称	项目特征	计量单位	工程量计算规则	工作内容
030409001	接地极	1. 名称 2. 材质 3. 规格 4. 土质 5. 基础接地形式	根（块）	按设计图示数量计算	1. 接地极（板、桩）制作、安装 2. 基础接地网安 3. 补刷（喷）油漆
030409002	接地母线	1. 名称 2. 材质 3. 规格 4. 安装部位 5. 安装形式	m	按设计图示尺寸以长度计算（含附加长度）	1. 接地母线制作、安装 2. 补刷（喷）油漆
030409003	避雷引下线	1. 名称 2. 材质 3. 规格 4. 安装部位 5. 安装形式 6. 断接卡子、箱材质、规格			1. 避雷引下线制作、安装 2. 断接卡子、箱制作、安装 3. 利用主钢筋焊接 4. 补刷（喷）油漆

（续）

项目编码	项目名称	项目特征	计量单位	工程量计算规则	工作内容
030409004	均压环	1. 名称 2. 材质 3. 规格 4. 安装形式	m	按设计图示尺寸以长度计算（含附加长度）	1. 均压环敷设 2. 钢铝窗接地 3. 柱主筋与圈梁焊接 4. 利用圈梁钢筋焊接 5. 补刷（喷）油漆
030409005	避雷网	1. 名称 2. 材质 3. 规格 4. 安装形式 5. 混凝土块标号			1. 避雷网制作、安装 2. 跨接 3. 混凝土块制作 4. 补刷（喷）油漆
030414011	接地装置	1. 名称 2. 类别	1. 系统 2. 组	1. 以系统计量，按设计图示系统计算 2. 以组计量，按设计图示数量计算	接地电阻测试

注：1. 利用桩基础作接地极，应描述桩台下桩的根数，每桩台下需焊接柱筋根数，其工程量接柱引下线计算；利用基础钢筋作接地极按均压环项目编码列项。

2. 利用柱筋作引下线的，需描述柱筋焊接根数。

3. 利用圈梁筋作均压环的，需描述圈梁焊接根数。

4. 使用电缆、电线作接地线，应按相关项目编码列项。

5. 接地母线、引下线、避雷网附加长度见表9-13。

表9-13　接地母线、引下线、避雷网附加长度

项　　目	附加长度	说　　明
接地母线、引下线、避雷网附加长度	3.9%	按接地母线、引下线、避雷网全长计算

四、任务实施程序与内容

步骤一：识图

阅读图纸目录、电气施工设计总说明、主要材料设备表，根据屋顶防雷接地图，结合电气施工说明、建筑的屋顶平面图、建筑立面图、建筑剖面图，分析屋顶的建筑形式和避雷网的布置位置、引下线的位置、接地极的形式与位置以及室外地坪标高，对防雷接地系统形成整体认识。

步骤二：计算防雷接地系统的清单工程量

计量顺序：避雷网—引下线—接地母线—接地极。避雷网计算时可以采用推墙法（补齐线段法）计算两横两纵沿建筑顶部周边布置的部分，坡屋顶的避雷网工程量计算时既要考虑屋顶的平面尺寸还要考虑屋顶的坡度。对于避雷网的算量，要考虑倍乘方法的应用。涉及坡屋顶平面尺寸与坡面尺寸换算时考虑用相似三角形法或者是坡度不变的数学方法实现转换。引下线的工程量取决于引下线上端部与下端部的标高差，因此必须确定引下线两个端部相

对于室外地坪的高度。根据设计说明确定断接卡子的位置，实现引下线和接地母线的计量。

步骤三：计算防雷接地系统中接地母线、接地极、均压环等的工程量

防雷接地系统中接地母线、接地极、均压环等的工程量依照从左到右、从上到下等算量顺序分别计量并分门别类汇总。

步骤四：编制防雷接地工程分部分项工程量清单计价表

根据工程量清单计算规范列电气工程的清单项目名称，并根据设计说明和清单计算规则的工作内容描述项目特征，最后结合手工算量的结果，完成项目编码、计量单位、工程量的填写，并填写不含价的部分。

任务三　编制弱电系统的招标工程量清单表

一、任务要求

根据《建设工程工程量清单计价规范》（GB 50500—2013）和《通用安装工程工程量计算规范》（GB 50856—2013）的规定，结合案例中的设计说明和图样，列式计算弱电部分有线电视、电话、宽带网、家居安保的配管清单工程量，并编制弱电工程的招标工程量清单。

提交的文件为：

（1）结合案例具体情况，编制弱电工程的招标工程量清单。报告中包括以下几部分内容：

1）项目概况。

2）编制依据。

3）编制说明。

4）招标工程量清单——分部分项工程和单价措施项目清单与计价表。

5）弱电工程清单工程量的计算底稿。

（2）过关问题讨论的会议纪要。

二、任务中的过关问题

结合案例中的资料以及任务要求，讨论以下问题：

过关问题1：本工程弱电图中，字母T、S、F、V分别代表什么？

过关问题2：弱电系统中配管的基本计算方法是什么？

过关问题3：如何计算1号楼1单元弱电工程的清单工程量？编制1号楼1单元弱电工程的招标工程量清单表，并填入表9-14。

表9-14　分部分项工程和单价措施项目清单与计价表（弱电工程）

序号	项目编码	项目名称	项目特征	计量单位	工程量	金额（元）	
						综合单价	合价

三、任务实施依据

（1）《建设工程工程量清单计价规范》（GB 50500—2013）。

（2）《通用安装工程工程量计算规范》（GB 50856—2013）。

（3）《天津市安装工程预算基价》（2020 年）。

（4）《天津市工程造价信息》（2020 年第 6 期）。

《通用安装工程工程量计算规范》（GB 50856—2013）的弱电工程工程量计算规则（仅列与本案例相关的计算规则）见表9-15。

表 9-15　弱电工程工程量清单计算规则

项目编码	项目名称	项目特征	计量单位	工程量计算规则	工作内容
030411001	配管	1. 名称 2. 材质 3. 规格 4. 配置形式 5. 接地要求 6. 钢索材质、规格	m	按设计图示尺寸以长度计算	1. 电线管路敷设 2. 钢索架设（拉紧装置安装） 3. 预留沟槽 4. 接地
030501012	交换机	1. 名称 2. 功能 3. 层数	台（套）	按设计图示数量计算	1. 本体安装 2. 单体调试
030502001	机柜、机架	1. 名称 2. 材质 3. 规格 4. 安装方式	台		1. 本体安装 2. 相关固定件的连接
030502003	分线接线箱（盒）				1. 本体安装 2. 底盒安装
030502004	电视、电话插座	1. 名称 2. 安装方式 3. 底盒材质、规格	个		1. 本体安装 2. 底盒安装
030502012	信息插座	1. 名称 2. 类别 3. 规格 4. 安装方式 5. 底盒材质、规格	个（块）		1. 端接模块 2. 安装面板
030503004	控制箱	1. 名称 2. 类别 3. 功能 4. 控制器、控制模块规格、体积 5. 控制器、控制模块数量	台（套）		1. 本体安装标识 2. 控制器、控制模块组装 3. 单体调试 4. 联调联试 5. 接地

（续）

项目编码	项目名称	项目特征	计量单位	工程量计算规则	工作内容
030505003	前端机柜	1. 名称 2. 规格	个	按设计图示数量计算	1. 本体安装 2. 连接电源 3. 接地
030505013	分配网络	1. 名称 2. 功能 3. 规格 4. 安装方式	个		1. 本体安装 2. 电缆接头制作、布线 3. 单体调试
030507001	入侵探测设备	1. 名称 2. 类别 3. 探测范围 4. 安装方式	套		
030507006	出入口控制设备	1. 名称 2. 规格	台		1. 本体安装 2. 单体调试
030507007	出入口执行机构设备	1. 名称 2. 类别 3. 规格	台		
030507012	视频传输设备		台（套）		
030904001	点型探测器	1. 名称 2. 功能 3. 线制 4. 类型	个		1. 底座安装 2. 探头安装 3. 校接线 4. 编码 5. 探测器调试

四、任务实施程序与内容

步骤一：识图

阅读图纸目录、施工设计总说明、主要材料设备表，根据弱电系统图、首层弱电平面图、二至四层弱电平面图、五、六层弱电平面图，理清弱电回路的关系。明确一个单元中各个弱电回路的管路敷设。分别从有线电视前端箱、电话分线箱、计算机网络箱、楼宇对讲电源箱入手，按弱电敷设的层次依次进行回路分析。

步骤二：计算弱电配管的清单工程量

分析首层和其他楼层的回路是否存在一致性，找出一致的地方，并将有区别的部分加以明确。对于回路复杂的电气图，应从首层箱体出发，按照系统图中的回路顺序，依次计算每个回路中配管工程量。立管是根据弱电平面图和材料设备表、设计说明中反映的安装高度进行计算。对于标准层配管算量，要考虑倍乘方法的应用。由于该工程的设计说明中只要求预留弱电的管路，管内穿线由专业公司完成，因此不考虑线的计量。

步骤三：弱电系统中弱电设备的计量

弱电系统中弱电设备的计量可以依照各个回路配管工程量的计算逻辑，分别计量出不同回路上这些分项工程的种类和数量，最后将不同分支上的量分门别类汇总。

步骤四：编制弱电工程分部分项工程量清单计价表，并填写不含价的部分

根据工程量清单计算规范列弱电工程的清单项目名称，并根据设计说明和清单计算规则的工作内容描述项目特征，最后结合手工算量的结果，完成项目编码、计量单位、工程量的填写。

任务四　编制电气工程招标控制价

一、任务要求

本任务是在电气照明、防雷接地、弱电工程招标工程量清单的基础上，编制电气工程的招标控制价，主要是根据招标工程量清单中项目特征的描述，结合《天津市安装工程预算基价》（2020 年），填写安装工程的清单综合单价分析表，进而进行电气工程招标控制价的编制。

（1）结合案例具体情况，编制电气工程的招标控制价。报告中包括以下几部分内容：

1）项目概况。

2）编制依据。

3）编制说明。

4）招标控制价。

5）电气工程项目清单综合单价分析表。

（2）过关问题讨论的会议纪要。

二、任务中的过关问题

过关问题 1：根据电气照明、防雷接地、弱电工程的招标工程量清单表，分析 PC32 配管，避雷引下线，镀锌钢管 RC50 沿砖、混凝土结构暗配应该套用哪些定额项目进行组价，并填写清单综合单价分析表，见表 9-16。

表9-16 清单综合单价分析表

项目编码		项目名称			计量单位		工程量	

清单综合单价组成明细

定额编号	定额名称	定额单位	数量	单价（元）				合价（元）			
				人工费	材料费	机械费	管理费和利润	人工费	材料费	机械费	管理费和利润
人工单价			小　计								
—			未计价材料费（元）								
清单项目综合单价											

材料费明细	主要材料名称、规格、型号		单位	数量	单价（元）	合价（元）	暂估单价（元）	暂估合价（元）
	其他材料费（元）							
	材料费小计（元）							

过关问题2：结合案例具体情况，根据电气工程的招标工程量清单表，编制招标控制价，并填写分部分项工程和单价措施项目清单与计价表（表9-17），总价措施项目费表（表9-18）和规费、税金项目计价表（表9-19）。

表9-17 分部分项工程和单价措施项目清单与计价表

序号	项目编码	项目名称	项目特征	计量单位	工程量	金额（元）	
						综合单价	合价

表9-18 总价措施项目清单与计价表

序号	项目编码	项目名称	计算基础	费率（%）	金额（元）	备注

表 9-19　规费、税金项目计价表

序号	项目名称	计算基础	计算基数（元）	计算费率（%）	金额（元）
1	规费				
2	税金				
合计					

三、任务实施依据

（1）节选《天津市安装工程预算基价》（2020 年），见表 9-20 ~ 表 9-22。

根据《天津市安装工程预算基价》（2020 年），给出了与本项目相关的电气工程各项定额的预算基价（即总价）、人工费、材料费、机械费。企业管理费依据《天津市安装工程预算基价》（2020 年），按分部分项工程费及可计量的措施项目费中的人工费与机械费的合计乘以相应的费率计算，其中人工费、机械费为基期价格，企业管理费费率按一般计税取 13.57%。利润按人工费合计的 20.71% 计取。

表 9-20　《天津市电气设备安装工程预算基价》（2020 年）预算基价表（电气照明工程）

定额编号	定额名称	定额单位	总价（元）	人工费（元）	材料费（元）	机械费（元）	未计价主材消耗量（元）
2 – 132	单相电度表安装	块	65.20	48.60	16.60	—	1 块
2 – 133	单相电度表调试	块	30.77	14.85	1.73	14.19	—
2 – 306	悬挂嵌入式成套配电箱安装（半周长 1.0m 以内）	台	144.46	110.70	33.76	—	1 台
2 – 307	悬挂嵌入式成套配电箱安装（半周长 1.5m 以内）	台	178.71	143.10	35.61	—	1 台
2 – 369	户内端子箱安装	台	344.15	298.35	37.95	7.85	—
2 – 371	无端子外部接线（导线截面 2.5mm² 以内）	10 个	44.02	29.70	14.32	—	—
2 – 383	压铜接线端子（导线截面 16mm² 以内）	10 个	140.59	33.75	106.84	—	—
2 – 384	压铜接线端子（导线截面 35mm² 以内）	10 个	180.42	49.95	130.47	—	—
2 – 579	铜芯电力电缆（电缆截面 240mm² 以内）	100m	2957.49	2411.10	187.37	359.02	101.000m
2 – 609	电缆保护钢管敷设	10m	135.13	98.55	23.66	12.92	10.3m
2 – 761	1kV 户内热（冷）缩式电力电缆终端头制作、安装	个	471.01	132.30	338.71	—	1.020 套
2 – 773	户外热（冷）缩式电力电缆终端头制作、安装	个	615.30	329.40	285.90	—	1.020 套
2 – 1248	PC16 刚性阻燃管砖、混结构暗配	100m	701.06	680.40	20.66		106.000m
2 – 1249	PC20 刚性阻燃管砖、混结构暗配	100m	751.46	729.00	22.46		106.000m
2 – 1250	PC25 刚性阻燃管砖、混结构暗配	100m	790.24	765.45	24.79		106.000m
2 – 1251	PC32 刚性阻燃管砖、混结构暗配	100m	854.35	826.20	28.15		106.000m
2 – 1253	PC50 刚性阻燃管砖、混结构暗配	100m	936.55	899.10	37.45		106.000m
2 – 1319	照明线路铜芯导线截面 2.5mm² 以内	100m	128.92	109.35	19.57		116m

（续）

定额编号	定额名称	定额单位	总价（元）	人工费（元）	材料费（元）	机械费（元）	未计价主材消耗量（元）
2-1348	动力线路铜芯导线截面 10mm² 以内	100m	130.89	109.35	21.54	—	105m
2-1350	动力线路铜芯导线截面 25mm² 以内	100m	158.90	133.65	25.25	—	105m
2-1351	动力线路铜芯导线截面 35mm² 以内	100m	159.66	133.65	26.01	—	105m
2-1534	暗装接线盒	10 个	53.64	41.85	11.79	—	10.2 个
2-1535	暗装开关盒	10 个	50.01	44.55	5.46	—	10.2 个
2-1539	普通吸顶灯（灯罩周长 800mm）	10 套	313.69	186.30	127.39	—	10.1 套
2-1546	普通壁灯	10 套	302.65	175.50	127.15	—	10.1 套
2-1547	普通吸顶防水灯头（灯罩周长 800mm）	10 套	117.52	76.95	40.57	—	10.1 套
2-1799	扳式单联暗开关（单控）	10 套	118.04	114.75	3.29	—	10.2 只
2-1800	扳式双联暗开关（单控）	10 套	124.10	120.15	3.95	—	10.2 只
2-1801	扳式三联暗开关（单控）	10 套	130.16	125.55	4.61	—	10.2 只
2-1805	延时自熄单联开关（双控）	10 套	118.48	114.75	3.73	—	10.2 只
2-1817	单相 2 孔暗插座 15A	10 套	132.96	112.05	20.91	—	10.2 套
2-1818	单相 3 孔暗插座 15A	10 套	144.41	122.85	21.56	—	10.2 套
2-1820	单相 5 孔暗插座 15A	10 套	171.37	148.50	22.87	—	10.2 套

表 9-21　《天津市电气设备安装工程预算基价》（2020 年）预算基价表（防雷接地工程）

定额编号	定额名称	定额单位	总价（元）	人工费（元）	材料费（元）	机械费（元）	未计价主材消耗量
2-883	避雷网沿墙板支架敷设	10m	410.88	367.20	27.98	15.70	—
2-880	利用建筑物主筋引下	根	78.60	55.35	7.55	15.70	—
2-881	断接卡子制作安装	10 套	526.55	486.00	40.46	0.09	—
2-831	接地母线敷设（截面 200mm² 以内）	10m	416.17	411.75	2.01	2.41	—
2-885	均压环敷设（利用圈梁钢筋）	10m	67.02	54.00	2.46	10.56	—
2-895	接地系统测试（接地网）	组	835	820.80	—	15.10	—

表 9-22　《天津市建筑智能化系统设备安装工程预算基价》（2020 年）预算基价表（弱电工程）

定额编号	定额名称	定额单位	总价（元）	人工费（元）	材料费（元）	机械费（元）	未计价主材消耗量
2-610	前端机柜	个	336.19	324.00	12.19	—	—
7-143	点型探测器安装，总线制，可燃气体	只	91.61	78.30	13.11	—	—
12-45	单口非屏蔽 8 位模块式信息插座（电视插座）	个	8.10	8.10	—	—	1.01 个
12-576	住宅（小区）智能化设备，可视对讲户内机安装	台	156.07	135.00	11.93	9.14	—

（续）

定额编号	定额名称	定额单位	总价（元）	人工费（元）	材料费（元）	机械费（元）	未计价主材消耗量
12 – 577	住宅（小区）智能化设备，可视对讲户外机安装	台	220.13	202.50	3.92	13.71	—
12 – 579	住宅（小区）智能化设备，家居智能控制箱安装，暗装	台	68.31	67.50	0.81		—
12 – 583	住宅（小区）智能化设备，家居智能布线箱安装，暗装	台	69.52	67.50	2.02		—
12 – 677	分配网络设备，放大器安装，暗装	10 个	122.36	108.00	7.05	7.31	—
12 – 679	分配网络设备，用户分支器、分配器安装，暗装	10 个	189.81	189.00	0.81	—	—
12 – 682	分配网络设备，用户终端箱安装，暗装	10 个	196.56	195.75	0.81	—	10.1 个
12 – 903	入侵探测器，被动红外探测器	套	150.14	135.00	6.00	9.14	—
12 – 899	入侵探测器，紧急手动开关	套	25.38	20.25	3.76	1.37	—
12 – 112	成套电话组线箱，暗装，50 对以内	台	110.15	102.60	7.55		—
12 – 951	出入口执行机构设备安装，电磁吸力锁（门磁开关）	台	361.90	337.50	1.55	22.85	—
12 – 1038	开关电源（门口对讲电源）	50 台	297.12	270.00	8.84	18.28	—
2 – 1123	电线管敷设，砖、混凝土结构暗配，公称直径 15mm 以内	100m	632.28	437.40	194.88	—	103.000m
2 – 1124	电线管敷设，砖、混凝土结构暗配，公称直径 20mm 以内	100m	671.09	459.00	212.09	—	103.000m
2 – 1125	电线管敷设，砖、混凝土结构暗配，公称直径 25mm 以内	100m	846.77	656.10	190.67	—	103.000m
2 – 1153	镀锌钢管敷设，砖、混凝土结构暗配，公称直径 32mm 以内	100m	985.12	753.30	231.82	—	103.000m
2 – 1155	镀锌钢管沿砖、混凝土结构暗配，公称直径 50mm 以内	100m	1773.57	1381.05	383.17	9.35	103.000m
2 – 1184	镀锌钢管埋地敷设，公称直径 25mm 以内	100m	810.26	643.95	161.21	5.10	103.000m
2 – 1187	镀锌钢管埋地敷设，公称直径 50mm 以内	100m	1546.09	1178.55	359.04	8.50	103.000m

措施项目工程量清单计算规则依据《通用安装工程工程量计算规范》（GB 50856—2013）列出，见表 9-23，各施工措施项目费的类型及其计算基数和费率，依据《天津市安装工程预算基价》（2020 年），见表 9-24。

规费包括社会保险费（包括养老保险费、失业保险费、医疗保险费、工伤保险费、生育保险费）和住房公积金。根据《天津市安装工程预算基价》（2020 年），规费按人工费合计的 37.64% 计取。增值税的销项税计算基数是税前工程造价，本项目按一般计税模式下税率取 9.00%。

表 9-23　措施项目工程量清单计算规则

项目编码	项目名称	工作内容及包含范围
031301010	安装与生产同时进行施工增加	1. 火灾防护 2. 噪声防护
031301011	在有害身体健康的环境中施工增加	1. 有害化合物防护 2. 粉尘防护 3. 有害气体防护 4. 高浓度氧气防护
031301018	脚手架措施费	1. 场内、场外材料搬运 2. 搭、拆脚手架 3. 拆除脚手架后材料的堆放
031302001	安全文明施工	包含环境保护、文明施工、安全施工、临时设施
031302003	非夜间施工增加	为保证工程施工正常进行，在地下（暗）室、设备及大口径管道内等特殊施工部位施工时所采用的照明设备的安拆、维护及照明用电、通风等；在地下（暗）室等施工引起的人工工效降低以及由于人工工效降低引起的机械降效
031302005	冬雨季施工增加	1. 冬雨（风）季施工时增加的临时设施（防寒保温、防雨、防风设施）的搭设、拆除 2. 冬雨（风）季施工时，对砌体、混凝土等采用的特殊加温、保温和养护措施 3. 冬雨（风）季施工时，施工现场的防滑处施工现场的防滑处理、对影响施工的雨雪的清除 4. 包括冬雨（风）季施工时增加的临时设施的摊销、施工人员的劳动保护用品、冬雨（风）季施工劳动效率降低等
031302006	已完工程及设备保护措施费	对已完工程及设备采取的覆盖、包裹、封闭、隔离等必要保护措施

表 9-24　措施项目费率表（电气工程）

序号	项目名称	计算基数	费率	人工费占比
1	安装与生产同时进行降效增加费	分部分项工程费中人工费	10%	100%
2	在有害身体健康的环境中施工降效增加费	分部分项工程费中人工费	10%	100%
3	脚手架措施费	分部分项工程费中人工费	4%	35%
4	安全文明施工措施费	人工费＋机械费 分部分项工程项目＋可计量的措施项目	9.16%	16%
5	非夜间施工照明费		0.12%	10%
6	冬季施工增加费		1.49%	60%
7	竣工验收存档资料编制费		0.20%	—
8	已完工程及设备保护措施费	被保护设备价值	1%	—

注：本表费率均按一般计税下的费率计取。

（2）《天津市工程造价信息》（2020 年第 6 期）。

四、任务实施程序与内容

步骤一：套定额组价

填写分部分项工程量清单计价表中价的部分，任意选取一个电气分项工程，填写完成其综合单价分析表。

（1）分析项目特征。在计算招标工程量清单的基础上，分析电气照明、防雷接地、弱电工程招标工程量清单中项目特征，并结合各电气工程的工作内容查找定额相应的项目。

（2）分析定额项目。分析套取定额项目中包含的工作是项目特征中的一项还是多项，从而确定套用定额的项目名称。

步骤二：编制电气工程招标控制价

根据清单综合单价的组成及费用的构成，生成电气工程招标控制价。

下篇

过关问题与成果范例

项目一
建筑面积及部分与建筑面积相关的
措施项目招标控制价的编制

任务一　计算建筑面积及编制与建筑面积相关措施项目的分部分项工程量清单表

过关问题1：根据《建筑工程建筑面积计算规范》（GB/T 50353—2013）和案例中的背景资料，叙述本工程涉及的建筑面积计算规则有哪些。

答：3.0.1 建筑物的建筑面积应按自然层外墙结构外围水平面积之和计算。结构层高在2.20m及以上的，应计算全面积；结构层高在2.20m以下的，应计算1/2面积。

3.0.21 在主体结构内的阳台，应按其结构外围水平面积计算全面积；在主体结构外的阳台，应按其结构底板水平投影面积计算1/2面积。

解释：主体结构是指接受、承担和传递建设工程所有上部荷载，维持上部结构整体性、稳定性和安全性的有机联系的构造。

3.0.13 窗台与室内楼地面高差在0.45m以下且结构净高在2.10m及以上的凸（飘）窗，应按其围护结构外围水平面积计算1/2面积。

3.0.27 勒脚、附墙柱（附墙柱是指非结构性装饰柱）、垛、台阶、墙面抹灰、装饰面、镶贴块料面层、装饰性幕墙，主体结构外的空调室外机搁板（箱）、构件、配件，挑出高度在2.10m以下的无柱雨篷和顶盖高度达到或超过两个楼层的无柱雨篷，不计算建筑面积。

3.0.24 建筑物的外墙外保温层，应按其保温材料的水平截面积计算，并计入自然层建筑面积。

解释：

（1）建筑物外墙外侧有保温隔热层的，保温隔热层以保温材料的净厚度乘以外墙结构外边线长度按建筑物的自然层计算建筑面积，其外墙外边线长度不扣除门窗和建筑物外已计算建筑面积构件（如阳台、室外走廊、门斗、落地橱窗等部件）所占长度。

（2）当建筑物外已计算建筑面积的构件（如阳台、室外走廊、门斗、落地橱窗等部件）有保温隔热层时，其保温隔热层也不再计算建筑面积。

（3）外墙是斜面者按楼面楼板处的外墙外边线长度乘以保温材料的净厚度计算。

（4）外墙外保温以沿高度方向满铺为准，某层外墙外保温铺设高度未达到全部高度时（不包括阳台、室外走廊、门斗、落地橱窗、雨篷、飘窗等），不计算建筑面积。

（5）保温隔热层的建筑面积是以保温隔热材料的厚度来计算的，不包含抹灰层、防潮层、保护层（墙）的厚度。

过关问题2：根据《房屋建筑与装饰工程工程量计算规范》（GB 50854—2013），对于脚手架的清单项目，应如何列项？

答：（1）脚手架可以分为综合脚手架、单项脚手架和其他脚手架。

（2）凡单层建筑工程执行单层建筑综合脚手架项目，二层及二层以上的建筑工程执行多层建筑综合脚手架项目，地下室部分执行地下室综合脚手架项目。

（3）综合脚手架中包括外墙砌筑及3.6m以内的内墙砌筑及混凝土浇捣用脚手架以及内墙面和天棚粉饰脚手架。

（4）执行综合脚手架，有下列情况者，可另执行单项脚手架项目：

1）满堂基础或者高度（垫层上皮至基础顶面）在1.2m以外的混凝土或钢筋混凝土基础，按满堂脚手架基本层定额乘以系数0.3；高度超过3.6m，每增加1m按满堂脚手架增加层定额乘以系数0.3。

2）砌筑高度在3.6m以外的砖内墙，按单排脚手架定额乘以系数0.3；砌筑高度在3.6m以外的砌块内墙，按相应双排外脚手架定额乘以系数0.3。

3）砌筑高度在1.2m以外的屋顶烟囱的脚手架，按设计图示烟囱外围周长另加3.6m乘以烟囱出屋顶高度以面积计算，执行里脚手架项目。

4）砌筑高度在1.2m以外的管沟墙及砖基础，按设计图示砌筑长度乘以高度以面积计算，执行里脚手架项目。

5）墙面粉饰高度在3.6m以外的执行内墙面粉饰脚手架项目。

6）按照建筑面积计算规范的有关规定未计入建筑面积，但施工过程中需搭设脚手架的施工部位。

（5）凡不适宜使用综合脚手架的项目，可按相应的单项脚手架项目执行。

过关问题3：根据《建筑工程建筑面积计算规范》（GB/T 50353—2013）和案例中首层平面图，计算首层建筑面积。

答：（1）首层建筑面积的计算：

B~L轴和1~7轴：$S = [(3 + 0.9 + 1.5 + 0.9 + 4.2 + 0.12 \times 2) \times (2 + 3.3 + 4.2 + 3.3 + 0.12 \times 2)] \text{m}^2 = 140.05 \text{m}^2$

B轴以下：$S = [(3.3 + 0.12 \times 2) \times 1.2 \times 2] \text{m}^2 = 8.50 \text{m}^2$

B轴以下阳台1：$S = [2 \times (1.28 - 0.06 - 0.12) \times 0.5] \text{m}^2 = 1.10 \text{m}^2$

B轴以下阳台2：$S = [(1.26 - 0.06) \times (0.68 + 2.4 - 0.12 + 0.1) \times 0.5] \text{m}^2 = 1.84 \text{m}^2$

L轴以上：$S = (2.42 - 0.12) \times (0.68 + 1.4 + 0.68 + 0.15)] \text{m}^2 = 6.69 \text{m}^2$

L轴以上阳台：$S = (1.2 \times 2.77 \times 0.5) \text{m}^2 = 1.66 \text{m}^2$

1轴左侧：$S = [(0.62 + 0.12) \times (0.24 + 1.5 + 0.89)] \text{m}^2 = 1.95 \text{m}^2$

（2）保温层面积：

$S = \{[(3 + 0.9 + 1.5 + 0.9 + 4.2 + 0.12 \times 2) + (2 + 3.3 + 4.2 + 3.3 + 0.12 \times 2) \times 2 + (1.2 \times 3 + 2.4) + (2.4 - 0.12) + 0.74 \times 2] \times 0.06\} \text{m}^2 = 2.79 \text{m}^2$

（3）合计：$(140.05 + 8.50 + 1.10 + 1.84 + 6.69 + 1.66 + 1.95 + 2.79) m^2 = 164.58 m^2$

过关问题4：根据《房屋建筑与装饰工程工程量计算规范》（GB 50854—2013）和案例中的背景资料，叙述与建筑面积相关的措施清单项目，并说明其计算规则和项目特征的内容。

答：与建筑面积相关的措施项目包括综合脚手架和垂直运输。

（1）综合脚手架按"m²"列项。项目特征描述的内容：①建筑结构形式；②檐口高度。

（2）垂直运输可以按"m²"或"天"列项。项目特征描述的内容：①建筑物建筑类型及结构形式；②地下室建筑面积；③建筑物檐口高度、层数。

过关问题5：根据《房屋建筑与装饰工程工程量计算规范》（GB 50854—2013）和案例中的背景资料，编制与建筑面积相关措施项目的招标工程量清单表，并填入表10-1。

（1）首层建筑面积为：$164.58 m^2$

（2）二层建筑面积的计算：

1）首层建筑面积为：$164.58 m^2$

2）扣除首层加L轴以上：$S = [(2.42 - 0.12) \times (0.68 + 1.4 + 0.68 + 0.15)] m^2 = 6.69 m^2$

3）增加二层L轴以上：$S = [(0.72 - 0.12) \times (0.68 + 1.4 + 0.68 + 0.15)] m^2 = 1.75 m^2$

4）合计：$(164.58 - 6.69 + 1.75) m^2 = 159.63 m^2$

（3）因为二~六层建筑面积相同，所以，总建筑面积为：$(164.58 + 159.63 \times 5) m^2 = 962.73 m^2$

表10-1　分部分项工程和单价措施项目清单与计价表（与建筑面积相关措施项目）

序号	项目编码	项目名称	项目特征	计量单位	工程量	金额（元）	
						综合单价	合价
1	011701001001	综合脚手架	砖混结构；檐口高度：19.8m	m²	962.73		
2	011703001001	垂直运输	砖混结构；檐口高度：19.8m；六层	m²	962.73		

过关问题6：计算建筑面积的作用是什么？

答：（1）确定建设规模的重要指标。

（2）确定各项技术经济指标的基础。

（3）评价设计方案的依据。

（4）计算有关分项工程量的依据和基础。

（5）选择概算指标和编制概算的基础数据。

任务二　编制与建筑面积相关措施项目的招标控制价

过关问题1：根据《建设工程工程量清单计价规范》（GB 50500—2013），叙述清单综合单价包括的费用有哪些。

答：清单综合单价包括人工费、材料费、施工机具使用费、管理费、利润和风险。

过关问题2：根据任务一中的招标工程量清单表和《天津市建筑工程预算基价》（DBD 29 – 101 – 2020），分析综合脚手架和垂直运输费分别应该套用哪些定额项目进行组价，并填写综合单价分析表，见表10-2和表10-3。

答：（1）根据《天津市建筑工程预算基价》（DBD 29 – 101 – 2020）规定，综合脚手架按设计图示尺寸以面积计算。凡单层建筑工程执行单层建筑综合脚手架；二层及二层以上的建筑工程执行多层建筑综合脚手架项目。套取定额，填写综合脚手架综合单价分析表，见表10-2。

其中：

每平方米综合脚手架清单工程量所含施工工程量为：$(962.73 \div 962.73 \div 100) \mathrm{m}^2 = 0.01\mathrm{m}^2 (100\mathrm{m}^2)$

表 10-2　清单综合单价分析表

项目编码	011701001001	项目名称		综合脚手架	计量单位		m^2	工程量		962.73

| 清单综合单价组成明细 |||||||||||

定额编号	定额名称	定额单位	数量	单价（元）				合价（元）			
				人工费	材料费	施工机具使用费	管理费和利润	人工费	材料费	施工机具使用费	管理费和利润
12 – 7	综合脚手架	100m²	0.01	1190.70	337.75	46.18	247.28	11.91	3.38	0.46	2.47
人工单价		小　计						11.91	3.38	0.46	2.47
—		材料差价									
清单项目综合单价								18.22			

材料费明细	主要材料名称、规格、型号			单位	数量	定额价（元）	市场价（元）	合价（元）
	材料费小计（元）							

（2）根据《天津市建筑工程预算基价》（DBD 29 – 101 – 2020）规定，垂直运输费是指工程施工时为完成工作人员和材料的垂直运输以及施工部位的工作人员与地面联系所采取措施发生的费用。建筑物垂直运输按照如下考虑：①多跨建筑物当高度不同时，按不同檐高的建筑面积分别计算；②同一座建筑物有多种结构组成时，应以建筑面积较大者为准；③檐高3.6m以内的单层建筑，不计算垂直运输机械费；④本基价层高按3.6m考虑，每超过1m，其相应面积部分，基价增加10%，不足1m按1m计算。套取定额，填写垂直运输费综合单价分析表，见表10-3。

其中：

每平方米垂直运输清单工程量所含施工工程量为：$(962.73 \div 962.73)m^2 = 1m^2$

表 10-3　综合单价分析表

项目编码	011703001001	项目名称		垂直运输		计量单位		m^2		工程量		962.73

| 清单综合单价组成明细 ||||||||||||||

定额编号	定额名称	定额单位	数量	单价（元）				合价（元）			
				人工费	材料费	施工机具使用费	管理费和利润	人工费	材料费	施工机具使用费	管理费和利润
15-1	垂直运输	m^2	1			15.75	2.68			15.75	2.68
人工单价		小　计								15.75	2.68
—		未计价材料费									
清单项目综合单价								18.43			

材料费明细	主要材料名称、规格、型号			单位	数量	定额价（元）	市场价（元）	合价（元）
	材料费小计							

过关问题 3：结合案例具体情况，根据《建设工程工程量清单计价规范》（GB 50500—2013）、《天津市建筑工程预算基价》（DBD 29-101-2020）和部分单价措施项目的招标工程量清单表，编制招标控制价，并填写分部分项工程和单价措施项目清单与计价表（部分措施项目）（表 10-4）和规费、税金项目计价表（部分措施项目）（表 10-5）。

答：分部分项工程和单价措施项目清单与计价表见表 10-4，规费、税金项目计价表见表 10-5。

表 10-4　分部分项工程和单价措施项目清单与计价表（部分措施项目）

序号	项目编码	项目名称	项目特征	计量单位	工程量	金额（元）	
						综合单价（其中：人工费）	合价（其中：人工费）
1	011701001001	综合脚手架	砖混结构；檐口高度：19.8m	m^2	962.73	18.22（11.91）	17540.04（11463.23）
2	011703001001	垂直运输	砖混结构；檐口高度：19.8m；六层	m^2	962.73	18.43（0）	17745.39（0）
合计							35285.43（11463.23）

表 10-5　规费、税金项目计价表（部分单价措施项目）

序号	项目名称	计算基础	计算基数（元）	计算费率（%）	金额（元）
1	规费	定额人工费	11463.23	37.64	4314.76
2	税金	定额人工费+材料费+施工机具使用费+管理费+利润+规费	39600.19	9	3564.02
		合计			7878.78

招标控制价（部分单价措施项目）：（35285.43 + 7878.78）元 = 43164.21 元

成果与范例

一、项目概况

某住宅 1 号楼，该工程占地 984.99m²，地上 6 层，檐高 19.8m，各层层高 2.8m，总建筑面积约 5500m²，结构形式采用砖混结构。建筑工程费用的计取方式为：管理费为人工费、施工机具使用费（分部分项工程项目+可计量的措施项目）之和的 11.82%；规费为人工费合计（分部分项工程项目+措施项目）的 37.64%；建筑工程利润为分部分项工程费、措施项目费、管理费、规费之和的 4.66%；增值税税率为 9%。图样见附录。

二、编制依据

（1）《建设工程工程量清单计价规范》（GB 50500—2013）。
（2）《房屋建筑与装饰工程工程量计算规范》（GB 50854—2013）。
（3）《天津市建筑工程预算基价》（DBD2 9 - 101 - 2020）。
（4）《天津市工程造价信息》（2020 年第 6 期）。

三、编制说明

（1）仅列与建筑面积相关的措施项目。
（2）假设屋顶架空层最左侧单元，从 E 轴开始的水平段尺寸为 1.5m，其他单元同。
（3）假设不计取其他项目。

四、编制招标工程量清单

编制分部分项工程和单价措施项目清单与计价表（部分措施项目），见表 10-6。

表 10-6　分部分项工程和单价措施项目清单与计价表（部分措施项目）

序号	项目编码	项目名称	项目特征	计量单位	工程量	金额（元）	
						综合单价	合价
1	011701001001	综合脚手架	砖混结构；檐口高度：19.8m	m²	5512.54		
2	011703001001	垂直运输	砖混结构；檐口高度：19.8m；六层	m²	5512.54		

五、编制招标控制价

编制分部分项工程和单价措施项目清单与计价表（部分措施项目）（表10-7）和规费、税金项目计价表（部分措施项目）（表10-8），并计算招标控制价（部分措施项目）。

表 10-7　分部分项工程和单价措施项目清单与计价表（部分措施项目）

序号	项目编码	项目名称	项目特征	计量单位	工程量	金额（元）	
						综合单价（其中：人工费）	合价（其中：人工费）
1	011701001001	综合脚手架	砖混结构；檐口高度：19.8m	m²	5512.54	18.22（11.91）	100433.28（65637.84）
2	011703001001	垂直运输	砖混结构；檐口高度：19.8m；六层	m²	5512.54	18.43（0）	101609.12（0）
合计							202042.40（65637.84）

表 10-8　规费、税金项目计价表（部分单价措施项目）

序号	项目名称	计算基础	计算基数（元）	计算费率（%）	金额（元）
1	规费	定额人工费	65637.84	37.64	24706.08
2	税金	定额人工费 + 材料费 + 施工机具使用费 + 管理费 + 利润 + 规费	226748.48	9	20407.36
合计					45113.45

招标控制价（部分单价措施项目）：（202042.40 + 45113.45）元 = 247155.85 元

六、计算底稿

1. 首层建筑面积

（1）最左侧单元：

1）B ~ L轴和1 ~ 7轴：$S = [(3 + 0.9 + 1.5 + 0.9 + 4.2 + 0.12 \times 2) \times (2 + 3.3 + 4.2 + 3.3 + 0.12 \times 2)] \text{m}^2 = 140.05 \text{m}^2$

2）B轴以下：$S = [(3.3 + 0.12 \times 2) \times 1.2 \times 2] \text{m}^2 = 8.50 \text{m}^2$

3）B轴以下阳台1：$S = [2 \times (1.28 - 0.06 - 0.12) \times 0.5] \text{m}^2 = 1.10 \text{m}^2$

4）B轴以下阳台2：$S = [(1.26 - 0.06) \times (0.68 + 2.4 - 0.12 + 0.1) \times 0.5] \text{m}^2 = 1.84 \text{m}^2$

5）L轴以上：$S = [(2.42 - 0.12) \times (0.68 + 1.4 + 0.68 + 0.15)] \text{m}^2 = 6.69 \text{m}^2$

6）L轴以上阳台：$S = (1.2 \times 2.77 \times 0.5) \text{m}^2 = 1.66 \text{m}^2$

7）1轴左侧：$S = [(0.62 + 0.12) \times (0.24 + 1.5 + 0.89)] \text{m}^2 = 1.95 \text{m}^2$

8）保温层面积

$S = \{[(3 + 0.9 + 1.5 + 0.9 + 4.2 + 0.12 \times 2) + (2 + 3.3 + 4.2 + 3.3 + 0.12 \times 2) \times 2 + (1.2 \times 3 + 2.4) + (2.4 - 0.12) + 0.74 \times 2] \times 0.06\} \text{m}^2 = 2.79 \text{m}^2$

9）小计：164.58m^2

（2）其他单元：

1）C～M轴和8～39轴：

$S = \{(3 + 2.4 + 0.9 + 4.2 + 0.12 \times 2) \times [(3.3 + 4.2 + 3.3 + 2) \times 5 + 0.12 \times 2]\}$m^2

　　= 689.94m^2

2）C轴以下：$S = $首层"B轴以下"面积 $\times 5 = 42.48$m^2

3）C轴以下阳台1：$S = $首层"B轴以下阳台1"面积 $\times 5 = 5.50$m^2

4）C轴以下阳台2：$S = $首层"B轴以下阳台2"面积 $\times 5 = 9.18$m^2

5）M轴以上：$S = $首层"L轴以上"面积 $\times 5 = 33.47$m^2

6）M轴以上阳台：$S = $首层"L轴以上阳台"面积 $\times 5 = 8.31$m^2

7）39轴右侧：$S = $首层"1轴左侧"面积 $= 1.95$m^2

8）保温层面积

$S = \{(3 + 0.9 + 1.5 + 0.9 + 4.2 + 0.12 \times 2) + [(3.3 + 4.2 + 3.3 + 2) \times 5 + 0.12 \times 2] \times$

　　$2 + (1.2 \times 3 \times 5 + 2.4) + (2.4 - 0.12) + 0.74 \times 2)\}m^2 \times 0.06$

　　= 9.8m^2

9）小计：$S = 800.62$m^2

（3）首层建筑面积合计：$S = (164.58 + 800.62)$m$^2 = 965.20$m^2

2. 二层建筑面积

（1）最左侧单元：

1）首层左侧建筑面积为：164.58m^2

2）扣除首层L轴以上：$S = [(2.42 - 0.12) \times (0.68 + 1.4 + 0.68 + 0.15)]m^2 = 6.69$m^2

3）增加二层L轴以上：$S = [(0.72 - 0.12) \times (0.68 + 1.4 + 0.68 + 0.15)]m^2 = 1.75$m^2

4）小计：$(164.58 - 6.69 + 1.75)$m$^2 = 159.63$m^2

（2）其余单元：

1）首层右侧建筑面积为：800.62m^2

2）扣除首层M轴以上：$S = 33.47$m^2

3）增加二层M轴以上：$S = $左侧"二层L轴以上"面积 $\times 5 = 8.73$m^2

4）小计：$(800.62 - 33.47 + 8.73)$m$^2 = 775.89$m^2

（3）二层建筑面积合计：$S = (159.63 + 775.89)$m$^2 = 935.52$m^2

3. 三～四层建筑面积

（1）最左侧单元：

1）二层左侧建筑面积为：159.63m^2

2）扣除二层L轴以上：$S = [(0.72 - 0.12) \times (0.68 + 1.4 + 0.68 + 0.15)]m^2 = 1.75$m^2

3）小计：$S = (159.63 - 1.75)$m$^2 = 157.88$m^2

（2）其余单元：

1）二层右侧建筑面积为：775.89m^2

2）扣除二层M轴以上：$S = (8.73 \times 5)$m$^2 = 43.65$m^2

3）小计：$S = (775.89 - 43.65)$m$^2 = 732.24$m^2

（3）三～四层建筑面积合计：$S = [(157.88 + 732.24) \times 2]m^2 = 1780.24$m^2

4. 五~六层建筑面积

（1）最左侧单元：

1）三层左侧建筑面积为：157.88m²

2）扣除三层 1 轴左侧：$S = [(0.62+0.12) \times (0.24+1.5+0.89)]m^2 = 1.95m^2$

3）增加五层 1 轴左侧：$S = [(0.62+0.12) \times (0.24 \times 2+1.5)]m^2 = 1.47m^2$

4）小计：$(157.88-1.95+1.47)m^2 = 157.40m^2$

（2）其余单元：

1）三层右侧建筑面积为：732.24m²

2）扣除三层 39 轴右侧：$S = $ "三层 1 轴左侧" 面积 $= 1.95m^2$

3）增加五层 39 轴右侧：$S = $ "五层 1 轴左侧" 面积 $= 1.47m^2$

4）小计：$(732.24-1.95+1.47)m^2 = 731.76m^2$

（3）五~六层建筑面积合计：$S = [(157.40+731.76) \times 2]m^2 = 1778.32m^2$

5. 架空层

（1）G~L 轴和 3~5 轴：

1）1.2~2.1m 的建筑面积。

$$S = \{[2.1 \times (5.1-0.24)/3.0 - 1.2 \times (5.1-0.24)/3.0] \times (2.6-0.24) \times 0.5\}m^2$$
$$= 1.72m^2$$

2）2.1~3.0m 的建筑面积。

$$S = \{[(5.1-0.24)-2.1 \times (5.1-0.24)/3.0] \times (2.6-0.24)\}m^2 = 3.44m^2$$

3）小计：$S = (1.72+3.44)m^2 = 5.16m^2$

（2）A~E 轴和 2~4 轴：

1）1.5m 水平段的建筑面积。

$$S = [1.5 \times (3.3-0.24) \times 0.5]m^2 = 2.30m^2$$

2）1.2~1.5m 的建筑面积。

$$S = \{[(1.2+3.0-1.5-0.12)-1.2 \times (1.2+3-1.5-0.12)/1.5] \times$$
$$(3.3-0.24) \times 0.5\}m^2$$
$$= 0.79m^2$$

3）小计：$S = (2.30+0.79)m^2 = 3.09m^2$

（3）D~G 轴和 13~15 轴：

1）1.5m 水平段的建筑面积。

$$S = [1.5 \times (4.0-0.24) \times 0.5]m^2 = 2.82m^2$$

2）1.2~1.5m 的建筑面积

$$S = \{[(1.2+3.0-1.5-0.12)-1.2 \times (1.2+3-1.5-0.12)/1.5] \times (4-0.24) \times 0.5\}m^2$$
$$= 0.97m^2$$

3）小计：$S = 2.82+0.97 = 3.79m^2$

（4）架空层建筑面积合计：$S = [(5.16+3.09) \times 6+3.79]m^2 = 53.29m^2$

6. 总建筑面积：$S = (965.20+935.52+1780.24+1778.32+53.29)m^2 = 5512.54m^2$

2

基础和土石方工程招标控制价的编制

任务一　编制基础工程招标工程量清单表

过关问题1：根据《房屋建筑与装饰工程工程量计算规范》（GB 50854—2013）和案例中的背景资料，判断基础的类型，并叙述相应的工程量清单计算规则。

答：（1）根据背景资料中的桩位平面图、承台基础平面图和说明，可以看出本工程是预制桩基础，基础之间通过桩承台连接，承台之间通过承台梁或基础梁连接。

（2）预制钢筋混凝土方桩的计算规则为：①以米计量，按设计图示尺寸以桩长（包括桩尖）计算；②以立方米计量，按设计图示截面积乘以桩长（包括桩尖）以实体积计算；③以根计量，按设计图示数量计算。

（3）基础梁、圈梁的计算规则为：按设计图示尺寸以体积计算。伸入墙内的梁头、梁垫并入梁体积内。梁长：①梁与柱连接时，梁长算至柱侧面；②主梁与次梁连接时，次梁长算至主梁侧面。

过关问题2：根据《房屋建筑与装饰工程工程量计算规范》（GB 50854—2013）、案例中的桩位平面图和承台平面图，如何计算桩、承台梁、基础梁和基础墙（−0.45m以下）的清单工程量（假设7轴基础部分按图示计算，砌体部分只计算左侧墙体）？

答：（1）桩基础：

ZH1：$V = [0.5 \times 0.5 \times (11.95 - 1.95) \times 55]\,\mathrm{m}^3 = 137.5\,\mathrm{m}^3$

SZH1：$V = [0.5 \times 0.5 \times (11.95 - 0.95) \times 1]\,\mathrm{m}^3 = 2.75\,\mathrm{m}^3$

（2）承台梁：

1）CTL1、CTL2、CTL4：$V = (0.5 \times 0.55 \times 100.28)\,\mathrm{m}^3 = 27.58\,\mathrm{m}^3$

其中：

长度合计：$L = (41.61 + 4.74 + 7.91 + 8.02 + 6.6 + 4.8 + 9.2 + 10 + 4.9 + 2.5)\,\mathrm{m} = 100.28\,\mathrm{m}$

① 7轴→1→L→B→1→2→A→2→7→B：

$L = (3.3 + 2.9 + 2.6 + 4 + 4.2 + 0.9 + 1.5 + 0.9 + 3 + 2 + 1.2 + 3.3 + 1.2 + 4.2 + 1.2 +$
$\quad 3.3 + 1.5 + 0.9 - 0.24 - 0.25)\,\mathrm{m}$

$\quad = 41.61\,\mathrm{m}$

② L轴上：$L = (2.62 \times 2 - 0.25 \times 2)\,\mathrm{m} = 4.74\,\mathrm{m}$

③ 1轴左：$L = [1.73 + 0.9 + 1.5 + 0.9 + 1.92 + (0.74 - 0.25 \times 2) \times 4]\,\mathrm{m} = 7.91\,\mathrm{m}$

④ H、F 轴：$L = [2.9 - 0.25 \times 2 + (3.3 - 0.25 - 0.24) \times 2]\text{m} = 8.02\text{m}$

⑤ G 轴：$L = (4 + 2.6 - 0.25 + 0.25)\text{m} = 6.6\text{m}$

⑥ E 轴：$L = (2 + 3.3 - 0.25 - 0.25)\text{m} = 4.8\text{m}$

⑦ 3、5 轴：$L = [(4.2 + 0.9 - 0.25 - 0.25) \times 2]\text{m} = 9.2\text{m}$

⑧ 6 轴：$L = (11.7 - 1.2 - 0.25 \times 2)\text{m} = 10\text{m}$

⑨ 4 轴：$L = (3 + 0.9 + 1.5 - 0.25 \times 2)\text{m} = 4.9\text{m}$

⑩ 2 轴：$L = (3 - 0.25 \times 2)\text{m} = 2.5\text{m}$

2）CTL3：$V = [0.89 \times 0.55 \times (4.2 + 0.9 + 3 + 1.2)]\text{m}^3 = 4.55\text{m}^3$

3）承台梁合计：$V = (27.58 + 4.55)\text{m}^3 = 32.13\text{m}^3$

（3）承台梁下垫层：

1）CTL1、CTL2、CTL4：$V = (0.7 \times 0.1 \times 97.28)\text{m}^3 = 6.81\text{m}^3$

其中：

长度合计：$L = (41.41 + 4.54 + 7.11 + 7.42 + 6.6 + 4.6 + 8.8 + 9.8 + 4.7 + 2.3)\text{m}$
$= 97.28\text{m}$

① 7 轴→1→L→B→1→2→A→2→7→B：

$L = (3.3 + 2.9 + 2.6 + 4 + 4.2 + 0.9 + 1.5 + 0.9 + 3 + 2 + 1.2 + 3.3 + 1.2 + 4.2 + 1.2 + 3.3 + 1.5 + 0.9 - 0.34 - 0.35)\text{m}$
$= 41.41\text{m}$

② L 轴上：$L = (2.62 \times 2 - 0.35 \times 2)\text{m} = 4.54\text{m}$

③ 1 轴左：$L = [1.73 + 0.9 + 1.5 + 0.9 + 1.92 + (0.74 - 0.35 \times 2) \times 4]\text{m} = 7.11\text{m}$

④ H、F 轴：$L = [2.9 - 0.35 \times 2 + (3.3 - 0.35 - 0.34) \times 2]\text{m} = 7.42\text{m}$

⑤ G 轴：$L = (4 + 2.6 - 0.35 + 0.35)\text{m} = 6.6\text{m}$

⑥ E 轴：$L = (2 + 3.3 - 0.35 - 0.35)\text{m} = 4.6\text{m}$

⑦ 3、5 轴：$L = [(4.2 + 0.9 - 0.35 - 0.35) \times 2]\text{m} = 8.8\text{m}$

⑧ 6 轴：$L = (11.7 - 1.2 - 0.35 \times 2)\text{m} = 9.8\text{m}$

⑨ 4 轴：$L = (3 + 0.9 + 1.5 - 0.35 \times 2)\text{m} = 4.7\text{m}$

⑩ 2 轴：$L = (3 - 0.35 \times 2)\text{m} = 2.3\text{m}$

2）CTL3：$V = [1.09 \times 0.1 \times (4.2 + 0.9 + 3 + 1.2)]\text{m}^3 = 1.01\text{m}^3$

3）承台梁下垫层合计：$V = (6.81 + 1.01)\text{m}^3 = 7.82\text{m}^3$

（4）基础梁：

1）JL1：$V = \{0.2 \times 0.4 \times [2.6 - 0.25 \times 2 + (1.5 + 0.9 - 0.25 \times 2) \times 3]\}\text{m}^3 = 0.62\text{m}^3$

2）JL3：$V = [0.25 \times 0.4 \times (2.6 - 0.25 \times 2 + 2.9 - 0.25 + 0.125 + 4.2 - 0.25 \times 2 + 2 - 0.25 + 0.125)]\text{m}^3 = 1.05\text{m}^3$

3）挑梁1：$V = [0.25 \times 0.4 \times (1.2 - 0.25 - 0.125 + 1.32 - 0.25 - 0.125)]\text{m}^3 = 0.18\text{m}^3$

4）基础梁合计：$V = (0.62 + 1.05 + 0.18)\text{m}^3 = 1.85\text{m}^3$

（5）基础梁垫层：

1）JL1：$V = \{0.4 \times 0.1 \times [2.6 - 0.35 \times 2 + (1.5 + 0.9 - 0.35 \times 2) \times 3]\}\text{m}^3 = 0.28\text{m}^3$

2）JL3：$V = [0.45 \times 0.1 \times (2.6 - 0.35 \times 2 + 2.9 - 0.35 + 0.225 + 4.2 - 0.35 \times 2 + 2 - 0.35 + 0.225)]\text{m}^3 = 0.45\text{m}^3$

3）挑梁 1：$V = [0.45 \times 0.1 \times (1.2 - 0.35 - 0.225 + 1.32 - 0.35 - 0.225)] \text{m}^3 = 0.06 \text{m}^3$

4）基础梁垫层合计：$V = (0.28 + 0.45 + 0.06) \text{m}^3 = 0.79 \text{m}^3$

（6）地圈梁：

DQL（CTL4 上没有）：$V = \{0.36 \times 0.18 \times [(100.28 - 4.74 - 9.2) + (4.2 + 0.9 + 3 + 1.2)]\} \text{m}^3 = 6.20 \text{m}^3$

（7）基础墙（ -0.45m 以下）：

1）CTL1、CTL2 上：$V = [0.18 \times 2 \times (2 - 0.45 - 0.55) \times (100.28 - 4.74 - 9.2)] \text{m}^3 = 31.08 \text{m}^3$

2）CTL3 上：$V = [0.36 \times (2 - 0.45 - 0.55) \times (4.2 + 0.9 + 3 + 1.2)] \text{m}^3 = 3.35 \text{m}^3$

3）基础墙（ -0.45m 以下）合计：$V = (31.08 + 3.35 - 6.20) \text{m}^3 = 28.23 \text{m}^3$

过关问题 3：根据《房屋建筑与装饰工程工程量计算规范》（GB 50854—2013）和案例中的背景资料，对于桩、承台梁、基础梁和砖基础如何描述项目特征？

答：（1）预制钢筋混凝土方桩的项目特征描述为：①地层情况；②送桩深度、桩长；③桩截面；④桩倾斜度；⑤沉桩方法；⑥接桩方式；⑦混凝土强度等级。

（2）基础梁的项目特征描述为：①混凝土种类；②混凝土强度等级。

（3）砖基础的项目特征描述为：①砖品种、规格、强度等级；②基础类型；③砂浆强度等级；④防潮层材料种类。

过关问题 4：根据《房屋建筑与装饰工程工程量计算规范》（GB 50854—2013）和案例背景资料，编制基础工程的招标工程量清单表。

答：分部分项工程和单价措施项目清单与计价表见表 11-1。

表 11-1 分部分项工程和单价措施项目清单与计价表（基础工程）

序号	项目编码	项目名称	项目特征	计量单位	工程量	金额（元）	
						综合单价	合价
1	010301001001	桩基础	预制混凝土空心桩，500mm×500mm	m³	137.50		
2	010301001002	桩基础（试桩）	预制混凝土空心桩，500mm×500mm	m³	2.75		
3	010301004001	截桩头	预制混凝土空心桩，500mm×500mm	根	55.00		
4	010503001001	承台梁	预拌式混凝土 AC35	m³	32.13		
5	010501001001	承台梁下垫层	预拌式混凝土 AC25，厚度100mm	m³	7.82		
6	010503001002	基础梁	预拌式混凝土 AC35	m³	1.85		
7	010501001002	基础梁垫层	预拌式混凝土 AC25，厚度100mm	m³	0.79		
8	010503004001	地圈梁	预拌式混凝土 AC35	m³	6.20		
9	010402001001	基础墙（ -0.45m 以下）	页岩标准砖，干拌砂浆 M7.5	m³	28.23		

任务二 编制土石方工程招标工程量清单表

过关问题 1：根据《房屋建筑与装饰工程工程量计算规范》（GB 50854—2013）和案例中的基础施工图，结合土石方的开挖方案，叙述相应的工程量清单计算规则。

答：（1）平整场地的计算规则为：**按设计图示尺寸以建筑物首层建筑面积计算。**

（2）挖基坑土方的计算规则为：**按设计图示尺寸以基础垫层底面积乘以挖土深度计算。**

过关问题 2：根据《房屋建筑与装饰工程工程量计算规范》（GB 50854—2013）和案例中的基础平面图和开挖方案，如何计算土石方的清单工程量？

答：（1）平整场地：164.58m²（首层建筑面积）

（2）挖基坑土方：

1）根据沟槽、基坑、一般土方的划分原则：底宽≤7m，底长 >3 倍底宽为沟槽；底长≤3 倍底宽、底面积≤150m²为基坑；超出上述范围则为一般土方。本工程属于挖基础土方。

2）本工程以天津市为例，挖沟槽、基坑、一般土方因工作面和放坡增加的工程量（管沟工作面增加的工程量），不并入各土方工程量中。

根据图示内容可知室外地坪 -0.45m，垫层底 -2.1m。

挖基坑土方清单工程量：

$$V = [(3 + 0.9 + 1.5 + 0.9 + 4.2 + 1.2 + 2.4) \times (2 + 3.3 + 4.2 + 3.3 + 0.62 + 0.12) \times (2.1 - 0.45)] m^3$$

$$= (14.1 \times 13.54 \times 1.65) m^3$$

$$= 315.01 m^3$$

（3）运土的清单工程量：

$$V = (315.01 - 77.02) m^3 = 237.99 m^3$$

其中： -0.45m 以下基础部分的体积：$V = (32.13 + 7.82 + 1.85 + 0.79 + 6.20 + 28.23) m^3 = 77.02 m^3$

过关问题 3：根据《房屋建筑与装饰工程工程量计算规范》（GB 50854—2013）和案例中的设计说明，对于土石方工程如何列清单子目？如何描述每一个清单项目的项目特征？

答：（1）根据设计说明中所需要完成土石方工程的内容，并结合清单项目各自的工作内容，确定所列的清单子目。

（2）平整场地的项目特征描述为：①土壤类别；②弃土运距；③取土运距。

（3）挖基坑土方的项目特征描述为：①土壤类别；②挖土深度；③弃土运距。

（4）回填土的项目特征描述为：①密实度要求；②填方材料品种；③填方粒径要求；④填方来源、运距。

过关问题 4：根据《房屋建筑与装饰工程工程量计算规范》（GB 50854—2013）和案例的背景资料，编制土石方工程的招标工程量清单表。

答：分部分项工程和单价措施项目清单与计价表见表 11-2。

表 11-2　分部分项工程和单价措施项目清单与计价表（土石方工程）

序号	项目编码	项目名称	项目特征	计量单位	工程量	金额（元）	
						综合单价	合价
1	010101001001	平整场地	人工平整，三类土	m²	164.58		
2	010101004001	挖基坑土方	三类土，挖土机挖土，装载机装土自卸汽车运土，运距 1km	m³	315.01		
3	010103001001	回填方	人工	m³	237.99		

任务三　编制基础工程招标控制价

过关问题 1：根据任务一中的基础工程招标工程量清单表和《天津市建筑工程预算基价》（DBD 29 – 101 – 2020），分析地圈梁应该套用哪些定额项目进行组价，并填写清单综合单价分析表。

答：根据《天津市建筑工程预算基价》（DBD 29 – 101 – 2020）规定，填写地圈梁综合单价分析表，见表 11-3。

（1）每立方米地圈梁清单工程量所含施工工程量：$(6.2 \div 6.2 \div 10) \text{m}^3 = 0.1 \text{m}^3 (10 \text{m}^3)$

（2）地圈梁中预拌混凝土 AC35 材料差价的计算：

（市场价 – 定额价）× 定额含量 $= [(486.00 – 472.89) \times 1.015]$ 元$/\text{m}^3 = 13.31$ 元$/\text{m}^3$

表 11-3　清单综合单价分析表

项目编码	010503004001	项目名称	地圈梁			计量单位	m³	工程量	6.20	

清单综合单价组成明细										
定额编号	定额名称	定额单位	数量	单价（元）				合价（元）		
				人工费	材料费	施工机具使用费	管理费和利润	人工费	材料费	施工机具使用费	管理费和利润
4 – 24	地圈梁	10m³	0.1	1309.50	4834.99	8.40	472.73	130.95	483.50	0.84	47.27
人工单价			小　计					130.95	483.50	0.84	47.27
—			材料差价					13.31			
清单项目综合单价								675.87			

材料费明细	主要材料名称、规格、型号	单位	数量	定额价（元）	市场价（元）	合价（元）
	预拌式混凝土 AC35	m³	1.015	472.89	486.00	13.31
	材料差价小计					13.31

过关问题 2：结合案例具体情况，根据《建设工程工程量清单计价规范》（GB 50500—

2013)、《天津市建筑工程预算基价》（DBD 29 – 101 – 2020）和基础工程的招标工程量清单表，编制招标控制价，并填写分部分项工程和单价措施项目清单与计价表（基础工程）（表 11-4）和规费、税金项目计价表（基础工程）（表 11-5）。

答：分部分项工程和单价措施项目清单与计价表见表 11-4。

表 11-4　分部分项工程和单价措施项目清单与计价表（基础工程）

序号	项目编码	项目名称	项目特征	计量单位	工程量	金额（元）	
						综合单价（其中：人工费）	合价（其中：人工费）
1	010301001001	桩基础	预制混凝土空心桩，500mm×500mm	m³	137.50	1456.17（64.13）	200223.29（8817.19）
2	010301001002	桩基础（试桩）	预制混凝土空心桩，500mm×500mm	m³	2.75	1456.17（64.13）	4004.47（176.34）
3	010301004001	截桩头	预制混凝土空心桩，500mm×500mm	根	55.00	114.13（49.72）	6277.40（2734.60）
4	010503001001	承台梁	预拌式混凝土 AC35	m³	32.13	675.87（130.95）	21715.22（4207.34）
5	010501001001	承台梁下垫层	预拌式混凝土 AC25，厚度100mm	m³	7.82	681.27（147.69）	5329.74（1155.43）
6	010503001002	基础梁	预拌式混凝土 AC35	m³	1.85	675.87（130.95）	1247.65（241.73）
7	010501001002	基础梁垫层	预拌式混凝土 AC25，厚度100mm	m³	0.79	681.27（147.69）	540.86（117.25）
8	010503004001	地圈梁	预拌式混凝土 AC35	m³	6.20	675.87（130.95）	4188.68（811.56）
9	010402001001	基础墙	页岩标准砖，干拌砂浆 M7.5	m³	28.23	658.92（166.86）	18603.16（4710.95）
合计							262130.45（22972.39）

规费、税金项目计价表见表 11-5。

表 11-5　规费、税金项目计价表（基础工程）

序号	项目名称	计算基础	计算基数（元）	计算费率（%）	金额（元）
1	规费	定额人工费	22972.39	37.64	8646.81
2	税金	定额人工费 + 材料费 + 施工机具使用费 + 管理费 + 利润 + 规费	270777.26	9	24369.95
合计					33016.76

招标控制价（基础工程）：（262130.45 + 33016.76）元 = 295147.21 元

任务四　编制土石方工程招标控制价

过关问题1：根据任务二中的土石方工程招标工程量清单表和《天津市建筑工程预算基价》（DBD 29 – 101 – 2020），分析平整场地和挖基坑土方项目分别应该套用哪些定额项目进行组价，并填写清单综合单价分析表，见表11-6和表11-7（假设施工方案为垫层下表面放坡，并采用人工回填）。

答：（1）根据《天津市建筑工程预算基价》（DBD 29 – 101 – 2020）规定，填写平整场地综合单价分析表，见表11-6。

每平方米平整场地清单工程量所含施工工程量：

$$(164.58 \div 164.58 \div 100)\mathrm{m}^2 = 0.01\mathrm{m}^2(100\mathrm{m}^2)$$

表 11-6　清单综合单价分析表

项目编码	010101001001	项目名称	平整场地			计量单位	m²	工程量	164.58
清单综合单价组成明细									
定额编号	定额名称	定额单位	数量	单价（元）				合价（元）	
				人工费	材料费	施工机具使用费	管理费和利润	人工费	材料费	施工机具使用费	管理费和利润
1 – 1	平整场地	100m²	0.01	891.57			167.48	8.92			1.67
人工单价			小　计						
—			材料差价						
清单项目综合单价							10.59		
材料费明细	主要材料名称、规格、型号		单位		数量		定额价（元）	市场价（元）	合价（元）
	材料差价小计								

（2）根据《天津市建筑工程预算基价》（DBD 29 – 101 – 2020）规定，填写挖基坑土方综合单价分析表，见表11-7。

1）根据挖土方清单的工作内容，包括：排地表水；土方开挖；围护（挡土板）及拆除；基底钎探；运输。根据案例背景资料，挖土方的综合单价包括土方开挖和运输两项组成。

2）计算土方的实际工程量：

假设机械挖土为基坑内作业，所以放坡系数为1:0.25。

查表得每边的工作面宽度为 0.15m。

① 机械挖土的实际工程量：（根据项目二的任务二计算结果）

$V = \{(13.54 + 0.15) \times (14.1 + 2 \times 0.15) + (13.54 + 0.15 + 1.65 \times 0.25) \times (14.1 + 2 \times 0.15 + 2 \times 1.65 \times 0.25) + [(13.54 + 0.15) + (13.54 + 0.15 + 1.65 \times 0.25)] \times [(14.1 + 2 \times 0.15) + (14.1 + 2 \times 0.15 + 2 \times 1.65 \times 0.25)]\} m^3 \times 1.65 \div 6$

$= 339.68 m^3$

② 机械运输的实际工程量为：

$V = 77.02 m^3$（−0.45m 以下基础部分的体积：77.02m³）（根据项目二的任务一计算结果）

③ 回填土的实际工程量为：

$V = (339.68 - 77.02) m^3 = 262.66 m^3$

3）每立方米机械挖土清单工程量所含施工工程量：

$$(339.68 \div 315.01 \div 1) m^3 = 1.078 m^3 (1 m^3)$$

每立方米机械运土清单工程量所含施工工程量：

$$(77.02 \div 315.01 \div 1) m^3 = 0.245 m^3 (1 m^3)$$

表 11-7 综合单价分析表

项目编码	010101004001	项目名称		挖基坑土方			计量单位	m³	工程量		315.01
清单综合单价组成明细											
定额编号	定额名称	定额单位	数量	单价（元）				合价（元）			
				人工费	材料费	施工机具使用费	管理费和利润	人工费	材料费	施工机具使用费	管理费和利润
1-16	挖土机挖土	1m³	1.078	1.79		3.01	0.85	1.93		3.25	0.92
1-35	装载机装土自卸汽车运土运距1km	1m³	0.245			16.16	2.75			3.95	0.67
人工单价			小　计					1.93		7.20	1.59
—			材料差价								
清单项目综合单价								10.72			
材料费明细	主要材料名称、规格、型号		单位		数量		定额价（元）		市场价（元）	合价（元）	
	材料费小计										

过关问题 2：结合案例具体情况，根据《建设工程工程量清单计价规范》（GB 50500—2013）、《天津市建筑工程预算基价》（DBD 29-101-2020）和土石方工程的招标工程量清单表，编制招标控制价，并填写分部分项工程和单价措施项目清单与计价表（土石方工程）（表 11-8）和规费、税金项目计价表（土石方工程）（表 11-9）。

答：分部分项工程和单价措施项目清单与计价表见表 11-8。

表 11-8　分部分项工程和单价措施项目清单与计价表（土石方工程）

序号	项目编码	项目名称	项目特征	计量单位	工程量	金额（元）	
						综合单价（其中：人工费）	合价（其中：人工费）
1	010101001001	平整场地	人工平整，三类土	m²	164.58	10.59（8.92）	1742.96（1467.32）
2	010101004001	挖基坑土方	三类土，挖土机挖土，装载机装土自卸汽车运土，运距1km	m³	315.01	10.72（1.93）	3375.48（608.03）
3	010103001001	回填方	人工	m³	237.99	34.66（27.44）	8247.75（6529.65）
合计							13366.19（8605.00）

规费、税金项目计价表见表 11-9。

表 11-9　规费、税金项目计价表（土石方工程）

序号	项目名称	计算基础	计算基数（元）	计算费率（%）	金额（元）
1	规费	定额人工费	8605.00	37.64	3238.95
2	税金	定额人工费+材料费+施工机具使用费+管理费+利润+规费	16605.11	9	1494.46
合计					4733.38

招标控制价（土石方工程）：（13366.19 + 4733.38）元 = 18099.57 元

成果与范例

一、项目概况

某住宅1号楼，该工程占地984.99m²，地上6层，檐高19.8m，各层层高2.8m，总建筑面积约5500m²，结构形式采用砖混结构，预制桩基础，其设计使用年限为70年，土壤类别为三类土，采用挖土机挖土，装载机装土，自卸汽车运土，运距1km。现场场地面积比较宽敞，采用机械挖运土，并且挖土方可以采取放坡的施工方案。建筑工程费用的计取方式为：管理费为人工费、施工机具使用费（分部分项工程项目+可计量的措施项目）之和的11.82%；规费为人工费合计（分部分项工程项目+措施项目）的37.64%；建筑工程利润为分部分项工程费、措施项目费、管理费、规费之和的4.66%；增值税税率为9%。图样见附录。

二、项目其他信息

（1）该工程采用预制混凝土空心桩，桩型号⊞ZH1：断面尺寸为500mm×500mm，桩底标高 -11.95m；桩型号■■SZH1：断面尺寸为500mm×500mm，桩底标高 -11.95m，桩基安全等级为二级。

（2）工程桩全面施工前桩须进行一根单桩静载荷试桩，ZH1单桩竖向极限承载力标准为880kN；采用堆载法试桩，试桩位置如图2-1所示。要求静载荷试验严格按规范执行，试桩报告应提交设计。

（3）混凝土均采用预拌式混凝土，基础为AC35，垫层AC25素混凝土。

（4）砌体采用页岩标准砖（240mm×115mm×53mm），干拌砂浆，砂浆强度等级M7.5。

（5）钢筋采用HPB235级钢筋和HRB335级钢筋。

（6）混凝土碱集料反应等级，地下部分为Ⅱ类。

（7）按当地行业建设主管部门的规定实施，挖沟槽、基坑、一般土方因工作面和放坡增加的工程量，不并入各土方清单工程量中。

三、编制依据

（1）《建设工程工程量清单计价规范》（GB 50500—2013）。

（2）《房屋建筑与装饰工程量计算规范》（GB 50584—2013）。

（3）《天津市建筑工程预算基价》（DBD 29－101－2020）。

（4）《天津市工程造价信息》（2020年第6期）。

四、编制说明

（1）由于该工程的现场场地面积比较宽敞，挖土方可以采取放坡的施工方案。

（2）假设不计取其他项目。

五、编制招标工程量清单

编制分部分项工程和单价措施项目清单与计价表（基础和土石方工程），见表11-10。

表11-10　分部分项工程和单价措施项目清单与计价表（基础和土石方工程）

序号	项目编码	项目名称	项目特征	计量单位	工程量	金额（元）	
						综合单价	合价
1	010301001001	桩基础	预制混凝土空心桩，500mm×500mm	m³	737.50		
2	010301001002	桩基础（试桩）	预制混凝土空心桩，500mm×500mm	m³	7.50		
3	010301004001	截桩头	预制混凝土空心桩，500mm×500mm	根	295.00		
4	010503001001	承台梁	预拌式混凝土AC35	m³	158.57		
5	010501001001	承台梁下垫层	预拌式混凝土AC25，厚度100mm	m³	39.24		
6	010503001002	基础梁	预拌式混凝土AC35	m³	11.29		
7	010501001002	基础梁垫层	预拌式混凝土AC25，厚度100mm	m³	4.60		
8	010503004001	地圈梁	预拌式混凝土AC35	m³	31.48		
9	010402001001	基础墙（-0.45m以下）	页岩标准砖，干拌砂浆M7.5	m³	150.43		

（续）

序号	项目编码	项目名称	项目特征	计量单位	工程量	金额（元）	
						综合单价	合价
10	010101001001	平整场地	人工平整，三类土	m²	965.2		
11	010101004001	挖基坑土方	三类土，挖土机挖土，装载机装土自卸汽车运土，运距1km	m³	2283.72		
12	010103001001	回填方	人工	m³	1888.11		

六、编制招标控制价

编制分部分项工程和单价措施项目清单与计价表（基础和土石方工程）（表11-11）和规费、税金项目计价表（基础和土石方工程）（表11-12），并计算招标控制价（基础和土石方工程）。

表11-11　分部分项工程和单价措施项目清单与计价表（基础和土石方工程）

序号	项目编码	项目名称	项目特征	计量单位	工程量	金额（元）	
						综合单价（其中：人工费）	合价（其中：人工费）
1	010301001001	桩基础	预制混凝土空心桩，500mm×500mm	m³	737.50	1456.17（64.13）	1073924.89（47292.19）
2	010301001002	桩基础（试桩）	预制混凝土空心桩，500mm×500mm	m³	7.50	1456.17（64.13）	10921.27（480.94）
3	010301004001	截桩头	预制混凝土空心桩，500mm×500mm	根	295.00	114.13（49.72）	33669.68（14667.40）
4	010503001001	承台梁	AC35	m³	158.57	675.87（130.95）	107175.41（20765.31）
5	010501001001	承台梁下垫层	预拌式混凝土AC25，厚度100mm	m³	39.24	681.27（147.69）	26732.38（5795.29）
6	010503001002	基础梁	预拌式混凝土AC35	m³	11.29	675.87（130.95）	7632.97（1478.89）
7	010501001002	基础梁垫层	预拌式混凝土AC25，厚度100mm	m³	4.60	681.27（147.69）	3131.50（678.88）
8	010503004001	地圈梁	预拌式混凝土AC35	m³	31.48	675.87（130.95）	21273.60（4121.78）
9	010402001001	基础墙（-0.45m以下）	页岩标准砖，干拌砂浆M7.5	m³	150.43	658.92（166.86）	99119.87（25100.49）
10	010101001001	平整场地	人工平整，三类土	m²	965.20	10.59（8.92）	10221.94（8605.43）
11	010101004001	挖基坑土方	三类土，挖土机挖土，装载机装土自卸汽车运土，运距1km	m³	2283.72	9.18（1.87）	20974.33（4275.47）
12	010103001001	回填方	人工	m³	1888.11	33.14（26.24）	62580.25（49544.07）
合计							1477358.11（182806.14）

表 11-12　规费、税金项目计价（基础和土石方工程）

序号	项目名称	计算基础	计算基数（元）	计算费率（%）	金额（元）
1	规费	定额人工费	182806.14	37.64	68808.23
2	税金	定额人工费 + 材料费 + 施工机具使用费 + 管理费 + 利润 + 规费	1546166.34	9	139154.97
		合计			207963.20

招标控制价（基础和土石方工程）：（1477358.11 + 207963.20）元 = 1685321.31 元

七、计算底稿

1. 桩基础

ZH1：$V = [0.5 \times 0.5 \times (11.95 - 1.95) \times (55 + 50 + 46 + 45 + 52 + 47)]\mathrm{m}^3 = 737.50\mathrm{m}^3$

SZH1：$V = [0.5 \times 0.5 \times (11.95 - 1.95) \times (1 + 1 + 1)]\mathrm{m}^3 = 7.50\mathrm{m}^3$

2. 承台梁

（1）1 ~ 7 轴合计：$V = 32.13\mathrm{m}^3$（根据项目二的任务一计算结果）

（2）除 1 ~ 7 轴的 CTL1、CTL2、CTL4：$V = (0.5 \times 0.55 \times 459.8)\mathrm{m}^3 = 126.45\mathrm{m}^3$

其中：

长度合计：

$L = (151.79 + 78.4 + 46.00 + 30.50 + 10.00 + 14.80 + 2.50 + 28.00 + 12.00 + 33.00 +$
$\quad 24.00 + 2.96 + 23.70 + 2.15)\mathrm{m}$

$\quad = 459.8\mathrm{m}$

1）8 - 39 - M - C - 39 - 8 - C - M：

$L = [77.58 - (4 + 2.6 + 2.9 + 3.3 + 0.39) - 0.39 + 11.7 + 77.58 - (2 + 3.3 + 4.2 + 3.3 +$
$\quad 0.39) + 11.7]\mathrm{m} = 151.79\mathrm{m}$

2）9、19、20、21、32、33、34 轴：$L = [(11.7 - 0.25 \times 2) \times 7]\mathrm{m} = 78.40\mathrm{m}$

3）10、12、16、18、22、24、29、31、35、37 轴：$L = [(4.2 + 0.9 - 0.25 \times 2) \times 10]\mathrm{m} = 46.00\mathrm{m}$

4）11、17、23、30、36 轴：$L = [(2.4 + 3 + 1.2 - 0.25 \times 2) \times 5]\mathrm{m} = 30.50\mathrm{m}$

5）14 轴：$L = [(11.7 - 1.2 - 0.25 \times 2) \times 1]\mathrm{m} = 10.00\mathrm{m}$

6）13、15、25、28 轴：$L = [(3 + 1.2 - 0.25 \times 2) \times 4]\mathrm{m} = 14.80\mathrm{m}$

7）38 轴：$L = [(3 - 0.25 \times 2) \times 1]\mathrm{m} = 2.50\mathrm{m}$

8）8 - 9 × 2、19 - 20 × 2、20 - 21 × 2、32 - 33 × 2、33 - 34 × 2 轴：

$$L = [(3.3 - 0.25 \times 2) \times 10]\mathrm{m} = 28.00\mathrm{m}$$

9）9 - 10、18 - 19、21 - 22、31 - 32、34 - 35 轴：

$$L = [(2.9 - 0.25 \times 2) \times 5]\mathrm{m} = 12.00\mathrm{m}$$

10）10 - 14、14 - 18、22 - 26、27 - 31、35 - 39 轴：$L = (2.6 + 4) \times 5]\mathrm{m} = 33.00\mathrm{m}$

11）11 - 14、14 - 17、23 - 26、27 - 30、36 - 39 轴：$L = [(3.3 + 2 - 0.25 \times 2) \times 5]\mathrm{m} = 24.00\mathrm{m}$

12）39 右：$L = [2.63 + 2.4 + 1.92 + (0.92 - 0.25 - 2) \times 3]\mathrm{m} = 2.96\mathrm{m}$

13）M 轴上：$L = [(2.62 - 0.25) \times 10]\mathrm{m} = 23.7\mathrm{m}$

14）8 轴：$L = (2.4 - 0.25)\mathrm{m} = 2.15\mathrm{m}$

（3）承台梁合计：$V = (32.13 + 126.45)\text{m}^3 = 158.58\text{m}^3$

3. 承台梁下垫层

（1）1~7 轴承台梁下垫层：$V = 7.82\text{m}^3$（根据项目二的任务一计算结果）

（2）除 1~7 轴的 CTL1、CTL2、CTL4：$V = (0.7 \times 0.1 \times 448.8)\text{m}^3 = 31.42\text{m}^3$

其中：长度合计：

$L = (151.79 + 77.00 + 44.00 + 29.50 + 9.80 + 14.00 + 2.30 + 26.00 + 11.00 + 33.00 + 23.00 + 2.66 + 22.7 + 2.05)\text{m} = 448.8\text{m}$

1）8 - 39 - M - C - 39 - 8 - C - M：

$L = [77.58 - (4 + 2.6 + 2.9 + 3.3 + 0.39) - 0.39 + 11.7 + 77.58 - (2 + 3.3 + 4.2 + 3.3 + 0.39) + 11.7]\text{m} = 151.79\text{m}$

2）9、19、20、21、32、33、34 轴：$L = [(11.7 - 0.35 \times 2) \times 7]\text{m} = 77.00\text{m}$

3）10、12、16、18、22、24、29、31、35、37 轴：

$$L = [(4.2 + 0.9 - 0.35 \times 2) \times 10]\text{m} = 44.00\text{m}$$

4）11、17、23、30、36 轴：$L = [(2.4 + 3 + 1.2 - 0.35 \times 2) \times 5]\text{m} = 29.50\text{m}$

5）14 轴：$L = [(11.7 - 1.2 - 0.35 \times 2) \times 1]\text{m} = 9.80\text{m}$

6）13、15、25、28 轴：$L = [(3 + 1.2 - 0.35 \times 2) \times 4]\text{m} = 14.00\text{m}$

7）38 轴：$L = [(3 - 0.35 \times 2) \times 1]\text{m} = 2.30\text{m}$

8）8 - 9 × 2、19 - 20 × 2、20 - 21 × 2、32 - 33 × 2、33 - 34 × 2 轴：

$$L = [(3.3 - 0.35 \times 2) \times 10]\text{m} = 26.00\text{m}$$

9）9 - 10、18 - 19、21 - 22、31 - 32、34 - 35 轴：$L = [(2.9 - 0.35 \times 2) \times 5]\text{m} = 11.00\text{m}$

10）10 - 14、14 - 18、22 - 26、27 - 31、35 - 39 轴：$L = [(2.6 + 4) \times 5]\text{m} = 33.00\text{m}$

11）11 - 14、14 - 17、23 - 26、27 - 30、36 - 39 轴：

$$L = [(3.3 + 2 - 0.35 \times 2) \times 5]\text{m} = 23.00\text{m}$$

12）39 右：$L = [2.63 + 2.4 + 1.92 + (0.92 - 0.35 - 2) \times 3]\text{m} = 2.66\text{m}$

13）M 轴上：$L = [(2.62 - 0.35) \times 10]\text{m} = 22.7\text{m}$

14）$L = (2.4 - 0.35)\text{m} = 2.05\text{m}$

（3）承台梁下垫层合计：$V = (31.42 + 7.82)\text{m}^3 = 39.24\text{m}^3$

4. 基础梁

（1）1~7 轴基础梁：$V = 1.85\text{m}^3$（根据项目二的任务一计算结果）

（2）除 1~7 轴的基础梁 JL1、JL2、JL3、挑梁 1：

1）JL1：$V = \{0.2 \times 0.4 \times [(2.6 - 0.25 \times 2) \times 5 + (2.4 - 0.25 \times 2) \times 10 + (2.4 - 0.25 \times 2) \times 5]\}\text{m}^3 = 3.12\text{m}^3$

2）JL2：$V = [0.35 \times 0.55 \times (2 + 2 + 0.39 - 0.25 \times 2 + 2 + 2 - 0.25 \times 2)]\text{m}^3 = 1.42\text{m}^3$

3）JL3：

$V = \{0.25 \times 0.4 \times [(2.6 - 0.25 \times 2) \times 5 + (2.9 - 0.25 - 0.125) \times 5 + (4.2 - 0.25 \times 2) \times 5 + (2 - 0.25 + 0.125) \times 1]\}\text{m}^3$

$= 4.35\text{m}^3$

4）挑梁 1：$V = \{0.25 \times 0.4 \times [(1.32 - 0.25 - 0.125) \times 5 + (1.2 - 0.25 - 0.125) \times 1]\}\text{m}^3$

$= 0.56\text{m}^3$

（3）基础梁合计：$V = (3.12 + 1.42 + 4.35 + 0.56 + 1.85) \text{m}^3 = 11.29 \text{m}^3$

5. 基础梁垫层

（1）1~7轴基础梁：$V = 0.79 \text{m}^3$（根据项目二的任务一计算结果）

（2）除1~7轴的基础梁垫层JL1、JL2、JL3、挑梁1：

1）JL1：$V = \{0.4 \times 0.1 \times [(2.6 - 0.35 \times 2) \times 5 + (2.4 - 0.35 \times 2) \times 10 + (2.4 - 0.35 \times 2) \times 5]\} \text{m}^3 = 1.4 \text{m}^3$

2）JL2：$V = [0.55 \times 0.1 \times (2 + 2 + 0.39 - 0.35 \times 2 + 2 + 2 - 0.35 \times 2)] \text{m}^3 = 0.38 \text{m}^3$

3）JL3：

$$V = \{0.45 \times 0.1 \times [(2.6 - 0.35 \times 2) \times 5 + (2.9 - 0.35 - 0.225) \times 5 + (4.2 - 0.35 \times 2) \times 5 + (2 - 0.35 + 0.225) \times 1]\} \text{m}^3$$
$$= 1.82 \text{m}^3$$

4）挑梁1：$V = \{0.45 \times 0.1 \times [(1.32 - 0.35 - 0.225) \times 5 + (1.2 - 0.35 - 0.225) \times 1]\} \text{m}^3 = 0.2 \text{m}^3$

（3）基础梁垫层合计：$V = (1.4 + 0.38 + 1.82 + 0.2 + 0.79) \text{m}^3 = 4.60 \text{m}^3$

6. 地圈梁

（1）1~7轴地圈梁：$V = 5.59 \text{m}^3$（根据项目二的任务一计算结果）

（2）除1~7轴的DQL（CTL4上没有）：$V = [0.36 \times 0.18 \times (459.8 - 46.00 - 23.70)] \text{m}^3 = 25.28 \text{m}^3$

（3）地圈梁合计：$V = (25.28 + 5.59) \text{m}^3 = 30.87 \text{m}^3$

7. 基础墙（-0.45m以下）

（1）1~7轴基础墙（-0.45m以下）：$V = 28.23 \text{m}^3$（根据项目二的任务一计算结果）

（2）除1~7轴的基础墙：

1）CTL1、CTL2上：$V = [0.18 \times 2 \times (2 - 0.45 - 0.55) \times (459.8 - 46.00 - 23.70)] \text{m}^3 = 140.44 \text{m}^3$

2）CTL3上：$V = [0.36 \times (2 - 0.45 - 0.55) \times (11.7 - 1.2 - 0.25 \times 2)] \text{m}^3 = 3.60 \text{m}^3$

3）1~7轴CTL3右侧：$V = [0.36 \times (2 - 0.45 - 0.55) \times (11.7 - 2.4 + 0.25)] \text{m}^3 = 3.44 \text{m}^3$

（3）基础墙（-0.45m以下）合计：$V = (140.44 + 3.6 + 3.44 + 28.23 - 25.28) \text{m}^3 = 150.43 \text{m}^3$

8. 平整场地

见首层建筑面积965.2m²（根据项目一的任务一计算结果）

9. 挖基坑土方和回填方

本工程以天津市为例，挖沟槽、基坑、一般土方因工作面和放坡增加的工程量，不并入各土方工程量中。

根据图示内容可知，室外地坪 -0.45m，垫层底 -2.1m。

（1）挖基坑土方清单工程量为：

$$[(77.58 + 0.35 \times 2 + 0.92 \times 2) \times (11.7 + 2.4 + 2.6 + 0.35 + 0.225) \times (2.1 - 0.45)] \text{m}^3$$
$$= 2283.72 \text{m}^3$$

（2）回填方的清单工程量为：$(2283.72 - 395.61) \text{m}^3 = 1888.11 \text{m}^3$

其中：-0.45m以下基础部分的体积：

$$(158.58 + 39.24 + 11.29 + 4.6 + 31.48 + 150.43) \text{m}^3 = 395.61 \text{m}^3$$

3

项目三
门窗、混凝土和砌筑工程招标控制价的编制

任务一　编制门窗工程招标工程量清单表

过关问题1：根据《房屋建筑与装饰工程工程量计算规范》（GB 50854—2013）和案例中的背景资料，说明计算门窗工程量时应根据哪些图样和相应的工程量清单计算规则。

答：（1）门窗工程应根据各层平面图中标注的门窗型号，结合门窗表的类型计算。

（2）工程量清单计算规则：木质门、木质门带套、木质连窗门、木质防火门；金属门，包括金属（塑钢）门、彩板门、钢质防火门、防盗门；金属卷帘（闸）门，包括金属卷帘（闸）门、防火卷帘（闸）门；木板大门、钢木大门、全钢板大门；金属格栅门；特种门；其他门，包括电子感应门、旋转门、电子对讲门、电动伸缩门、全玻自由门、镜面不锈钢饰面门、复合材料门；木窗，包括木质窗、木飘（凸）窗、木橱窗、木纱窗；金属窗〔包括金属（塑钢、断桥）窗、金属防火窗、金属百叶窗、金属格栅窗。按设计图示数量计算，单位：樘；或按设计图示洞口尺寸以面积计算，单位：m^2。

过关问题2：根据《房屋建筑与装饰工程工程量计算规范》（GB 50854—2013）、案例中的首层平面图和首层门窗表，应如何计算门窗的清单工程量？

答：（1）按"樘"计算门窗的工程量，首层门窗计算表见表12-1。

表 12-1　首层门窗计算表

门窗名称	洞口尺寸/（mm×mm）	门窗数量（个）		合计（个）	材　料
		首层			
		外墙	内墙		
C1	2800×1900	2		2	断桥铝、单槽双玻
C2	1800×1900	1		1	断桥铝、单槽双玻
C3	1500×1900	1		1	断桥铝、单槽双玻
C4	500×1900	1		1	断桥铝、单槽双玻
C8	1800×1500	1		1	断桥铝、单槽双玻
YC1	3370×2300	1		1	断桥铝、单槽双玻
YC2	3100×1350	1		1	断桥铝、单槽双玻
YC4	3870×1550	1		1	断桥铝、单槽双玻

（续）

门窗名称	洞口尺寸/（mm×mm）	门窗数量（个） 首层		合计（个）	材　料
		外墙	内墙		
M1	1000×2100		2	2	防火门
M2	5060×4500	1		1	断桥铝、单槽双玻
M3	2400×2400	1		1	断桥铝、单槽双玻
M4	1000×2400	1		1	断桥铝、单槽双玻
M5	1500×2400	1		1	断桥铝、单槽双玻
FM1	1000×2000		1	1	防火门
FM2	700×2000		1	1	防火门

（2）按"面积"计算工程量时，应把相同材质的部分合并计算。

1）断桥铝窗的面积：

$(2.8 \times 1.9 \times 2 + 1.8 \times 1.9 \times 1 + 1.5 \times 1.9 \times 1 + 0.5 \times 1.9 \times 1 + 1.8 \times 1.5 \times 1 + 3.37 \times 2.3 \times 1 + 3.1 \times 1.35 \times 1 + 3.87 \times 1.55 \times 1)m^2$

$= 38.49m^2$

2）断桥铝门的面积：

$(5.06 \times 4.5 \times 1 + 2.4 \times 2.4 \times 1 + 1.0 \times 2.4 \times 1 + 1.5 \times 2.4 \times 1)m^2 = 34.53m^2$

3）防火门的面积：

$(1.0 \times 2.1 \times 2 + 1.0 \times 2.0 \times 1 + 0.7 \times 2.0 \times 1)m^2 = 7.6m^2$

过关问题3：根据《房屋建筑与装饰工程工程量计算规范》（GB 50854—2013）和案例中的门窗表，对于门窗工程的工程量清单应如何列项，如何描述其项目特征？

答：（1）金属门、窗可以按"樘"或"m^2"列项。

（2）项目特征描述的内容：

1）金属门。

①门代号及洞口尺寸。

②门框或扇外围尺寸。

③门框、扇材质。

④玻璃品种、厚度。

⑤以樘计量，项目特征必须描述洞口尺寸，没有洞口尺寸的，必须描述门框或扇外围尺寸；以平方米计量的，项目特征可不描述洞口尺寸及框、扇外围尺寸。

2）金属窗。

①窗代号及洞口尺寸。

②框、扇材质。

③玻璃品种、厚度。

④以樘计量，项目特征必须描述洞口尺寸，没有洞口尺寸的，必须描述窗门框外围尺寸；以平方米计量的，项目特征可不描述洞口尺寸及框外围尺寸。

过关问题4：根据《房屋建筑与装饰工程工程量计算规范》（GB 50854—2013）和案例

的背景资料，编制门窗工程的招标工程量清单表，并填入表12-2。

表12-2　分部分项工程和单价措施项目清单与计价表（门窗工程）

序号	项目编码	项目名称	项目特征	计量单位	工程量	金额（元）	
						综合单价	合价
1	010807001001	金属（塑钢、断桥）窗	断桥铝、单槽双玻	m²	38.49		
2	010802001001	金属（塑钢）门	断桥铝、单槽双玻	m²	34.53		
3	010802003001	钢制防火门	钢制	m²	7.60		

任务二　编制混凝土工程招标工程量清单表

过关问题1：根据《房屋建筑与装饰工程工程量计算规范》（GB 50854—2013）和案例中的背景资料，计算混凝土工程量时应根据哪些图样和工程量清单计算规则？

答：（1）混凝土工程应根据各层结构平面图和结构详图进行计算。

（2）工程量清单计算规则：

1）现浇混凝土柱包括矩形柱、构造柱、异形柱等项目。按设计图示尺寸以体积计算。不扣除构件内钢筋、预埋铁件所占体积。

2）现浇混凝土梁包括基础梁、矩形梁、异形梁、圈梁、过梁、弧形梁（拱形梁）等项目。按设计图示尺寸以体积计算。不扣除构件内钢筋、预埋铁件所占体积，伸入墙内的梁头、梁垫并入梁体积内。

3）有梁板、无梁板、平板、拱板、薄壳板、栏板。按设计图示尺寸以体积计算。不扣除构件内钢筋、预埋铁件及单个面积≤0.3m² 的柱、垛以及孔洞所占体积；压形钢板混凝土楼板扣除构件内压形钢板所占体积。

过关问题2：根据《房屋建筑与装饰工程工程量计算规范》（GB 50854—2013）和案例中的首层结构平面图等，应如何计算首层梁、板、柱、阳台的清单工程量？

答：（1）构造柱的体积：

GZ1：$V = \left[(0.24 \times 0.24) \times (2.8 + 0.02) \times 31 + (0.24 \times 0.03 \times 1 \times 7 + 0.24 \times 0.03 \times 2 \times 17 + 0.24 \times 0.03 \times 3 \times 7) \times (2.8 + 0.02)\right]\text{m}^3$

$= 6.29\text{m}^3$

GZ2：$V = \left[(0.24 \times 0.36 + 0.24 \times 0.03 \times 3) \times (2.8 + 0.02) \times 1\right]\text{m}^3 = 0.30\text{m}^3$

GZ3：$V = \left[(0.18 \times 0.24 + 0.24 \times 0.03 \times 1) \times (2.8 + 0.02) \times 7\right]\text{m}^3 = 0.99\text{m}^3$

GZ4：$V = \left[(0.24 \times 0.48 + 0.24 \times 0.03 \times 3) \times (2.8 + 0.02) \times 1\right]\text{m}^3 = 0.39\text{m}^3$

GZ5：$V = \left[(0.24 \times 1.08 + 0.24 \times 0.03 \times 2) \times (2.8 + 0.02) \times 1\right]\text{m}^3 = 0.77\text{m}^3$

合计：$V = (6.33 + 0.30 + 0.99 + 0.39 + 0.77)\text{m}^3 = 8.75\text{m}^3$

（2）现浇混凝土梁包括基础梁、矩形梁、异形梁、圈梁、过梁、弧形梁（拱形梁）等项目：

1）单梁的体积。

L1：$V = \left[0.2 \times 0.35 \times (1.5 + 0.9 - 0.24)\right]\text{m}^3 = 0.15\text{m}^3$

L2：$V = [0.2 \times 0.25 \times (2.9 - 0.12 - 0.35/2)] \text{m}^3 = 0.13 \text{m}^3$

L3：$V = [0.2 \times 0.3 \times (0.9 + 1.5 - 0.24)] \text{m}^3 = 0.13 \text{m}^3$

L4：$V = \{0.2 \times 0.3 \times [2.0 + 3.3 - (1.92 + 0.12) - 0.12 - 0.12]\} \text{m}^3 = 0.18 \text{m}^3$

L5：$V = [0.2 \times 0.25 \times (1.5 + 0.65)] \text{m}^3 = 0.11 \text{m}^3$

XL1：$V = [0.24 \times 0.37 \times (1.2 - 0.12 + 0.25)] \text{m}^3 = 0.12 \text{m}^3$

YTL1：$V = [0.2 \times 0.5 \times (2 - 0.12 - 0.37/2)] \text{m}^3 = 0.17 \text{m}^3$

YTL2：$V = [0.24 \times 0.5 \times (4.2 - 0.24)] \text{m}^3 = 0.48 \text{m}^3$

合计：$V = 1.46 \text{m}^3$

2）过梁的体积。

GL8：$V = (0.24 \times 0.12 \times 0.8 \times 1) \text{m}^3 = 0.02 \text{m}^3$

GL9：$V = (0.24 \times 0.12 \times 0.9 \times 3) \text{m}^3 = 0.08 \text{m}^3$

GL10：$V = [0.24 \times 0.12 \times (1.0 + 0.24 \times 2) \times 2] \text{m}^3 = 0.09 \text{m}^3$

门窗上增加的过梁：

$V = [0.24 \times (2.8 - 2.4 - 0.18 - 0.1) \times (1.5 + 0.24 \times 2) \times 1 + 0.24 \times (2.8 - 1.5 - 0.9 - 0.18 - 0.1) \times (1.8 + 0.24 \times 2) \times 1 + 0.24 \times (2.8 - 2.4 - 0.18 - 0.1) \times (1 + 0.24 \times 2) \times 1 + 0.24 \times (2.8 - 2.4 - 0.18 - 0.1) \times (2.4 + 0.24 \times 2) \times 1 + 0.12 \times (2.8 - 2.1 - 0.18 - 0.1) \times (1 + 0.24 \times 2) \times 2 + 0.12 \times (2.4 - 2 - 0.18 - 0.1) \times (0.8 + 0.24 \times 2) \times 1] \text{m}^3$

$= 0.42 \text{m}^3$

合计：$V = 0.60 \text{m}^3$

3）圈梁的体积。

$V = (0.24 \times 0.18 \times 98.06 - 0.56) \text{m}^3 = 3.68 \text{m}^3$

① 其中：长度合计：$L = (52.88 + 4.68 + 14.76 + 25.74) \text{m} = 98.06 \text{m}$

240mm 外墙中心线长度：$L = [(0.92 - 0.06 - 0.12 + 4 + 2.6 + 2.9 + 3.3) \times 2 + 1.2 \times 2 + (1.2 + 3 + 0.9 + 1.5 + 0.9 + 4.2) \times 2] \text{m} = 52.88 \text{m}$

240mm 外墙外侧长度：$L = (2.4 + 0.9 + 1.5 - 0.12) \text{m} = 4.68 \text{m}$

240mm 内墙水平长度：$L = [(1.92 + 0.24 + 2.6 \times 0.5 + 0.12) + (2 + 3.3 - 0.24) + (3.3 - 0.24) \times 2] \text{m} = 14.76 \text{m}$

240mm 内墙竖向长度：

$L = [(4.2 + 0.9 - 0.24) \times 2 + (3 - 0.24) + (3 + 0.9 + 1.5 - 0.24) + (3 + 0.9 + 1.5 + 0.9 + 4.2 - 0.24 - 1.5 - 0.9 + 0.24)] \text{m} = 25.74 \text{m}$

② 扣除构造柱的体积：$V = [(6.29 + 0.30 + 0.99 + 0.39 + 0.77)/(2.8 + 0.02) \times 0.18] \text{m}^3 = 0.56 \text{m}^3$

（3）平板的体积

B1：$V = [4 \times (0.9 + 4.2) \times 0.12 \times 1] \text{m}^3 = 2.45 \text{m}^3$

B2：$V = \{[0.92 + 2 + 3.3 - (1.92 + 0.12 + 0.12)] \times (0.9 + 1.5) \times 0.1 \times 1\} \text{m}^3 = 0.97 \text{m}^3$

B3：$V = [(1.92 + 0.12 + 0.12) \times (0.9 + 1.5) \times 0.1 \times 1] \text{m}^3 = 0.52 \text{m}^3$

B4：$V = (2 \times 3 \times 0.1 \times 1) \text{m}^3 = 0.60 \text{m}^3$

B5：$V = [3.3 \times (3 + 1.2) \times 0.1 \times 1] \text{m}^3 = 1.39 \text{m}^3$

B6：$V = [2.9 \times (0.9 + 4.2) \times 0.1 \times 1] m^3 = 1.48 m^3$

B7：$V = [4.2 \times (3 + 0.9 + 1.5) \times 0.13 \times 1] m^3 = 2.95 m^3$

B8：$V = (3.3 \times 4.2 \times 0.1 \times 1) m^3 = 1.39 m^3$

B9：$V = [3.3 \times (1.5 + 0.9) \times 0.1 \times 1] m^3 = 0.79 m^3$

B10：$V = [3.3 \times (1.2 + 3 + 0.9) \times 0.1 \times 1] m^3 = 1.68 m^3$

B0：$V = [0.92 \times (1.5 + 0.65 + 0.24) \times 0.12 \times 1] m^3 = 0.26 m^3$

合计：$V = 14.48 m^3$

（4）空调板的体积：

KTB：$V = \{[(0.7 + 0.12) \times (1.12 - 0.1) + (1 + 0.12) \times (0.74 + 0.12) + (1.2 + 0.12) \times (0.75 + 0.12)] \times 0.10\} m^3 = 0.29 m^3$

（5）阳台板的体积：

YT1：$V = [(1.26 + 0.12) \times 2.77 \times 0.1] m^3 = 0.38 m^3$

YT2：$V = [(1.1 + 0.12) \times (2.0 + 0.12) \times 0.1] m^3 = 0.26 m^3$

YT3：$V = [(1.1 - 0.12) \times (4.2 - 1.12 + 0.1) \times 0.1] m^3 = 0.31 m^3$

合计：$V = 0.95 m^3$

（6）窗台板体积：

$V = [(0.5 + 0.12) \times 1.8 \times 0.1 \times 2] m^3 = 0.22 m^3$

过关问题3：根据《房屋建筑与装饰工程工程量计算规范》（GB 50854—2013）和案例中的背景资料，对于混凝土工程的工程量清单项目应如何描述其项目特征？

答：混凝土工程的工程量清单项目，其项目特征描述的内容包括：①混凝土种类；②混凝土强度等级。

另外，如果模板需要计入相应的混凝土项目时，还需要描述模板及支撑的制作、安装等内容。

过关问题4：根据《房屋建筑与装饰工程工程量计算规范》（GB 50854—2013）和案例的背景资料，编制混凝土工程的招标工程量清单表，并填入表12-3。

答：招标工程量清单表（分部分项工程和单价措施项目清单与计价表）见表12-3。

表12-3　分部分项工程和单价措施项目清单与计价表（混凝土工程）

序号	项目编码	项目名称	项目特征	计量单位	工程量	金额（元）	
						综合单价	合价
1	010502002001	构造柱	商品混凝土 AC35	m^3	8.75		
2	010503002001	单梁	商品混凝土 AC35	m^3	1.46		
3	010503005001	过梁	商品混凝土 AC35	m^3	0.60		
4	010503004001	圈梁	商品混凝土 AC35	m^3	3.68		
5	010505003001	平板	商品混凝土 AC35	m^3	14.48		
6	010505008001	空调板	商品混凝土 AC35	m^3	0.29		
7	010505008001	阳台板	商品混凝土 AC35	m^3	0.95		
8	010505010001	窗台板	商品混凝土 AC35	m^3	0.22		

任务三　编制砌筑工程招标工程量清单表

过关问题1：根据《房屋建筑与装饰工程工程量计算规范》（GB 50854—2013）和案例中的背景资料，计算砌体工程量时应根据哪些图样和工程量清单计算规则？

答：（1）砌体工程应根据各层建筑平面图、剖面图及设计说明进行计算。

（2）工程量清单计算规则：实心砖墙、多孔砖墙、空心砖墙、实心砖柱、多孔砖柱、砌块墙，按设计图示尺寸以体积计算。扣除门窗、洞口、嵌入墙内的钢筋混凝土柱、梁、圈梁、挑梁、过梁及凹进墙内的壁龛、管槽、暖气槽、消火栓箱所占体积，不扣除梁头、板头、檩头、垫木、木楞头、沿缘木、木砖、门窗走头、砖墙内加固钢筋、木筋、铁件、钢管及单个面积≤0.3m²的孔洞所占的体积。凸出墙面的腰线、挑檐、压顶、窗台线、虎头砖、门窗套的体积亦不增加。凸出墙面的砖垛并入墙体体积内计算。

过关问题2：根据《房屋建筑与装饰工程工程量计算规范》（GB 50854—2013）、案例中的建筑平面图、剖面图、说明，以及结构平面图，应如何计算一层砌体的清单工程量？

答：（1）根据项目三任务二中首层最左侧单元的计算结果：

240mm 外墙中心线长度：52.88m。

240mm 外墙外侧长度：4.68m。

240mm 内墙水平长度：14.76m。

240mm 内墙竖向长度：25.74m。

（2）一层 240mm 外墙体积：

$$V = \{(52.88 + 4.68) \times 2.8 - 38.49 - 34.53 + 3.37 \times 2.3 \times 1 + 3.1 \times 1.35 \times 1 + 3.87 \times 1.55 \times 1 + 5.06 \times 4.5 \times 1 + [2.5 \times 2.8 - (2.6 - 0.24) \times 2.8]\} \times 0.24 m^3$$
$$= 31.02 m^3$$

（3）一层 240 内墙体积：

$$V = \{[(14.76 + 25.74) \times 2.8 - 1.0 \times 2.1 \times 2 - 0.8 \times 2 - 0.9 \times 2 \times 3] \times 0.24\} m^3$$
$$= 24.53 m^3$$

（4）一层 120 内墙体积：

$$V = \{[(0.85 + 0.8 + 0.99 - 0.24 \times 2) \times (2.8 - 0.3) + (2.6 - 0.24) \times 2.8 + (0.85 + 0.8 + 0.99 - 0.24 \times 2) \times 2.8 - 1.0 \times 2.0 \times 1 - 0.7 \times 2.0 \times 1 - 0.8 \times 2 \times 2] \times 0.12\} m^3$$
$$= 1.37 m^3$$

（5）扣除嵌入砌体中的构件：

扣除圈梁体积：3.68m³

扣除过梁体积：0.60m³

扣除构造柱体积：8.75m³

合计：$V = (3.68 + 0.60 + 8.75) m^3 = 13.03 m^3$

（6）一层砌体清单工程量：$V = (31.02 + 24.53 + 1.37 - 13.03) m^3 = 43.89 m^3$

过关问题3：根据《房屋建筑与装饰工程工程量计算规范》（GB 50854—2013）、案例中设计、施工说明，对于砌筑工程的工程量清单项目，应如何描述其项目特征？

答：实心砖墙、多孔砖墙、空心砖墙、实心砖柱、多孔砖柱、砌块墙，项目特征描述的内容：①砂浆制作、运输；②砌砖；③刮缝；④砖压顶砌筑；⑤材料运输。

过关问题4：根据《房屋建筑与装饰工程工程量计算规范》（GB 50854—2013）和案例的背景资料，编制砌筑工程的招标工程量清单表。

答：分部分项工程和单价措施项目清单与计价表见表12-4。

表12-4 分部分项工程和单价措施项目清单与计价表（砌筑工程）

序号	项目编码	项目名称	项目特征	计量单位	工程量	金额（元）	
						综合单价	合价
1	010402001001	砌块墙	页岩标准砖，干拌砂浆 M7.5	m^3	43.89		

任务四 编制门窗工程招标控制价

过关问题1：根据任务一中的门窗工程招标工程量清单和《天津市装饰装修工程预算基价》（DBD 29-201-2020），分析断桥铝门应该套用哪些定额项目进行组价，并填写清单综合单价分析表。

答：根据《天津市建筑工程预算基价》（DBD 29-201-2020）规定，填写断桥铝门综合单价分析表，见表12-5。

（1）每平方米断桥铝门清单工程量所含施工工程量：

$$(34.53 \div 34.53 \div 100)m^2 = 0.01m^2(100m^2)$$

（2）断桥铝门材料差价的计算：

$$(市场价 - 定额价) \times 定额含量 = [(791.77 - 846.93) \times 0.95]元/m^2 = -52.4(元/m^2)$$

表12-5 清单综合单价分析表

项目编码	010802001001	项目名称		金属门		计量单位	m^2	工程量	34.53

					清单综合单价组成明细						

定额编号	定额名称	定额单位	数量	单价（元）				合价（元）			
				人工费	材料费	施工机具使用费	管理费和利润	人工费	材料费	施工机具使用费	管理费和利润
4-37	断桥隔热铝合金平开门安装	$100m^2$	0.01	7650.00	87571.45		2266.70	76.50	875.71		22.67
人工单价			小 计								
—			材料差价				-52.4				
清单项目综合单价							922.48				

材料费明细	主要材料名称、规格、型号		单位		数量		定额价（元）	市场价（元）	合价（元）
	断桥铝门		m^2		0.95		846.93	791.77	-52.4
	材料差价小计								-52.4

过关问题2：结合案例具体情况，根据《建设工程工程量清单计价规范》（GB 50500—2013）、《天津市装饰装修工程预算基价》（DBD 29 - 201 - 2020）和门窗工程的招标工程量清单表，编制招标控制价，并填写分部分项工程和单价措施项目清单与计价表（门窗工程）（表12-6）和规费、税金项目计价表（门窗工程）（表12-7）。

答：分部分项工程和单价措施项目清单与计价表见表12-6。

表12-6 分部分项工程和单价措施项目清单与计价表（门窗工程）

序号	项目编码	项目名称	项目特征	计量单位	工程量	金额（元）	
						综合单价 （其中：人工费）	合价 （其中：人工费）
1	010807001001	金属窗	断桥铝	m²	38.49	765.93 （73.44）	29484.22 （2827.04）
2	010802001001	金属门	断桥铝	m²	34.53	922.48 （76.50）	31853.22 （2641.55）
3	010802003001	防火门	钢制	m²	7.60	732.05 （143.82）	5563.61 （1093.03）
合计							66901.05 （6561.61）

规费、税金项目计价表见表12-7。

表12-7 规费、税金项目计价表（门窗工程）

序号	项目名称	计算基础	计算基数（元）	计算费率（%）	金额（元）
1	规费	定额人工费	6561.61	37.64	2469.79
2	税金	定额人工费＋材料费＋施工机具使用费＋管理费＋利润＋规费	69370.84	9	6243.38
合计					8713.17

招标控制价（门窗工程）：（66901.05 + 8713.17）元 = 75614.21 元

任务五 编制混凝土工程招标控制价

过关问题1：根据任务二中混凝土工程构造柱的工程量清单子目和《天津市建筑工程预算基价》（DBD 29 - 101 - 2020），确定构造柱应该套用哪个定额项目进行组价。

答：（1）根据招标工程量清单表中构造柱的项目特征描述，确定组价内容。

（2）对于构造柱的项目特征描述中，除了涉及①混凝土种类和②混凝土强度等级外，如果还描述了"模板及支架（撑）"，则在组价的时候应该包括模板及支架（撑）的费用；如果没有描述"模板及支架（撑）"，则模板及支架（撑）的费用应该在措施费中体现。

（3）根据任务二中的招标工程量清单表分析，构造柱中不包括模板及支架（撑）的费用，所以根据《天津市建筑工程预算基价》（DBD 29 - 101 - 2020）直接套用构造柱的定额项目进行组价。

过关问题 2：根据混凝土工程的定额组价项目，分析采用商品混凝土和现浇混凝土进行材料差价调整的区别，并说明应该如何调整。

答：(1) 商品混凝土和现浇混凝土进行材料差价调整的区别是：商品混凝土应根据材料消耗量直接调整混凝土的差价即可，而现浇混凝土需要根据混凝土的配合比调整混凝土的差价。

(2) 具体的调整方法是：

1) 进行商品混凝土材料差价的调整时，需要将此强度等级的商品混凝土的市场价与定额价相减，然后乘以商品混凝土的消耗量，就得出需要调整的材料差价。

2) 现浇混凝土进行材料差价的调整时，需要根据定额项目中混凝土的配合比先调整相应水泥的材料差价，也就是用相应水泥的市场价格与定额价相减，然后乘以混凝土配合比表中水泥的消耗量，得出调整水泥后相应混凝土的价格，再用这个混凝土价格乘以此项目中混凝土的消耗量，最终就可以得到现浇混凝土的材料差价。

过关问题 3：根据任务二中混凝土工程构造柱的工程量清单子目，和《天津市建筑工程预算基价》（DBD 29 - 101 - 2020)，填写构造柱清单综合单价分析表。

答：根据《天津市建筑工程预算基价》（DBD 29 - 101 - 2020) 规定，填写构造柱综合单价分析表，见表 12-8。

(1) 每立方米构造柱清单工程量所含施工工程量：

$$(8.75 \div 8.75 \div 10)\, m^3 = 0.1\, m^3 (10m^3)$$

(2) 构造柱中预拌混凝土 AC35 材料差价的计算：

$$(市场价 - 定额价) \times 定额含量 = [(486.00 - 472.89) \times 1.05]\, 元/m^3 = 13.77\, 元/m^3$$

表 12-8 清单综合单价分析表

项目编码	010502002001	项目名称		构造柱			计量单位	m^3	工程量	8.75
清单综合单价组成明细										
定额编号	定额名称	定额单位	数量	单价 （元）				合价 （元）		
				人工费	材料费	施工机具使用费	管理费和利润	人工费	材料费	施工机具使用费	管理费和利润
4 - 21	构造柱	$10m^3$	0.1	3511.35	4809.57	8.40	885.16	351.14	480.96	0.84	88.52
人工单价		小 计						351.14	480.96	0.84	88.52
—		材料差价						13.77			
清单项目综合单价								935.21			
材料费明细	主要材料名称、规格、型号		单位		数量		定额价（元）	市场价（元）	合价（元）		
	商品混凝土 AC35		m^3		1.05		472.89	486	13.77		
	材料差价小计							13.77			

过关问题 4：结合案例具体情况，根据《建设工程工程量清单计价规范》（GB 50500—

2013)、《天津市建筑工程预算基价》（DBD 29 - 101 - 2020）和混凝土工程的招标工程量清单表，编制招标控制价，并填写分部分项工程和单价措施项目清单与计价表（混凝土工程）（表 12-9）和规费、税金项目计价表（混凝土工程）（表 12-10）。

答：分部分项工程和单价措施项目清单与计价表见表 12-9。

表 12-9 分部分项工程和单价措施项目清单与计价表（混凝土工程）

序号	项目编码	项目名称	项目特征	计量单位	工程量	金额（元）	
						综合单价 （其中：人工费）	合价 （其中：人工费）
1	010502002001	构造柱	商品混凝土 AC35	m³	8.75	935.21 （351.14）	8184.07 （3027.79）
2	010503002001	单梁	商品混凝土 AC35	m³	1.46	643.30 （103.14）	940.86 （150.85）
3	010503005001	过梁	商品混凝土 AC35	m³	0.60	907.61 （319.95）	546.31 （192.58）
4	010503004001	圈梁	商品混凝土 AC35	m³	3.68	867.70 （291.60）	3191.05 （1072.39）
5	010505003001	平板	商品混凝土 AC35	m³	14.48	644.66 （100.04）	9334.07 （1448.41）
6	010505008001	空调板	商品混凝土 AC35	m³	0.29	644.66 （100.04）	190.05 （29.49）
7	010505008001	阳台板	商品混凝土 AC35	m³	0.95	826.97 （253.80）	787.72 （214.75）
8	010505010001	窗台板	商品混凝土 AC35	m³	0.22	940.03 （322.79）	209.82 （72.05）
合计							23383.94 （6280.32）

规费、税金项目计价表见表 12-10。

表 12-10 规费、税金项目计价表（混凝土工程）

序号	项目名称	计算基础	计算基数（元）	计算费率（%）	金额（元）
1	规费	定额人工费	6280.32	37.64	2363.91
2	税金	定额人工费 + 材料费 + 施工机具 使用费 + 管理费 + 利润 + 规费	25747.85	9	2317.31
合计					4681.22

招标控制价（混凝土工程）：（23383.94 + 4681.22）元 = 28065.16 元

任务六 编制砌筑工程招标控制价

过关问题 1：根据任务三中砌筑工程的招标工程量清单和《天津市建筑工程预算基价》（DBD 29 - 101 - 2020），分析砌块墙应该套用哪个定额项目进行组价。

答：（1）根据招标工程量清单表中砌块墙的项目特征描述，确定组价内容。

（2）对于砌块墙的项目特征描述中，涉及①砌块品种、规格、强度等级；②墙体类型；③砂浆强度等级三方面的内容。

（3）根据任务二中的招标工程量清单表分析，并依据《天津市建筑工程预算基价》（DBD 29-101-2020）直接套用砌块墙的定额项目进行组价。

过关问题2：根据砌筑工程的定额组价项目，分析砌块墙是否应该进行材料价格调整，如果需要进行调整，说明应如何调整。

答：（1）分析砌块墙采用砌块的定额价与市场价是否存在价格差异，如果存在，需要将定额价调整为市场价；另外，项目特征中描述的砂浆强度等级如果与套用的定额不一致，应该将定额中的强度等级进行换算。

（2）在进行材料价格调整时，需要将此类型砌块的市场价与定额价相减，然后乘以砌块的消耗量，就得出需要调整的材料差价。同理，可以进行砂浆强度等级的换算。

过关问题3：根据任务三中砌筑工程的招标工程量清单和《天津市建筑工程预算基价》（DBD 29-101-2020），填写砌块墙清单综合单价分析表。

答：根据《天津市建筑工程预算基价》（DBD 29-101-2020）规定，填写砌块墙综合单价分析表，见表12-11。

（1）每立方米砌块墙清单工程量所含施工工程量：$(43.79 \div 43.79 \div 10) \text{m}^3 = 0.1 \text{m}^3$（$10 \text{m}^3$）

（2）砌块墙中蒸压粉煤灰加气混凝土砌块材料差价的计算：

$$（市场价 - 定额价）\times 定额含量 = [(550.00 - 513.60) \times 0.5367] 元/千块$$
$$= 19.54 元/千块$$

表12-11　清单综合单价分析表

项目编码	010402001001	项目名称	砌块墙				计量单位	m³	工程量	43.89

清单综合单价组成明细									
定额编号	定额名称	定额单位	数量	单价（元）				合价（元）			
				人工费	材料费	施工机具使用费	管理费和利润	人工费	材料费	施工机具使用费	管理费和利润
3-10	砌页岩标准砖	10m³	0.1	2288.25	4275.28	116.93	648.99	228.83	427.53	11.69	64.90
人工单价		小　计						228.83	427.53	11.69	64.90
—		材料差价						19.54			
清单项目综合单价								752.48			

材料费明细	主要材料名称、规格、型号	单位	数量	定额价（元）	市场价（元）	合价（元）
	页岩标准砖	千块	0.5367	513.60	550.00	19.54
	材料差价小计					19.54

过关问题4：结合案例具体情况，根据《建设工程工程量清单计价规范》（GB 50500—

2013)、《天津市建筑工程预算基价》（DBD 29 – 101 – 2020）和砌筑工程的招标工程量清单表，编制招标控制价，并填写分部分项工程和单价措施项目清单与计价表（砌筑工程）（表12-12）和规费、税金项目计价表（砌筑工程）（表12-13）。

答：分部分项工程和单价措施项目清单与计价表见表12-12。

表 12-12　分部分项工程和单价措施项目清单与计价表（砌筑工程）

序号	项目编码	项目名称	项目特征	计量单位	工程量	金额（元）	
						综合单价（其中：人工费）	合价（其中：人工费）
1	010402001001	砌块墙	页岩标准砖，干拌砂浆 M7.5	m^3	43.89	752.48（228.83）	33027.00（10043.32）
合计							33027.00（10043.32）

规费、税金项目计价表见表12-13。

表 12-13　规费、税金项目计价表（砌筑工程）

序号	项目名称	计算基础	计算基数（元）	计算费率（%）	金额（元）
1	规费	定额人工费	10043.32	37.64	3780.31
2	税金	定额人工费 + 材料费 + 施工机具使用费 + 管理费 + 利润 + 规费	36807.31	9	3312.66
合计					7092.96

招标控制价（砌筑工程）：（33027.00 + 7092.96）元 = 40119.96 元

成果与范例

一、项目概况

某住宅 1 号楼，该工程占地 984.99m²，地上 6 层，檐高 19.8m，各层层高 2.8m，总建筑面积约 5500m²，结构形式采用砖混结构，预制桩基础，其设计使用年限为 70 年，该建筑抗震设防类别为丙类，抗震设防烈度为七度，安全等级二级。梁板柱均为商品混凝土 AC35，砌体采用页岩标准砖（600mm×300mm×240mm），干拌砂浆，砂浆强度等级 M7.5。建筑工程费用的计取方式为：管理费为人工费、施工机具使用费（分部分项工程项目 + 可计量的措施项目）之和的 11.82%；规费为人工费合计（分部分项工程项目 + 措施项目）的 37.64%；建筑工程利润为分部分项工程费、措施项目费、管理费、规费之和的 4.66%；增值税税率为 9%。图样见附录。

二、编制依据

（1）《建设工程工程量清单计价规范》（GB 50500—2013）。
（2）《房屋建筑与装饰工程工程量计算规范》（GB 50854—2013）。

（3）《天津市建筑工程预算基价》（DBD 29 – 101 – 2020）。

（4）《天津市装饰装修工程预算基价》（DBD 29 – 201 – 2020）。

（5）《天津市工程造价信息》（2020 年第 6 期）。

三、编制说明

（1）该工程的门窗采用国内中档。

（2）假设不计取其他项目。

（3）假设一～六层平面图中的主卧室、卧室洞口尺寸为 900mm×2000mm；厨房、卫生间洞口尺寸为 800mm × 2000mm；顶层平面图中一个单元的洞口尺寸为两个 1000mm × 2100mm，一个 900mm×2000mm。

（4）假设 1 轴左侧，G 轴以上的板按 B0 计，构造同 B1。

四、编制招标工程量清单

编制分部分项工程和单价措施项目清单与计价表（门窗、混凝土和砌筑工程），见表12-14。

表 12-14　分部分项工程和单价措施项目清单与计价表（门窗、混凝土和砌筑工程）

序号	项目编码	项目名称	项目特征	计量单位	工程量	金额（元）	
						综合单价	合价
1	010807001001	金属窗	断桥铝、单槽双玻	m²	1379.17		
2	010802001001	金属门	断桥铝、单槽双玻	m²	559.98		
3	010802003001	防火门	钢制	m²	273.60		
4	010502002001	构造柱	商品混凝土 AC35	m³	265.63		
5	010503002001	单梁	商品混凝土 AC35	m³	59.42		
6	010503005001	过梁	商品混凝土 AC35	m³	23.08		
7	010503004001	圈梁	商品混凝土 AC35	m³	127.88		
8	010505003001	平板	商品混凝土 AC35	m³	578.28		
9	010505008001	空调板	商品混凝土 AC35	m³	8.37		
10	010505008001	阳台板	商品混凝土 AC35	m³	35.33		
11	010505010001	窗台板	商品混凝土 AC35	m³	8.04		
12	010506001001	楼梯	商品混凝土 AC35	m²	319.17		
13	010402001001	砌块墙	页岩标准砖，干拌砂浆 M7.5	m³	1494.56		

五、编制招标控制价

编制分部分项工程和单价措施项目清单与计价表（门窗、混凝土和砌筑工程）（表12-15），规费、税金项目计价表（门窗、混凝土和砌筑工程），（表12-16），并计算招标控制价（门窗、混凝土和砌筑工程）。

表 12-15　分部分项工程和单价措施项目清单与计价表（门窗、混凝土和砌筑工程）

序号	项目编码	项目名称	项目特征	计量单位	工程量	金额（元）	
						综合单价（其中：人工费）	合价（其中：人工费）
1	010807001001	金属窗	断桥铝、单槽双玻	m²	1379.17	765.93（73.44）	1056353.42（101286.36）
2	010802001001	金属门	断桥铝、单槽双玻	m²	559.98	922.48（76.50）	516570.04（42838.47）
3	010802003001	防火门	钢制	m²	273.60	732.05（143.82）	200290.10（39349.15）
4	010502002001	构造柱	商品混凝土 AC35	m³	265.63	935.21（351.14）	248422.20（93272.55）
5	010503002001	单梁	商品混凝土 AC35	m³	59.42	643.30（103.14）	38221.74（6128.11）
6	010503005001	过梁	商品混凝土 AC35	m³	23.08	907.61（319.95）	20945.75（7383.81）
7	010503004001	圈梁	商品混凝土 AC35	m³	127.88	867.70（291.60）	110961.42 37289.99
8	010505003001	平板	商品混凝土 AC35	m³	578.28	644.66（100.04）	372796.91（57848.68）
9	010505008001	空调板	商品混凝土 AC35	m³	8.37	644.66（100.04）	5393.97（837.01）
10	010505008001	阳台板	商品混凝土 AC35	m³	35.33	826.97（253.80）	29213.63（8965.74）
11	010505010001	窗台板	商品混凝土 AC35	m³	8.04	940.03（322.79）	7553.36（2593.64）
12	010506001001	楼梯	商品混凝土 AC35	m²	319.17	242.74（92.07）	77474.43（29385.65）
13	010402001001	砌块墙	页岩标准砖，干拌砂浆 M7.5	m³	1494.56	752.48（228.83）	1124628.27（341993.00）
合计							3808825.24（769172.17）

表 12-16　规费、税金项目计价表（门窗、混凝土和砌筑工程）

序号	项目名称	计算基础	计算基数（元）	计算费率（%）	金额（元）
1	规费	定额人工费	769172.17	37.64	289516.41
2	税金	定额人工费＋材料费＋施工机具使用费＋管理费＋利润＋规费	4098341.65	9	368850.75
合计					658367.15

招标控制价（门窗、混凝土和砌筑工程）：（3808825.24＋658367.15）元＝4467192.40 元

六、计算底稿

1. 门窗工程清单工程量

门窗工程清单工程量计算表见表12-17。

表12-17 门窗工程量计算表

门窗名称	洞口尺寸/(mm×mm)	门窗数量												合计	材料
		首层		二层		三层		四层		五层		六层			
		外墙	内墙	外墙	内墙	外墙	内墙	外墙	内墙	外墙	内墙	外墙	内墙		
C1	2800×1900	12	—	12	—	12	—	12	—	12	—	12	—	72	断桥铝、单槽双玻
C2	1800×1900	6	—	6	—	6	—	6	—	6	—	6	—	36	断桥铝、单槽双玻
C3	1500×1900	2	—	2	—	2	—	2	—					8	断桥铝、单槽双玻
C4	500×1900	2	—	2	—	2	—	2	—					8	断桥铝、单槽双玻
C5	3100×1900	—								2	—	2	—	4	断桥铝、单槽双玻
C6	1200×8500					6	—					—	—	6	断桥铝、单槽双玻
C7	480×480											24	—	24	断桥铝、单槽双玻
C8	1800×1500	6		6		6		6		6		6		36	断桥铝、单槽双玻
YC1	3370×2300	6		6		6		6		6		6		36	断桥铝、单槽双玻
YC2	3100×1350	2		2		2		2		2		2		12	断桥铝、单槽双玻
YC3	1900×1350	4		4		4		4		4		4		24	断桥铝、单槽双玻
YC4	3870×1550	6		6										12	断桥铝、单槽双玻
YC5	5170×1550	—				6		6		6		6		24	断桥铝、单槽双玻
M1	1000×2100	—	12	—	12	—	12	—	12	—	12	—	12	72	防火门
M2	5060×4500	6												6	断桥铝、单槽双玻
M3	2400×2400	6		6		6		6		6		6		36	断桥铝、单槽双玻
M4	1000×2400	6		6		6		6		6		6		36	断桥铝、单槽双玻
M5	1500×2400	6		6		6		6		6		6		36	断桥铝、单槽双玻
FM1	1000×2000	—	6	—	6	—	6	—	6	—	6	—	6	36	防火门
FM2	700×2000	—	6	—	6	—	6	—	6	—	6	—	6	36	防火门

（1）断桥铝窗的面积：

$S = (2.8 \times 1.9 \times 72 + 1.8 \times 1.9 \times 36 + 1.5 \times 1.9 \times 8 + 0.5 \times 1.9 \times 8 + 3.1 \times 1.9 \times 4 + 1.2 \times 8.5 \times 6 + 0.48 \times 0.48 \times 24 + 1.8 \times 1.5 \times 36 + 3.37 \times 2.3 \times 36 + 3.1 \times 1.35 \times 12 + 1.9 \times 1.35 \times 24 + 3.87 \times 1.55 \times 12 + 5.17 \times 1.55 \times 24) \text{m}^2$

$= 1379.17 \text{m}^2$

（2）断桥铝门的面积：

$S = (5.06 \times 4.5 \times 6 + 2.4 \times 2.4 \times 36 + 1.0 \times 2.4 \times 36 + 1.5 \times 2.4 \times 36) \text{m}^2 = 559.98 \text{m}^2$

（3）防火门的面积：

$S = (1.0 \times 2.1 \times 72 + 1.0 \times 2.0 \times 36 + 0.7 \times 2.0 \times 36) \text{m}^2 = 273.60 \text{m}^2$

2. 构造柱清单工程量的计算

（1）一~三层：

GZ1：$V = \{(0.24 \times 0.24) \times (2.8 \times 3 + 0.02) \times (31 + 172 - 47) + [0.24 \times 0.03 \times 1 \times$

$(7+28)+0.24\times0.03\times2\times(17+60)+0.24\times0.03\times3\times(7+32)+0.24\times$

$0.03\times4\times(0+5)]\times(2.8\times3+0.02)\}\,\mathrm{m}^3$

$=95.42\mathrm{m}^3$

GZ2：$V=[(0.24\times0.36+0.24\times0.03\times3)\times(2.8\times3+0.02)\times(1+5)]\mathrm{m}^3=5.46\mathrm{m}^3$

GZ3：$V=[(0.18\times0.24+0.24\times0.03\times1)\times(2.8\times3+0.02)\times(7+35)]\mathrm{m}^3=17.82\mathrm{m}^3$

GZ4：$V=[(0.24\times0.48+0.24\times0.03\times3)\times(2.8\times3+0.02)\times(1+5)]\mathrm{m}^3=6.91\mathrm{m}^3$

GZ5：$V=[(0.24\times1.08+0.24\times0.03\times2)\times(2.8\times3+0.02)\times(1+2)]\mathrm{m}^3=6.91\mathrm{m}^3$

一~三层小计：$V=(95.42+5.46+17.82+6.91+6.91)\mathrm{m}^3=132.52\mathrm{m}^3$

（2）四层：

GZ1：$V=\{(0.24\times0.24)\times2.8\times(31+171-47)+[0.24\times0.03\times1\times(7+28)+0.24\times$

$\qquad 0.03\times2\times(17+59)+0.24\times0.03\times3\times(7+32)+0.24\times0.03\times4\times(0+$

$\qquad 5)]\times2.8\}\,\mathrm{m}^3$

$\qquad =31.53\mathrm{m}^3$

GZ2：$V=[(0.24\times0.36+0.24\times0.03\times3)\times2.8\times(1+5)]\mathrm{m}^3=1.81\mathrm{m}^3$

GZ3：$V=[(0.18\times0.24+0.24\times0.03\times1)\times2.8\times(7+35)]\mathrm{m}^3=5.93\mathrm{m}^3$

GZ4：$V=[(0.24\times0.48+0.24\times0.03\times3)\times2.8\times(1+5)]\mathrm{m}^3=2.30\mathrm{m}^3$

GZ5：$V=[(0.24\times1.08+0.24\times0.03\times2)\times2.8\times(1+2)]\mathrm{m}^3=2.30\mathrm{m}^3$

四层小计：$V=(31.53+1.81+5.93+2.30+2.30)\mathrm{m}^3=43.87\mathrm{m}^3$

（3）五~六层：

GZ1：$V=\{(0.24\times0.24)\times2.8\times2\times(28+168-45)+[0.24\times0.03\times1\times(8+29)+$

$\qquad 0.24\times0.03\times2\times(13+57)+0.24\times0.03\times3\times(7+32)+0.24\times0.03\times4\times$

$\qquad (0+5)]\times2.8\times2\}\,\mathrm{m}^3=61.37\mathrm{m}^3$

GZ2：$V=[(0.24\times0.36+0.24\times0.03\times3)\times2.8\times(1+5)\times2]\mathrm{m}^3=3.63\mathrm{m}^3$

GZ3：$V=[(0.18\times0.24+0.24\times0.03\times1)\times2.8\times(7+35)\times2]\mathrm{m}^3=11.85\mathrm{m}^3$

GZ4：$V=[(0.24\times0.48+0.24\times0.03\times3)\times2.8\times(1+5)\times2]\mathrm{m}^3=4.60\mathrm{m}^3$

五~六层小计：$V=(61.45+3.63+11.85+4.60)\mathrm{m}^3=81.45\mathrm{m}^3$

（4）顶层：

1）B轴（D轴）：

构造柱高度：$H=(1.2/4.2\times3)\mathrm{m}=0.857\mathrm{m}$

GZ1：$V=\{(0.24\times0.24)\times0.857\times(2+9)+[0.24\times0.03\times2\times(1+4)+0.24\times0.03\times$

$\qquad 3\times(1+5)]\times0.857\}\,\mathrm{m}^3=0.72\mathrm{m}^3$

GZ3：$V=[(0.18\times0.24+0.24\times0.03\times1)\times0.857\times(0+4)]\mathrm{m}^3=0.17\mathrm{m}^3$

GZ4：$V=[(0.24\times0.36+0.24\times0.03\times3)\times0.857\times(0+4)]\mathrm{m}^3=0.37\mathrm{m}^3$

2）E轴（G轴）：

GZ1：$V=\{(0.24\times0.24)\times(18.3-16.8)\times(3+13)+[0.24\times0.03\times1\times(2+10)+$

$\qquad 0.24\times0.03\times3\times(1+3)]\times(18.3-16.8)\}\,\mathrm{m}^3=1.64\mathrm{m}^3$

GZ4：$V=[0.24\times0.48\times(18.3-16.8)\times(1+5)+0.24\times0.03\times1\times(18.3-16.8)\times$

$\qquad (1+5)]\mathrm{m}^3=1.10\mathrm{m}^3$

3）G轴（J轴）：

GZ1：$V = \{(0.24 \times 0.24) \times 3 \times (3 + 12) + [0.24 \times 0.03 \times 1 \times (1 + 5) + 0.24 \times 0.03 \times 2 \times$

$(1 + 8) + 0.24 \times 0.03 \times 3 \times (1 + 5)] \times 3\} \, m^3 = 3.50 m^3$

构造柱高度：$H = (2.55 \div 5.1 \times 3) m = 1.5 m$

GZ1：$V = [(0.24 \times 0.24) \times 1.5 \times (0 + 3) + 0.24 \times 0.03 \times 1 \times 1.5 \times (0 + 3)] \, m^3 = 0.29 m^3$

4）顶层小计：$V = (0.72 + 0.17 + 0.37 + 1.64 + 1.10 + 3.50 + 0.29) m^3 = 7.79 m^3$

（5）构造柱合计：$V = (132.52 + 43.87 + 81.45 + 7.79) m^3 = 265.63 m^3$

3. 单梁、屋架梁清单工程量的计算

（1）一～三层：

L1：$V = [0.2 \times 0.35 \times (1.5 + 0.9 - 0.24) \times 6 \times 3] \, m^3 = 2.72 m^3$

L2：$V = [0.2 \times 0.25 \times (2.9 - 0.12 - 0.35 \div 2) \times 6 \times 3] \, m^3 = 2.34 m^3$

L3：$V = [0.2 \times 0.3 \times (0.9 + 1.5 - 0.24) \times 6 \times 3] \, m^3 = 2.33 m^3$

L4：$V = \{0.2 \times 0.3 \times [2.0 + 3.3 - (1.92 + 0.12) - 0.12 - 0.12] \times 2 \times 3\} \, m^3 = 1.09 m^3$

L5：$V = [0.2 \times 0.25 \times (1.5 + 0.65) \times 2 \times 3] \, m^3 = 0.65 m^3$

L6：$V = \{0.2 \times 0.25 \times [2.0 + 3.3 - (1.92 + 0.12) - 0.12 - 0.12] \times 4 \times 3\} \, m^3 = 1.81 m^3$

XL1：$V = [0.24 \times 0.37 \times (1.2 - 0.12 + 0.25) \times 4 \times 3] \, m^3 = 1.42 m^3$

YTL1：$V = [0.2 \times 0.5 \times (2 - 0.12 - 0.37 \div 2) \times 4 \times 3] \, m^3 = 2.03 m^3$

YTL2：$V = [0.24 \times 0.5 \times (4.2 - 0.24) \times 6 \times 3] \, m^3 = 8.55 m^3$

YTL3：$V = [0.24 \times 0.37 \times (1.2 - 0.12 + 0.25) \times 1 \times 3] \, m^3 = 0.35 m^3$

YTL2 - 1：$V = [0.2 \times 0.5 \times (4 - 0.12 - 2 - 0.25) \times 1 \times 3] \, m^3 = 0.49 m^3$

小计：$V = 23.79 m^3$

（2）四层：

L1：$V = [0.2 \times 0.35 \times (1.5 + 0.9 - 0.24) \times 6] \, m^3 = 0.91 m^3$

L2：$V = [0.2 \times 0.25 \times (2.9 - 0.12 - 0.35 \div 2) \times 6] \, m^3 = 0.78 m^3$

L3：$V = [0.2 \times 0.3 \times (0.9 + 1.5 - 0.24) \times 6] \, m^3 = 0.78 m^3$

L4：$V = \{0.2 \times 0.3 \times [2.0 + 3.3 - (1.92 + 0.12) - 0.12 - 0.12] \times 2 \times 3\} \, m^3 = 1.09 m^3$

L6：$V = \{0.2 \times 0.25 \times [2.0 + 3.3 - (1.92 + 0.12) - 0.12 - 0.12] \times 4\} \, m^3 = 0.60 m^3$

L7：$V = [0.2 \times 0.71 \times (1.5 + 0.65) \times 2] \, m^3 = 0.61 m^3$

XL1：$V = [0.24 \times 0.37 \times (1.2 - 0.12 + 0.25) \times 4] \, m^3 = 0.47 m^3$

YTL1：$V = [0.2 \times 0.5 \times (2 - 0.12 - 0.37 \div 2) \times 4] \, m^3 = 0.68 m^3$

YTL2：$V = [0.24 \times 0.5 \times (4.2 - 0.24) \times 6] \, m^3 = 2.85 m^3$

YTL3：$V = [0.24 \times 0.37 \times (1.2 - 0.12 + 0.25) \times 1] \, m^3 = 0.12 m^3$

YTL2 - 1：$V = [0.2 \times 0.5 \times (4 - 0.12 - 2 - 0.25) \times 1] \, m^3 = 0.16 m^3$

小计：$V = 9.05 m^3$

（3）五层：

L1：$V = [0.2 \times 0.35 \times (1.5 + 0.9 - 0.24) \times 6] \, m^3 = 0.91 m^3$

L2：$V = [0.2 \times 0.25 \times (2.9 - 0.12 - 0.35 \div 2) \times 6] \, m^3 = 0.78 m^3$

L3：$V = [0.2 \times 0.3 \times (0.9 + 1.5 - 0.24) \times 6] \, m^3 = 0.78 m^3$

L4：$V = \{0.2 \times 0.3 \times [2.0 + 3.3 - (1.92 + 0.12) - 0.12 - 0.12] \times 2 \times 3\} \, m^3 = 1.09 m^3$

L6：$V = \{0.2 \times 0.25 \times [2.0 + 3.3 - (1.92 + 0.12) - 0.12 - 0.12] \times 4\} \, m^3 = 0.60 m^3$

XL1：$V = \left[0.24 \times 0.37 \times (1.2 - 0.12 + 0.25) \times 4 \right] m^3 = 0.47 m^3$

YTL1：$V = \left[0.2 \times 0.5 \times (2 - 0.12 - 0.37 \div 2) \times 4 \right] m^3 = 0.68 m^3$

YTL2：$V = \left[0.24 \times 0.5 \times (4.2 - 0.24) \times 6 \right] m^3 = 2.85 m^3$

YTL3：$V = \left[0.24 \times 0.37 \times (1.2 - 0.12 + 0.25) \times 1 \right] m^3 = 0.12 m^3$

YTL2 - 1：$V = \left[0.2 \times 0.5 \times (4 - 0.12 - 2 - 0.25) \times 1 \right] m^3 = 0.16 m^3$

小计：$V = 8.44 m^3$

（4）六层：

L1：$V = \left[0.2 \times 0.35 \times (1.5 + 0.9 - 0.24) \times 6 \right] m^3 = 0.91 m^3$

L2：$V = \left[0.2 \times 0.25 \times (2.9 - 0.12 - 0.35 \div 2) \times 6 \right] m^3 = 0.78 m^3$

L3：$V = \left[0.2 \times 0.3 \times (0.9 + 1.5 - 0.24) \times 6 \right] m^3 = 0.78 m^3$

L4：$V = \left\{ 0.2 \times 0.3 \times \left[2.0 + 3.3 - (1.92 + 0.12) - 0.12 - 0.12 \right] \times 2 \times 3 \right\} m^3 = 1.09 m^3$

L6：$V = \left\{ 0.2 \times 0.25 \times \left[2.0 + 3.3 - (1.92 + 0.12) - 0.12 - 0.12 \right] \times 4 \right\} m^3 = 0.60 m^3$

L7：$V = \left[0.24 \times 0.40 \times (2.6 - 0.24) \times 6 \right] m^3 = 1.36 m^3$

L8：$V = \left[0.24 \times 0.24 \times (2.6 - 0.24) \times 6 \right] m^3 = 0.82 m^3$

XL1a：$V = \left[0.24 \times 0.40 \times (1.2 - 0.12 + 0.25) \times 4 \right] m^3 = 0.51 m^3$

YTL1a：$V = \left[0.2 \times 0.4 \times (2 - 0.12 - 0.37 \div 2) \times 4 \right] m^3 = 0.54 m^3$

YTL2a：$V = \left[0.24 \times 0.4 \times (4.2 - 0.24) \times 6 \right] m^3 = 2.28 m^3$

YTL3：$V = \left[0.24 \times 0.37 \times (1.2 - 0.12 + 0.25) \times 1 \right] m^3 = 0.12 m^3$

YTL2 - 1a：$V = \left[0.2 \times 0.4 \times (4 - 0.12 - 2 - 0.25) \times 1 \right] m^3 = 0.13 m^3$

小计：$V = 9.92 m^3$

（5）单梁合计：$V = 51.20 m^3$

（6）屋顶屋架梁的体积：

1）左右两个单元：

WL1：$V = \left[0.24 \times 0.3 \times (1.5 + 0.9 + 1.7 - 0.3 - 0.24 - 0.12) \right] m^3 = 0.25 m^3$

WL2：$V = \left[0.24 \times 0.3 \times (2.9 - 0.12 \times 2) \right] m^3 = 0.19 m^3$

WL3：$V = \left[0.24 \times 0.3 \times (3.3 + 4.2 + 0.24) \right] m^3 = 0.56 m^3$

WL4：$V = \left[0.24 \times 0.3 \times (0.9 + 1.5 + 0.9 + 1.7 - 0.3 - 0.24 - 0.12 - 0.24) \right] m^3 = 0.30 m^3$

WXL1：$V = \left[0.24 \times 0.45 \times (3.3 + 0.12 - 0.12 - 1.92 - 0.12) \right] m^3 = 0.14 m^3$

小计：$V = (1.43 \times 2) m^3 = 2.86 m^3$

2）中间单元：

WL1：$V = \left[0.24 \times 0.3 \times (1.5 + 0.9 + 1.7 - 0.3 - 0.24 - 0.12) \times 2 \right] m^3 = 0.50 m^3$

WL2：$V = \left[0.24 \times 0.3 \times (2.9 - 0.12 \times 2) \times 2 \right] m^3 = 0.38 m^3$

WL5：$V = \left[0.24 \times 0.3 \times (4.2 + 3.3 + 2) \times 2 \right] m^3 = 1.37 m^3$

WL6：$V = \left\{ 0.24 \times 0.3 \times \left[2.0 + 3.3 - (1.92 + 0.12) - 0.12 - 0.12 \right] \times 2 \right\} m^3 = 0.43 m^3$

小计：$V = (2.68 \times 2) m^3 = 5.36 m^3$

3）屋架梁合计：$V = (2.86 + 5.36) m^3 = 8.22 m^3$

（7）单梁、屋架梁总计：$V = (51.20 + 8.22) m^3 = 59.42 m^3$

4. 过梁清单工程量的计算

（1）一层一个单元过梁：

1）GL8：$V = (0.24 \times 0.12 \times 0.8 \times 1)\,\mathrm{m}^3 = 0.02\,\mathrm{m}^3$

2）GL9：$V = (0.24 \times 0.12 \times 0.9 \times 3)\,\mathrm{m}^3 = 0.08\,\mathrm{m}^3$

3）GL10：$V = [0.24 \times 0.12 \times (1.0 + 0.24 \times 2) \times 2]\,\mathrm{m}^3 = 0.09\,\mathrm{m}^3$

4）门窗上增加的过梁：

$V = [0.24 \times (2.8 - 2.4 - 0.18 - 0.1) \times (1.5 + 0.24 \times 2) \times 1 + 0.24 \times (2.8 - 1.5 - 0.9 -$
$0.18 - 0.1) \times (1.8 + 0.24 \times 2) \times 1 + 0.24 \times (2.8 - 2.4 - 0.18 - 0.1) \times (1 + 0.24 \times$
$2) \times 1 + 0.24 \times (2.8 - 2.4 - 0.18 - 0.1) \times (2.4 + 0.24 \times 2) \times 1 + 0.12 \times (2.8 - 2.1 -$
$0.18 - 0.1) \times (1 + 0.24 \times 2) \times 2 + 0.12 \times (2.4 - 2 - 0.18 - 0.1) \times (0.8 + 0.24 \times$
$2) \times 1]\,\mathrm{m}^3$
$= 0.42\,\mathrm{m}^3$

5）一层一个单元过梁小计：$V = 0.60\,\mathrm{m}^3$

（2）六层六个单元过梁小计：$V = (0.60 \times 6 \times 6)\,\mathrm{m}^3 = 21.67\,\mathrm{m}^3$

（3）顶层六个单元过梁：

1）GL8：$V = (0.24 \times 0.12 \times 0.8 \times 4)\,\mathrm{m}^3 = 0.09\,\mathrm{m}^3$

2）GL9：$V = (0.24 \times 0.12 \times 0.9 \times 2)\,\mathrm{m}^3 = 0.05\,\mathrm{m}^3$

3）GL10：$V = [0.24 \times 0.12 \times (1.0 + 0.24 \times 2) \times 2 \times 6]\,\mathrm{m}^3 = 0.51\,\mathrm{m}^3$

4）门窗上增加的过梁：

$V = \{[0.24 \times (2.8 - 2.4 - 0.18 - 0.1) \times (1 + 0.24 \times 2) \times 1 + 0.24 \times (2.8 - 2.4 - 0.18 -$
$0.1) \times (2.4 + 0.24 \times 2) \times 1] \times 6\}\,\mathrm{m}^3$
$= 0.75\,\mathrm{m}^3$

5）顶层六个单元过梁小计：$V = 1.41\,\mathrm{m}^3$

（4）过梁合计：$V = (21.67 + 1.41)\,\mathrm{m}^3 = 23.08\,\mathrm{m}^3$

5. 圈梁清单工程量的计算

（1）根据项目三任务二中一层最左侧单元的计算结果：

240mm 外墙中心线长度：52.88m。

240mm 外墙外侧长度：4.68m。

240mm 内墙水平长度：14.76m。

240mm 内墙竖向长度：25.74m。

（2）一～三层：

$V = (0.24 \times 0.18 \times 1603.62 - 8.50)\,\mathrm{m}^3 = 60.78\,\mathrm{m}^3$

其中：

长度合计：$L = (741.24 + 28.08 + 265.68 + 568.62)\,\mathrm{m} = 1603.62\,\mathrm{m}$

240 外墙中心线长度：$L = \{[52.88 \times 6 - (1.2 + 3 + 0.9 + 1.5 + 0.9 + 4.2) \times 6] \times 3\}\,\mathrm{m} = 741.24\,\mathrm{m}$

240 外墙外侧长度：$L = (4.68 \times 2 \times 3)\,\mathrm{m} = 28.08\,\mathrm{m}$

240 内墙水平长度：$L = (14.76 \times 6 \times 3)\,\mathrm{m} = 265.68\,\mathrm{m}$

240 内墙竖向长度：$L = \{[25.74 \times 6 + (1.2 + 3 + 0.9 + 1.5 + 0.9 + 4.2) \times 3] \times 3\}\,\mathrm{m} = 568.62\,\mathrm{m}$

扣除构造柱的体积：$V = [132.52 \div (2.8 \times 3 + 0.02) \times 0.18 \times 3]\,\mathrm{m}^3 = 8.50\,\mathrm{m}^3$

（3）四层：

$V = (0.24 \times 0.18 \times 534.52 - 2.82)\text{m}^3 = 20.27\text{m}^3$

其中：

长度合计：$L = (247.08 + 9.36 + 88.56 + 189.54)\text{m} = 534.54\text{m}$

240 外墙中心线长度：$L = [52.88 \times 6 - (1.2 + 3 + 0.9 + 1.5 + 0.9 + 4.2) \times 6]\text{m} = 247.08\text{m}$

240 外墙外侧长度：$L = (4.68 \times 2)\text{m} = 9.36\text{m}$

240 内墙水平长度：$L = (14.76 \times 6)\text{m} = 88.56\text{m}$

240 内墙竖向长度：$L = [25.74 \times 6 + (1.2 + 3 + 0.9 + 1.5 + 0.9 + 4.2) \times 3]\text{m} = 189.54\text{m}$

扣除构造柱的体积：$V = (43.87 \div 2.8 \times 0.18)\text{m}^3 = 2.82\text{m}^3$

（4）五、六层：

$V = [(0.24 \times 0.18 \times 525.18) \times 2 - 10.47]\text{m}^3 = 34.90\text{m}^3$

其中：长度合计：$L = (247.08 + 88.56 + 189.54)\text{m} = 525.18\text{m}$

240mm 外墙中心线长度：247.08m（同四层）。

240mm 内墙水平长度：88.56m（同四层）。

240mm 内墙竖向长度：189.54m（同四层）。

扣除构造柱的体积：$V = (81.45 \div 2.8 \times 0.18 \times 2)\text{m}^3 = 10.47\text{m}^3$

（5）顶层：

$V = (0.24 \times 0.18 \times 265.54 - 0.46)\text{m}^3 = 11.02\text{m}^3$

其中：

240mm 墙中心线长度：

$L = \{[3.3 + 1.2 + 4.2 + 3 + 0.9 + 0.12 + (0.9 + 4.2) \times 2 + 2.6 + (1.92 + 0.24 - 2.6 \div 2) + 1.5 + 0.9 + 3 - 0.24 + 3.3 + 3 + 1.2] \times 6 + [(4.2 + 0.9) \times 3 + 2 \times 4 \times 2]\}\text{m}$
$= 265.54\text{m}$

扣除构造柱的体积：

$V = [(0.24 \times 0.24 \times 11 + 0.18 \times 0.24 \times 4 + 0.24 \times 0.36 \times 4 + 0.24 \times 0.24 \times 16 + 0.24 \times 0.48 \times 6 + 0.24 \times 0.24 \times 15 + 0.24 \times 0.24 \times 3) \times 0.12]\text{m}^3$
$= 0.46\text{m}^3$

（6）圈梁合计：$V = (60.78 + 20.27 + 34.90 + 11.02)\text{m}^3 = 126.97\text{m}^3$

6. 板清单工程量的计算

（1）一层左右两个单元：

B1：$V = [4 \times (0.9 + 4.2) \times 0.12 \times 1] = 2.45\text{m}^3$

B2：$V = \{[0.92 + 2 + 3.3 - (1.92 + 0.12 + 0.12)] \times (0.9 + 1.5) \times 0.1 \times 1\}\text{m}^3 = 0.97\text{m}^3$

B3：$V = [(1.92 + 0.12 + 0.12) \times (0.9 + 1.5) \times 0.1 \times 1]\text{m}^3 = 0.52\text{m}^3$

B4：$V = (2 \times 3 \times 0.1 \times 1)\text{m}^3 = 0.60\text{m}^3$

B5：$V = [3.3 \times (3 + 1.2) \times 0.1 \times 1]\text{m}^3 = 1.39\text{m}^3$

B6：$V = [2.9 \times (0.9 + 4.2) \times 0.1 \times 1]\text{m}^3 = 1.48\text{m}^3$

B7：$V = [4.2 \times (3 + 0.9 + 1.5) \times 0.13 \times 1]\text{m}^3 = 2.95\text{m}^3$

B8：$V = (3.3 \times 4.2 \times 0.1 \times 1)\text{m}^3 = 1.39\text{m}^3$

B9：$V = [3.3 \times (1.5 + 0.9) \times 0.1 \times 1]\text{m}^3 = 0.79\text{m}^3$

B10：$V = [3.3 \times (1.2 + 3 + 0.9) \times 0.1 \times 1] m^3 = 1.68 m^3$

B0：$V = [0.92 \times (1.5 + 0.65 + 0.24) \times 0.12 \times 1] m^3 = 0.26 m^3$

小计：$V = (14.48 \times 2) m^3 = 28.96 m^3$

（2）一层中间四个单元：

B1：$V = [4 \times (0.9 + 4.2) \times 0.12 \times 1] m^3 = 2.45 m^3$

B2：$V = \{ [0.92 + 2 + 3.3 - (1.92 + 0.12 + 0.12)] \times (0.9 + 1.5) \times 0.1 \times 1 \} m^3 = 0.97 m^3$

B3：$V = [(1.92 + 0.12 + 0.12) \times (0.9 + 1.5) \times 0.1 \times 1] m^3 = 0.52 m^3$

B4：$V = (2 \times 3 \times 0.1 \times 1) m^3 = 0.60 m^3$

B5：$V = [3.3 \times (3 + 1.2) \times 0.1 \times 1] m^3 = 1.39 m^3$

B6：$V = [2.9 \times (0.9 + 4.2) \times 0.1 \times 1] m^3 = 1.48 m^3$

B7：$V = [4.2 \times (3 + 0.9 + 1.5) \times 0.13 \times 1] m^3 = 2.95 m^3$

B8：$V = (3.3 \times 4.2 \times 0.1 \times 1) m^3 = 1.39 m^3$

B9：$V = [3.3 \times (1.5 + 0.9) \times 0.1 \times 1] m^3 = 0.79 m^3$

B10：$V = [3.3 \times (1.2 + 3 + 0.9) \times 0.1 \times 1] m^3 = 1.68 m^3$

小计：$V = (14.22 \times 4) m^3 = 56.86 m^3$

（3）六层小计：$V = [(28.96 + 56.86) \times 6] m^3 = 514.92 m^3$

（4）顶层最左侧单元：

1）G ~ L轴。

① G ~ L轴的坡度：

$[(0.9 + 4.2 + 0.12 + 0.3)^2 + (19.8 - 16.8)^2]^{0.5} / (0.9 + 4.2 + 0.12 + 0.3) = 1.14$

② G ~ L轴平板的体积：

$V = \{ [(0.3 + 0.24 + 3.06 + 0.24 + 3.96 + 0.24 + 0.3) \times (0.9 + 1.7) \times 1.14 + (2.6 +$
$0.24 + 0.3 \times 2) \times (4.2 + 0.18 - 1.7 + 0.3) \times 1.14] \times 0.1 \} m^3$
$= 3.64 m^3$

2）G ~ B轴和4 ~ 6轴。

① G ~ B轴和4 ~ 6轴的坡度：

$[(1.5 + 0.9 + 3 + 0.12 + 0.3)^2 + (19.8 - 16.8)^2]^{0.5} / (1.5 + 0.9 + 3 + 0.12 + 0.3) = 1.13$

② G ~ B轴和4 ~ 6轴平板的体积：

$V = [4.2 \times (1.5 + 0.9 + 3 + 0.12 + 0.3) \times 1.13 \times 0.1] m^3 = 2.76 m^3$

3）G ~ B轴和2 ~ 4轴。

① G ~ B轴和2 ~ 4轴的坡度：

$[(1.5 + 0.9)^2 + (19.8 - 16.8)^2]^{0.5} / (1.5 + 0.9) = 1.6$

② G ~ B轴和2 ~ 4轴平板的体积：

$V = [(0.3 + 0.24 + 3.06 + 0.24 + 0.3) \times (1.5 + 0.9) \times 1.6 \times 0.1] m^3 = 1.59 m^3$

4）E ~ B轴平板的体积：$[1.5 \times (3.3 + 0.24 + 0.3 \times 2) \times 0.1] m^3 = 0.62 m^3$

5）E ~ A轴。

① E ~ A轴的坡度：

$[(3 - 1.5 + 1.2 + 0.12 + 0.5 + 0.3)^2 + (19.8 - 16.8)^2]^{0.5} / (3 - 1.5 + 1.2 + 0.12 + 0.5 +$
$0.3) = 1.30$

② E ～ A 轴平板的体积：

$$V = \left[(0.3 + 3.3 + 0.24 + 0.3) \times (3 - 1.5 + 1.2 + 0.12 + 0.5 + 0.3) \times 1.30 \times 0.1 \right] m^3$$
$$= 1.95 m^3$$

6）顶层平板最左侧单元小计：$V = (3.64 + 2.76 + 1.59 + 0.62 + 1.95) m^3 = 10.56 m^3$

（5）顶层平板体积合计：

$$V = (10.56 \times 6) m^3 = 63.36 m^3$$

（6）平板总计：$V = (514.92 + 63.36) m^3 = 578.28 m^3$

7. 阳台板清单工程量的计算

YT1：$V = \left[(1.26 + 0.12) \times 2.77 \times 0.1 \times 6 \times 6 \right] m^3 = 13.76 m^3$

YT2：$V = \left[(1.1 + 0.12) \times (2.0 + 0.12) \times 0.1 \times (4 \times 6 + 2) \right] m^3 = 6.72 m^3$

YT3：$V = \left[(1.1 - 0.12) \times (4.2 - 1.12 + 0.1) \times 0.1 \times 6 \times 6 \right] m^3 = 11.22 m^3$

YT4：$V = \left[(1.1 + 0.12) \times (2.0 + 2 + 0.24) \times 0.1 \times (1 \times 6 + 1) \right] m^3 = 3.62 m^3$

合计：$V = 35.33 m^3$

8. 空调板清单工程量的计算

（1）一～四层左右两个单元：

$$V = \{ \left[(0.7 + 0.12) \times (1.12 - 0.1) + (1 + 0.12) \times (0.74 + 0.12) + (1.2 + 0.12) \times \right.$$
$$\left. (0.75 + 0.12) \right] \times 0.1 \times 2 \times 4 \} m^3 = 2.36 m^3$$

（2）一～四层中间四个单元：

$$V = \{ \left[(0.7 + 0.12) \times (1.12 - 0.1) \times 4 + (1.1 \times 2 + 0.1) \times (0.8 + 0.12) + (1.07 + \right.$$
$$\left. 0.2) \times (0.8 + 0.12) + (1.2 + 0.12) \times (0.75 + 0.12) \times 4 \right] \times 0.1 \times 4 \} m^3$$
$$= 4.49 m^3$$

（3）五层左右两个单元：

$$V = \{ \left[(0.7 + 0.12) \times (1.12 - 0.1) + (1.2 + 0.12) \times (0.75 + 0.12) \right] \times 0.1 \times 2 \} m^3$$
$$= 0.40 m^3$$

（4）五层中间四个单元：

$$V = \{ \left[(0.7 + 0.12) \times (1.12 - 0.1) \times 4 + (1.1 \times 2 + 0.1) \times (0.8 + 0.12) + (1.07 + \right.$$
$$\left. 0.2) \times (0.8 + 0.12) + (1.2 + 0.12) \times (0.75 + 0.12) \times 4 \right] \times 0.1 \} m^3$$
$$= 1.12 m^3$$

（5）空调板体积合计：$V = (2.36 + 4.49 + 0.40 + 1.12) m^3 = 8.37 m^3$

9. 窗台板清单工程量的计算

$$V = \left[(0.5 + 0.12) \times 1.8 \times 0.1 \times 2 \times 6 \times 6 \right] m^3 = 8.04 m^3$$

10. 楼梯清单工程量的计算

（1）0.00 ～ 2.80m：

$$S = \left[(2.6 - 0.24) \times (5.1 + 0.72 - 0.12 - 0.4 - 0.12) \times 6 \right] m^2 = 73.35 m^2$$

（2）2.80 ～ 5.60m：

$$S = \left[(2.6 - 0.24) \times (5.1 - 0.12 - 0.4 - 0.24) \times 4 \times 6 \right] m^2 = 245.82 m^2$$

（3）楼梯的面积合计：$S = 319.17 m^2$

11. 砌体清单工程量的计算

（1）一～三层（未扣除门窗、圈梁等混凝土体积）：

1) 根据项目三任务二中一层最左侧单元的计算结果：

240mm 外墙中心线长度：52.88m。

240mm 外墙外侧长度：4.68m。

240mm 内墙水平长度：14.76m。

240mm 内墙竖向长度：25.74m。

2) 240mm 墙：$V = [0.24 \times (2.8 \times 3 + 0.02) \times 534.54] m^3 = 1080.20 m^3$

其中：长度合计：$L = (247.08 + 9.36 + 88.56 + 189.54) m = 534.54m$

240mm 外墙中心线长度：$L = [52.88 \times 6 - (1.2 + 3 + 0.9 + 1.5 + 0.9 + 4.2) \times 6] m$
$$= 247.08m$$

240mm 外墙外侧长度：$L = (4.68 \times 2) m = 9.36m$

240mm 内墙水平长度：$L = (14.76 \times 6) m = 88.56m$

240mm 内墙竖向长度：$L = [25.74 \times 6 + (1.2 + 3 + 0.9 + 1.5 + 0.9 + 4.2) \times 3] m = 189.54m$

3) 120mm 墙：

$V = \{[(0.85 + 0.8 + 0.99 - 0.24 \times 2) \times (2.8 - 0.3) + (2.6 - 0.24) \times 2.8 + (0.85 + 0.8 + 0.99 - 0.24 \times 2) \times 2.8] \times 0.12 \times 6 \times 3\} m^3$
$$= 39.00 m^3$$

(2) 四层（未扣除门窗、圈梁等混凝土体积）：

1) 240mm 墙：$V = (0.24 \times 2.8 \times 534.54) m^3 = 359.21 m^3$

其中：长度合计：534.54m（同一层）。

240mm 外墙中心线长度：247.08m（同一层）。

240mm 外墙外侧长度：9.36m（同一层）。

240mm 内墙水平长度：88.56m（同一层）。

240mm 内墙竖向长度：189.54m（同一层）。

2) 120mm 墙：

$V = \{[(0.85 + 0.8 + 0.99 - 0.24 \times 2) \times (2.8 - 0.3) + (2.6 - 0.24) \times 2.8 + (0.85 + 0.8 + 0.99 - 0.24 \times 2) \times 2.8] \times 0.12 \times 6\} m^3$
$$= 13.00 m^3$$

(3) 五、六层（未扣除门窗、圈梁等混凝土体积）：

1) 240mm 墙：$V = [(0.24 \times 2.8 \times 525.18) \times 2] m^3 = 705.84 m^3$

其中：长度合计：$(247.08 + 88.56 + 189.54) m = 525.18m$

240mm 外墙中心线长度：247.08m（同四层）。

240mm 内墙水平长度：88.56m（同四层）。

240mm 内墙竖向长度：189.54m（同四层）。

2) 120mm 墙：

$V = \{[(0.85 + 0.8 + 0.99 - 0.24 \times 2) \times (2.8 - 0.3) + (2.6 - 0.24) \times 2.8 + (0.85 + 0.8 + 0.99 - 0.24 \times 2) \times 2.8] \times 0.12 \times 6 \times 2\} m^3$
$$= 26.00 m^3$$

(4) 顶层：

1) 2 轴（13 轴、15 轴、25 轴、28 轴、38 轴）。

$V = \{[1.5 \times (18.3 - 16.8) + (3 - 1.5) \times (18.3 - 16.8) \times 0.5] \times 0.24\} m^3 \times 6 = 4.86 m^3$

2）4 轴（11 轴、17 轴、23 轴、30 轴、36 轴）。

$V = \{\{(1.5+0.9) \times [(19.8-18.3) \times 0.5 + (18.3-16.8)] + 1.5 \times (18.3-16.8) + (3-1.5) \times (18.3-16.8) \times 0.5\} \times 0.24\} \text{m}^3 \times 6 = 12.64 \text{m}^3$

3）6 轴（9 轴、19 轴、21 轴、32 轴、34 轴）。

$V = \{\{0.9 \times [(19.8-18.3) \times 0.5 + (18.3-16.8)] + 1.5 \times (18.3-16.8) + (3-1.5) \times (18.3-16.8) \times 0.5\} \times 0.24\} \text{m}^3 \times 6 = 7.78 \text{m}^3$

4）3、5 轴（10 轴、12 轴、16 轴、18 轴、22 轴、24 轴、29 轴、31 轴、35 轴、37 轴）。

$V = \{[(4.2+0.9) \times (19.8-16.3) \times 0.5 \times 0.24 \times 2] \times 6\} \text{m}^3 = 25.70 \text{m}^3$

5）E 轴（G 轴）。

$V = \{[3.3 \times (18.3-16.8) \times 0.24] \times 4\} \text{m}^3 = 4.75 \text{m}^3$

6）G 轴（J 轴）。

$V = \{[(1.92+0.24+2.6/2) \times (19.8-16.8) \times 0.24] \times 6\} \text{m}^3 = 14.95 \text{m}^3$

7）14 轴。

$V = [(4.2+0.9+2.4) \times (19.8-16.8) \times 0.24] \text{m}^3 = 5.40 \text{m}^3$

8）G 轴。

$V = [(3.3+2.2+2.0+3.3) \times (18.3-16.8) \times 0.24] \text{m}^3 = 3.89 \text{m}^3$

9）26 轴（27 轴）。

$V = \{\{(1.5+0.9) \times [(19.8-18.3) \times 0.5 + (18.3-16.8)] + 1.5 \times (18.3-16.8) + (3-1.5) \times (18.3-16.8) \times 0.5\} \times 0.24 + (0.9+1.7) \times \{[19.8-(0.9+1.7) \times (19.8-16.8)/(0.9+4.2)] \times 0.5 + (0.9+1.7) \times (19.8-16.8)/(0.9+4.2)\} \times 0.24\} \text{m}^3 \times 2$

$= 17.52 \text{m}^3$

10）顶层小计：$V = 97.48 \text{m}^3$

（5）砌体合计：$V = (1080.20 + 39.00 + 359.21 + 13.00 + 705.84 + 26.00 + 97.48) \text{m}^3 = 2320.74 \text{m}^3$

（6）扣除部分：

1）扣除门窗体积：

$V = \{[1379.17 + 559.98 + 151.20 - (3.37 \times 2.3 \times 36 + 3.1 \times 1.35 \times 12 + 1.9 \times 1.35 \times 24 + 3.87 \times 1.55 \times 12 + 5.17 \times 1.55 \times 24 + 5.06 \times 4.5 \times 6)] \times 0.24 + (72+50.4) \times 0.12\} \text{m}^3$

$= 326.35 \text{m}^3$

2）扣除圈梁体积：127.88m^3。

3）扣除过梁体积：23.08m^3。

4）扣除构造柱体积：265.63m^3。

5）扣除内墙 240 洞口体积：$V = \{[(0.9 \times 2 \times 3 + 0.8 \times 2 \times 1) \times 6 \times 6 + 1.0 \times 2.1 \times 2 \times 6 + 1.0 \times 2 \times 1 \times 6] \times 0.24\} \text{m}^3 = 69.41 \text{m}^3$

6）扣除内墙 120 洞口体积：$V = (0.8 \times 2 \times 2 \times 0.12 \times 6 \times 6) \text{m}^3 = 13.82 \text{m}^3$

（7）砌体总计：$V = (2320.74 - 326.35 - 127.88 - 23.08 - 265.63 - 69.41 - 13.82) \text{m}^3$

$= 1494.56 \text{m}^3$

4

项目四
钢筋工程招标控制价的编制

任务一 编制基础配筋招标工程量清单表

过关问题1： 根据案例中的背景资料，计算钢筋工程量时应根据哪些图样和相应的工程量清单计算规则？

答：根据案例中的背景资料，计算基础配筋时，应根据结构平面图和《房屋建筑与装饰工程工程量计算规范》（GB 50854—2013）中的钢筋工程现浇构件钢筋工程量计算规则计算钢筋工程量。

过关问题2： 根据案例中的结构平面图和详图，应如何计算基础配筋清单工程量？

答：根据案例中的结构平面图和详图，计算基础配筋工程量时，如果一端伸入墙内减去一个保护层厚度，如果两端伸入墙内减去两个保护层厚度，再根据弯起角度加上对应的弯起增加量。再利用公式板长度或板的宽度减保护层厚度后除以钢筋的间距加一，根数向上取整，得到钢筋的根数。

过关问题3： 根据案例中的钢筋，对于钢筋工程的工程量清单应如何列项？如何描述其项目特征？

答：根据案例中的钢筋，对基础进行现浇构件钢筋列项，描述其基础的现浇构件钢筋的种类、规格（表13-1）。

表13-1 基础配筋工程量的计算底稿

构件名称	编号	钢筋根数	钢筋名称	下料长度/mm	单位重量/（kg/m）	合计/kg
GZ – 1	8239	4	插筋1	$1430 - 180 + 10d$	0.888	637.708
		4	构造柱预留筋1	$46d + 33d$	0.888	441.208
		14	箍筋1	$2 \times (200 + 200) + 2 \times (75 + 1.9d)$	0.222	396.144
	8243	4	插筋1	$46d + 33d$	0.888	67.36
GZ – 2 四角	8402	4	插筋1	$1430 - 180 + 10d$	0.888	33.64
		4	构造柱预留筋1	$46d + 33d$	0.888	26.76
		13	箍筋1	$2 \times (200 + 200) + 2 \times (75 + 1.9d)$	0.222	14.04

（续）

构件名称	编号	钢筋根数	钢筋名称	下料长度/mm	单位重量/(kg/m)	合计/kg
GZ5	8399	16	插筋1	$1430 - 180 + 10d$	0.888	53.824
		16	构造柱预留筋1	$46d + 33d$	0.888	42.816
		4	箍筋1	$2 \times (1040 + 200) + 2 \times 11.9d$	0.222	8.44
		8	箍筋2	$2 \times (200 + 198) + 2 \times 11.9d$	0.395	6.224
	8400	16	插筋1	$46d + 33d$	0.888	21.408
GZ4	8234	8	插筋1	$1430 - 180 + 10d$	0.888	58.416
		8	构造柱预留筋1	$46d + 33d$	0.888	40.416
		14	箍筋1	$2 \times (440 + 200) + 2 \times (75 + 1.9d)$	0.222	27.132
GZ3	8199	4	插筋1	$1430 - 180 + 10d$	0.888	204.456
		4	构造柱预留筋1	$46d + 33d$	0.888	141.456
		14	箍筋1	$2 \times (200 + 140) + 2 \times (75 + 1.9d)$	0.222	111.132
GZ2	8194	6	插筋1	$1430 - 180 + 10d$	0.888	43.812
		6	构造柱预留筋1	$46d + 33d$	0.888	30.312
		14	箍筋1	$2 \times (320 + 200) + 2 \times (75 + 1.9d)$	0.222	22.596
DQL	510	6	钢筋	$6950 - 20 + 250 - 20 + 250$	0.888	78.96
		33	箍筋1	$2 \times [(360 - 2 \times 20) + (180 - 2 \times 20)] + 2 \times (75 + 1.9d)$	0.222	16.038
	511	6	钢筋	$839 - 20 + 250 - 20 + 250$	0.888	13.848
		5	箍筋1	$2 \times [(360 - 2 \times 20) + (180 - 2 \times 20)] + 2 \times (75 + 1.9d)$	0.222	2.43
	513	6	钢筋	$7835 - 20 + 250 - 20 + 250$	0.888	44.196
		39	箍筋1	$2 \times [(360 - 2 \times 20) + (180 - 2 \times 20)] + 2 \times (75 + 1.9d)$	0.222	9.477
	514	2	钢筋	$13230 - 20 + 250 - 20 + 552$	0.888	24.85
		2	钢筋	$12870 - 20 + 250 + 33d + 552$	0.888	24.95
		2	钢筋	$13050 - 20 + 250 + 552$	0.888	24.566
		64	箍筋1	$2 \times [(360 - 2 \times 20) + (180 - 2 \times 20)] + 2 \times (75 + 1.9d)$	0.222	15.552
	515	6	钢筋	$10140 + 33d + 33d + 552$	0.888	61.188
		49	箍筋1	$2 \times [(360 - 2 \times 20) + (180 - 2 \times 20)] + 2 \times (75 + 1.9d)$	0.222	11.907
	516	2	钢筋	$2070 - 20 + 250 + 33d$	0.888	4.788
		4	钢筋	$2010 - 20 + 250 + 33d$	0.888	9.364
		11	箍筋1	$2 \times [(360 - 2 \times 20) + (180 - 2 \times 20)] + 2 \times (75 + 1.9d)$	0.222	2.673
	517	6	钢筋	$3800 - 20 + 250 - 20 + 250$	0.888	22.698
		20	箍筋1	$2 \times [(360 - 2 \times 20) + (180 - 2 \times 20)] + 2 \times (75 + 1.9d)$	0.222	4.86
	518	6	钢筋	$3840 + 33d + 33d$	0.888	148.068
		21	箍筋1	$2 \times [(360 - 2 \times 20) + (180 - 2 \times 20)] + 2 \times (75 + 1.9d)$	0.222	30.618
	519	6	钢筋	$6240 + 33d + 33d$	0.888	74.928
		31	箍筋1	$2 \times [(360 - 2 \times 20) + (180 - 2 \times 20)] + 2 \times (75 + 1.9d)$	0.222	15.066

（续）

构件名称	编号	钢筋根数	钢筋名称	下料长度/mm	单位重量/(kg/m)	合计/kg
DQL	520	6	钢筋	$6110 - 20 + 250 + 33d$	0.888	35.892
		25	箍筋1	$2 \times [(360 - 2 \times 20) + (180 - 2 \times 20)] + 2 \times (75 + 1.9d)$	0.222	6.075
	522	6	钢筋	$380 + 33d + 33d$	0.888	6.246
		3	箍筋1	$2 \times [(360 - 2 \times 20) + (180 - 2 \times 20)] + 2 \times (75 + 1.9d)$	0.222	0.729
	523	6	钢筋	$810 - 20 + 250 + 33d$	0.888	7.65
		4	箍筋1	$2 \times [(360 - 2 \times 20) + (180 - 2 \times 20)] + 2 \times (75 + 1.9d)$	0.222	0.972
	524	6	钢筋	$3840 + 33d + 33d$	0.888	24.678
		20	箍筋1	$2 \times [(360 - 2 \times 20) + (180 - 2 \times 20)] + 2 \times (75 + 1.9d)$	0.222	4.86
	525	6	钢筋	$11770 - 20 + 250 + 33d + 552$	0.888	344.94
		58	箍筋1	$2 \times [(360 - 2 \times 20) + (180 - 2 \times 20)] + 2 \times (75 + 1.9d)$	0.222	70.47
	526	6	钢筋	$10140 + 10d - 20 + 250 + 552$	0.888	58.83
		50	箍筋1	$2 \times [(360 - 2 \times 20) + (180 - 2 \times 20)] + 2 \times (75 + 1.9d)$	0.222	12.15
	527	6	钢筋	$2400 - 20 + 250 - 20 + 250$	0.888	30.48
		13	箍筋1	$2 \times [(360 - 2 \times 20) + (180 - 2 \times 20)] + 2 \times (75 + 1.9d)$	0.222	6.318
	528	6	钢筋	$2940 + 33d + 33d$	0.888	119.304
		16	箍筋1	$2 \times [(360 - 2 \times 20) + (180 - 2 \times 20)] + 2 \times (75 + 1.9d)$	0.222	23.328
	529	2	钢筋	$3370 + 33d - 20 + 250$	0.888	7.096
		2	钢筋	$3730 - 20 - 20 + 250$	0.888	6.998
		2	钢筋	$3550 - 20 + 250$	0.888	6.714
		18	箍筋1	$2 \times [(360 - 2 \times 20) + (180 - 2 \times 20)] + 2 \times (75 + 1.9d)$	0.222	4.374
	530	6	钢筋	$11770 + 33d - 20 + 250 + 552$	0.888	68.988
		57	箍筋1	$2 \times [(360 - 2 \times 20) + (180 - 2 \times 20)] + 2 \times (75 + 1.9d)$	0.222	13.851
	532	6	钢筋	$64461 + 33d - 20 + 250 + 3312$	0.888	364.428
		314	箍筋1	$2 \times [(360 - 2 \times 20) + (180 - 2 \times 20)] + 2 \times (75 + 1.9d)$	0.222	76.302
	533	6	钢筋	$10670 - 20 + 250 + 33d + 552$	0.888	63.126
		52	箍筋1	$2 \times [(360 - 2 \times 20) + (180 - 2 \times 20)] + 2 \times (75 + 1.9d)$	0.222	12.636
	534	4	钢筋	$1640 + 33d + 33d$	0.888	8.64
		2	钢筋	$1581 + 33d + 33d$	0.888	4.214
		9	箍筋1	$2 \times [(360 - 2 \times 20) + (180 - 2 \times 20)] + 2 \times (75 + 1.9d)$	0.222	2.187
	535	6	钢筋	$4270 - 20 + 250 + 33d$	0.888	26.088
		22	箍筋1	$2 \times [(360 - 2 \times 20) + (180 - 2 \times 20)] + 2 \times (75 + 1.9d)$	0.222	5.346
	536	6	钢筋	$5780 + 33d + 33d$	0.888	35.016
		24	箍筋1	$2 \times [(360 - 2 \times 20) + (180 - 2 \times 20)] + 2 \times (75 + 1.9d)$	0.222	5.832
	537	6	钢筋	$3370 - 20 + 250 + 33d$	0.888	21.288
		18	箍筋1	$2 \times [(360 - 2 \times 20) + (180 - 2 \times 20)] + 2 \times (75 + 1.9d)$	0.222	4.374

（续）

构件名称	编号	钢筋根数	钢筋名称	下料长度/mm	单位重量/(kg/m)	合计/kg
DQL	539	6	钢筋	$7504 - 20 + 250 + 33d$	0.888	43.314
		37	箍筋1	$2 \times [(360 - 2 \times 20) + (180 - 2 \times 20)] + 2 \times (75 + 1.9d)$	0.222	8.991
	540	6	钢筋	$4740 + 33d + 33d$	0.888	294.72
		25	箍筋1	$2 \times [(360 - 2 \times 20) + (180 - 2 \times 20)] + 2 \times (75 + 1.9d)$	0.222	60.75
	542	6	钢筋	$12470 - 20 + 250 + 33d + 552$	0.888	72.714
		62	箍筋1	$2 \times [(360 - 2 \times 20) + (180 - 2 \times 20)] + 2 \times (75 + 1.9d)$	0.222	15.066
	544	6	钢筋	$6240 + 33d + 33d$	0.888	149.856
		32	箍筋1	$2 \times [(360 - 2 \times 20) + (180 - 2 \times 20)] + 2 \times (75 + 1.9d)$	0.222	31.104
	546	6	钢筋	$11340 + 33d + 33d + 552$	0.888	135.156
		56	箍筋1	$2 \times [(360 - 2 \times 20) + (180 - 2 \times 20)] + 2 \times (75 + 1.9d)$	0.222	27.216
	550	6	钢筋	$6670 - 20 + 250 + 33d$	0.888	155.496
		34	箍筋1	$2 \times [(360 - 2 \times 20) + (180 - 2 \times 20)] + 2 \times (75 + 1.9d)$	0.222	33.048
	551	6	钢筋	$14079 - 20 + 250 - 20 + 250 + 552$	0.888	80.406
		70	箍筋1	$2 \times [(360 - 2 \times 20) + (180 - 2 \times 20)] + 2 \times (75 + 1.9d)$	0.222	17.01
	553	6	钢筋	$10630 + 33d + 33d + 552$	0.888	63.798
		46	箍筋1	$2 \times [(360 - 2 \times 20) + (180 - 2 \times 20)] + 2 \times (75 + 1.9d)$	0.222	11.178
	554	6	钢筋	$4370 - 20 + 250 + 33d$	0.888	106.464
		22	箍筋1	$2 \times [(360 - 2 \times 20) + (180 - 2 \times 20)] + 2 \times (75 + 1.9d)$	0.222	21.384
	556	2	钢筋	$4030 + 33d + 33d$	0.888	8.564
	556	4	钢筋	$3911 + 33d + 33d$	0.888	16.704
		20	箍筋1	$2 \times [(360 - 2 \times 20) + (180 - 2 \times 20)] + 2 \times (75 + 1.9d)$	0.222	4.86
	561	6	钢筋	$12040 + 33d + 33d + 552$	0.888	71.31
		60	箍筋1	$2 \times [(360 - 2 \times 20) + (180 - 2 \times 20)] + 2 \times (75 + 1.9d)$	0.222	14.58
	568	6	钢筋	$10240 + 33d + 33d + 552$	0.888	61.722
		48	箍筋1	$2 \times [(360 - 2 \times 20) + (180 - 2 \times 20)] + 2 \times (75 + 1.9d)$	0.222	11.664
	573	2	钢筋	$3640 + 33d + 33d$	0.888	7.872
		4	钢筋	$3521 + 33d + 33d$	0.888	15.32
		18	箍筋1	$2 \times [(360 - 2 \times 20) + (180 - 2 \times 20)] + 2 \times (75 + 1.9d)$	0.222	4.374
	575	6	钢筋	$10140 + 33d + 33d + 552$	0.888	183.564
		50	箍筋1	$2 \times [(360 - 2 \times 20) + (180 - 2 \times 20)] + 2 \times (75 + 1.9d)$	0.222	36.45
	577	6	钢筋	$5840 + 33d + 33d$	0.888	35.334
		30	箍筋1	$2 \times [(360 - 2 \times 20) + (180 - 2 \times 20)] + 2 \times (75 + 1.9d)$	0.222	7.29
	578	2	钢筋	$13265 + 33d - 20 + 250 + 552$	0.888	25.65
		2	钢筋	$13625 - 20 - 20 + 250 + 552$	0.888	25.552
		2	钢筋	$13445 - 20 + 250 + 552$	0.888	25.268

（续）

构件名称	编号	钢筋根数	钢筋名称	下料长度/mm	单位重量/(kg/m)	合计/kg
DQL	578	66	箍筋1	$2 \times [(360 - 2 \times 20) + (180 - 2 \times 20)] + 2 \times (75 + 1.9d)$	0.222	16.038
	580	2	钢筋	$9370 - 20 + 250 + 33d$	0.888	17.752
		2	钢筋	$9730 - 20 + 250 - 20$	0.888	17.654
		2	钢筋	$9550 - 20 + 250$	0.888	17.37
		47	箍筋1	$2 \times [(360 - 2 \times 20) + (180 - 2 \times 20)] + 2 \times (75 + 1.9d)$	0.222	11.421
	581	2	钢筋	$9370 - 20 + 250 + 33d$	0.888	17.752
		2	钢筋	$9730 - 20 + 250 - 20$	0.888	17.654
		2	钢筋	$9550 - 20 + 250$	0.888	17.37
		48	箍筋1	$2 \times [(360 - 2 \times 20) + (180 - 2 \times 20)] + 2 \times (75 + 1.9d)$	0.222	11.664
	584	6	钢筋	$4740 + 33d + 33d$	0.888	29.472
		23	箍筋1	$2 \times [(360 - 2 \times 20) + (180 - 2 \times 20)] + 2 \times (75 + 1.9d)$	0.222	5.589
	590	2	钢筋	$4740 + 33d + 33d$	0.888	9.824
		2	钢筋	$5100 + 33d - 20$	0.888	9.726
		2	钢筋	$4920 + 33d$	0.888	9.442
		25	箍筋1	$2 \times [(360 - 2 \times 20) + (180 - 2 \times 20)] + 2 \times (75 + 1.9d)$	0.222	6.075
JL2	285	4	1跨下通长筋1	$500 - 40 + 15d + 3890 + 500 - 40 + 15d$	2	42.8
		4	1跨上部钢筋1	$500 - 40 + 15d + 3890 + 500 - 40 + 15d$	1.210	25.312
		26	钢筋	$2 \times [(350 - 2 \times 40) + (550 - 2 \times 40)] + 2 \times 11.9d$	0.395	17.16
		26	钢筋	$2 \times \{[(350 - 2 \times 40 - 2d - 18)/3 \times 1 + 18 + 2d] + (550 - 2 \times 40)\} + 2 \times 11.9d$	0.395	13.936
	390	4	1跨下通长筋1	$500 - 40 + 15d + 3500 + 500 - 40 + 15d$	2	39.68
		4	1跨上部钢筋1	$500 - 40 + 15d + 3500 + 500 - 40 + 15d$	1.210	23.424
		24	钢筋	$2 \times [(350 - 2 \times 40) + (550 - 2 \times 40)] + 2 \times 11.9d$	0.395	15.84
		24	钢筋	$2 \times \{[(350 - 2 \times 40 - 2d - 18)/3 \times 1 + 18 + 2d] + (550 - 2 \times 40)\} + 2 \times 11.9d$	0.395	12.864
JL1	255	3	0跨下通长筋1	$-40 + (400 - 40 - 40)/2 + 150/2 + 2600 - 40 + (400 - 40 - 40)/2 + 150/2$	1.21	10.854
		2	0跨上通长筋1	$-40 + (400 - 40 - 40)/2 + 150/2 + 2600 - 40 + (400 - 40 - 40)/2 + 150/2$	0.89	5.31
		14	钢筋	$2 \times [(200 - 2 \times 40) + (400 - 2 \times 40)] + 2 \times 11.9d$	0.40	5.922
	256	3	0跨下通长筋1	$-40 + (400 - 40 - 40)/2 + 150/2 + 400 + 200 - 40 + 15d$	1.21	10.512
		2	0跨上部钢筋1	$-40 + (400 - 40 - 40)/2 + 150/2 + 400 + 200 - 40 + 15d$	0.89	4.98
		5	钢筋	$2 \times [(200 - 2 \times 40) + (400 - 2 \times 40)] + 2 \times 11.9d$	0.40	6.345
	258	3	1跨下通长筋1	$-40 + 15d + 2400 - 40 + 15d$	1.21	79.56
		2	1跨上部钢筋1	$-40 + 15d + 2400 - 40 + 15d$	0.89	38.08
		13	1跨箍筋1	$2 \times [(200 - 2 \times 40) + (400 - 2 \times 40)] + 2 \times 11.9d$	0.40	43.992

（续）

构件名称	编号	钢筋根数	钢筋名称	下料长度/mm	单位重量/(kg/m)	合计/kg
JL1	259	3	1 跨下通长筋 1	$-40+15d+2471-40+15d$	1.21	10.203
		2	1 跨上部钢筋 1	$-40+15d+2471-40+15d$	0.89	4.886
		13	1 跨箍筋 1	$2\times[(200-2\times40)+(400-2\times40)]+2\times11.9d$	0.40	5.499
	265	3	1 跨下通长筋 1	$-40+15d+1900-40+15d$	1.21	32.52
		2	1 跨上部钢筋 1	$-40+15d+1900-40+15d$	0.89	15.488
		11	1 跨箍筋 1	$2\times[(200-2\times40)+(400-2\times40)]+2\times11.9d$	0.40	18.612
	267	3	1 跨下通长筋 1	$-40+15d+1907-40+15d$	1.21	8.157
		2	1 跨上部钢筋 1	$-40+15d+1907-40+15d$	0.89	3.884
		11	1 跨箍筋 1	$2\times[(200-2\times40)+(400-2\times40)]+2\times11.9d$	0.40	4.653
	282	3	0 跨下通长筋 1	$-40+(400-40-40)/2+150/2+2600-40+(400-40-40)/2+150/2$	1.21	10.854
		2	0 跨上通长筋 1	$-40+(400-40-40)/2+150/2+2600-40+(400-40-40)/2+150/2$	0.89	5.31
		14	钢筋	$2\times[(200-2\times40)+(400-2\times40)]+2\times11.9d$	0.40	5.922
	288	3	0 跨下通长筋 1	$-40+(400-40-40)/2+150/2+2360-40+(400-40-40)/2+150/2$	1.21	19.968
		2	0 跨上通长筋 1	$-40+(400-40-40)/2+150/2+2360-40+(400-40-40)/2+150/2$	0.89	9.768
		13	钢筋	$2\times[(200-2\times40)+(400-2\times40)]+2\times11.9d$	0.40	10.998
	289	3	0 跨下通长筋 1	$-40+(400-40-40)/2+150/2+420+200-40+15d$	1.21	7.152
		2	0 跨上部钢筋 1	$-40+(400-40-40)/2+150/2+420+200-40+15d$	0.89	3.392
		5	钢筋	$2\times[(200-2\times40)+(400-2\times40)]+2\times11.9d$	0.40	4.23
	342	3	0 跨下通长筋 1	$-40+(400-40-40)/2+150/2+2600-40+(400-40-40)/2+150/2$	1.21	10.854
		2	0 跨上通长筋 1	$-40+(400-40-40)/2+150/2+2600-40+(400-40-40)/2+150/2$	0.89	5.31
		14	钢筋	$2\times[(200-2\times40)+(400-2\times40)]+2\times11.9d$	0.40	5.922
	375	3	1 跨下通长筋 1	$-40+15d+2280-40+15d$	1.21	9.51
		2	1 跨上部钢筋 1	$-40+15d+2280-40+15d$	0.89	4.546
		12	1 跨箍筋 1	$2\times[(200-2\times40)+(400-2\times40)]+2\times11.9d$	0.40	5.076
	376	3	1 跨下通长筋 1	$-40+15d+2130-40+15d$	1.21	8.967
		2	1 跨上部钢筋 1	$-40+15d+2130-40+15d$	0.89	4.28
		12	1 跨箍筋 1	$2\times[(200-2\times40)+(400-2\times40)]+2\times11.9d$	0.40	5.076

（续）

构件名称	编号	钢筋根数	钢筋名称	下料长度/mm	单位重量/(kg/m)	合计/kg
JL1	378	3	1跨下通长筋1	$-40+15d+2520-40+15d$	1.21	10.383
		2	1跨上部钢筋1	$-40+15d+2520-40+15d$	0.89	4.972
		14	1跨箍筋1	$2\times[(200-2\times40)+(400-2\times40)]+2\times11.9d$	0.40	5.922
	381	3	0跨下通长筋1	$-40+(400-40-40)/2+150/2+2360-40+(400-40-40)/2+150/2$	1.21	9.984
		2	0跨上通长筋1	$-40+(400-40-40)/2+150/2+2360-40+(400-40-40)/2+150/2$	0.89	4.884
		13	钢筋	$2\times[(200-2\times40)+(400-2\times40)]+2\times11.9d$	0.40	5.499
	382	3	0跨下通长筋1	$-40+(400-40-40)/2+150/2+345+200-40+15d$	1.21	3.303
		2	0跨上部钢筋1	$-40+(400-40-40)/2+150/2+345+200-40+15d$	0.89	1.562
		5	钢筋	$2\times[(200-2\times40)+(400-2\times40)]+2\times11.9d$	0.40	2.115
JL3	250	4	1跨下通长筋1	$500-40+15d+2100+500-40+15d$	2.00	170.88
		4	1跨上部钢筋1	$500-40+15d+2100+500-40+15d$	1.21	99.888
		17	钢筋	$2\times[(250-2\times40)+(400-2\times40)]+2\times11.9d$	0.39	47.124
		17	钢筋	$2\times\{[(250-2\times40-2d-18)/3\times1+18+2d]+(400-2\times40)\}+2\times11.9d$	0.40	39.882
	251	4	1跨下通长筋1	$500-40+15d+819+250-40+15d$	2.00	32.464
		4	1跨上部钢筋1	$500-40+15d+819+250-40+15d$	1.21	18.48
		10	钢筋	$2\times[(250-2\times40)+(400-2\times40)]+2\times11.9d$	0.39	9.24
		10	钢筋	$2\times\{[(250-2\times40-2d-18)/3\times1+18+2d]+(400-2\times40)\}+2\times11.9d$	0.40	7.82
	252	4	1跨下通长筋1	$250-40+15d+2525+500-40+15d$	2.00	59.76
		4	1跨上部钢筋1	$250-40+15d+2525+500-40+15d$	1.21	34.992
		19	钢筋	$2\times[(250-2\times40)+(400-2\times40)]+2\times11.9d$	0.39	17.556
		19	钢筋	$2\times\{[(250-2\times40-2d-18)/3\times1+18+2d]+(400-2\times40)\}+2\times11.9d$	0.40	14.858
	272	4	1跨下通长筋1	$250-40+15d+725-40+(400-40-40)/2+150/2$	2.00	11.2
		4	1跨上通长筋1	$250-40+15d+725-40+(400-40-40)/2+150/2$	1.21	6.484
		7	钢筋	$2\times[(250-2\times40)+(400-2\times40)]+2\times11.9d$	0.39	3.234
		7	钢筋	$2\times\{[(250-2\times40-2d-18)/3\times1+18+2d]+(400-2\times40)\}+2\times11.9d$	0.40	2.737
	273	4	1跨下通长筋1	$500-40+15d+1625+250-40+15d$	2.00	22.68
		4	1跨上部钢筋1	$500-40+15d+1625+250-40+15d$	1.21	13.14
		14	钢筋	$2\times[(250-2\times40)+(400-2\times40)]+2\times11.9d$	0.39	6.468
		14	钢筋	$2\times\{[(250-2\times40-2d-18)/3\times1+18+2d]+(400-2\times40)\}+2\times11.9d$	0.40	5.474

（续）

构件名称	编号	钢筋根数	钢筋名称	下料长度/mm	单位重量/(kg/m)	合计/kg
JL3	275	4	1 跨下通长筋 1	$500-40+15d+3700-40+(400-40-40)/2+150/2$	2.00	37
		4	1 跨上通长筋 1	$500-40+15d+3700-40+(400-40-40)/2+150/2$	1.21	22.096
		23	钢筋	$2\times[(250-2\times40)+(400-2\times40)]+2\times11.9d$	0.39	10.626
		23	钢筋	$2\times\{[(250-2\times40-2d-18)/3\times1+18+2d]+(400-2\times40)\}+2\times11.9d$	0.40	8.993
	276	4	1 跨下通长筋 1	$500-40+15d+3700+500-40+15d$	2.00	206.4
		4	1 跨上部钢筋 1	$500-40+15d+3700+500-40+15d$	1.21	121.96
		25	钢筋	$2\times[(250-2\times40)+(400-2\times40)]+2\times11.9d$	0.39	57.75
		25	钢筋	$2\times\{[(250-2\times40-2d-18)/3\times1+18+2d]+(400-2\times40)\}+2\times11.9d$	0.40	48.875
	277	3	1 跨下通长筋 1	$500-40+15d+820+33d$	2.00	12.864
		3	1 跨下通长筋 2	$33d+2525+500-40+15d$	2.00	23.094
		1	1 跨下通长筋 3	$500-40+15d+3747+500-40+15d$	2.00	10.414
		3	1 跨上通长筋 1	$500-40+15d+820+33d$	1.21	7.086
		3	1 跨上通长筋 2	$33d+2525+500-40+15d$	1.21	13.275
		1	1 跨上通长筋 3	$500-40+15d+3751+500-40+15d$	1.21	6.16
		25	钢筋	$2\times[(250-2\times40)+(400-2\times40)]+2\times11.9d$	0.39	11.55
		25	钢筋	$2\times\{[(250-2\times40-2d-18)/3\times1+18+2d]+(400-2\times40)\}+2\times11.9d$	0.40	9.775
	295	4	钢筋	$500-40+15d+3594+500-40+15d$	2.00	40.432
		4	钢筋	$500-40+15d+3594+500-40+15d$	1.21	23.88
		25	钢筋	$2\times[(250-2\times40)+(400-2\times40)]+2\times11.9d$	0.39	11.55
		25	钢筋	$2\times\{[(250-2\times40-2d-18)/3\times1+18+2d]+(400-2\times40)\}+2\times11.9d$	0.40	9.775
	348	3	1 跨下通长筋 1	$500-40+15d+825+33d$	2.00	12.894
		3	1 跨下通长筋 2	$33d+1625+500-40+15d$	2.00	17.694
		1	1 跨下通长筋 3	$500-40+15d+2852+500-40+15d$	2.00	8.624
		3	1 跨上通长筋 1	$500-40+15d+825+33d$	1.21	7.104
		3	1 跨上通长筋 2	$33d+1625+500-40+15d$	1.21	10.008
		1	1 跨上通长筋 3	$500-40+15d+2856+500-40+15d$	1.21	5.077
		20	钢筋	$2\times[(250-2\times40)+(400-2\times40)]+2\times11.9d$	0.39	9.24
		20	钢筋	$2\times\{[(250-2\times40-2d-18)/3\times1+18+2d]+(400-2\times40)\}+2\times11.9d$	0.40	7.82
	353	4	1 跨下通长筋 1	$500-40+15d+820+250-40+15d$	2.00	16.24
		4	1 跨上部钢筋 1	$500-40+15d+820+250-40+15d$	1.21	9.244

（续）

构件名称	编号	钢筋根数	钢筋名称	下料长度/mm	单位重量/(kg/m)	合计/kg
JL3	353	10	钢筋	$2 \times [(250 - 2 \times 40) + (400 - 2 \times 40)] + 2 \times 11.9d$	0.39	4.62
		10	钢筋	$2 \times \{[(250 - 2 \times 40 - 2d - 18)/3 \times 1 + 18 + 2d] + (400 - 2 \times 40)\} + 2 \times 11.9d$	0.40	3.91
	354	4	1跨下通长筋1	$500 - 40 + 15d + 2525 + 250 - 40 + 15d$	2.00	29.88
		4	1跨上部钢筋1	$500 - 40 + 15d + 2525 + 250 - 40 + 15d$	1.21	17.496
		19	钢筋	$2 \times [(250 - 2 \times 40) + (400 - 2 \times 40)] + 2 \times 11.9d$	0.39	8.778
		19	钢筋	$2 \times \{[(250 - 2 \times 40 - 2d - 18)/3 \times 1 + 18 + 2d] + (400 - 2 \times 40)\} + 2 \times 11.9d$	0.40	7.429
	358	4	1跨下通长筋1	$500 - 40 + 15d + 1900 + 500 - 40 + 15d$	2.00	26.88
		4	1跨上部钢筋1	$500 - 40 + 15d + 1900 + 500 - 40 + 15d$	1.21	15.68
		16	钢筋	$2 \times [(250 - 2 \times 40) + (400 - 2 \times 40)] + 2 \times 11.9d$	0.39	7.392
		16	钢筋	$2 \times \{[(250 - 2 \times 40 - 2d - 18)/3 \times 1 + 18 + 2d] + (400 - 2 \times 40)\} + 2 \times 11.9d$	0.40	6.256
	387	3	1跨下通长筋1	$500 - 40 + 15d + 820 + 33d$	2.00	12.864
		3	1跨下通长筋2	$33d + 2520 + 500 - 40 + 15d$	2.00	23.064
		1	1跨下通长筋3	$500 - 40 + 15d + 3742 + 500 - 40 + 15d$	2.00	10.404
		3	1跨上通长筋1	$500 - 40 + 15d + 820 + 33d$	1.21	7.086
		3	1跨上通长筋2	$33d + 2520 + 500 - 40 + 15d$	1.21	13.257
		1	1跨上通长筋3	$500 - 40 + 15d + 3746 + 500 - 40 + 15d$	1.21	6.154
		26	钢筋	$2 \times [(250 - 2 \times 40) + (400 - 2 \times 40)] + 2 \times 11.9d$	0.39	12.012
		26	钢筋	$2 \times \{[(250 - 2 \times 40 - 2d - 18)/3 \times 1 + 18 + 2d] + (400 - 2 \times 40)\} + 2 \times 11.9d$	0.40	10.166
CTL-1	117	8	钢筋	$10d + 500 - 40 + 5950 + 10d + 500 - 40$	2.00	115.68
		4	1跨侧面构造筋1	$15d + 5950 + 15d$	1.21	30.832
		48	钢筋	$2 \times [(500 - 2 \times 40) + (490 - 2 \times 40)] + 2 \times 11.9d$	0.39	35.088
		48	钢筋	$2 \times \{[(500 - 2 \times 40 - 2d - 18)/3 \times 1 + 18 + 2d] + (490 - 2 \times 40)\} + 2 \times 11.9d$	0.40	25.344
		62	1跨拉筋1	$(500 - 2 \times 40) + 2 \times 11.9d$	0.40	14.942
	118	8	钢筋	$10d + 500 - 40 + 339 + 10d + 500 - 40$	2.00	51.808
		4	1跨侧面构造筋1	$15d + 339 + 15d$	1.21	7.344
		11	钢筋	$2 \times [(500 - 2 \times 40) + (490 - 2 \times 40)] + 2 \times 11.9d$	0.39	16.082
		11	钢筋	$2 \times \{[(500 - 2 \times 40 - 2d - 18)/3 \times 1 + 18 + 2d] + (490 - 2 \times 40)\} + 2 \times 11.9d$	0.40	11.616
		6	1跨拉筋1	$(500 - 2 \times 40) + 2 \times 11.9d$	0.40	2.892

（续）

构件名称	编号	钢筋根数	钢筋名称	下料长度/mm	单位重量/(kg/m)	合计/kg
CTL-1	129	8	钢筋	$10d + 500 - 40 + 12300 + 10d + 890 - 40$	2.00	223.52
		4	1跨侧面构造通长筋1	$15d + 12300 + 15d + 210$	1.21	62.58
		94	钢筋	$2 \times [(500 - 2 \times 40) + (490 - 2 \times 40)] + 2 \times 11.9d$	0.39	68.714
		94	钢筋	$2 \times \{[(500 - 2 \times 40 - 2d - 18)/3 \times 1 + 18 + 2d] + (490 - 2 \times 40)\} + 2 \times 11.9d$	0.40	49.632
		114	钢筋	$(500 - 2 \times 40) + 2 \times 11.9d$	0.40	27.474
	130	8	钢筋	$10d + 500 - 40 + 10000 + 10d + 500 - 40$	2.00	180.48
		4	1跨侧面构造通长筋1	$15d + 10000 + 15d + 210$	1.21	51.448
		77	钢筋	$2 \times [(500 - 2 \times 40) + (490 - 2 \times 40)] + 2 \times 11.9d$	0.39	56.287
		77	钢筋	$2 \times \{[(500 - 2 \times 40 - 2d - 18)/3 \times 1 + 18 + 2d] + (490 - 2 \times 40)\} + 2 \times 11.9d$	0.40	40.656
		88	钢筋	$(500 - 2 \times 40) + 2 \times 11.9d$	0.40	21.208
	131	8	钢筋	$10d + 500 - 40 + 1500 + 10d + 500 - 40$	2.00	88.96
		4	1跨侧面构造筋1	$15d + 1500 + 15d$	1.21	18.584
		19	钢筋	$2 \times [(500 - 2 \times 40) + (490 - 2 \times 40)] + 2 \times 11.9d$	0.39	27.778
		19	钢筋	$2 \times \{[(500 - 2 \times 40 - 2d - 18)/3 \times 1 + 18 + 2d] + (490 - 2 \times 40)\} + 2 \times 11.9d$	0.40	20.064
		16	1跨拉筋1	$(500 - 2 \times 40) + 2 \times 11.9d$	0.40	7.712
	132	8	钢筋	$10d + 500 - 40 + 2800 + 10d + 500 - 40$	2.00	456.96
		4	1跨侧面构造筋1	$15d + 2800 + 15d$	1.21	109.088
		27	钢筋	$2 \times [(500 - 2 \times 40) + (490 - 2 \times 40)] + 2 \times 11.9d$	0.39	138.159
		27	钢筋	$2 \times \{[(500 - 2 \times 40 - 2d - 18)/3 \times 1 + 18 + 2d] + (490 - 2 \times 40)\} + 2 \times 11.9d$	0.40	99.792
		30	1跨拉筋1	$(500 - 2 \times 40) + 2 \times 11.9d$	0.40	50.61
	133	8	钢筋	$10d + 500 - 40 + 3700 + 10d + 500 - 40$	2.00	478.08
		4	1跨侧面构造筋1	$15d + 3700 + 15d$	1.21	119.64
		33	钢筋	$2 \times [(500 - 2 \times 40) + (490 - 2 \times 40)] + 2 \times 11.9d$	0.39	144.738
		33	钢筋	$2 \times \{[(500 - 2 \times 40 - 2d - 18)/3 \times 1 + 18 + 2d] + (490 - 2 \times 40)\} + 2 \times 11.9d$	0.40	104.544
		38	1跨拉筋1	$(500 - 2 \times 40) + 2 \times 11.9d$	0.40	54.948
	134	8	钢筋	$10d + 500 - 40 + 6100 + 10d + 500 - 40$	2.00	708.48
		4	1跨侧面构造通长筋1	$15d + 6100 + 15d$	1.21	189.336

（续）

构件名称	编号	钢筋根数	钢筋名称	下料长度/mm	单位重量/(kg/m)	合计/kg
CTL-1	134	49	钢筋	$2 \times [(500 - 2 \times 40) + (490 - 2 \times 40)] + 2 \times 11.9d$	0.39	214.914
		49	钢筋	$2 \times \{[(500 - 2 \times 40 - 2d - 18)/3 \times 1 + 18 + 2d] + (490 - 2 \times 40)\} + 2 \times 11.9d$	0.40	155.232
		54	钢筋	$(500 - 2 \times 40) + 2 \times 11.9d$	0.40	78.084
	135	8	钢筋	$10d + 500 - 40 + 5540 + 10d + 500 - 40$	2.00	109.12
		4	1跨侧面构造通长筋1	$15d + 5540 + 15d$	1.21	28.848
		46	钢筋	$2 \times [(500 - 2 \times 40) + (490 - 2 \times 40)] + 2 \times 11.9d$	0.39	33.626
		46	钢筋	$2 \times \{[(500 - 2 \times 40 - 2d - 18)/3 \times 1 + 18 + 2d] + (490 - 2 \times 40)\} + 2 \times 11.9d$	0.40	24.288
		50	钢筋	$(500 - 2 \times 40) + 2 \times 11.9d$	0.40	12.05
	136	8	钢筋	$10d + 500 - 40 + 5950 + 10d + 500 - 40$	2.00	115.68
		4	1跨侧面构造通长筋1	$15d + 5950 + 15d$	1.21	30.832
		49	钢筋	$2 \times [(500 - 2 \times 40) + (490 - 2 \times 40)] + 2 \times 11.9d$	0.39	35.819
		49	钢筋	$2 \times \{[(500 - 2 \times 40 - 2d - 18)/3 \times 1 + 18 + 2d] + (490 - 2 \times 40)\} + 2 \times 11.9d$	0.40	25.872
		54	钢筋	$(500 - 2 \times 40) + 2 \times 11.9d$	0.40	13.014
	137	8	钢筋	$10d + 500 - 40 + 240 + 10d + 500 - 40$	2.00	48.64
		4	1跨侧面构造筋1	$15d + 240 + 15d$	1.21	6.392
		10	钢筋	$2 \times [(500 - 2 \times 40) + (490 - 2 \times 40)] + 2 \times 11.9d$	0.39	14.62
		10	钢筋	$2 \times \{[(500 - 2 \times 40 - 2d - 18)/3 \times 1 + 18 + 2d] + (490 - 2 \times 40)\} + 2 \times 11.9d$	0.40	10.56
		4	1跨拉筋1	$(500 - 2 \times 40) + 2 \times 11.9d$	0.40	1.928
	142	8	钢筋	$10d + 500 - 40 + 3700 + 10d + 500 - 40$	2.00	79.68
		4	1跨侧面构造筋1	$15d + 3700 + 15d$	1.21	19.94
		33	钢筋	$2 \times [(500 - 2 \times 40) + (490 - 2 \times 40)] + 2 \times 11.9d$	0.39	24.123
		33	钢筋	$2 \times \{[(500 - 2 \times 40 - 2d - 18)/3 \times 1 + 18 + 2d] + (490 - 2 \times 40)\} + 2 \times 11.9d$	0.40	17.424
		34	钢筋	$(500 - 2 \times 40) + 2 \times 11.9d$	0.40	8.194
	143	18	钢筋	$10d + 500 - 40 + 11200 + 10d + 500 - 40$	2.000	998.4
		14	1跨侧面构造通长筋1	$15d + 11200 + 15d + 210$	1.210	286.28
		8	钢筋	$2 \times [(500 - 2 \times 40) + (490 - 2 \times 40)] + 2 \times 11.9d$	0.395	303.365
		8	钢筋	$2 \times [(500 - 2 \times 40) + (490 - 2 \times 40)] + 2 \times 11.9d$	0.395	219.12
		8	钢筋	$(500 - 2 \times 40) + 2 \times 11.9d$	0.395	122.91

（续）

构件名称	编号	钢筋根数	钢筋名称	下料长度/mm	单位重量/(kg/m)	合计/kg
CTL－1	144	18	钢筋	$10d + 500 - 40 + 9390 + 10d + 500 - 40$	2.000	170.72
		14	1跨侧面构造通长筋1	$15d + 9390 + 15d$	1.210	47.48
		8	钢筋	$2 \times [(500 - 2 \times 40) + (490 - 2 \times 40)] + 2 \times 11.9d$	0.395	52.632
		8	钢筋	$2 \times \{[(500 - 2 \times 40 - 2d - 18)/3 \times 1 + 18 + 2d] + (490 - 2 \times 40)\} + 2 \times 11.9d$	0.395	38.016
		8	钢筋	$(500 - 2 \times 40) + 2 \times 11.9d$	0.395	20.726
	149	18	钢筋	$10d + 500 - 40 + 1900 + 10d - 40$	2.000	42.88
		14	1跨侧面构造筋1	$15d + 1900 - 40$	1.210	10.02
		8	钢筋	$2 \times [(500 - 2 \times 40) + (490 - 2 \times 40)] + 2 \times 11.9d$	0.395	13.158
		8	钢筋	$2 \times \{[(500 - 2 \times 40 - 2d - 18)/3 \times 1 + 18 + 2d] + (490 - 2 \times 40)\} + 2 \times 11.9d$	0.395	9.504
		8	1跨拉筋1	$(500 - 2 \times 40) + 2 \times 11.9d$	0.395	5.302
	152	18	钢筋	$10d + 890 - 40 + 2800 + 10d + 500 - 40$	2.000	71.52
		14	1跨侧面构造筋1	$15d + 2800 + 15d$	1.210	15.584
		8	钢筋	$2 \times [(500 - 2 \times 40) + (490 - 2 \times 40)] + 2 \times 11.9d$	0.395	21.199
		8	钢筋	$2 \times \{[(500 - 2 \times 40 - 2d - 18)/3 \times 1 + 18 + 2d] + (490 - 2 \times 40)\} + 2 \times 11.9d$	0.395	15.312
		8	1跨拉筋1	$(500 - 2 \times 40) + 2 \times 11.9d$	0.395	7.23
	153	18	钢筋	$10d + 500 - 40 + 11200 + 10d + 500 - 40$	2.000	199.68
		14	1跨侧面构造通长筋1	$15d + 11200 + 15d + 210$	1.210	57.256
		8	钢筋	$2 \times [(500 - 2 \times 40) + (490 - 2 \times 40)] + 2 \times 11.9d$	0.395	61.404
		8	钢筋	$2 \times \{[(500 - 2 \times 40 - 2d - 18)/3 \times 1 + 18 + 2d] + (490 - 2 \times 40)\} + 2 \times 11.9d$	0.395	44.352
		8	钢筋	$(500 - 2 \times 40) + 2 \times 11.9d$	0.395	24.582
	154	18	钢筋	$10d - 40 + 2400 + 10d - 40$	2.000	42.88
		14	1跨侧面构造筋1	$15d + 2400 + 15d$	1.210	13.648
		8	1跨箍筋1	$2 \times [(500 - 2 \times 40) + (490 - 2 \times 40)] + 2 \times 11.9d$	0.395	12.427
		8	1跨箍筋2	$2 \times \{[(500 - 2 \times 40 - 2d - 18)/3 \times 1 + 18 + 2d] + (490 - 2 \times 40)\} + 2 \times 11.9d$	0.395	8.976
		8	1跨拉筋1	$(500 - 2 \times 40) + 2 \times 11.9d$	0.395	6.266
	156	18	钢筋	$10d + 500 - 40 + 63890 + 10d + 500 - 40$	2.000	1042.72
		14	1跨侧面构造通长筋1	$15d + 63890 + 15d + 1260$	1.210	317.36

（续）

构件名称	编号	钢筋根数	钢筋名称	下料长度/mm	单位重量/(kg/m)	合计/kg
CTL-1	156	8	钢筋	$2 \times [(500 - 2 \times 40) + (490 - 2 \times 40)] + 2 \times 11.9d$	0.395	323.833
		8	钢筋	$2 \times \{[(500 - 2 \times 40 - 2d - 18)/3 \times 1 + 18 + 2d] + (490 - 2 \times 40)\} + 2 \times 11.9d$	0.395	233.904
		8	钢筋	$(500 - 2 \times 40) + 2 \times 11.9d$	0.395	137.852
	161	18	钢筋	$10d + 500 - 40 + 10101 + 10d + 500 - 40$	2.000	182.096
		14	1跨侧面构造通长筋1	$15d + 10101 + 15d + 210$	1.210	51.94
		8	钢筋	$2 \times [(500 - 2 \times 40) + (490 - 2 \times 40)] + 2 \times 11.9d$	0.395	55.556
		8	钢筋	$2 \times \{[(500 - 2 \times 40 - 2d - 18)/3 \times 1 + 18 + 2d] + (490 - 2 \times 40)\} + 2 \times 11.9d$	0.395	40.128
		8	钢筋	$(500 - 2 \times 40) + 2 \times 11.9d$	0.395	23.136
	164	18	钢筋	$10d + 500 - 40 + 3700 + 10d + 500 - 40$	2.000	79.68
		14	1跨侧面构造筋1	$15d + 3700 + 15d$	1.210	19.94
		8	钢筋	$2 \times [(500 - 2 \times 40) + (490 - 2 \times 40)] + 2 \times 11.9d$	0.395	24.854
		8	钢筋	$2 \times \{[(500 - 2 \times 40 - 2d - 18)/3 \times 1 + 18 + 2d] + (490 - 2 \times 40)\} + 2 \times 11.9d$	0.395	17.952
		8	钢筋	$(500 - 2 \times 40) + 2 \times 11.9d$	0.395	8.676
	165	18	钢筋	$10d + 500 - 40 + 5640 + 10d + 500 - 40$	2.000	110.72
		14	1跨侧面构造通长筋1	$15d + 5640 + 15d$	1.210	29.332
		8	钢筋	$2 \times [(500 - 2 \times 40) + (490 - 2 \times 40)] + 2 \times 11.9d$	0.395	34.357
		8	钢筋	$2 \times \{[(500 - 2 \times 40 - 2d - 18)/3 \times 1 + 18 + 2d] + (490 - 2 \times 40)\} + 2 \times 11.9d$	0.395	24.816
		8	钢筋	$(500 - 2 \times 40) + 2 \times 11.9d$	0.395	12.532
	168	18	钢筋	$10d + 500 - 40 + 6939 + 10d + 500 - 40$	2.000	131.504
		14	1跨侧面构造通长筋1	$15d + 6939 + 15d$	1.210	35.616
		8	钢筋	$2 \times [(500 - 2 \times 40) + (490 - 2 \times 40)] + 2 \times 11.9d$	0.395	40.936
		8	钢筋	$2 \times \{[(500 - 2 \times 40 - 2d - 18)/3 \times 1 + 18 + 2d] + (490 - 2 \times 40)\} + 2 \times 11.9d$	0.395	29.568
		8	钢筋	$(500 - 2 \times 40) + 2 \times 11.9d$	0.395	14.942
	175	18	钢筋	$10d + 500 - 40 + 11900 + 10d + 500 - 40$	2.000	421.76
		14	1跨侧面构造通长筋1	$15d + 11900 + 15d + 210$	1.210	121.288
		8	钢筋	$2 \times [(500 - 2 \times 40) + (490 - 2 \times 40)] + 2 \times 11.9d$	0.395	130.118

（续）

构件名称	编号	钢筋根数	钢筋名称	下料长度/mm	单位重量/(kg/m)	合计/kg
CTL - 1	175	8	钢筋	$2 \times \{[(500 - 2 \times 40 - 2d - 18)/3 \times 1 + 18 + 2d] + (490 - 2 \times 40)\} + 2 \times 11.9d$	0.395	93.984
		8	钢筋	$(500 - 2 \times 40) + 2 \times 11.9d$	0.395	53.984
	181	18	钢筋	$10d + 500 - 40 + 6100 + 10d + 500 - 40$	2.000	472.32
		14	1 跨侧面构造筋 1	$15d + 6100 + 15d$	1.210	126.224
		8	钢筋	$2 \times [(500 - 2 \times 40) + (490 - 2 \times 40)] + 2 \times 11.9d$	0.395	143.276
		8	钢筋	$2 \times \{[(500 - 2 \times 40 - 2d - 18)/3 \times 1 + 18 + 2d] + (490 - 2 \times 40)\} + 2 \times 11.9d$	0.395	103.488
		8	钢筋	$(500 - 2 \times 40) + 2 \times 11.9d$	0.395	57.84
	183	18	钢筋	$10d + 500 - 40 + 11200 + 10d + 500 - 40$	2.000	399.36
		14	1 跨侧面构造通长筋 1	$15d + 11200 + 15d + 210$	1.210	114.512
		8	钢筋	$2 \times [(500 - 2 \times 40) + (490 - 2 \times 40)] + 2 \times 11.9d$	0.395	121.346
		8	钢筋	$2 \times \{[(500 - 2 \times 40 - 2d - 18)/3 \times 1 + 18 + 2d] + (490 - 2 \times 40)\} + 2 \times 11.9d$	0.395	87.648
		8	钢筋	$(500 - 2 \times 40) + 2 \times 11.9d$	0.395	51.092
	206	18	钢筋	$10d + 500 - 40 + 10490 + 10d + 500 - 40$	2.000	188.32
		14	1 跨侧面构造通长筋 1	$15d + 10490 + 15d + 210$	1.210	53.82
		8	钢筋	$2 \times [(500 - 2 \times 40) + (490 - 2 \times 40)] + 2 \times 11.9d$	0.395	58.48
		8	钢筋	$2 \times \{[(500 - 2 \times 40 - 2d - 18)/3 \times 1 + 18 + 2d] + (490 - 2 \times 40)\} + 2 \times 11.9d$	0.395	42.24
		8	钢筋	$(500 - 2 \times 40) + 2 \times 11.9d$	0.395	22.172
	207	18	钢筋	$10d - 40 + 4300 + 10d + 500 - 40$	2.000	325.12
		14	0 跨侧面构造通长筋 1	$-40 + 4300 + 15d$	1.210	86.544
		8	钢筋	$2 \times [(500 - 2 \times 40) + (490 - 2 \times 40)] + 2 \times 11.9d$	0.395	99.416
		8	钢筋	$2 \times \{[(500 - 2 \times 40 - 2d - 18)/3 \times 1 + 18 + 2d] + (490 - 2 \times 40)\} + 2 \times 11.9d$	0.395	71.808
		8	钢筋	$(500 - 2 \times 40) + 2 \times 11.9d$	0.395	36.632
	213	18	钢筋	$10d + 500 - 40 + 3890 + 10d + 500 - 40$	2.000	82.72
		14	1 跨侧面构造筋 1	$15d + 3890 + 15d$	1.210	20.86
		8	钢筋	$2 \times [(500 - 2 \times 40) + (490 - 2 \times 40)] + 2 \times 11.9d$	0.395	26.316
		8	钢筋	$2 \times \{[(500 - 2 \times 40 - 2d - 18)/3 \times 1 + 18 + 2d] + (490 - 2 \times 40)\} + 2 \times 11.9d$	0.395	19.008
		8	钢筋	$(500 - 2 \times 40) + 2 \times 11.9d$	0.395	7.712

（续）

构件名称	编号	钢筋根数	钢筋名称	下料长度/mm	单位重量/(kg/m)	合计/kg
CTL-1	225	18	钢筋	$10d+500-40+10100+10d+500-40$	2.000	182.08
		14	1跨侧面构造通长筋1	$15d+10100+15d+210$	1.210	51.932
		8	钢筋	$2\times[(500-2\times40)+(490-2\times40)]+2\times11.9d$	0.395	56.287
		8	钢筋	$2\times\{[(500-2\times40-2d-18)/3\times1+18+2d]+(490-2\times40)\}+2\times11.9d$	0.395	40.656
		8	钢筋	$(500-2\times40)+2\times11.9d$	0.395	22.172
	230	18	钢筋	$10d+500-40+3500+10d+500-40$	2.000	76.48
		14	1跨侧面构造筋1	$15d+3500+15d$	1.210	18.972
		8	钢筋	$2\times[(500-2\times40)+(490-2\times40)]+2\times11.9d$	0.395	24.123
		8	钢筋	$2\times\{[(500-2\times40-2d-18)/3\times1+18+2d]+(490-2\times40)\}+2\times11.9d$	0.395	17.424
		8	钢筋	$(500-2\times40)+2\times11.9d$	0.395	7.712
	232	18	钢筋	$10d+500-40+10000+10d+500-40$	2.000	180.48
		14	1跨侧面构造通长筋1	$15d+10000+15d+210$	1.210	51.448
		8	钢筋	$2\times[(500-2\times40)+(490-2\times40)]+2\times11.9d$	0.395	54.825
		8	钢筋	$2\times\{[(500-2\times40-2d-18)/3\times1+18+2d]+(490-2\times40)\}+2\times11.9d$	0.395	39.6
		8	钢筋	$(500-2\times40)+2\times11.9d$	0.395	22.654
	234	18	钢筋	$10d+890-40+5700+10d+500-40$	2.000	117.92
		14	1跨侧面构造筋1	$15d+5700+15d$	1.210	29.62
		8	钢筋	$2\times[(500-2\times40)+(490-2\times40)]+2\times11.9d$	0.395	35.819
		8	钢筋	$2\times\{[(500-2\times40-2d-18)/3\times1+18+2d]+(490-2\times40)\}+2\times11.9d$	0.395	25.872
		8	钢筋	$(500-2\times40)+2\times11.9d$	0.395	13.496
	248	18	钢筋	$10d+500-40+2800+10d+890-40$	2.000	71.52
		14	1跨侧面构造筋1	$15d+2800+15d$	1.210	15.584
		8	钢筋	$2\times[(500-2\times40)+(490-2\times40)]+2\times11.9d$	0.395	21.199
		8	钢筋	$2\times\{[(500-2\times40-2d-18)/3\times1+18+2d]+(490-2\times40)\}+2\times11.9d$	0.395	15.312
		8	1跨拉筋1	$(500-2\times40)+2\times11.9d$	0.395	7.23
CTL-2	122	20	钢筋	$10d+500-40+6840+10d+500-40$	2.470	161.24
		14	1跨侧面构造通长筋1	$15d+6840+15d$	1.210	35.14

（续）

构件名称	编号	钢筋根数	钢筋名称	下料长度/mm	单位重量/(kg/m)	合计/kg
CTL－2	122	8	钢筋	$2 \times [(500 - 2 \times 40) + (490 - 2 \times 40)] + 2 \times 11.9d$	0.395	40.205
		8	钢筋	$2 \times \{[(500 - 2 \times 40 - 2d - 20)/3 \times 1 + 20 + 2d] + (490 - 2 \times 40)\} + 2 \times 11.9d$	0.395	29.095
		8	钢筋	$(500 - 2 \times 40) + 2 \times 11.9d$	0.395	14.46
	194	20	钢筋	$10d + 500 - 40 + 13089 + 10d + 500 - 40$	2.470	284.72
		14	1跨侧面构造通长筋1	$15d + 13089 + 15d + 210$	1.210	66.4
		8	钢筋	$2 \times [(500 - 2 \times 40) + (490 - 2 \times 40)] + 2 \times 11.9d$	0.395	71.638
		8	钢筋	$2 \times \{[(500 - 2 \times 40 - 2d - 20)/3 \times 1 + 20 + 2d] + (490 - 2 \times 40)\} + 2 \times 11.9d$	0.395	51.842
		8	钢筋	$(500 - 2 \times 40) + 2 \times 11.9d$	0.395	26.992
	241	20	钢筋	$10d + 500 - 40 + 12700 + 10d + 500 - 40$	2.470	277.032
		14	1跨侧面构造通长筋1	$15d + 12700 + 15d + 210$	1.210	64.516
		8	钢筋	$2 \times [(500 - 2 \times 40) + (490 - 2 \times 40)] + 2 \times 11.9d$	0.395	69.445
		8	钢筋	$2 \times \{[(500 - 2 \times 40 - 2d - 20)/3 \times 1 + 20 + 2d] + (490 - 2 \times 40)\} + 2 \times 11.9d$	0.395	50.255
		8	钢筋	$(500 - 2 \times 40) + 2 \times 11.9d$	0.395	27.956
CTL－3	147	20	钢筋	$10d - 40 + 9801 + 10d - 40$	2.470	299.988
		16	1跨侧面构造筋1	$15d + 9801 + 15d$	1.580	64.976
		8	1跨箍筋1	$2 \times [(890 - 2 \times 40) + (490 - 2 \times 40)] + 2 \times 11.9d$	0.395	68.574
		8	1跨箍筋2	$2 \times \{[(890 - 2 \times 40 - 2d - 20)/5 \times 1 + 20 + 2d] + (490 - 2 \times 40)\} + 2 \times 11.9d$	0.395	72.6
		8	1跨拉筋1	$(890 - 2 \times 40) + 2 \times 11.9d$	0.395	39.5
	197	20	钢筋	$10d - 40 + 11000 + 10d - 40$	2.470	335.52
		16	1跨侧面构造筋1	$15d + 11000 + 15d$	1.580	72.552
		8	1跨箍筋1	$2 \times [(890 - 2 \times 40) + (490 - 2 \times 40)] + 2 \times 11.9d$	0.395	76.886
		8	1跨箍筋2	$2 \times \{[(890 - 2 \times 40 - 2d - 20)/5 \times 1 + 20 + 2d] + (490 - 2 \times 40)\} + 2 \times 11.9d$	0.395	81.4
		8	1跨拉筋1	$(890 - 2 \times 40) + 2 \times 11.9d$	0.395	44.24
CTL－4	125	18	1跨下通长筋1	$10d + 500 - 40 + 7470 + 10d - 40$	2.000	396
		14	1跨侧面构造通长筋1	$15d + 7470 - 40$	1.210	221.856
		25	1跨上通长筋1	$10d + 500 - 40 + 7470 + 10d - 40$	3.850	775.248
		8	钢筋	$2 \times [(500 - 2 \times 40) + (490 - 2 \times 40)] + 2 \times 11.9d$	0.395	241.23

（续）

构件名称	编号	钢筋根数	钢筋名称	下料长度/mm	单位重量/(kg/m)	合计/kg
	125	8	钢筋	$2 \times \{[(500 - 2 \times 40 - 2d - 25)/3 \times 1 + 25 + 2d] + (490 - 2 \times 40)\} + 2 \times 11.9d$	0.395	175.23
		8	钢筋	$(500 - 2 \times 40) + 2 \times 11.9d$	0.395	101.22
CTL-4	126	18	1跨下通长筋1	$10d + 500 - 40 + 7470 + 10d - 40$	2.000	396
		14	1跨侧面构造通长筋1	$15d + 7470 - 40$	1.210	221.856
		25	1跨上通长筋1	$10d + 500 - 40 + 7470 + 10d - 40$	3.850	775.248
		8	钢筋	$2 \times [(500 - 2 \times 40) + (490 - 2 \times 40)] + 2 \times 11.9d$	0.395	241.23
		8	钢筋	$2 \times \{[(500 - 2 \times 40 - 2d - 25)/3 \times 1 + 25 + 2d] + (490 - 2 \times 40)\} + 2 \times 11.9d$	0.395	175.23
		8	钢筋	$(500 - 2 \times 40) + 2 \times 11.9d$	0.395	101.004

注：表中 d 表示钢筋直径。

过关问题4：根据案例，编制钢筋工程的招标工程量清单表，并填入表13-2。

答：招标工程量清单表（分部分项工程和单价措施项目清单与计价表）见表13-2。

表13-2　分部分项工程和单价措施项目清单与计价表

序号	项目编码	项目名称	项目特征	计量单位	工程量	金额（元）	
						综合单价	合价
1	010515001001	现浇构件Φ6钢筋	Φ6（HPB300）	kg	1285.221		
2	010515001002	现浇构件Φ8钢筋	Φ8（HPB300）	kg	7745.881		
3	010515001003	现浇构件Φ12钢筋	Φ12（HPB335）	kg	5297.616		
4	010515001004	现浇构件Φ14钢筋	Φ14（HPB335）	kg	3788.404		
5	010515001005	现浇构件Φ16钢筋	Φ16（HPB335）	kg	137.528		
6	010515001006	现浇构件Φ18钢筋	Φ18（HPB335）	kg	9908.18		
7	010515001007	现浇构件Φ20钢筋	Φ20（HPB335）	kg	1358.5		
8	010515001008	现浇构件Φ25钢筋	Φ25（HPB335）	kg	1550.496		

任务二　编制板的配筋招标工程量清单表

过关问题1：根据案例中的背景资料，计算钢筋工程量时应根据哪些图样和相应的工程量清单计算规则？

答：根据案例中的背景资料，计算板的配筋时，应根据结构平面图和《房屋建筑与装饰工程工程量计算规范》（GB 50854—2013）中的钢筋工程现浇构件钢筋工程量计算规则计算钢筋工程量。

过关问题2：根据案例中的结构平面图和详图，应如何计算板的钢筋清单工程量？

答：根据案例中的结构平面图和详图，计算板的钢筋工程量时，如果一端伸入墙内减去一个保护层厚度，如果两端伸入墙内减去两个保护层厚度，再根据弯起角度加上对应的弯起增加量。再利用公式板长度或板的宽度减保护层厚度后除以钢筋的间距加一，根数向上取整，得到钢筋的根数。

过关问题3：根据案例中的钢筋，对于钢筋工程的工程量清单应如何列项，如何描述其项目特征？

答：根据案例中的钢筋，对板进行现浇构件钢筋列项，描述其板的现浇构件钢筋的种类、规格（表13-3）。

表13-3　板的配筋工程量的计算底稿

构件名称	编号	钢筋根数	钢筋名称	下料长度/m	单位重量/（kg/m）	合计/kg
B1	1	204	$\Phi 8$	$0.7 + 0.24 - 0.015 + 2 \times 3.5 \times 0.008 = 0.981$	0.395	79.05
	2	258	$\Phi 8$	$3.5 + 0.24 - 0.03 + 2 \times 0.008 \times 6.25 = 3.81$	0.395	388.28
	3	120	$\Phi 12$	$0.85 + 0.85 + 0.24 + 2 \times 3.5 \times 0.012 = 2.03$	0.888	216.32
B2	1	96	$\Phi 8$	$3 + 0.24 - 0.03 + 2 \times 6.25 \times 0.008 = 3.31$	0.395	125.52
	2	120	$\Phi 8$	$2.4 + 0.24 - 0.03 + 2 \times 6.25 \times 0.008 = 2.71$	0.395	128.45
	3	78	$\Phi 8$	$0.65 + 0.24 - 0.015 + 2 \times 3.5 \times 0.008 = 0.931$	0.395	28.68
	4	144	$\Phi 12$	$1.2 + 1.8 + 1.9 + 1.5 + 0.95 + 0.24 - 0.015 + 2 \times 3.5 \times 0.012 = 7.66$	0.888	979.50
B3	1	115	$\Phi 12$	$0.95 + 0.95 + 2 \times 3.5 \times 0.012 = 1.98$	0.888	202.61
	2	258	$\Phi 8$	$1.25 + 1.5 + 0.5 + 0.12 - 0.015 + 3.5 \times 2 \times 0.008 = 3.41$	0.395	347.51
	3	318	$\Phi 12$	$1.9 + 1.5 + 0.5 + 0.24 - 0.015 \times 2 + 2 \times 4.9 \times 0.012 = 4.23$	0.888	1194.48
	4	156	$\Phi 8$	$3 + 3.5 + 0.92 + 0.12 - 0.015 \times 2 + 2 \times 3.5 \times 0.008 = 7.57$	0.395	466.46
	5	156	$\Phi 10$	$3.5 + 3 + 0.92 + 0.12 - 0.015 \times 2 + 2 \times 6.25 \times 0.008 = 7.61$	0.617	732.48
B4	1	450	$\Phi 8$	$0.5 + 0.24 - 0.015 + 2 \times 3.5 \times 0.008 = 0.78$	0.395	138.82
	2	66	$\Phi 8$	$0.5 + 0.92 + 0.24 - 0.015 + 2 \times 3.5 \times 0.008 = 1.70$	0.395	44.35
	3	204	$\Phi 8$	$2.1 + 0.24 - 0.015 \times 2 + 2 \times 6.25 \times 0.008 = 2.41$	0.395	194.20
	4	84	$\Phi 6$	$0.92 + 4.2 + 0.24 - 0.015 \times 2 + 2 \times 6.25 \times 0.006 = 5.41$	0.222	100.88
B5	1	378	$\Phi 8$	$0.75 + 0.24 - 0.015 + 2 \times 3.5 \times 0.008 = 1.03$	0.395	153.79
	2	102	$\Phi 8$	$0.75 + 0.24 - 0.015 + 2 \times 3.5 \times 0.008 = 1.03$	0.395	41.50
	3	132	$\Phi 8$	$4.2 + 0.24 - 0.03 + 2 \times 6.25 \times 0.008 = 4.51$	0.395	235.15
	4	192	$\Phi 8$	$3.3 + 0.24 - 0.03 + 2 \times 6.25 \times 0.008 = 3.61$	0.395	273.78
	5	132	$\Phi 12$	$0.85 + 0.85 + 0.24 + 2 \times 3.5 \times 0.012 = 2.03$	0.888	237.95
B6	1	234	$\Phi 10$	$3.9 + 0.24 - 0.03 + 2 \times 6.25 \times 0.01 = 4.24$	0.617	612.16
	2	108	$\Phi 10$	$0.5 + 2.1 + 3.3 + 0.24 - 0.03 + 2 \times 6.25 \times 0.01 = 6.24$	0.617	415.81
	3	180	$\Phi 8$	$0.85 + 0.24 - 0.015 + 3.5 \times 2 \times 0.008 = 1.13$	0.395	80.34
B7	1	120	$\Phi 8$	$0.85 + 0.24 - 0.015 + 2 \times 3.8 \times 0.008 = 1.13$	0.395	41.95
	2	234	$\Phi 10$	$3.9 + 0.24 - 0.03 + 2 \times 6.25 \times 0.01 = 4.24$	0.617	612.16
	3	156	$\Phi 8$	$0.5 + 2.1 + 3.3 + 0.24 - 0.03 + 2 \times 6.25 \times 0.008 = 6.21$	0.395	382.66

（续）

构件名称	编号	钢筋根数	钢筋名称	下料长度/m	单位重量/(kg/m)	合计/kg
B8	1	288	Φ8	$3+0.24-0.03+2\times6.25\times0.008=3.31$	0.395	376.55
	2	120	Φ8	$0.5+2.1+3.3+0.24-0.03+2\times6.25\times0.008=6.21$	0.395	294.35
	3	156	Φ12	$0.85+0.85+0.24+2\times3.5\times0.012=2.03$	0.888	281.21
B9	1	198	Φ10	$3.6+0.24-0.03+2\times6.25\times0.01=3.94$	0.617	481.33
	2	144	Φ8	$0.5+2.1+3.3+0.24-0.95-0.03+2\times6.25\times0.008=5.26$	0.395	299.19
	3	258	Φ8	$0.85+0.24-0.015=1.08$	0.395	110.06
B10	1	204	Φ8	$1.8+0.24-0.03=2.01$	0.395	161.97
	2	420	Φ8	$(0.5+0.24-0.03+2\times3.5\times0.008)\times2=1.532$	0.395	254.16
B11	1	156	Φ8	$0.85+0.24-0.015+7\times0.008=1.13$	0.395	69.63
	2	204	Φ10	$3.5+0.24-0.03+2\times6.25\times0.01=3.84$	0.617	483.33
	3	138	Φ8	$1.8+1.9+1.5+0.24-0.03+2\times6.25\times0.008=5.51$	0.395	300.35
B12	1	144	Φ8	$3.9+0.24-0.03+2\times6.25\times0.008=4.21$	0.395	239.46
	2	192	Φ8	$1.8+1.9+0.24-0.03+2\times6.25\times0.008=4.01$	0.395	304.12
	3	354	Φ8	$0.85+0.24-0.015+2\times3.5\times0.008=1.13$	0.395	158.01
B13	1	120	Φ8	$0.85+1.5+0.95+0.85+2\times3.5\times0.008=4.21$	0.395	199.56
	2	132	Φ8	$1.5+0.95+0.24-0.03+2\times6.25\times0.008=2.76$	0.395	143.91
	3	96	Φ8	$1.5+0.95+0.24-0.03+2\times6.25\times0.008=2.76$	0.395	104.66

过关问题 4：根据案例，编制钢筋工程的招标工程量清单表（分部分项工程和单价措施项目清单与计价表）。

答：分部分项工程和单价措施项目清单与计价表见表 13-4。

表 13-4　分部分项工程和单价措施项目清单与计价表

序号	项目编码	项目名称	项目特征	单位	工程量	金额（元）	
						综合单价	合价
1	010515001011	现浇混凝土板Φ8 钢筋	直径 8mm 的螺纹钢	kg	6642.58		
2	010515001012	现浇混凝土板Φ12 钢筋	直径 12mm 的螺纹钢	kg	3949.76		
3	010515001013	现浇混凝土板Φ10 钢筋	直径 10mm 的螺纹钢	kg	3527.73		
4	010515001014	现浇混凝土板Φ6 钢筋	直径 6mm 的螺纹钢	kg	100.88		

任务三　编制构造柱配筋招标工程量清单表

过关问题 1：根据案例中的背景资料，计算钢筋工程量时应根据哪些图样和相应的工程量清单计算规则？

答：根据案例中的背景资料，根据构件详图、结构平面图和建筑平面图以及《房屋建筑与装饰工程工程量计算规范》（GB 50854—2013）中的钢筋工程现浇构件钢筋工程量计算规则计算钢筋工程量。

过关问题 2：根据案例中的结构平面图和详图，应如何计算构造柱的钢筋清单工程量？

答：根据案例中的结构平面图和详图，计算架立钢筋时参照建筑平面图所给标高减去保护层厚度计算长度，箍筋利用公式构件截面周长减八乘以保护层厚度减四乘以箍筋直径加二个弯钩增加长度计算长度，再分加密区和非加密区，利用公式构件长减去两个保护层厚度除以箍筋间距加一，根数向上取整，得到钢筋的根数。

过关问题 3：根据案例中的钢筋，对于钢筋工程的工程量清单应如何列项，如何描述其项目特征？

答：根据案例中的钢筋，对构造柱进行现浇构件钢筋列项，描述其构造柱的现浇构件钢筋的种类、规格（表 13-5）。

表 13-5 构造柱配筋工程量的计算底稿

构件名称	编号	钢筋根数	钢筋名称	下料长度/mm	单位重量/(kg/m)	合计/kg
GZ-1	1592	48	角筋1	$2820 - 270 + 10d$	0.888	113.808
		48	构造柱预留筋1	$46d + 33d$	0.888	40.416
		240	箍筋1	$2 \times (200 + 200) + 2 \times (75 + 1.9d)$	0.222	51.84
	1593	312	角筋1	$2820 - 180 + 10d$	0.888	764.712
		312	构造柱预留筋1	$46d + 33d$	0.888	262.704
		1638	箍筋1	$2 \times (200 + 200) + 2 \times (75 + 1.9d)$	0.222	353.808
	1595	112	角筋1	$2820 - 370 + 10d$	0.888	255.584
		112	构造柱预留筋1	$46d + 33d$	0.888	94.304
		560	箍筋1	$2 \times (200 + 200) + 2 \times (75 + 1.9d)$	0.222	120.96
	1596	36	角筋1	$2820 - 250 + 10d$	0.888	86.004
		36	构造柱预留筋1	$46d + 33d$	0.888	30.312
		180	箍筋1	$2 \times (200 + 200) + 2 \times (75 + 1.9d)$	0.222	38.88
	1602	48	角筋1	$2820 - 300 + 10d$	0.888	112.512
		48	构造柱预留筋1	$46d + 33d$	0.888	40.416
		240	箍筋1	$2 \times (200 + 200) + 2 \times (75 + 1.9d)$	0.222	51.84
	1608	48	角筋1	$2820 - 350 + 10d$	0.888	110.4
		48	构造柱预留筋1	$46d + 33d$	0.888	40.416
		240	箍筋1	$2 \times (200 + 200) + 2 \times (75 + 1.9d)$	0.222	51.84
GZ-2 四角	925	8	角筋1	$2820 - 180 + 10d$	1.210	26.912
		8	构造柱预留筋1	$46d + 33d$	1.210	10.704
		40	箍筋1	$2 \times (200 + 200) + 2 \times (75 + 1.9d)$	0.222	8.64
	926	12	角筋1	$2820 - 370 + 10d$	1.210	37.608
		12	构造柱预留筋1	$46d + 33d$	1.210	16.056
		57	箍筋1	$2 \times (200 + 200) + 2 \times (75 + 1.9d)$	0.222	12.312

（续）

构件名称	编号	钢筋根数	钢筋名称	下料长度/mm	单位重量/(kg/m)	合计/kg
GZ-5	1275	16	钢筋	$2820-180+10d$	1.210	53.824
		16	构造柱预留筋1	$46d+33d$	1.210	21.408
		8	箍筋1	$2\times(1040+200)+2\times11.9d$	0.395	8.44
		16	箍筋2	$2\times(200+198)+2\times11.9d$	0.395	6.224
	1289	32	钢筋	$2820-370+10d$	1.210	100.288
		32	构造柱预留筋1	$46d+33d$	1.210	42.816
		14	箍筋1	$2\times(1040+200)+2\times11.9d$	0.395	14.77
		28	箍筋2	$2\times(200+198)+2\times11.9d$	0.395	10.892
GZ-4	1293	48	钢筋	$2820-180+10d$	0.888	117.648
		48	构造柱预留筋1	$46d+33d$	0.888	40.416
		126	箍筋1	$2\times(440+200)+2\times(75+1.9d)$	0.222	40.698
GZ-3	1374	168	角筋1	$2820-180+10d$	0.888	411.768
		168	构造柱预留筋1	$46d+33d$	0.888	141.456
		882	箍筋1	$2\times(200+140)+2\times(75+1.9d)$	0.222	166.698
GZ-2	1375	36	钢筋	$2820-180+10d$	0.888	88.236
		36	构造柱预留筋1	$46d+33d$	0.888	30.312
		126	箍筋1	$2\times(320+200)+2\times(75+1.9d)$	0.222	33.894
GZ-1	8453	312	角筋1	$2800-180+10d$	0.888	759.096
		312	构造柱预留筋1	$46d+33d$	0.888	262.704
		1638	箍筋1	$2\times(200+200)+2\times(75+1.9d)$	0.222	353.808
	8456	100	角筋1	$2800-370+10d$	0.888	226.4
		100	构造柱预留筋1	$46d+33d$	0.888	84.2
		475	箍筋1	$2\times(200+200)+2\times(75+1.9d)$	0.222	102.6
	8457	48	角筋1	$2800-300+10d$	0.88817	111.696
		48	构造柱预留筋1	$46d+33d$	0.888	40.416
		240	箍筋1	$2\times(200+200)+2\times(75+1.9d)$	0.222	51.84
	8460	36	角筋1	$2800-250+10d$	0.888	85.356
		36	构造柱预留筋1	$46d+33d$	0.888	30.312
		180	箍筋1	$2\times(200+200)+2\times(75+1.9d)$	0.222	38.88
	8461	12	角筋1	$2800-370+10d$	0.888	27.168
		12	构造柱预留筋1	$46d+33d$	0.888	10.104
		60	箍筋1	$2\times(200+200)+2\times(75+1.9d)$	0.222	12.96
	8466	48	角筋1	$2800-350+10d$	0.888	109.536
		48	构造柱预留筋1	$46d+33d$	0.888	40.416
		240	箍筋1	$2\times(200+200)+2\times(75+1.9d)$	0.222	51.84

（续）

构件名称	编号	钢筋根数	钢筋名称	下料长度/mm	单位重量/(kg/m)	合计/kg
GZ-1	8478	48	角筋1	$2800 - 270 + 10d$	0.888	112.944
		48	构造柱预留筋1	$46d + 33d$	0.888	40.416
		228	箍筋1	$2 \times (200 + 200) + 2 \times (75 + 1.9d)$	0.222	49.248
GZ-2 四角	8616	12	角筋1	$2800 - 370 + 10d$	1.210	37.32
		12	构造柱预留筋1	$46d + 33d$	1.210	16.056
		57	箍筋1	$2 \times (200 + 200) + 2 \times (75 + 1.9d)$	0.222	12.312
	8617	8	角筋1	$2800 - 180 + 10d$	1.210	26.72
		8	构造柱预留筋1	$46d + 33d$	1.210	10.704
		40	箍筋1	$2 \times (200 + 200) + 2 \times (75 + 1.9d)$	0.222	8.64
GZ-5	8613	32	钢筋	$2800 - 370 + 10d$	1.210	99.52
		32	构造柱预留筋1	$46d + 33d$	1.210	42.816
		14	箍筋1	$2 \times (1040 + 200) + 2 \times 11.9d$	0.395	14.77
		28	箍筋2	$2 \times (200 + 198) + 2 \times 11.9d$	0.394	10.892
	8615	16	钢筋	$2800 - 180 + 10d$	1.210	53.44
		16	构造柱预留筋1	$46d + 33d$	1.210	21.408
		8	箍筋1	$2 \times (1040 + 200) + 2 \times 11.9d$	0.395	8.44
		16	箍筋2	$2 \times (200 + 198) + 2 \times 11.9d$	0.395	6.224
GZ-4	8448	48	钢筋	$2800 - 180 + 10d$	0.888	116.784
		48	构造柱预留筋1	$46d + 33d$	0.888	40.416
		126	箍筋1	$2 \times (440 + 200) + 2 \times (75 + 1.9d)$	0.222	40.698
GZ-3	8413	168	角筋1	$2800 - 180 + 10d$	0.888	408.744
		168	构造柱预留筋1	$46d + 33d$	0.888	141.456
		882	箍筋1	$2 \times (200 + 140) + 2 \times (75 + 1.9d)$	0.222	166.698
GZ-2	8408	36	钢筋	$2800 - 180 + 10d$	0.888	87.588
		36	构造柱预留筋1	$46d + 33d$	0.888	30.312
		126	箍筋1	$2 \times (320 + 200) + 2 \times (75 + 1.9d)$	0.222	33.894
GZ-1	8666	312	角筋1	$2800 - 180 + 10d$	0.888	759.096
		312	构造柱预留筋1	$46d + 33d$	0.888	262.704
		1638	箍筋1	$2 \times (200 + 200) + 2 \times (75 + 1.9d)$	0.222	353.808
	8669	100	角筋1	$2800 - 370 + 10d$	0.888	226.4
		100	构造柱预留筋1	$46d + 33d$	0.888	84.2
		475	箍筋1	$2 \times (200 + 200) + 2 \times (75 + 1.9d)$	0.222	102.6
	8670	48	角筋1	$2800 - 300 + 10d$	0.888	111.696
		48	构造柱预留筋1	$46d + 33d$	0.888	40.416
		240	箍筋1	$2 \times (200 + 200) + 2 \times (75 + 1.9d)$	0.222	51.84

（续）

构件名称	编号	钢筋根数	钢筋名称	下料长度/mm	单位重量/(kg/m)	合计/kg
GZ-1	8673	36	角筋1	$2800-250+10d$	0.888	85.356
		36	构造柱预留筋1	$46d+33d$	0.888	30.312
		180	箍筋1	$2\times(200+200)+2\times(75+1.9d)$	0.222	38.88
	8674	12	角筋1	$2800-370+10d$	0.888	27.168
		12	构造柱预留筋1	$46d+33d$	0.888	10.104
		60	箍筋1	$2\times(200+200)+2\times(75+1.9d)$	0.222	12.96
	8679	48	角筋1	$2800-350+10d$	0.888	109.536
		48	构造柱预留筋1	$46d+33d$	0.888	40.416
		240	箍筋1	$2\times(200+200)+2\times(75+1.9d)$	0.222	51.84
	8691	48	角筋1	$2800-270+10d$	0.888	112.944
		48	构造柱预留筋1	$46d+33d$	0.888	40.416
		228	箍筋1	$2\times(200+200)+2\times(75+1.9d)$	0.222	49.248
GZ-2 四角	8829	12	角筋1	$2800-370+10d$	1.210	37.32
		12	构造柱预留筋1	$46d+33d$	1.210	16.056
		57	箍筋1	$2\times(200+200)+2\times(75+1.9d)$	0.222	12.312
	8830	8	角筋1	$2800-180+10d$	1.210	26.72
		8	构造柱预留筋1	$46d+33d$	1.210	10.704
		40	箍筋1	$2\times(200+200)+2\times(75+1.9d)$	0.222	8.64
GZ-5	8826	32	钢筋	$2800-370+10d$	1.210	99.52
		32	构造柱预留筋1	$46d+33d$	1.210	42.816
		14	箍筋1	$2\times(1040+200)+2\times11.9d$	0.395	14.77
		28	箍筋2	$2\times(200+198)+2\times11.9d$	0.395	10.892
	8828	16	钢筋	$2800-180+10d$	1.210	53.44
		16	构造柱预留筋1	$46d+33d$	1.210	21.408
		8	箍筋1	$2\times(1040+200)+2\times11.9d$	0.395	8.44
		16	箍筋2	$2\times(200+198)+2\times11.9d$	0.395	6.224
GZ-4	8661	48	钢筋	$2800-180+10d$	0.888	116.784
		48	构造柱预留筋1	$46d+33d$	0.888	40.416
		126	箍筋1	$2\times(440+200)+2\times(75+1.9d)$	0.222	40.698
GZ-3	8626	168	钢筋	$2800-180+10d$	0.888	408.744
		168	构造柱预留筋1	$46d+33d$	0.888	141.456
		882	箍筋1	$2\times(200+140)+2\times(75+1.9d)$	0.222	166.698
GZ-2	8621	36	钢筋	$2800-180+10d$	0.888	87.588
		36	构造柱预留筋1	$46d+33d$	0.888	30.312
		126	箍筋1	$2\times(320+200)+2\times(75+1.9d)$	0.222	33.894

（续）

构件名称	编号	钢筋根数	钢筋名称	下料长度/mm	单位重量/(kg/m)	合计/kg
GZ−1	8879	312	角筋1	$2800-180+10d$	0.888	759.096
		312	构造柱预留筋1	$46d+33d$	0.888	262.704
		1638	箍筋1	$2\times(200+200)+2\times(75+1.9d)$	0.222	353.808
	8882	100	角筋1	$2800-370+10d$	0.888	226.4
		100	构造柱预留筋1	$46d+33d$	0.888	84.2
		475	箍筋1	$2\times(200+200)+2\times(75+1.9d)$	0.222	102.6
	8883	48	角筋1	$2800-300+10d$	0.888	111.696
		48	构造柱预留筋1	$46d+33d$	0.888	40.416
		240	箍筋1	$2\times(200+200)+2\times(75+1.9d)$	0.222	51.84
	8886	36	角筋1	$2800-250+10d$	0.888	85.356
		36	构造柱预留筋1	$46d+33d$	0.888	30.312
		180	箍筋1	$2\times(200+200)+2\times(75+1.9d)$	0.222	38.88
	8887	12	角筋1	$2800-370+10d$	0.888	27.168
		12	构造柱预留筋1	$46d+33d$	0.888	10.104
		60	箍筋1	$2\times(200+200)+2\times(75+1.9d)$	0.222	12.96
	8892	48	角筋1	$2800-350+10d$	0.888	109.536
		48	构造柱预留筋1	$46d+33d$	0.888	40.416
		240	箍筋1	$2\times(200+200)+2\times(75+1.9d)$	0.222	51.84
	8904	48	角筋1	$2800-270+10d$	0.888	112.944
		48	构造柱预留筋1	$46d+33d$	0.888	40.416
		228	箍筋1	$2\times(200+200)+2\times(75+1.9d)$	0.222	49.248
GZ−2 四角	9042	12	角筋1	$2800-370+10d$	1.210	37.32
		12	构造柱预留筋1	$46d+33d$	1.210	16.056
		57	箍筋1	$2\times(200+200)+2\times(75+1.9d)$	0.222	12.312
	9043	8	角筋1	$2800-180+10d$	1.210	26.72
		8	构造柱预留筋1	$46d+33d$	1.210	10.704
		40	箍筋1	$2\times(200+200)+2\times(75+1.9d)$	0.222	8.64
GZ−5	9039	32	钢筋	$2800-370+10d$	1.210	99.52
		32	构造柱预留筋1	$46d+33d$	1.210	42.816
		14	箍筋1	$2\times(1040+200)+2\times11.9d$	0.395	14.77
		28	箍筋2	$2\times(200+198)+2\times11.9d$	0.395	10.892
	9041	16	钢筋	$2800-180+10d$	1.210	53.44
		16	构造柱预留筋1	$46d+33d$	1.210	21.408
		8	箍筋1	$2\times(1040+200)+2\times11.9d$	0.395	8.44
		16	箍筋2	$2\times(200+198)+2\times11.9d$	0.395	6.224

（续）

构件名称	编号	钢筋根数	钢筋名称	下料长度/mm	单位重量/（kg/m）	合计/kg
GZ-4	8874	48	钢筋	$2800 - 180 + 10d$	0.888	116.784
		48	构造柱预留筋1	$46d + 33d$	0.888	40.416
		126	箍筋1	$2 \times (440 + 200) + 2 \times (75 + 1.9d)$	0.222	40.698
GZ-3	8839	168	角筋1	$2800 - 180 + 10d$	0.888	408.744
		168	构造柱预留筋1	$46d + 33d$	0.888	141.456
		882	箍筋1	$2 \times (200 + 140) + 2 \times (75 + 1.9d)$	0.222	166.698
GZ-2	8834	36	角筋1	$2800 - 180 + 10d$	0.888	87.588
		36	构造柱预留筋1	$46d + 33d$	0.888	30.312
		126	箍筋1	$2 \times (320 + 200) + 2 \times (75 + 1.9d)$	0.222	33.894
GZ-1	9092	312	角筋1	$2800 - 180 + 10d$	0.888	759.096
		312	构造柱预留筋1	$46d + 33d$	0.888	262.704
		1638	箍筋1	$2 \times (200 + 200) + 2 \times (75 + 1.9d)$	0.222	353.808
	9095	100	角筋1	$2800 - 370 + 10d$	0.888	226.4
		100	构造柱预留筋1	$46d + 33d$	0.888	84.2
		475	箍筋1	$2 \times (200 + 200) + 2 \times (75 + 1.9d)$	0.222	102.6
	9096	48	角筋1	$2800 - 300 + 10d$	0.888	111.696
		48	构造柱预留筋1	$46d + 33d$	0.888	40.416
		240	箍筋1	$2 \times (200 + 200) + 2 \times (75 + 1.9d)$	0.222	51.84
	9099	36	角筋1	$2800 - 250 + 10d$	0.888	85.356
		36	构造柱预留筋1	$46d + 33d$	0.888	30.312
		180	箍筋1	$2 \times (200 + 200) + 2 \times (75 + 1.9d)$	0.222	38.88
	9100	12	角筋1	$2800 - 370 + 10d$	0.888	27.168
		12	构造柱预留筋1	$46d + 33d$	0.888	10.104
		60	箍筋1	$2 \times (200 + 200) + 2 \times (75 + 1.9d)$	0.222	12.96
	9105	48	角筋1	$2800 - 350 + 10d$	0.888	109.536
		48	构造柱预留筋1	$46d + 33d$	0.888	40.416
		240	箍筋1	$2 \times (200 + 200) + 2 \times (75 + 1.9d)$	0.222	51.84
	9117	48	角筋1	$2800 - 270 + 10d$	0.888	112.944
		48	构造柱预留筋1	$46d + 33d$	0.888	40.416
		228	箍筋1	$2 \times (200 + 200) + 2 \times (75 + 1.9d)$	0.222	49.248
GZ-2 四角	9255	12	角筋1	$2800 - 370 + 10d$	1.210	37.32
		12	构造柱预留筋1	$46d + 33d$	1.210	16.056
		57	箍筋1	$2 \times (200 + 200) + 2 \times (75 + 1.9d)$	0.222	12.312
	9256	8	角筋1	$2800 - 180 + 10d$	1.210	26.72
		8	构造柱预留筋1	$2800 - 180 + 10d$	1.210	10.704
		40	箍筋1	$2800 - 180 + 10d$	0.222	8.64

（续）

构件名称	编号	钢筋根数	钢筋名称	下料长度/mm	单位重量/(kg/m)	合计/kg
GZ5	9252	32	钢筋	$2800-370+10d$	1.210	99.52
		32	构造柱预留筋1	$46d+33d$	1.210	42.816
		14	箍筋1	$2\times(1040+200)+2\times11.9d$	0.395	14.77
		28	箍筋2	$2\times(200+198)+2\times11.9d$	0.395	10.892
	9254	16	钢筋	$2800-180+10d$	1.210	53.44
		16	构造柱预留筋1	$46d+33d$	1.210	21.408
		8	箍筋1	$2\times(1040+200)+2\times11.9d$	0.395	8.44
		16	箍筋2	$2\times(200+198)+2\times11.9d$	0.395	6.224
GZ4	9087	48	钢筋	$2800-180+10d$	0.888	116.784
		48	构造柱预留筋1	$46d+33d$	0.888	40.416
		126	箍筋1	$2\times(440+200)+2\times(75+1.9d)$	0.222	40.698
GZ3	9052	168	角筋1	$2800-180+10d$	0.888	408.744
		168	构造柱预留筋1	$46d+33d$	0.888	141.456
		882	箍筋1	$2\times(200+140)+2\times(75+1.9d)$	0.222	166.698
GZ2	9047	36	钢筋	$2800-180+10d$	0.888	87.588
		36	构造柱预留筋1	$46d+33d$	0.888	30.312
		126	箍筋1	$2\times(320+200)+2\times(75+1.9d)$	0.222	33.894
GZ-1	9305	288	角筋1	$2800-180+10d$	0.888	700.704
		288	构造柱预留筋1	$46d+33d$	0.888	242.496
		1512	箍筋1	$2\times(200+200)+2\times(75+1.9d)$	0.222	326.592
	9308	92	角筋1	$2800-370+10d$	0.888	208.288
		92	构造柱预留筋1	$46d+33d$	0.888	77.464
		437	箍筋1	$2\times(200+200)+2\times(75+1.9d)$	0.222	94.392
	9309	48	角筋1	$2800-300+10d$	0.888	111.696
		48	构造柱预留筋1	$46d+33d$	0.888	40.416
		240	箍筋1	$2\times(200+200)+2\times(75+1.9d)$	0.222	51.84
	9310	16	角筋1	$2800-100+10d$	0.888	40.064
		16	构造柱预留筋1	$46d+33d$	0.888	13.472
		84	箍筋1	$2\times(200+200)+2\times(75+1.9d)$	0.222	18.144
	9312	36	角筋1	$2800-250+10d$	0.888	85.356
		36	构造柱预留筋1	$46d+33d$	0.888	30.312
		180	箍筋1	$2\times(200+200)+2\times(75+1.9d)$	0.222	38.88
	9313	8	角筋1	$2800-370+10d$	0.888	18.112
		8	构造柱预留筋1	$46d+33d$	0.888	6.736
		40	箍筋1	$2\times(200+200)+2\times(75+1.9d)$	0.222	8.64

（续）

构件名称	编号	钢筋根数	钢筋名称	下料长度/mm	单位重量/（kg/m)	合计/kg
GZ-1	9318	48	角筋1	$2800-350+10d$	0.888	109.536
		48	构造柱预留筋1	$46d+33d$	0.888	40.416
		240	箍筋1	$2\times(200+200)+2\times(75+1.9d)$	0.222	51.84
	9322	12	角筋1	$2800+10d$	0.888	31.116
		12	构造柱预留筋1	$46d+33d$	0.888	10.104
		63	箍筋1	$2\times(200+200)+2\times(75+1.9d)$	0.222	13.608
	9330	48	角筋1	$2800-270+10d$	0.888	112.944
		48	构造柱预留筋1	$46d+33d$	0.888	40.416
		228	箍筋1	$2\times(200+200)+2\times(75+1.9d)$	0.222	49.248
	9362	8	角筋1	$2800+10d$	0.888	20.744
		8	构造柱预留筋1	$46d+33d$	0.888	6.736
		42	箍筋1	$2\times(200+200)+2\times(75+1.9d)$	0.222	9.072
GZ-2四角	9468	4	角筋1	$2800+10d$	1.210	14.228
		4	构造柱预留筋1	$46d+33d$	1.210	5.352
		21	箍筋1	$2\times(200+200)+2\times(75+1.9d)$	0.222	4.536
	9469	8	角筋1	$2800-180+10d$	1.210	26.72
		8	构造柱预留筋1	$46d+33d$	1.210	10.704
		40	箍筋1	$2\times(200+200)+2\times(75+1.9d)$	0.222	8.64
	9470	8	角筋1	$2800-370+10d$	1.210	24.88
		8	构造柱预留筋1	$46d+33d$	1.210	10.704
		38	箍筋1	$2\times(200+200)+2\times(75+1.9d)$	0.222	8.208
GZ5	9465	48	钢筋	$2800-180+10d$	1.210	160.32
		48	构造柱预留筋1	$46d+33d$	1.210	64.224
		24	箍筋1	$2\times(1040+200)+2\times11.9d$	0.395	25.32
		48	箍筋2	$2\times(200+198)+2\times11.9d$	0.395	18.672
GZ4	9300	48	钢筋	$2800-180+10d$	0.888	116.784
		48	构造柱预留筋1	$46d+33d$	0.888	40.416
		126	箍筋1	$2\times(440+200)+2\times(75+1.9d)$	0.222	40.698
GZ3	9265	168	角筋1	$2800-180+10d$	0.888	408.744
		168	构造柱预留筋1	$46d+33d$	0.888	141.456
		882	箍筋1	$2\times(200+140)+2\times(75+1.9d)$	0.222	166.698
GZ2	9260	36	钢筋	$2800-180+10d$	0.888	87.588
		36	构造柱预留筋1	$46d+33d$	0.888	30.312
		126	箍筋1	$2\times(320+200)+2\times(75+1.9d)$	0.22176	33.894

（续）

构件名称	编号	钢筋根数	钢筋名称	下料长度/mm	单位重量/（kg/m）	合计/kg
GZ4	7926	40	钢筋	$2800 - 120 + 10d$	0.888	99.44
		40	构造柱预留筋1	$46d + 33d$	0.888	33.68
		105	箍筋1	$2 \times (440 + 200) + 2 \times (75 + 1.9d)$	0.222	33.915
	7930	8	钢筋	$2800 - 300 + 10d$	0.888	18.616
		8	构造柱预留筋1	$46d + 33d$	0.888	6.736
		20	箍筋1	$2 \times (440 + 200) + 2 \times (75 + 1.9d)$	0.222	6.46
GZ3	7933	64	角筋1	$2800 + 10d$	0.888	165.952
		64	构造柱预留筋1	$46d + 33d$	0.888	53.888
		336	箍筋1	$2 \times (200 + 140) + 2 \times (75 + 1.9d)$	0.222	63.504
	7934	48	角筋1	$2800 - 120 + 10d$	0.888	119.328
		48	构造柱预留筋1	$46d + 33d$	0.888	40.416
		252	箍筋1	$2 \times (200 + 140) + 2 \times (75 + 1.9d)$	0.222	47.628
GZ2	7961	24	钢筋	$2800 + 10d$	0.888	62.232
		24	构造柱预留筋1	$46d + 33d$	0.888	20.208
		84	箍筋1	$2 \times (320 + 200) + 2 \times (75 + 1.9d)$	0.222	22.596
GZ-1	7838	24	角筋1	$2800 - 120 + 10d$	0.888	59.664
		24	构造柱预留筋1	$46d + 33d$	0.888	20.208
		120	箍筋1	$2 \times (200 + 200) + 2 \times (75 + 1.9d)$	0.222	25.92
	7839	188	角筋1	$2800 - 120 + 10d$	0.888	467.368
		188	构造柱预留筋1	$46d + 33d$	0.888	158.296
		987	箍筋1	$2 \times (200 + 200) + 2 \times (75 + 1.9d)$	0.222	213.192
	7844	20	角筋1	$2800 - 180 + 10d$	0.888	48.66
		20	构造柱预留筋1	$46d + 33d$	0.888	16.84
		105	箍筋1	$2 \times (200 + 200) + 2 \times (75 + 1.9d)$	0.222	22.68
	7849	8	角筋1	$2800 - 180 + 10d$	0.888	19.464
		8	构造柱预留筋1	$46d + 33d$	0.888	6.736
		40	箍筋1	$2 \times (200 + 200) + 2 \times (75 + 1.9d)$	0.222	8.64
	7850	44	角筋1	$2800 + 10d$	0.888	114.092
		44	构造柱预留筋1	$46d + 33d$	0.888	37.048
		231	箍筋1	$2 \times (200 + 200) + 2 \times (75 + 1.9d)$	0.222	49.896
	7854	24	角筋1	$2800 - 180 + 10d$	0.888	16
		24	构造柱预留筋1	$46d + 33d$	0.888	16
		120	箍筋1	$2 \times (200 + 200) + 2 \times (75 + 1.9d)$	0.222	84
	7860	16	角筋1	$2800 + 10d$	0.888	41.488
		16	构造柱预留筋1	$46d + 33d$	0.888	13.472
		84	箍筋1	$2 \times (200 + 200) + 2 \times (75 + 1.9d)$	0.222	18.144
	7891	24	角筋1	$2800 - 300 + 10d$	0.888	55.848
		24	构造柱预留筋1	$46d + 33d$	0.888	20.208
		120	箍筋1	$2 \times (200 + 200) + 2 \times (75 + 1.9d)$	0.222	25.92

注：表中 d 表示钢筋直径。

过关问题4：根据案例，编制钢筋工程的招标工程量清单表，并填入表13-6。

表13-6 分部分项工程和单价措施项目清单与计价表

序号	项目编码	项目名称	项目特征	计量单位	工程量	金额（元）	
						综合单价	合价
1	010515001001	现浇构件Ф6钢筋	Ф6（HPB300）	kg	6114.427		
2	010515001002	现浇构件Ф8钢筋	Ф8（HPB300）	kg	245.622		
3	010515001003	现浇构件Ф12钢筋	Ф12（HPB335）	kg	18396.596		
4	010515001004	现浇构件Ф14钢筋	Ф14（HPB335）	kg	1858.684		

任务四 编制加筋墙配筋招标工程量清单表

过关问题1：根据案例中的背景资料，计算钢筋工程量时应根据哪些图样和相应的工程量清单计算规则？

答：根据案例中的背景资料，计算加筋墙的钢筋工程量时，应根据结构平面图和建筑平面图以及《房屋建筑与装饰工程工程量计算规范》（GB 50854—2013）中的钢筋工程现浇构件钢筋工程量计算规则计算钢筋工程量。

过关问题2：根据案例中的结构平面图和详图，应如何计算加筋墙的钢筋清单工程量？

答：根据案例中的结构平面图和详图，计算加筋墙的钢筋工程量时，参照建筑平面图标高确定混凝土板带个数，然后分别根据加筋墙长度计算通长钢筋长度，根据加筋墙厚度计算分布钢筋长度，再利用公式构件长减去两个保护层厚度除以箍筋间距加一，根数向上取整，得到钢筋的根数。

过关问题3：根据案例中的钢筋，对于钢筋工程的工程量清单应如何列项，如何描述其项目特征？

答：根据案例中的钢筋，对加筋墙进行现浇构件钢筋列项，描述其加筋墙的现浇构件钢筋的种类、规格（表13-7）。

表13-7 加筋墙配筋工程量的计算底稿

构件名称	编号	钢筋根数	钢筋名称	下料长度/mm	单位重量/（kg/m）	合计/kg
QTQ	1	8304	Ф6@200	$(10360 \times 36 + 3960 \times 216 + 3060 \times 120 + 6220 \times 72 + 6360 \times 24 + 4860 \times 72 + 3911 \times 12 + 1801 \times 24 + 2941 \times 12 + 800 \times 8 + 1020 \times 8 + 1640 \times 4 + 2941 \times 12 + 3100 \times 72 + 620 \times 40 + 3240 \times 40 + 4860 \times 20 + 3240 \times 48 + 620 \times 48 + 4860 \times 24 + 5960 \times 24 + 7761 \times 12 + 12160 \times 24 + 8151 \times 12 + 3760 \times 12 - 140 \times 64 + 3840 \times 32 + 6360 \times 16 + 2470 \times 24 + 5260 \times 24 + 560 \times 24 + 6230 \times 24 + 1640 \times 24 + 11460 \times 48 + 1801 \times 24 + 1720 \times 8 + 4900 \times 4 + 3521 \times 12 + 1900 \times 8 + 3060 \times 4 + 780 \times 8 + 1820 \times 8 + 4860 \times 4 + 3761 \times 12 - 140 \times 8 + 1800 \times 8 + 3060 \times 4) \times 5 + (2980 \times 48 + 360 \times 48 + 4860 \times 24 + 1640 \times 24 + 3960 \times 216 + 3060 \times 120 + 6220 \times 72 + 1801 \times 24 + 2180 \times 4 + 3100 \times 72 + 5260 \times 24 + 2470 \times 24 + 360 \times 40 + 2980 \times 40 + 4860 \times 20 - 140 \times 48 + 1800 \times 8 + 3060 \times 4 + 4860 \times 72 + 11460 \times 48 + 5960 \times 24 + 3761 \times 12 + 520 \times 8 + 2820 \times 8 + 4860 \times 4 + 10360 \times 36 + 1900 \times 8 + 3060 \times 4 + 3521 \times 12 + 1801 \times 24 + 2941 \times 12 + 1460 \times 8 + 4900 \times 4 + 6360 \times 24 - 140 \times 64 + 3840 \times 32 + 9360 \times 16 + 800 \times 8 + 3760 \times 12 + 12160 \times 24 + 8151 \times 12 + 7761 \times 12 + 2941 \times 12 + 620 \times 8 + 1640 \times 4 + 3911 \times 12) + (8304 \times 2 \times 60 + 8304 \times 2 \times 200 + 16608 \times 0.625d)$	0.22212	8510.376

注：表中d为钢筋直径。

过关问题4：根据案例，编制钢筋工程的招标工程量清单表（分部分项工程和单价措施项目清单与计价表），并填入表13-8。

答：分部分项工程和单价措施项目清单与计价表见表13-8。

表13-8　分部分项工程和单价措施项目清单与计价表

序号	项目编码	项目名称	项目特征	计量单位	工程量	金额（元）	
						综合单价	合价
1	现浇构件钢筋	现浇构件钢筋Φ6	Φ6（HPB300）	t	8.510	3692.13	31420.0263

任务五　编制过梁配筋招标工程量清单表

过关问题1：根据案例中的背景资料，计算钢筋工程量时应根据哪些图样和相应的工程量清单计算规则？

答：根据案例中的背景资料，计算钢筋工程量时，应根据构件详图、结构平面图以及《房屋建筑与装饰工程工程量计算规范》（GB 50854—2013）中的钢筋工程现浇构件钢筋工程量计算规则计算钢筋工程量。

过关问题2：根据案例中的结构平面图和详图，应如何计算过梁的钢筋清单工程量？

答：根据案例中的结构平面图和详图，计算过梁的钢筋工程量时，根据构件平面图内的过梁钢筋表及过梁示意图计算上下筋长度及根数，利用公式构件截面周长减八乘以保护层厚度减四乘以箍筋直径加两个弯钩增加长度计算箍筋长度，构件长减去两个保护层厚度除以箍筋间距加一，根数向上取整，得到钢筋的根数。根据外墙遇门窗洞口时过梁做法，再利用公式计算钢筋长度及根数。

过关问题3：根据案例中的钢筋，对于钢筋工程的工程量清单应如何列项，如何描述其项目特征？

答：根据案例中的钢筋，对过梁进行现浇构件钢筋列项，描述其过梁的现浇构件钢筋的种类、规格（表13-9）。

表13-9　过梁配筋工程量的计算底稿

构件名称	编号	钢筋根数	钢筋名称	下料长度/mm	单位重量/(kg/m)	合计/kg
过梁	2467	2	过梁上部纵筋1	$1020 + 35d + 35d + 12.5d$	0.617	22.760
		2	过梁下部纵筋1	$1020 + 35d + 35d + 12.5d$	0.888	35.700
		6	过梁箍筋1	$2 \times [(240 - 2 \times 20) + (120 - 2 \times 20)] + 2 \times (75 + 1.9d)$	0.222	9.780
	2466	2	过梁上部纵筋1	$900 + 35d + 35d + 12.5d$	0.617	10.64
		2	过梁下部纵筋1	$900 + 35d + 35d + 12.5d$	0.888	16.78
		5	过梁箍筋1	$2 \times [(240 - 2 \times 20) + (120 - 2 \times 20)] + 2 \times (75 + 1.9d)$	0.222	4.075
	2453	2	过梁上部纵筋1	$1500 - 20 - 20 + 12.5d$	0.617	23.472
		2	过梁下部纵筋1	$1500 - 20 - 20 + 12.5d$	0.888	34.32

（续）

构件名称	编号	钢筋根数	钢筋名称	下料长度/mm	单位重量/(kg/m)	合计/kg
过梁	2453	9	过梁箍筋1	$2 \times [(240 - 2 \times 20) + (120 - 2 \times 20)] + 2 \times (75 + 1.9d)$	0.222	17.604
	2446	2	过梁上部纵筋1	$800 + 35d + 35d + 12.5d$	0.617	6.924
		2	过梁下部纵筋1	$800 + 35d + 35d + 12.5d$	0.888	19.08
		5	过梁箍筋1	$2 \times [(240 - 2 \times 20) + (120 - 2 \times 20)] + 2 \times (75 + 1.9d)$	0.222	4.89
	2889	2	过梁上部纵筋1	$1020 + 35d + 35d + 12.5d$	0.617	22.76
		2	过梁下部纵筋1	$1020 + 35d + 35d + 12.5d$	0.888	35.7
		6	过梁箍筋1	$2 \times [(240 - 2 \times 20) + (120 - 2 \times 20)] + 2 \times (75 + 1.9d)$	0.222	9.78
	2879	2	过梁上部纵筋1	$900 + 35d + 35d + 12.5d$	0.617	10.64
		2	过梁下部纵筋1	$900 + 35d + 35d + 12.5d$	0.888	16.78
		5	过梁箍筋1	$2 \times [(240 - 2 \times 20) + (120 - 2 \times 20)] + 2 \times (75 + 1.9d)$	0.222	4.075
	2873	2	过梁上部纵筋1	$1500 - 20 - 20 + 12.5d$	0.617	23.472
		2	过梁下部纵筋1	$1500 - 20 - 20 + 12.5d$	0.888	34.32
		9	过梁箍筋1	$2 \times [(240 - 2 \times 20) + (120 - 2 \times 20)] + 2 \times (75 + 1.9d)$	0.222	17.604
	3006	2	过梁上部纵筋1	$800 + 35d + 35d + 12.5d$	0.617	6.924
		2	过梁下部纵筋1	$800 + 35d + 35d + 12.5d$	0.888	19.08
		5	过梁箍筋1	$2 \times [(240 - 2 \times 20) + (120 - 2 \times 20)] + 2 \times (75 + 1.9d)$	0.222	4.89
	3750	2	过梁上部纵筋1	$1020 + 35d + 35d + 12.5d$	0.617	22.76
		2	过梁下部纵筋1	$1020 + 35d + 35d + 12.5d$	0.888	35.7
		6	过梁箍筋1	$2 \times [(240 - 2 \times 20) + (120 - 2 \times 20)] + 2 \times (75 + 1.9d)$	0.222	9.78
	3740	2	过梁上部纵筋1	$900 + 35d + 35d + 12.5d$	0.617	10.64
		2	过梁下部纵筋1	$900 + 35d + 35d + 12.5d$	0.888	16.78
		5	过梁箍筋1	$2 \times [(240 - 2 \times 20) + (120 - 2 \times 20)] + 2 \times (75 + 1.9d)$	0.222	4.075
	3734	2	过梁上部纵筋1	$1500 - 20 - 20 + 12.5d$	0.617	23.472
		2	过梁下部纵筋1	$1500 - 20 - 20 + 12.5d$	0.888	34.32
		9	过梁箍筋1	$2 \times [(240 - 2 \times 20) + (120 - 2 \times 20)] + 2 \times (75 + 1.9d)$	0.222	17.604
	3867	2	过梁上部纵筋1	$800 + 35d + 35d + 12.5d$	0.617	6.924
		2	过梁下部纵筋1	$800 + 35d + 35d + 12.5d$	0.888	19.08
		5	过梁箍筋1	$2 \times [(240 - 2 \times 20) + (120 - 2 \times 20)] + 2 \times (75 + 1.9d)$	0.222	4.89
	4611	2	过梁上部纵筋1	$1020 + 35d + 35d + 12.5d$	0.617	22.76
		2	过梁下部纵筋1	$1020 + 35d + 35d + 12.5d$	0.888	35.7
		6	过梁箍筋1	$2 \times [(240 - 2 \times 20) + (120 - 2 \times 20)] + 2 \times (75 + 1.9d)$	0.222	9.78
	4601	2	过梁上部纵筋1	$900 + 35d + 35d + 12.5d$	0.617	10.64
		2	过梁下部纵筋1	$900 + 35d + 35d + 12.5d$	0.888	16.78
		5	过梁箍筋1	$2 \times [(240 - 2 \times 20) + (120 - 2 \times 20)] + 2 \times (75 + 1.9d)$	0.222	4.075

（续）

构件名称	编号	钢筋根数	钢筋名称	下料长度/mm	单位重量/（kg/m）	合计/kg
过梁	4595	2	过梁上部纵筋1	$1500 - 20 - 20 + 12.5d$	0.617	23.472
		2	过梁下部纵筋1	$1500 - 20 - 20 + 12.5d$	0.888	34.32
		9	过梁箍筋1	$2 \times [(240 - 2 \times 20) + (120 - 2 \times 20)] + 2 \times (75 + 1.9d)$	0.222	17.604
	4728	2	过梁上部纵筋1	$800 + 35d + 35d + 12.5d$	0.617	6.924
		2	过梁下部纵筋1	$800 + 35d + 35d + 12.5d$	0.888	19.08
		5	过梁箍筋1	$2 \times [(240 - 2 \times 20) + (120 - 2 \times 20)] + 2 \times (75 + 1.9d)$	0.222	4.89
	5472	2	过梁上部纵筋1	$1020 + 35d + 35d + 12.5d$	0.617	22.76
		2	过梁下部纵筋1	$1020 + 35d + 35d + 12.5d$	0.888	35.7
		6	过梁箍筋1	$2 \times [(240 - 2 \times 20) + (120 - 2 \times 20)] + 2 \times (75 + 1.9d)$	0.222	9.78
	5462	2	过梁上部纵筋1	$900 + 35d + 35d + 12.5d$	0.617	10.64
		2	过梁下部纵筋1	$900 + 35d + 35d + 12.5d$	0.888	16.78
		5	过梁箍筋1	$2 \times [(240 - 2 \times 20) + (120 - 2 \times 20)] + 2 \times (75 + 1.9d)$	0.222	4.075
	5456	2	过梁上部纵筋1	$1500 - 20 - 20 + 12.5d$	0.617	23.472
		2	过梁下部纵筋1	$1500 - 20 - 20 + 12.5d$	0.888	34.32
		9	过梁箍筋1	$2 \times [(240 - 2 \times 20) + (120 - 2 \times 20)] + 2 \times (75 + 1.9d)$	0.222	17.604
	5589	2	过梁上部纵筋1	$800 + 35d + 35d + 12.5d$	0.617	6.924
		2	过梁下部纵筋1	$800 + 35d + 35d + 12.5d$	0.888	19.08
		5	过梁箍筋1	$2 \times [(240 - 2 \times 20) + (120 - 2 \times 20)] + 2 \times (75 + 1.9d)$	0.222	4.89
	6333	2	过梁上部纵筋1	$1020 + 35d + 35d + 12.5d$	0.617	22.76
		2	过梁下部纵筋1	$1020 + 35d + 35d + 12.5d$	0.888	35.7
		6	过梁箍筋1	$2 \times [(240 - 2 \times 20) + (120 - 2 \times 20)] + 2 \times (75 + 1.9d)$	0.222	9.78
	6323	2	过梁上部纵筋1	$900 + 35d + 35d + 12.5d$	0.617	10.64
		2	过梁下部纵筋1	$900 + 35d + 35d + 12.5d$	0.888	16.78
		5	过梁箍筋1	$2 \times [(240 - 2 \times 20) + (120 - 2 \times 20)] + 2 \times (75 + 1.9d)$	0.222	4.075
	6317	2	过梁上部纵筋1	$1500 - 20 - 20 + 12.5d$	0.617	23.472
		2	过梁下部纵筋1	$1500 - 20 - 20 + 12.5d$	0.888	34.32
		9	过梁箍筋1	$2 \times [(240 - 2 \times 20) + (120 - 2 \times 20)] + 2 \times (75 + 1.9d)$	0.222	17.604
	6450	2	过梁上部纵筋1	$800 + 35d + 35d + 12.5d$	0.617	6.924
		2	过梁下部纵筋1	$800 + 35d + 35d + 12.5d$	0.888	19.08
		5	过梁箍筋1	$2 \times [(240 - 2 \times 20) + (120 - 2 \times 20)] + 2 \times (75 + 1.9d)$	0.222	4.89

注：表中 d 为钢筋直径。

过关问题4：根据案例，编制钢筋工程的招标工程量清单表（分部分项工程和单价措施项目清单与计价表），并填入表13-10。

答：分部分项工程和单价措施项目清单与计价表见表13-10。

表 13-10 分部分项工程和单价措施项目清单与计价表

序号	项目编码	项目名称	项目特征	计量单位	工程量	金额（元）	
						综合单价	合价
1	010515001001	现浇构件Φ6 钢筋	Φ6 （HPB300）	kg	218.094		
2	010515001002	现浇构件Φ8 钢筋	Φ8 （HPB300）	kg	41.544		
3	010515001003	现浇构件Φ10 钢筋	Φ10 （HPB300）	kg	341.232		
4	010515001004	现浇构件Φ12 钢筋	Φ12 （HPB300）	kg	635.28		

任务六　编制阳台梁配筋招标工程量清单表

过关问题1：根据案例中的背景资料，计算钢筋工程量时应根据哪些图样和相应的工程量清单计算规则？

答：根据案例中的背景资料，计算钢筋工程量时应根据结构外檐和结构平面图以及《房屋建筑与装饰工程工程量计算规范》（GB 50854—2013）中的钢筋工程现浇构件钢筋工程量计算规则计算钢筋工程量。

过关问题2：根据案例中的结构平面图和详图，应如何计算阳台梁的钢筋清单工程量？

答：根据案例中的结构平面图和详图，计算阳台梁的钢筋工程量时，根据 YTL1、XL1、XL2 做法，计算钢筋长度及根数。计算六层钢筋工程量时，根据 YTL1a、YTL2a、YTL3a 计算钢筋长度及根数。

过关问题3：根据案例中的钢筋，对于钢筋工程的工程量清单应如何列项，如何描述其项目特征？

答：根据案例中的钢筋，对阳台梁进行现浇构件钢筋列项，描述其阳台梁的现浇构件钢筋的种类、规格（表 13-11）。

表 13-11 阳台梁配筋工程量的计算底稿

构件名称	编号	钢筋根数	钢筋名称	下料长度/mm	单位重量/(kg/m)	合计/kg
YTL2(1)	751	2	1 跨上通长筋1	$-20 + 15d + 4000 - 20 + 15d$	0.888	7.672
		2	1 跨下部钢筋1	$-20 + 2.89d + 5d + 4000 - 20 + 2.89d + 5d$	2.470	21.124
		21	1 跨箍筋1	$2 \times [(200 - 2 \times 20) + (500 - 2 \times 20)] + 2 \times 11.9d$	0.395	11.865
	761	4	1 跨上通长筋1	$240 - 20 + 15d + 1880 + 144 - 20$	0.888	8.54
		4	1 跨下通长筋1	$15d + 1880 - 20$	2.470	21.34
		22	1 跨箍筋1	$2 \times [(200 - 2 \times 20) + (500 - 2 \times 20)] + 2 \times 11.9d$	0.395	12.43
	808	10	1 跨上通长筋1	$-20 + 15d + 4200 - 20 + 15d$	0.888	40.14
		10	1 跨下部钢筋1	$-20 + 2.89d + 5d + 4200 - 20 + 2.89d + 5d$	2.470	110.56
		110	1 跨箍筋1	$2 \times [(200 - 2 \times 20) + (500 - 2 \times 20)] + 2 \times 11.9d$	0.395	62.15
	835	2	1 跨上通长筋1	$-20 + 15d + 2120 - 20 + 15d$	0.888	4.334
		2	1 跨下部钢筋1	$-20 + 2.89d + 5d + 2120 - 20 + 2.89d + 5d$	2.470	11.836
		12	1 跨箍筋1	$2 \times [(200 - 2 \times 20) + (500 - 2 \times 20)] + 2 \times 11.9d$	0.395	6.78

（续）

构件名称	编号	钢筋根数	钢筋名称	下料长度/mm	单位重量/(kg/m)	合计/kg
YTL2(1)	909	2	0 跨上通长筋 1	$240 - 20 + 15d + 1880 + 144 - 20$	0.888	4.27
		2	0 跨下部钢筋 1	$15d + 1880 - 20$	2.470	10.67
		11	0 跨箍筋 1	$2 \times [(200 - 2 \times 20) + (500 - 2 \times 20)] + 2 \times 11.9d$	0.395	6.215
YTL3(1)	746	2	1 跨上通长筋 1	$200 - 20 + 15d + 1020 + 216 - 20$	2.000	6.664
		2	1 跨下通长筋 1	$15d + 1020 - 20$	2.000	5.08
		6	1 跨箍筋 1	$2 \times [(240 - 2 \times 20) + (370 - 2 \times 20)] + 2 \times 11.9d$	0.395	2.964
	840	2	1 跨上通长筋 1	$200 - 20 + 15d + 1002 + 216 - 20$	2.000	6.592
		2	1 跨下通长筋 1	$15d + 1002 - 20$	2.000	5.008
		6	1 跨箍筋 1	$2 \times [(240 - 2 \times 20) + (370 - 2 \times 20)] + 2 \times 11.9d$	0.395	2.964
	934	2	0 跨上通长筋 1	$240 - 20 + 15d + 680 + 216 - 20$	2.000	5.464
		2	0 跨下部钢筋 1	$15d + 680 - 20$	2.000	3.72
		5	0 跨箍筋 1	$2 \times [(240 - 2 \times 20) + (370 - 2 \times 20)] + 2 \times 11.9d$	0.395	2.47
	2250	2	1 跨上通长筋 1	$-20 + 15d + 801 - 20 + 15d$	2.000	5.204
		2	1 跨下部钢筋 1	$-20 + 2.89d + 5d + 801 - 20 + 2.89d + 5d$	2.000	4.18
		5	1 跨箍筋 1	$2 \times [(240 - 2 \times 20) + (370 - 2 \times 20)] + 2 \times 11.9d$	0.395	2.47
YTL2(1)-1	758	2	1 跨上通长筋 1	$-20 + 15d + 4200 - 20 + 15d$	0.888	8.028
		2	1 跨下部钢筋 1	$-20 + 2.89d + 5d + 4200 - 20 + 2.89d + 5d$	2.000	17.776
		22	1 跨箍筋 1	$2 \times [(240 - 2 \times 20) + (500 - 2 \times 20)] + 2 \times 11.9d$	0.395	13.112
	764	6	1 跨上通长筋 1	$-20 + 15d + 1200 - 20 + 15d$	0.888	8.1
		6	1 跨下部钢筋 1	$-20 + 2.89d + 5d + 1200 - 20 + 2.89d + 5d$	2.000	17.328
		21	1 跨箍筋 1	$2 \times [(240 - 2 \times 20) + (500 - 2 \times 20)] + 2 \times 11.9d$	0.395	12.516
	789	2	1 跨上通长筋 1	$-20 + 15d + 2510 - 20 + 15d$	0.888	5.026
		2	1 跨下部钢筋 1	$-20 + 2.89d + 5d + 2510 - 20 + 2.89d + 5d$	2.000	11.016
		14	1 跨箍筋 1	$2 \times [(240 - 2 \times 20) + (500 - 2 \times 20)] + 2 \times 11.9d$	0.395	8.344
	790	4	1 跨上通长筋 1	$-20 + 15d + 800 - 20 + 15d$	0.888	3.98
		4	1 跨下部钢筋 1	$-20 + 2.89d + 5d + 800 - 20 + 2.89d + 5d$	2.000	8.352
		10	1 跨箍筋 1	$2 \times [(240 - 2 \times 20) + (500 - 2 \times 20)] + 2 \times 11.9d$	0.395	5.96
	905	2	1 跨上通长筋 1	$-20 + 15d + 2270 - 20 + 15d$	0.888	4.6
		2	1 跨下部钢筋 1	$-20 + 2.89d + 5d + 2270 - 20 + 2.89d + 5d$	2.000	10.056
		13	1 跨箍筋 1	$2 \times [(240 - 2 \times 20) + (500 - 2 \times 20)] + 2 \times 11.9d$	0.395	7.748
YTL2(1)	3288	10	1 跨上通长筋 1	$-20 + 15d + 4200 - 20 + 15d$	0.888	40.14
		10	1 跨下部钢筋 1	$-20 + 2.89d + 5d + 4200 - 20 + 2.89d + 5d$	2.470	110.56
		110	1 跨箍筋 1	$2 \times [(200 - 2 \times 20) + (500 - 2 \times 20)] + 2 \times 11.9d$	0.395	62.15
	3290	2	0 跨上通长筋 1	$240 - 20 + 15d + 1880 + 144 - 20$	0.888	4.27
		2	0 跨下部钢筋 1	$15d + 1880 - 20$	2.470	10.67

（续）

构件名称	编号	钢筋根数	钢筋名称	下料长度/mm	单位重量/（kg/m）	合计/kg
YTL2(1)	3290	11	0 跨箍筋 1	$2 \times [(200 - 2 \times 20) + (500 - 2 \times 20)] + 2 \times 11.9d$	0.395	6.215
	3299	4	1 跨上通长筋 1	$240 - 20 + 15d + 1880 + 144 - 20$	0.888	8.54
		4	1 跨下通长筋 1	$15d + 1880 - 20$	2.470	21.34
		22	1 跨箍筋 1	$2 \times [(200 - 2 \times 20) + (500 - 2 \times 20)] + 2 \times 11.9d$	0.395	12.43
	3311	2	1 跨上通长筋 1	$-20 + 15d + 2120 - 20 + 15d$	0.888	4.334
		2	1 跨下部钢筋 1	$-20 + 2.89d + 5d + 2120 - 20 + 2.89d + 5d$	2.470	11.836
		12	1 跨箍筋 1	$2 \times [(200 - 2 \times 20) + (500 - 2 \times 20)] + 2 \times 11.9d$	0.395	6.78
	3336	2	1 跨上通长筋 1	$-20 + 15d + 4000 - 20 + 15d$	0.888	7.672
		2	1 跨下部钢筋 1	$-20 + 2.89d + 5d + 4000 - 20 + 2.89d + 5d$	2.470	21.124
		21	1 跨箍筋 1	$2 \times [(200 - 2 \times 20) + (500 - 2 \times 20)] + 2 \times 11.9d$	0.395	11.865
YTL3(1)	3080	2	1 跨上通长筋 1	$-20 + 15d + 801 - 20 + 15d$	2.000	5.204
		2	1 跨下部钢筋 1	$-20 + 2.89d + 5d + 801 - 20 + 2.89d + 5d$	2.000	4.18
		5	1 跨箍筋 1	$2 \times [(240 - 2 \times 20) + (370 - 2 \times 20)] + 2 \times 11.9d$	0.395	2.47
	3146	2	0 跨上通长筋 1	$240 - 20 + 15d + 680 + 216 - 20$	2.000	5.464
		2	0 跨下部钢筋 1	$15d + 680 - 20$	2.000	3.72
		5	0 跨箍筋 1	$2 \times [(240 - 2 \times 20) + (370 - 2 \times 20)] + 2 \times 11.9d$	0.395	2.47
	3304	2	1 跨上通长筋 1	$200 - 20 + 15d + 1002 + 216 - 20$	2.000	6.592
		2	1 跨下通长筋 1	$15d + 1002 - 20$	2.000	5.008
		6	1 跨箍筋 1	$2 \times [(240 - 2 \times 20) + (370 - 2 \times 20)] + 2 \times 11.9d$	0.395	2.964
	3337	2	1 跨上通长筋 1	$200 - 20 + 15d + 1020 + 216 - 20$	2.000	6.664
		2	1 跨下通长筋 1	$15d + 1020 - 20$	2.000	5.08
		6	1 跨箍筋 1	$2 \times [(240 - 2 \times 20) + (370 - 2 \times 20)] + 2 \times 11.9d$	0.395	2.964
YTL2 (1) - 1	3289	4	1 跨上通长筋 1	$-20 + 15d + 800 - 20 + 15d$	0.888	3.98
		4	1 跨下部钢筋 1	$-20 + 2.89d + 5d + 800 - 20 + 2.89d + 5d$	2	8.352
		10	1 跨箍筋 1	$2 \times [(240 - 2 \times 20) + (500 - 2 \times 20)] + 2 \times 11.9d$	0.394	5.96
	3921	12	1 跨上通长筋 1	$-20 + 15d + 1200 - 20 + 15d$	0.888	8.1
		18	1 跨下部钢筋 1	$-20 + 2.89d + 5d + 1200 - 20 + 2.89d + 5d$	2	17.328
		8	1 跨箍筋 1	$2 \times [(240 - 2 \times 20) + (500 - 2 \times 20)] + 2 \times 11.9d$	0.394	12.516
	3292	12	1 跨上通长筋 1	$-20 + 15d + 2270 - 20 + 15d$	0.888	4.6
		18	1 跨下部钢筋 1	$-20 + 2.89d + 5d + 2270 - 20 + 2.89d + 5d$	2	10.056
		8	1 跨箍筋 1	$2 \times [(240 - 2 \times 20) + (500 - 2 \times 20)] + 2 \times 11.9d$	0.394	7.748
	3330	12	1 跨上通长筋 1	$-20 + 15d + 2510 - 20 + 15d$	0.887	5.026
		18	1 跨下部钢筋 1	$-20 + 2.89d + 5d + 2510 - 20 + 2.89d + 5d$	2	11.016
		8	1 跨箍筋 1	$2 \times [(240 - 2 \times 20) + (500 - 2 \times 20)] + 2 \times 11.9d$	0.394	8.344
	3335	12	1 跨上通长筋 1	$-20 + 15d + 4200 - 20 + 15d$	0.888	8.028
		18	1 跨下部钢筋 1	$-20 + 2.89d + 5d + 4200 - 20 + 2.89d + 5d$	2	17.776
		8	1 跨箍筋 1	$2 \times [(240 - 2 \times 20) + (500 - 2 \times 20)] + 2 \times 11.9d$	0.394	13.112

（续）

构件名称	编号	钢筋根数	钢筋名称	下料长度/mm	单位重量/(kg/m)	合计/kg
YTL2(1)	4149	12	1 跨上通长筋1	$-20+15d+4200-20+15d$	0.888	40.14
		20	1 跨下部钢筋1	$-20+2.89d+5d+4200-20+2.89d+5d$	2.470	110.56
		8	1 跨箍筋1	$2\times[(200-2\times20)+(500-2\times20)]+2\times11.9d$	0.395	62.15
	4151	12	0 跨上通长筋1	$240-20+15d+1880+144-20$	0.888	4.27
		20	0 跨下部钢筋1	$15d+1880-20$	2.469	10.67
		8	0 跨箍筋1	$2\times[(200-2\times20)+(500-2\times20)]+2\times11.9d$	0.395	6.215
	4160	12	1 跨上通长筋1	$240-20+15d+1880+144-20$	0.888	8.54
		20	1 跨下通长筋1	$15d+1880-20$	2.469	21.34
		8	1 跨箍筋1	$2\times[(200-2\times20)+(500-2\times20)]+2\times11.9d$	0.395	12.43
	4172	12	1 跨上通长筋1	$-20+15d+2120-20+15d$	0.888	4.334
		20	1 跨下部钢筋1	$-20+2.89d+5d+2120-20+2.89d+5d$	2.469	11.836
		8	1 跨箍筋1	$2\times[(200-2\times20)+(500-2\times20)]+2\times11.9d$	0.395	6.78
	4197	12	1 跨上通长筋1	$-20+15d+4000-20+15d$	0.887	7.672
		20	1 跨下部钢筋1	$-20+2.89d+5d+4000-20+2.89d+5d$	2.470	21.124
		8	1 跨箍筋1	$2\times[(200-2\times20)+(500-2\times20)]+2\times11.9d$	0.395	11.865
YTL3(1)	3941	18	1 跨上通长筋1	$-20+15d+801-20+15d$	2	5.204
		18	1 跨下部钢筋1	$-20+2.89d+5d+801-20+2.89d+5d$	2	4.18
		8	1 跨箍筋1	$2\times[(240-2\times20)+(370-2\times20)]+2\times11.9d$	0.395	2.47
	4007	18	0 跨上通长筋1	$240-20+15d+680+216-20$	2	5.464
		18	0 跨下部钢筋1	$15d+680-20$	2	3.72
		8	0 跨箍筋1	$2\times[(240-2\times20)+(370-2\times20)]+2\times11.9d$	0.395	2.47
	4165	18	1 跨上通长筋1	$200-20+15d+1002+216-20$	2	6.592
		18	1 跨下通长筋1	$15d+1002-20$	2	5.008
		8	1 跨箍筋1	$2\times[(240-2\times20)+(370-2\times20)]+2\times11.9d$	0.395	2.964
	4198	18	1 跨上通长筋1	$200-20+15d+1020+216-20$	2	6.664
		18	1 跨下通长筋1	$15d+1020-20$	2	5.08
		8	1 跨箍筋1	$2\times[(240-2\times20)+(370-2\times20)]+2\times11.9d$	0.395	2.964
YTL2 (1)-1	4150	12	1 跨上通长筋1	$-20+15d+800-20+15d$	0.888	3.98
		18	1 跨下部钢筋1	$-20+2.89d+5d+800-20+2.89d+5d$	2	8.352
		8	1 跨箍筋1	$2\times[(240-2\times20)+(500-2\times20)]+2\times11.9d$	0.394	5.96
	4152	12	1 跨上通长筋1	$-20+15d+1200-20+15d$	0.888	8.1
		18	1 跨下部钢筋1	$-20+2.89d+5d+1200-20+2.89d+5d$	2	17.328
		8	1 跨箍筋1	$2\times[(240-2\times20)+(500-2\times20)]+2\times11.9d$	0.394	12.516
	4153	12	1 跨上通长筋1	$-20+15d+2270-20+15d$	0.888	4.6
		18	1 跨下部钢筋1	$-20+2.89d+5d+2270-20+2.89d+5d$	2	10.056

（续）

构件名称	编号	钢筋根数	钢筋名称	下料长度/mm	单位重量/(kg/m)	合计/kg
YTL2 (1)-1	4153	8	1 跨箍筋 1	$2\times[(240-2\times20)+(500-2\times20)]+2\times11.9d$	0.394	7.748
	4191	12	1 跨上通长筋 1	$-20+15d+2510-20+15d$	0.887	5.026
		18	1 跨下部钢筋 1	$-20+2.89d+5d+2510-20+2.89d+5d$	2	11.016
		8	1 跨箍筋 1	$2\times[(240-2\times20)+(500-2\times20)]+2\times11.9d$	0.394	8.344
	4196	12	1 跨上通长筋 1	$-20+15d+4200-20+15d$	0.888	8.028
		18	1 跨下部钢筋 1	$-20+2.89d+5d+4200-20+2.89d+5d$	2	17.776
		8	1 跨箍筋 1	$2\times[(240-2\times20)+(500-2\times20)]+2\times11.9d$	0.394	13.112
YTL2 (1)	5871	10	1 跨上通长筋 1	$-20+15d+4200-20+15d$	0.888	40.14
		10	1 跨下部钢筋 1	$-20+2.89d+5d+4200-20+2.89d+5d$	2.470	110.56
		110	1 跨箍筋 1	$2\times[(200-2\times20)+(500-2\times20)]+2\times11.9d$	0.395	62.15
	5873	2	0 跨上通长筋 1	$240-20+15d+1880+144-20$	0.888	4.27
		2	0 跨下部钢筋 1	$15d+1880-20$	2.470	10.67
		11	0 跨箍筋 1	$2\times[(200-2\times20)+(500-2\times20)]+2\times11.9d$	0.395	6.215
	5882	4	1 跨上通长筋 1	$240-20+15d+1880+144-20$	0.888	8.54
		4	1 跨上通长筋 1	$15d+1880-20$	2.470	21.34
		22	1 跨箍筋 1	$2\times[(200-2\times20)+(500-2\times20)]+2\times11.9d$	0.395	12.43
	5894	2	1 跨上通长筋 1	$-20+15d+2120-20+15d$	0.888	4.334
		2	1 跨下部钢筋 1	$-20+2.89d+5d+2120-20+2.89d+5d$	2.470	11.836
		12	1 跨箍筋 1	$2\times[(200-2\times20)+(500-2\times20)]+2\times11.9d$	0.395	6.78
	5919	2	1 跨上通长筋 1	$-20+15d+4000-20+15d$	0.888	7.672
		2	1 跨下部钢筋 1	$-20+2.89d+5d+4000-20+2.89d+5d$	2.470	21.124
		21	1 跨箍筋 1	$2\times[(200-2\times20)+(500-2\times20)]+2\times11.9d$	0.395	11.865
YTL3 (1)	5663	2	1 跨上通长筋 1	$-20+15d+801-20+15d$	2.000	5.204
		2	1 跨下部钢筋 1	$-20+2.89d+5d+801-20+2.89d+5d$	2.000	4.18
		5	1 跨箍筋 1	$2\times[(240-2\times20)+(370-2\times20)]+2\times11.9d$	0.395	2.47
	5729	2	0 跨上通长筋 1	$240-20+15d+680+216-20$	2.000	5.464
		2	0 跨下部钢筋 1	$15d+680-20$	2.000	3.72
		5	0 跨箍筋 1	$2\times[(240-2\times20)+(370-2\times20)]+2\times11.9d$	0.395	2.47
	5887	2	1 跨上通长筋 1	$200-20+15d+1002+216-20$	2.000	6.592
		2	1 跨上通长筋 1	$15d+1002-20$	2.000	5.008
		6	1 跨箍筋 1	$2\times[(240-2\times20)+(370-2\times20)]+2\times11.9d$	0.395	2.964
	5920	2	1 跨上通长筋 1	$200-20+15d+1020+216-20$	2.000	6.664
		2	1 跨下部通长筋 1	$15d+1020-20$	2.000	5.08
		6	1 跨箍筋 1	$2\times[(240-2\times20)+(370-2\times20)]+2\times11.9d$	0.395	2.964

（续）

构件名称	编号	钢筋根数	钢筋名称	下料长度/mm	单位重量/(kg/m)	合计/kg
YTL2(1)-1	5872	4	1 跨上通长筋 1	$-20+15d+800-20+15d$	0.888	3.98
		4	1 跨下部钢筋 1	$-20+2.89d+5d+800-20+2.89d+5d$	2.000	8.352
		10	1 跨箍筋 1	$2\times[(240-2\times20)+(500-2\times20)]+2\times11.9d$	0.395	5.96
	5874	6	1 跨上通长筋 1	$-20+15d+1200-20+15d$	0.888	8.1
		6	1 跨下部钢筋 1	$-20+2.89d+5d+1200-20+2.89d+5d$	2.000	17.328
		21	1 跨箍筋 1	$2\times[(240-2\times20)+(500-2\times20)]+2\times11.9d$	0.395	12.516
	5875	2	1 跨上通长筋 1	$-20+15d+2270-20+15d$	0.888	4.6
		2	1 跨下部钢筋 1	$-20+2.89d+5d+2270-20+2.89d+5d$	2.000	10.056
		13	1 跨箍筋 1	$2\times[(240-2\times20)+(500-2\times20)]+2\times11.9d$	0.395	7.748
	5913	2	1 跨上通长筋 1	$-20+15d+2510-20+15d$	0.888	5.026
		2	1 跨下部钢筋 1	$-20+2.89d+5d+2510-20+2.89d+5d$	2.000	11.016
		14	1 跨箍筋 1	$2\times[(240-2\times20)+(500-2\times20)]+2\times11.9d$	0.395	8.344
	5918	2	1 跨上通长筋 1	$-20+15d+4200-20+15d$	0.888	8.028
		2	1 跨下部钢筋 1	$-20+2.89d+5d+4200-20+2.89d+5d$	2.000	17.776
		22	1 跨箍筋 1	$2\times[(240-2\times20)+(500-2\times20)]+2\times11.9d$	0.395	13.112
YTL2(1)	6732	10	1 跨上通长筋 1	$-20+15d+4200-20+15d$	0.888	40.14
		10	1 跨下部钢筋 1	$-20+2.89d+5d+4200-20+2.89d+5d$	2.470	110.56
		110	1 跨箍筋 1	$2\times[(200-2\times20)+(500-2\times20)]+2\times11.9d$	0.395	62.15
	6734	2	0 跨上通长筋 1	$240-20+15d+1880+144-20$	0.888	4.27
		2	0 跨下部钢筋 1	$15d+1880-20$	2.470	10.67
		11	0 跨箍筋 1	$2\times[(200-2\times20)+(500-2\times20)]+2\times11.9d$	0.395	6.215
	6743	4	1 跨上通长筋 1	$240-20+15d+1880+144-20$	0.888	8.54
		4	1 跨上通长筋 1	$15d+1880-20$	2.470	21.34
		22	1 跨箍筋 1	$2\times[(200-2\times20)+(500-2\times20)]+2\times11.9d$	0.395	12.43
	6755	2	1 跨上通长筋 1	$-20+15d+2120-20+15d$	0.888	4.334
		2	1 跨下部钢筋 1	$-20+2.89d+5d+2120-20+2.89d+5d$	2.470	11.836
		12	1 跨箍筋 1	$2\times[(200-2\times20)+(500-2\times20)]+2\times11.9d$	0.395	6.78
	6780	2	1 跨上通长筋 1	$-20+15d+4000-20+15d$	0.888	7.672
		2	1 跨下部钢筋 1	$-20+2.89d+5d+4000-20+2.89d+5d$	2.470	21.124
		21	1 跨箍筋 1	$2\times[(200-2\times20)+(500-2\times20)]+2\times11.9d$	0.395	11.865
YTL3(1)	6748	2	1 跨上通长筋 1	$200-20+15d+1002+216-20$	2.000	6.592
		2	1 跨下通长筋 1	$15d+1002-20$	2.000	5.008
		6	1 跨箍筋 1	$2\times[(240-2\times20)+(370-2\times20)]+2\times11.9d$	0.395	2.964
	6781	2	1 跨上通长筋 1	$200-20+15d+1020+216-20$	2.000	6.664
		2	1 跨下通长筋 1	$15d+1020-20$	2.000	5.08
		6	1 跨箍筋 1	$2\times[(240-2\times20)+(370-2\times20)]+2\times11.9d$	0.395	2.964

（续）

构件名称	编号	钢筋根数	钢筋名称	下料长度/mm	单位重量/(kg/m)	合计/kg
YTL2 (1)—1	6735	6	1跨上通长筋1	$-20+15d+1200-20+15d$	0.888	8.1
		6	1跨下部钢筋1	$-20+2.89d+5d+1200-20+2.89d+5d$	2.000	17.328
		21	1跨箍筋1	$2\times[(240-2\times20)+(500-2\times20)]+2\times11.9d$	0.395	12.516
	6736	2	1跨上通长筋1	$-20+15d+2270-20+15d$	0.888	4.6
		2	1跨下部钢筋1	$-20+2.89d+5d+2270-20+2.89d+5d$	2.000	10.056
		13	1跨箍筋1	$2\times[(240-2\times20)+(500-2\times20)]+2\times11.9d$	0.395	7.748
	6774	2	1跨上通长筋1	$-20+15d+2510-20+15d$	0.888	5.026
		2	1跨下部钢筋1	$-20+2.89d+5d+2510-20+2.89d+5d$	2.000	11.016
		14	1跨箍筋1	$2\times[(240-2\times20)+(500-2\times20)]+2\times11.9d$	0.395	8.344
	6779	2	1跨上通长筋1	$-20+15d+4200-20+15d$	0.888	8.028
		2	1跨下部钢筋1	$-20+2.89d+5d+4200-20+2.89d+5d$	2.000	17.776
		22	1跨箍筋1	$2\times[(240-2\times20)+(500-2\times20)]+2\times11.9d$	0.395	13.112

注：表中 d 表示钢筋直径。

过关问题4：根据案例，编制钢筋工程的招标工程量清单表（分部分项工程和单价措施项目清单与计价表），并填入表13-12。

答：分部分项工程和单价措施项目清单与计价表见表13-12。

表13-12　分部分项工程和单价措施项目清单与计价表

序号	项目编码	项目名称	项目特征	计量单位	工程量	金额（元）综合单价	合价
1	010515001002	现浇构件Φ8钢筋	Φ8（HPB300）	t	0.627	4894.08	3068.59
2	010515001003	现浇构件Φ12钢筋	Φ12（HPB335）	t	0.406	6007.86	2439.19
3	010515001006	现浇构件Φ18钢筋	Φ18（HPB335）	t	0.976	5924.47	5782.28

任务七　编制空调板配筋招标工程量清单表

过关问题1：根据案例中的背景资料，计算钢筋工程量时应根据哪些图样和相应的工程量清单计算规则？

答：根据案例中的背景资料，计算钢筋工程量时应根据结构平面图和结构外檐图样以及《房屋建筑与装饰工程工程量计算规范》（GB 50854—2013）中的钢筋工程现浇构件钢筋工程量计算规则计算钢筋工程量。

过关问题2：根据案例中的结构平面图和详图，应如何计算空调板的钢筋清单工程量？

答：根据案例中的结构平面图和详图，计算空调板的钢筋清单工程量时，根据结构外檐6—6剖面图、2—2剖面图计算钢筋长度，再参照结构平面图确定钢筋根数，得到钢筋工程量。

过关问题3：根据案例中的钢筋，对于钢筋工程的工程量清单应如何列项？如何描述其项目特征？

答：根据案例中的钢筋，对空调板进行现浇构件钢筋列项，描述其空调板的现浇构件钢筋的种类、规格（表13-13）。

表13-13 空调板配筋工程量的计算底稿

构件名称	编号	钢筋根数	钢筋名称	下料长度/mm	单位重量/(kg/m)	合计/kg
空调板	1	496	SLJ-2.1	$(750-15+100-2\times15-15+100-2\times15)\times24+$ $(1270-15+100-2\times15-15+100-2\times15)\times10+$ $(2300-15+100-2\times15-15+100-2\times15)\times5+$ $(801+240-20+15d-15+100-2\times15+6.25d)\times9+$ $(1990-15+100-2\times15-15+100-2\times15)\times60=172274$	0.57	283.86
	2	1129	SLJ-3.1	$(1261-15+100-2\times15+240-20+15d+6.25d)\times10+(801-15+100-2\times15+240-20+15d+6.25d)\times6+(800-15+100-2\times15+30d+6.25d)\times10+(1260-15+100-2\times15+240-20+15d+6.25d)\times22+(1000-15+100-2\times15+240-20+15d+6.25d)\times10+(500+240-20+15d-15+100-2\times15+6.25d)\times60+(750-15+100-2\times15-15+100-2\times15)\times6=17060+7476+11450+37510+14450+56700+5160=78316$	0.44	505.81
	3	75	SLJ-3.2	$(801-15+100-2\times15+240-20+15d+6.25d)\times5+(800-15+100-2\times15+30d+6.25d)\times5+(1000-15+100-2\times15+30d+6.25d)\times10=6230+5725+13450=25405$	0.41	30.96
	4	258	SLJ-1.1	$(1990-15-15+12.5d)\times13+[500+(240/2.5d)-15+12.5d]\times12+(750-15-15+12.5d)\times2+[1260-15+(240/2.5d)+12.5d]\times2+800+(240/2.5d)-15+12.5d=26780+10380+1640+3250+3250=21190$	0.37	97.389

注：表中 d 表示钢筋直径。

过关问题4：根据案例，编制钢筋工程的招标工程量清单表（分部分项工程和单价措施项目清单与计价表），并填入表13-14。

答：招标工程工程量清单表（分部分项工程和单价措施项目清单与计价表）见表13-14。

表13-14 分部分项工程和单价措施项目清单与计价表

序号	项目编码	项目名称	项目特征	计量单位	工程量	综合单价	合价
1	010515001023	现浇构件钢筋Φ8	Φ8（HPB300）	t	37.372	4859.51	181609.61

任务八 编制圈梁配筋招标工程量清单表

过关问题 1：根据案例中的背景资料，计算钢筋工程量时应根据哪些图样和相应的工程量清单计算规则？

答：根据案例中的背景资料，计算钢筋工程量时应根据结构平面图和构件详图以及《房屋建筑与装饰工程工程量计算规范》（GB 50854—2013）中的钢筋工程现浇构件钢筋工程量计算规则计算钢筋工程量。

过关问题 2：根据案例中的结构平面图和详图，应如何计算圈梁的钢筋清单工程量？

答：根据案例中的结构平面图和详图，计算圈梁的钢筋清单工程量时，根据构件详图中的 QL 详图利用公式构件截面周长减八乘以保护层厚度减四乘以箍筋直径加两个弯钩增加长度计算箍筋长度，再根据结构详图计算钢筋长度，利用公式构件长减去两个保护层厚度除以箍筋间距加一，根数向上取整，得到箍筋的根数。

过关问题 3：根据案例中的钢筋，对于钢筋工程的工程量清单应如何列项，如何描述其项目特征？

答：根据案例中的钢筋，对圈梁进行现浇构件钢筋列项，描述其圈梁的现浇构件钢筋的种类、规格（表 13-15）。

表 13-15　圈梁配筋工程量的计算底稿

构件名称	编号	钢筋根数	钢筋名称	下料长度/mm	单位重量/（kg/m）	合计/kg
QL	1	3397	Φ6@200	1157.499 + 772.541 + 772.541 + 772.541 + 772.541 + 772.541 + 751.099	0.617	3560.895
	2	24	4Φ10	6387.55 + 6387.55 + 6387.55 + 6387.55 + 6387.55 + 6258.60	0.222	8467.072
	3	177	2Φ14	2908.04	1.209	3515.82

过关问题 4：根据案例，编制钢筋工程的招标工程量清单表（分部分项工程和单价措施项目清单与计价表），并填入表 13-16。

答：分部分项工程和单价措施项目清单与计价表见表 13-16。

表 13-16　分部分项工程和单价措施项目清单与计价表

序号	项目编码	项目名称	项目特征	计量单位	工程量	金额（元）	
						综合单价	合价
1	010515001001	现浇构件Φ6 钢筋	圆钢（一级钢）直径6mm HPB235	t	3.56	6114.60	21767.976
2	010515001002	现浇构件Φ10 钢筋	圆钢（一级钢）直径10mm HPB235	t	8.47	6114.60	51790.662
3	010515001003	现浇构件Φ14 钢筋	螺纹钢（二级钢）直径14mm HRB335	t	3.52	5486.84	19313.677

任务九　编制钢筋工程招标控制价

过关问题 1：根据板的配筋工程的招标工程量清单表，分析直径 10mm 以内圆钢筋应该套用哪些定额项目进行组价，并填写综合单价分析表。

答：直径 10mm 以内圆钢筋清单综合单价分析表见表 13-17。

表 13-17　清单综合单价分析表

项目编码		项目名称						计量单位		工程量	
清单综合单价组成明细											
定额编号	定额名称		定额单位	数量	单价（元）				合价（元）			
					人工费	材料费	施工机具使用费	管理费和利润	人工费	材料费	施工机具使用费	管理费和利润
010515001	现浇构件钢筋		t	6.89	1525.50	4082.94	25.06	99.92	10510.695	28131.457	172.663	688.449
人工单价				小　计					10510.695			
一				未计价材料费					1604.957			
清单项目综合单价												

材料费明细	主要材料名称、规格、型号	单位	数量	定额价（元）	市场价（元）	合价（元）
	现浇构件普通钢筋圆钢筋直径 6mm	t	1.92	4082.94	3850.00	7392.00
	现浇构件普通钢筋圆钢筋直径 8mm	t	3.40	4082.94	3850.00	13090.00
	现浇构件普通钢筋圆钢筋直径 10mm	t	1.57	4082.94	3850.00	6044.50
	其他材料费					
	材料费小计					

过关问题 2：结合案例具体情况，根据钢筋工程的招标工程量清单表，编制招标控制价，并填写分部分项工程和单价措施项目清单与计价表（表 13-18）和规费、税金项目计价表（表 13-20）。

答：分部分项工程和单价措施项目清单与计价表见表13-18。

表 13-18　分部分项工程和单价措施项目清单与计价表

序号	项目编码	项目名称	项目特征	计量单位	工程量	金额（元）	
						综合单价	合价
1	010515001001	现浇构件钢筋	一级钢直径6mm 砌体墙-砌体加筋	t	11.289	3692.13	41680.46
2	010515001002	现浇构件钢筋	一级钢直径8mm 基础梁-箍筋	t	7.23	5146.28	37207.6
3	010515001003	现浇构件钢筋	二级钢直径12mm 基础梁	t	0.528	4544.85	2399.68
4	010515001004	现浇构件钢筋	二级钢直径14mm 基础梁	t	3.095	4544.84	14066.28
5	010515001006	现浇构件钢筋	二级钢直径16mm 基础梁	t	0.126	4544.84	572.65
6	010515001007	现浇构件钢筋	二级钢直径18mm 基础梁	t	8.87	4544.84	40312.73
7	010515001008	现浇构件钢筋	二级钢直径20mm 基础梁	t	1.45	4544.84	6590.02
8	010515001009	现浇构件钢筋	二级钢直径25mm 基础梁	t	1.529	3950.41	6040.18
9	010515001010	现浇构件钢筋	一级钢直径4mm 暗梁-箍筋	t	0.028	5146.43	144.1
10	010515001011	现浇构件钢筋	一级钢直径6mm 暗梁-箍筋	t	0.186	5146.29	957.21
11	010515001012	现浇构件钢筋	一级钢直径8mm 暗梁	t	0.759	4859.51	3688.37
12	010515001013	现浇构件钢筋	一级钢直径10mm 暗梁	t	0.472	4859.51	2293.69
13	010515001014	现浇构件钢筋	一级钢直径8mm 梁-箍筋	t	1.252	5146.28	6443.14
14	010515001015	现浇构件钢筋	二级钢直径12mm 梁	t	1.159	4544.84	5267.47
15	010515001016	现浇构件钢筋	二级钢直径18mm 梁	t	2.917	4544.84	13257.3
16	010515001017	现浇构件钢筋	二级钢直径20mm 梁	t	1.996	4544.84	9071.5
17	010515001018	现浇构件钢筋	一级钢直径6mm 梁-箍筋	t	0.027	5146.3	138.95
18	010515001019	现浇构件钢筋	二级钢直径16mm 梁	t	0.034	4544.71	154.52
19	010515001020	现浇构件钢筋	一级钢直径6mm 圈梁-箍筋	t	0.18	5146.28	926.33
20	010515001021	现浇构件钢筋	一级钢直径10mm 圈梁	t	0.529	4544.84	2404.22
21	010515009001	支撑钢筋（铁马）	一级钢直径8mm 板筋-马凳筋	t	1.566	4859.51	7609.99
22	010515001023	现浇构件钢筋	一级钢直径8mm 板受力筋	t	37.372	4859.51	181609.61
23	010515001024	现浇构件钢筋	一级钢直径10mm 板受力筋	t	8.782	4859.51	42676.22
24	010515001025	现浇构件钢筋	一级钢直径8mm 板-负筋	t	0.861	4859.51	4184.04
25	010515001026	现浇构件钢筋	一级钢直径10mm 板-负筋	t	0.824	4859.51	4004.24
26	010515001027	现浇构件钢筋	二级钢直径12mm 板-负筋	t	1.998	4544.84	9080.59
27	010515001028	现浇构件钢筋	一级钢直径6mm 板-负筋	t	0.515	4859.51	2502.65
28	010515001029	现浇构件钢筋	一级钢直径8mm 节点钢筋	t	5.633	4859.51	27373.62

（续）

序号	项目编码	项目名称	项目特征	计量单位	工程量	金额（元）	
						综合单价	合价
29	010515001030	现浇构件钢筋	一级钢直径10mm 节点钢筋	t	0.391	4859.51	1900.07
30	010515001031	现浇构件钢筋	二级钢直径12mm 节点钢筋	t	0.513	4544.83	2331.5
31	010515001032	现浇构件钢筋	二级钢直径12mm 板洞加强筋	t	0.036	7007.78	252.28
32	010516003001	机械连接	电渣压力焊二级钢直径16mm	个	4	22.65	90.6
33	010516003003	机械连接	电渣压力焊二级钢直径18mm	个	170	22.65	3850.5
34	010516003004	机械连接	电渣压力焊二级钢直径20mm	个	48	22.65	1087.2
合计							482169.51

措施项目清单计价表见表13-19。

表13-19 措施项目清单计价表

专业工程名称：单位工程

序号	项目编码	项目名称	计算基础	金额（元）	其中：规费（元）
1	011707001001	安全文明施工	安全文明措施费×0.9750×1.0012×1.0081	20858.45	883.34
2	011707002001	夜间施工			
3	011707003001	非夜间施工照明	$0 \times 0.8 \times 18.46 \times 0.98 \times 1.0010 \times 1.0044$		
4	011707004001	二次搬运	（分部分项材料费 + 分部分项主材费 + 分部分项设备费 + 技术措施项目材料费 + 技术措施项目主材费 + 技术措施项目设备费）× $1.0386 \times 1.0090 \times 1.0013$		
5	011707005001	冬雨季施工	（分部分项人工费 + 分部分项材料费 + 分部分项机械费 + 分部分项主材费 + 分部分项设备费 + 技术措施项目人工费 + 技术措施项目材料费 + 技术措施项目主材费 + 技术措施项目设备费 + 技术措施项目机械费）× $1.0147 \times 0.9950 \times 0.9974$	4971.23	698.08
6	011707006001	地上、地下设施、建筑物的临时保护设施			
7	011707007001	已完工程及设备保护			
8	011707301001	竣工验收存档资料编制	（分部分项人工费 + 分部分项材料费 + 分部分项机械费 + 分部分项主材费 + 分部分项设备费 + 技术措施项目人工费 + 技术措施项目材料费 + 技术措施项目主材费 + 技术措施项目设备费 + 技术措施项目机械费）× $0.9894 \times 1.0056 \times 1.0106$	430.95	
9	011707302001	建筑垃圾运输费			
10	011707303001	危险性较大的分部分项工程措施			
本表合计［结转至工程量清单计价汇总表］				26260.63	1581.42

规费、税金项目计价表见表 13-20。

表 13-20 规费、税金项目计价表

序号	项目名称	计算基础	计算基数	计算费率（%）	金额（元）
1	规费	定额人工费＋材料费＋施工机具使用费＋管理费＋利润	人工费	42.26	39393.38
2	税金	定额人工费＋材料费＋施工机具使用费＋管理费＋利润＋规费	人工费	53.94	45758.71
	合计			100	85152.09

成果与范例

一、项目概况

天津市某住宅 1 号楼，该工程占地 985m²，地上 6 层，檐高 17.4m，各层层高 2.8m，总建筑面积约 5500m²，结构形式采用砖混结构，混凝土空心桩基础，其设计使用年限为 50 年，环境类别一类，该建筑抗震设防类别为丙类，抗震设防烈度为七度，安全等级为二级。该工程分为 24 个居住单元，2 种户型。

二、编制依据

（1）《建设工程工程量清单计价规范》（GB 50500—2013）。

（2）《房屋建筑与装饰工程工程量计算规范》（GB 50854—2013）。

（3）《天津市建筑工程预算基价》（DBD 129 – 101 – 2020）。

（4）《天津市工程造价信息》（2020 年第 6 期）。

三、编制说明

清单编制说明：

（1）该项目清单由"分部分项工程量清单与计价表"和钢筋工程量的计算底稿组成。

（2）所有材料必须符合设计及招标人要求，由投标人根据招标文件及施工图的要求明确规格型号并报价。

（3）清单中涉及有关标准图集的以标准图集做法为准，投标报价时综合单价应包含标准图集做法中的所有内容。

（4）该清单项目特征中未全部注明有关技术指标与参数，投标人应根据所提供的工程量清单项目特征并结合设计图及《建设工程工程量清单计价规范》中清单项目所包含的工作内容等有关规定的要求综合考虑报价，包括但不限于清单项目特征描述所列的工作内容。

（5）项目特征未特别注明之处应参照现行施工规范及规程考虑。

（6）该工程清单编制设计图上有相应做法的按图样考虑，无图样做法的按回复意见考虑或相应图集。

（7）招标图样中节点不详或缺图部分及常规操作下应该做而图样中无或设计有误等，

此部分费用已综合考虑在内。

（8）分部分项工程量清单中的工程量是按实物构件净量计算的，一切损耗均应在投标报价内。

（9）投标人应在计日工单价表中填列计日工子目的基本单价或租价，该基本单价或租价适用于监理人指令的任何数量的计日工的结算与支付。计日工的劳务、材料和施工机械由招标人（或发包人）列出正常的估计数量，投标人报出单价，计算出日工总额后列入工程量清单汇总中并进行如标评价，计日工不调价。

（10）该工程实施过程中，建设单位将委托专业检测机构随机对分项工程进行空气检测等环保检测，如发现不符合相关国家标准的，由施工单位无条件更换材料或返工，不增加费用，造成的损失由施工单位负责。

（11）工程量清单项目名称和项目特征中，未特别注明的单位均为 mm。

（12）主要材料投标人根据招标人确认的"主要材料选用表"报价，工程量及做法由招标人提供。

（13）招标人不提供临时设施场地（办公场所、临时宿舍、材料堆放等）及红线外场地；投标人自行进行现场踏勘，合理设置临时施工场地，由于投标人设置临时场地产生对周边的地表作物、土地借用、复耕及场地租赁等费用，由投标人结合自身力量自行考虑，计入措施费。

（14）投标人应服从招标人统一指挥领导，无条件配合各专业工种施工，由此产生的费用和工期延误由投标人自行考虑计入措施费用。

（15）该工程招标人只提供水、电接口，施工场地内接水接电、线路架设及其拆除等费用由投标人自行考虑，列入相应费用中。

（16）招标人不能保证 24h 供电，但投标人不得停工，包括变压器保护和不间断施工费用，由此增加的有关费用（如自备发电机等），由投标人自行考虑。

（17）工程施工时，投标人对周边建筑物、城市道路、构筑物、电力设施及各类成品等自行采取保护措施，并做好安全围护措施，所发生的相关费用由投标人自行考虑列入措施费。

（18）投标人施工中应按照医院标准，严格控制扬尘、噪声等而产生的相关费用，由投标人自行考虑。

（19）投标人必须配合招标人办理施工许可证等工程施工的一切手续费用，所发生的相关费用由投标人自行考虑列入措施费。

（20）在施工期间可能发生扰民，因此需考虑避免扰民而采取的相关措施，并综合考虑因扰民产生窝工、暂停施工，所发生的相关费用由投标人自行考虑列入措施费。

（21）投标人在施工组织中应充分考虑工期合理安排、施工安全、施工干扰问题，确定社会交通组织方案等，制定详细可行的保证措施并在施工中实施，由此发生的一切费用均应计入相关项目的单价和总价中，招标人不另行支付。

（22）该工程与其配套专业项目施工将有可能交叉进行，为配合其他专业工程施工而产生的施工配合费、管理费，投标人自行考虑计入措施费中，招标人不另行支付。

（23）该工程施工过程中如遇到防洪、防汛、抗旱等与自然灾害相抗争的措施，在抵御自然灾害的过程中，要求投标人顾全大局，服从发包人的统一部署，积极主动做好预防和抵御的具体措施，由此产生的预防和抵御自然灾害的费用投标人自行估算，单独列入报价，由投标人在措施费中自行考虑，其费用按一项计入措施项目费。

（24）各项检测、检验、验收必须符合行政、质量监督等部门的要求，并由中标人自行承担相关的各项支出费用，由招标人其他检测项目要求中标人配合产生的相关费用，列入措施项目费用。

（25）投标人应充分考虑施工过程中可能发生的水平运输、垂直运输、临时安全消防、临时设施租用、夜间赶工、赶工措施及单项过程修改造成的小范围窝工、过程用电紧张、材料采购困难等因素，其相关费用列入措施项目费用。

（26）在施工中，投标人应采取各种措施确保自身安全及合理安排工作；相关措施费用等已经包含在综合管理费中，投标人不得以其他任何理由要求增加或者调整费用；同时应做好成品保护工作，若导致损坏的，由投标人按要求恢复并承担费用。投标人在施工过程中采取的措施方案必须得到招标人确认。

（27）根据施工图、施工规范、定额规定及该工程等应列的工程项目及涉及该工程产生的一切检测和措施费用等，而投标人总价中未反映，则视作该项费用已包括在其他有价款的单价或合价内，不再另计。

以上措施项目费由投标人自行考虑其子目可补充，投标人若无计列，均视作已包含在其他措施项目费用中，本清单范围内凡属技术措施费项目中以"项"为单位的清单项目费用，中标后均不做调整。

四、编制招标工程量清单和招标控制价

编制分部分项工程和单价措施项目清单与计价表（1号楼钢筋工程）并计算招标控制价，见表13-18~表13-20。

五、计算底稿

计算底稿参见表13-1、表13-3、表13-5、表13-7、表13-9、表13-11、表13-13、表13-15。

5

任务一　编制屋面工程招标工程量清单表

过关问题 1：根据《房屋建筑与装饰工程工程量计算规范》（GB 50854—2013）和案例中的背景资料，计算屋面工程量时应根据哪些图样和相应的工程量清单计算规则？

答：（1）计算屋面工程量时应根据各层屋面平面图及营造做法表计算。

（2）计算屋面工程量相应的工程量清单计算规则包括：

1）屋面卷材防水、屋面涂膜防水，按设计图示尺寸以面积计算，单位：m^2。斜屋顶（不包括平屋顶找坡）按斜面积计算，平屋顶按水平投影面积计算。不扣除房上烟囱、风帽底座、风道、屋面小气窗、斜沟等所占面积。屋面的女儿墙、伸缩缝和天窗等处的弯起部分并入屋面工程量内。

2）保温隔热屋面，按设计图示尺寸以面积计算，单位：m^2。扣除面积 $> 0.3m^2$ 孔洞所占面积。

过关问题 2：根据《房屋建筑与装饰工程工程量计算规范》（GB 50854—2013）、案例中的屋面平面图和营造做法表，计算标高在 16.8m 处屋面的清单工程量。

答：（1）16.8m 屋面面积：

$$S = \{(2.0 + 3.3 + 4.2 + 3.3 - 0.12 \times 2) \times (1.2 + 3.0 + 0.9 + 1.5 + 0.9 + 4.2 - 0.12 \times$$
$$2) + 1.2 \times 2.77 - (3.3 + 0.24) \times (1.2 + 3.0 + 0.24) - (2.6 + 0.24) \times (0.9 + 4.2 +$$
$$0.24) - [(3.0 + 0.9) \times 0.24 + (0.9 + 1.5 - 0.24) \times 0.24 + (1.92 + 0.12 - 2.6 \times$$
$$0.5) \times 0.24]\} m^2$$
$$= 114.75 m^2$$

（2）上翻女儿墙的卷材面积：

$$S = \{[(2 + 3.3 + 4.2 + 3.3 - 0.12 \times 2) \times 2 + (1.2 + 3.0 + 0.9 + 1.5 + 0.9 + 4.2 + 1.2 -$$
$$0.12 \times 2) \times 2 + (1.2 + 3.0) + 3.3 + (0.9 + 1.5 - 0.24) + (1.92 + 0.12) + (1.92 +$$
$$0.12 - 2.6 \times 0.5) + (0.9 + 4.2 - 0.24) + (0.9 + 4.2) + 2.6 \times 0.5 + (1.5 + 0.9 + 3 +$$
$$1.2 - 0.24) + (4.2 - 0.24) \times 2 + (3 + 0.9) \times 2)] \times 0.3\} m^2$$
$$= 28.87 m^2$$

（3）合计：包括上翻女儿墙面积：$S = (114.75 + 28.87) m^2 = 143.61 m^2$

　　　　　不包括上翻女儿墙面积：$114.75 m^2$

过关问题3：根据《房屋建筑与装饰工程工程量计算规范》（GB 50854—2013）和案例中的营造做法表，对于标高在16.8m处屋面工程的工程量清单应如何列项，如何描述其项目特征？

答：（1）首先，根据标高在16.8m处屋面对应的做法判断为屋面2，其次，根据屋面2的工程做法从其最上一层开始分析，根据屋面工程的清单工程量计算规则和工作内容，屋面工程各层都是单独列清单项目，各层之间没有相互包含的内容。所以，屋面2的列项如下：

1）010902002001，屋面涂膜防水。

2）010902001001，屋面卷材防水。

3）011101006001，平面砂浆找平层。

4）011001001001，保温隔热屋面。

（2）上述屋面2的清单项目所对应的项目特征描述见表14-1。

表14-1 屋面2项目特征描述表

序号	项目编码	项目名称	项目特征
1	010902002001	屋面涂膜防水	1.0mm厚聚合物水泥防水涂料
2	010902001001	屋面卷材防水	1.5mm厚合成高分子防水卷材
3	011101006001	平面砂浆找平层	20mm厚1:3水泥砂浆
4	011001001001	保温隔热屋面	1:1:12水泥白灰炉渣找2%坡，最薄处20mm

过关问题4：根据《房屋建筑与装饰工程工程量计算规范》（GB 50854—2013）和案例的背景资料，编制屋面工程的招标工程量清单表，并填入表14-2。

答：分部分项工程和单价措施项目清单与计价表见表14-2。

表14-2 分部分项工程和单价措施项目清单与计价表（屋面工程）

序号	项目编码	项目名称	项目特征	计量单位	工程量	金额（元）	
						综合单价	合价
1	010902002001	屋面涂膜防水	1.0mm厚聚合物水泥防水涂料	m²	143.61		
2	010902001001	屋面卷材防水	1.5mm厚合成高分子防水卷材	m²	143.61		
3	011101006001	平面砂浆找平层	20mm厚1:3水泥砂浆	m²	114.75		
4	011001001001	保温隔热屋面	1:1:12水泥白灰炉渣找2%坡，最薄处20mm	m²	114.75		

任务二 编制屋面工程招标控制价

过关问题1：根据任务一中的屋面工程的招标工程量清单和《天津市建筑工程预算基价》（DBD 29-101-2020），分析屋面保温层应该套用哪些定额项目进行组价，并填写清单综合单价分析表。

答：根据《天津市建筑工程预算基价》（DBD 29-101-2020）规定，填写保温隔热屋面综合单价分析表，见表14-3。

（1）计算定额工程量：

水泥白灰炉渣找2%坡，最薄处20mm的工程量：

$$V = 114.75 \times \{[2 \times (1.2 + 3.0 + 0.9 + 1.5 + 0.9 + 4.2 - 0.12 \times 2)/100] \times 0.5 + 0.02\}\,m^3$$
$$= 15.44\,m^3$$

（2）每平方米水泥白灰炉渣清单工程量所含施工工程量：

$$(15.44/114.75/10)\,m^3 = 0.013\,m^3\,(10m^3)$$

表14-3　清单综合单价分析表

项目编码	011001001001	项目名称	保温隔热屋面			计量单位	m²	工程量	114.75
清单综合单价组成明细									
定额编号	定额名称	定额单位	数量	单价				合价	
				人工费	材料费	施工机具使用费	管理费和利润	人工费	材料费	施工机具使用费	管理费和利润
8-167	1:1:12 水泥白灰炉渣	10m³	0.013	1576.80	2069.32	0.00	392.63	21.22	27.85	0.00	5.28
人工单价		小计						21.22	27.85	0.00	5.28
—		材料差价									
清单项目综合单价								54.36			

材料费明细	主要材料名称、规格、型号	单位	数量	定额价（元）	市场价（元）	合价（元）
	材料差价小计					

过关问题2：结合案例具体情况，根据《建设工程工程量清单计价规范》（GB 50500—2013）、《天津市建筑工程预算基价》（DBD 29-101-2020）和屋面工程的招标工程量清单表，编制招标控制价，并填写分部分项工程和单价措施项目清单与计价表（屋面工程）（表14-4）和规费、税金项目计价表（屋面工程）（表14-5）。

答：分部分项工程和单价措施项目清单与计价表见表14-4。

表14-4　分部分项工程和单价措施项目清单与计价表（屋面工程）

序号	项目编码	项目名称	项目特征	计量单位	工程量	金额（元）	
						综合单价（其中：人工费）	合价（其中：人工费）
1	010902002001	屋面涂膜防水	1.0mm 厚聚合物水泥防水涂料	m²	143.61	28.93（3.01）	4154.50（431.96）
2	010902001001	屋面卷材防水	1.5mm 厚合成高分子防水卷材	m²	143.61	48.38（3.15）	6948.60（452.76）

（续）

序号	项目编码	项目名称	项目特征	计量单位	工程量	金额（元）	
						综合单价 （其中：人工费）	合价 （其中：人工费）
3	011101006001	平面砂浆找平层	20mm 厚 1：3 水泥砂浆	m²	114.75	19.49 （8.37）	2236.67 （960.43）
4	011001001001	保温隔热屋面	1：1：12 水泥白灰炉渣找2%坡，最薄处20mm	m²	114.75	54.36 （21.22）	6237.79 （2435.35）
合计							19577.57 （4279.88）

规费、税金项目计价表见表 14-5。

表 14-5 规费、税金项目计价表（屋面工程）

序号	项目名称	计算基础	计算基数（元）	计算费率（%）	金额（元）
1	规费	定额人工费	4279.88	37.64	1610.95
2	税金	定额人工费＋材料费＋施工机具使用费＋管理费＋利润＋规费	21188.52	9	1906.97
合计					3517.91

招标控制价（屋面工程）：（19577.57＋3517.91）元＝23095.48 元

成果与范例

一、项目概况

某住宅1号楼，该工程占地 984.99m²，地上6层，檐高19.8m，各层层高2.8m，总建筑面积约5500m²，结构形式采用砖混结构，预制桩基础，其设计使用年限为70年，本建筑抗震设防类别为丙类，抗震设防烈度为七度，安全等级二级。建筑工程费用的计取方式为：管理费为人工费、施工机具使用费（分部分项工程项目＋可计量的措施项目）之和的11.82%；规费为人工费合计（分部分项工程项目＋措施项目）的37.64%；建筑工程利润为分部分项工程费、措施项目费、管理费、规费之和的4.66%；增值税税率为9%。图样见附录。

屋面营造做法表及室内做法表见表 14-6 和表 14-7。

表 14-6 营造做法表

分类	编 号	做 法
屋面	屋面1	1. 40mm 厚 AC20 预拌式细石混凝土 2. 1.5mm 厚合成高分子防水卷材 3. 20mm 厚 1：3 水泥砂浆 4. 150mm 厚 1：1：12 水泥白灰炉渣 5. 钢筋混凝土屋面板

（续）

分类	编 号	做 法
屋面	屋面2——16.8m处	1. 1.0mm厚聚合物水泥防水涂料 2. 1.5mm厚合成高分子防水卷材 3. 20mm厚1:3水泥砂浆 4. 1:1:12水泥白灰炉渣找2%坡，最薄处20mm 5. 钢筋混凝土屋面板

表14-7　室内做法表

层　数	部　位	楼 地 面
屋面	屋顶	屋面1
	架空层（16.8m处）	屋面2

二、编制依据

（1）《建设工程工程量清单计价规范》（GB 50500—2013）。

（2）《房屋建筑与装饰工程工程量计算规范》（GB 50854—2013）。

（3）《天津市建筑工程预算基价》（DBD 29 – 101 – 2020）。

（4）参考《天津市工程造价信息》（2020年第6期）。

三、编制说明

（1）假设女儿墙上翻高度为300mm。

（2）假设屋顶架空层最左侧单元，从E轴开始的水平段尺寸为1.5m，其他单元同。

（3）部分材料价格见表14-8。

表14-8　材料价格表（装饰工程及总价措施项目）

序号	名称	规格、型号	单位	市场价格（元）
1	预拌混凝土	AC20	元/m³	447.00

（4）假设不计取其他项目。

四、编制招标工程量清单

编制分部分项工程和单价措施项目清单与计价表（屋面工程），见表14-9。

表14-9　分部分项工程和单价措施项目清单与计价表（屋面工程）

序号	项目编码	项目名称	项目特征	计量单位	工程量	金额（元）	
						综合单价	合价
1	010902002001	屋面涂膜防水	1.0mm厚聚合物水泥防水涂料	m²	787.82		
2	010902001001	屋面卷材防水	1.5mm厚合成高分子防水卷材	m²	787.82		

（续）

序号	项目编码	项目名称	项目特征	计量单位	工程量	金额（元）	
						综合单价	合价
3	011101006001	平面砂浆找平层	20mm 厚 1:3 水泥砂浆	m²	636.34		
4	011001001001	保温隔热屋面	1:1:12 水泥白灰炉渣找 2% 坡，最薄处 20mm	m²	636.34		
5	010902003001	屋面刚性层	40mm 厚 AC20 预拌式细石混凝土	m²	25.35		
6	010902001003	屋面卷材防水	1.5mm 厚合成高分子防水卷材	m²	633.71		
7	011101006002	平面砂浆找平层	20mm 厚 1:3 水泥砂浆	m²	633.71		
8	011001001003	保温隔热屋面	150mm 厚 1:1:12 水泥白灰炉渣	m²	633.71		

五、编制招标控制价

编制分部分项工程和单价措施项目清单与计价表（屋面工程）（表 14-10）和规费、税金项目计价表（屋面工程）（表 14-11），并计算招标控制价（屋面工程）。

表 14-10　分部分项工程和单价措施项目清单与计价表（屋面工程）

序号	项目编码	项目名称	项目特征	计量单位	工程量	金额（元）	
						综合单价（其中：人工费）	合价（其中：人工费）
1	010902002001	屋面涂膜防水	1.0mm 厚聚合物水泥防水涂料	m²	787.82	30.33 (3.17)	23898.03 (2495.23)
2	010902001001	屋面卷材防水	1.5mm 厚合成高分子防水卷材	m²	787.82	50.67 (3.35)	39916.47 (2640.19)
3	011101006001	平面砂浆找平层	20mm 厚 1:3 水泥砂浆	m²	636.34	19.49 (8.37)	12403.66 (5326.13)
4	011001001001	保温隔热屋面	1:1:12 水泥白灰炉渣找 2% 坡，最薄处 20mm	m²	636.34	54.36 (21.22)	34592.22 (13505.42)
5	010902003001	屋面刚性层	40mm 厚 AC20 预拌式细石混凝土	m³	25.35	635.78 (127.24)	16115.91 (3225.28)
6	010902001003	屋面卷材防水	1.5mm 厚合成高分子防水卷材	m²	633.71	47.90 (2.74)	30353.24 (1736.68)
7	011101006002	平面砂浆找平层	20mm 厚 1:3 水泥砂浆	m²	633.71	19.49 (8.37)	12352.47 (5304.15)
8	011001001003	保温隔热屋面	150mm 厚 1:1:12 水泥白灰炉渣	m²	633.71	60.58 (23.65)	38390.92 (14988.50)
合计							208022.94 (49221.59)

表 14-11　规费、税金项目计价表（屋面工程）

序号	项目名称	计算基础	计算基数（元）	计算费率（%）	金额（元）
1	规费	定额人工费	49221.59	37.64	18527.01
2	税金	定额人工费＋材料费＋施工机具使用费＋管理费＋利润＋规费	226549.94	9	20389.49
		合计			38916.50

招标控制价（屋面工程）：(208022.94 + 38916.50)元 = 246939.44 元

六、计算底稿

1. 最左侧单元

（1）屋面 1 面积：

1）G ~ L 轴。

① G ~ L 轴的坡度。

$[(0.9 + 4.2 + 0.12 + 0.3)^2 + (19.8 - 16.8)^2]^{\frac{1}{2}}/(0.9 + 4.2 + 0.12 + 0.3) = 1.14$

② G ~ L 轴面积。

$S = [(0.3 + 0.24 + 3.06 + 0.24 + 3.96 + 0.24 + 0.3) \times (0.9 + 1.7) \times 1.14 + (2.6 + 0.24 + 0.3 \times 2) \times (4.2 + 0.18 - 1.7 + 0.3) \times 1.14] \text{m}^2$
$= 36.41 \text{m}^2$

2）G ~ B 轴。

① G ~ B 轴和 4 ~ 6 轴的坡度。

$[(1.5 + 0.9 + 3 + 0.12 + 0.3)^2 + (19.8 - 16.8)^2]^{\frac{1}{2}}/(1.5 + 0.9 + 3 + 0.12 + 0.3) = 1.13$

② G ~ B 轴和 4 ~ 6 轴面积。

$S = [4.2 \times (1.5 + 0.9 + 3 + 0.12 + 0.3) \times 1.13] \text{m}^2 = 27.62 \text{m}^2$

3）G ~ B 轴和 2 ~ 4 轴。

① G ~ B 轴和 2 ~ 4 轴的坡度。

$[(1.5 + 0.9)^2 + (19.8 - 16.8)^2]^{\frac{1}{2}}/(1.5 + 0.9) = 1.6$

② G ~ B 轴和 2 ~ 4 轴面积。

$S = [(0.3 + 0.24 + 3.06 + 0.24 + 0.3) \times (1.5 + 0.9) \times 1.6] \text{m}^2 = 15.90 \text{m}^2$

4）E ~ B 轴平屋顶面积：$S = [1.5 \times (3.3 + 0.24 + 0.3 \times 2)] \text{m}^2 = 6.21 \text{m}^2$

5）E ~ A 轴。

① E ~ A 轴的坡度。

$[(3 - 1.5 + 1.2 + 0.12 + 0.5 + 0.3)^2 + (19.8 - 16.8)^2]^{\frac{1}{2}}/(3 - 1.5 + 1.2 + 0.12 + 0.5 + 0.3) = 1.30$

② E ~ A 轴面积。

$S = [(0.3 + 3.3 + 0.24 + 0.3) \times (3 - 1.5 + 1.2 + 0.12 + 0.5 + 0.3) \times 1.30] \text{m}^2 = 19.48 \text{m}^2$

6）小计：$S = (36.41 + 27.62 + 15.90 + 6.21 + 19.48) \text{m}^2 = 105.62 \text{m}^2$

（2）屋面 2 面积：

1）屋面水平面积。

$$S = \{(2.0+3.3+4.2+3.3-0.12\times2)\times(1.2+3.0+0.9+1.5+0.9+4.2-0.12\times2)+$$
$$1.2\times2.77-(3.3+0.24)\times(1.2+3.0+0.24)-(2.6+0.24)\times(0.9+4.2+$$
$$0.24)-[(3.0+0.9)\times0.24+(0.9+1.5-0.24)\times0.24+(1.92+0.12-2.6\times$$
$$0.5)\times0.24]\}m^2$$
$$=114.75m^2$$

2）上翻女儿墙的卷材面积。

$$S = \{(2+3.3+4.2+3.3-0.12\times2)\times2+(1.2+3.0+0.9+1.5+0.9+4.2+1.2-$$
$$0.12\times2)\times2+[1.2+3.0+3.3+0.9+1.5-0.24+1.92+0.12+1.92+0.12-$$
$$2.6\times0.5+0.9+4.2-0.24+0.9+4.2+2.6\times0.5+1.5+0.9+3+1.2-0.24+$$
$$(4.2-0.24)\times2+(3+0.9)\times2]\}\times0.3m^2$$
$$=28.87m^2$$

3）小计：包括上翻女儿墙面积：$S = (114.75+28.87)m^2 = 143.61m^2$
　　　　　不包括上翻女儿墙面积：$114.75m^2$

2. 右侧单元

（1）屋面1面积：

同左侧单元：$S = (105.62\times5)m^2 = 528.09m^2$

（2）屋面2面积：

1）屋面水平面积。

$$S = \{[77.94-0.18\times2-0.39\times2-(2+3.3+4.2+3.3)-0.12\times4]\times(1.2+3.0+$$
$$2.4+0.9+4.2-0.12\times2)+[1.2\times2.77-(3.3+0.24)\times(1.2+3.0+0.24)-$$
$$(2.6+0.24)\times(0.9+4.2+0.24)-(4-0.24)\times(3.0+0.24)]\times5-[(3.0+$$
$$0.9)\times0.24\times5+(0.9+1.5-0.24)\times0.24\times4+(1.92+0.12-2.6\times0.5)\times0.24\times$$
$$5]\}m^2$$
$$=521.59m^2$$

2）上翻女儿墙的卷材面积。

$$S = \{[77.94-0.18\times2-0.39\times2-(2+3.3+4.2+3.3)-0.12\times4]\times2+(1.2+3.0+$$
$$2.4+0.9+4.2-0.12\times2)\times4+[(1.2+3.0)\times4+3.3\times5+(0.9+1.5-0.24)\times$$
$$4+(1.92+0.12)\times4+(1.92+0.12-2.6\times0.5)\times5+(0.9+4.2-0.24)\times5+$$
$$(0.9+4.2)\times5+2.6\times0.5\times4+(1.5+0.9+3+1.2-0.24)\times4+(4.2-0.24)\times$$
$$2\times5+(3+0.9+0.24)\times2\times5]+(2-0.24)\times2+(2.4+0.9+4.2-0.24)\times2+$$
$$(2.6\times0.5+0.24+0.92+0.12)\}\times0.3m^2$$
$$=122.62m^2$$

3）右侧单元小计：屋面1面积：$528.09m^2$
　　　　　屋面2包括上翻女儿墙面积：$S = (521.59+122.62)m^2 = 644.21m^2$
　　　　　屋面2不包括上翻女儿墙面积：$521.59m^2$

3. 总计

（1）屋面1面积：$633.71m^2$。

（2）屋面2包括上翻女儿墙面积：$787.82m^2$。

（3）屋面2不包括上翻女儿墙面积：$636.34m^2$。

6

项目六
装饰工程及总价措施项目招标
控制价的编制

任务一 编制装饰工程招标工程量清单表

过关问题1：根据《房屋建筑与装饰工程工程量计算规范》（GB 50854—2013）和案例中的背景资料，计算装饰工程工程量时应根据哪些图样，并叙述楼地面、天棚、墙面的工程量清单计算规则。

答：（1）装饰工程应根据各层建筑平面图、立面图、剖面图、建筑设计说明和营造做法表进行计算。

（2）工程量清单计算规则。

1）楼地面。整体面层（包括水泥砂浆楼地面、现浇水磨石楼地面、细石混凝土楼地面、菱苦土楼地面、自流平楼地面）、块料面层（包括石材楼地面、碎石材楼地面、块料楼地面）、橡胶面层（包括橡胶板楼地面、橡胶卷材楼地面、塑料板楼地面、塑料卷材楼地面）、其他材料面层（包括楼地面地毯、竹木（复合）地板、金属复合地板、防静电活动地板）、零星装饰项目（包括石材零星项目、碎拼石材零星项目、块料零星项目、水泥砂浆零星项目），按设计图示尺寸以面积计算，单位：m^2。不扣除部分，整体面层（包括水泥砂浆楼地面、现浇水磨石楼地面、细石混凝土楼地面、菱苦土楼地面、自流平楼地面），不扣除间壁墙及 $\leq 0.3 m^2$ 柱、垛、附墙烟囱及孔洞所占面积。扣除部分，整体面层（包括水泥砂浆楼地面、现浇水磨石楼地面、细石混凝土楼地面、菱苦土楼地面、自流平楼地面），扣除凸出地面的构筑物、设备基础、室内铁道、地沟等所占面积。

不增加面积部分，整体面层（包括水泥砂浆楼地面、现浇水磨石楼地面、细石混凝土楼地面、菱苦土楼地面、自流平楼地面）、块料面层（包括石材楼地面、碎石材楼地面、块料楼地面），门洞、空圈、暖气包槽、壁龛的开口部分不增加面积。合并计算部分，橡胶面层（包括橡胶板楼地面、橡胶卷材楼地面、塑料板楼地面、塑料卷材楼地面）、其他材料面层（包括楼地面地毯、竹木（复合）地板、金属复合地板、防静电活动地板），其门洞、空圈、暖气包槽、壁龛的开口部分并入相应的工程量内。

2）天棚。天棚抹灰、天棚吊顶、格栅吊顶、吊筒吊顶、藤条造型悬挂吊顶、织物软吊顶、装饰网架吊顶，按设计图示尺寸以水平投影面积计算，单位：m^2。不扣除部分，天棚抹灰、天棚吊顶，不扣除间壁墙、垛、柱、附墙烟囱、检查口和管道所占的面积。扣除部分，天棚吊顶，扣除单个 $>0.3 m^2$ 的孔洞、独立柱及与天棚相连的窗帘盒所占的面积。不增加部分，在天棚吊顶中，天棚面中的灯槽及跌级、锯齿形、吊挂式、藻井式天棚面积不展开计算。合并部分，在天棚抹灰中对于带梁天棚、梁两侧抹灰面积并入天棚面积内。

3）墙面。墙面（柱面、梁面、零星）抹灰［包括墙面（柱面、梁面、零星）一般抹灰、墙面（柱面、梁面、零星）装饰抹灰、墙面（柱面）勾缝、立面（柱面、梁面、零星）砂浆找平层］，按设计图示尺寸以面积（其中：柱面、梁面，按柱、梁断面周长乘以高度以面积）计算，单位：m²。墙面镶贴块料（包括石材墙面、碎拼石材墙面、块料墙面），按设计图示尺寸以面积计算，单位：m²。不扣除部分，墙面抹灰（包括墙面一般抹灰、墙面装饰抹灰、墙面勾缝、立面砂浆找平层），不扣除踢脚线、挂镜线和墙与构件交界处的面积。扣除部分，墙面抹灰（包括墙面一般抹灰、墙面装饰抹灰、墙面勾缝、立面砂浆找平层），扣除墙裙、门窗洞口及单个 >0.3m² 的孔洞面积。不增加部分，墙面抹灰（包括墙面一般抹灰、墙面装饰抹灰、墙面勾缝、立面砂浆找平层），其门窗洞口和孔洞的侧壁及顶面不增加面积。合并部分，墙面抹灰（包括墙面一般抹灰、墙面装饰抹灰、墙面勾缝、立面砂浆找平层），其附墙柱、梁、垛、烟囱侧壁并入相应的墙面面积内。

过关问题2：根据《房屋建筑与装饰工程工程量计算规范》（GB 50854—2013），关于楼地面防水、防潮的工程量计算规则是如何规定的？

答：按设计图示尺寸以面积计算。①按主间净空面积计算，扣除凸出地面的构筑物、设备基础等所占面积，不扣除间壁墙及单个 ≤0.3m² 柱、垛、烟囱和孔洞所占面积；②楼（地）面防水反边高度 ≤300mm 算作地面防水，反边高度 >300mm 按墙面防水计算。

过关问题3：根据《房屋建筑与装饰工程工程量计算规范》（GB 50854—2013）、案例中的首层平面图和营造做法表，列式计算主卧室、卧室、卫生间的楼地面、天棚和内墙面的清单工程量。

答：（1）地面面积：

主卧室：$S = [(3.3 - 0.24) \times (1.2 + 3 + 0.9 - 0.24) + (3.3 - 0.24) \times (1.2 + 3 - 0.24) + 1.8 \times 0.5 \times 2]m^2 = 28.79m^2$

卧室：$S = [(3.3 - 0.24) \times (4.2 - 0.24)]m^2 = 12.12m^2$

卫生间：$S = [1.92 \times (0.85 + 0.8 + 0.99 - 0.24 \times 2) \times 2]m^2 = 8.29m^2$

卫生间防水：$S = [8.29 + (1.92 + 0.85 + 0.8 + 0.99 - 0.24 \times 2) \times 2 \times 0.15]m^2 = 9.51m^2$

（2）天棚面积：

主卧室：$S = [(3.3 - 0.24) \times (1.2 + 3 + 0.9 - 0.24) + (3.3 - 0.24) \times (1.2 + 3 - 0.24) + 1.8 \times 0.5 \times 2]m^2 = 28.79m^2$

卧室：$S = [(3.3 - 0.24) \times (4.2 - 0.24)]m^2 = 12.12m^2$

卫生间：$S = [1.92 \times (0.85 + 0.8 + 0.99 - 0.24 \times 2) \times 2]m^2 = 8.29m^2$

（3）内墙面面积：

主卧室：$S = [(3.3 - 0.24 + 0.5 + 1.2 + 3 + 0.9 - 0.24 + 3.3 - 0.24 + 0.5 + 1.2 + 3 - 0.24) \times 2 \times (2.8 - 0.1) - 0.9 \times 2 \times 2 - 2.8 \times 1.9 \times 2]m^2 = 71.84m^2$

卧室：$S = [(3.3 - 0.24 + 4.2 - 0.24) \times 2 \times (2.8 - 0.1) - 0.9 \times 2 - 1.8 \times 1.5]m^2 = 33.41m^2$

卫生间：$S = \{[(1.92 + 0.85 + 0.8 + 0.99 - 0.24 \times 2) \times 2 \times (2.8 - 0.1) - 0.8 \times 2] \times 2\}m^2 = 40.86m^2$

过关问题4：根据《房屋建筑与装饰工程工程量计算规范》（GB 50854—2013）、案例中的首层平面图和营造做法表，对于装饰工程中卫生间地面的工程量清单应如何列项，如何描述其项目特征？

答：（1）首先，根据营造做法判断卫生间对应的室内做法为地面2；其次，根据地面2的工程做法从最上一层面层开始分析。因为地面2的面层是地砖，所以根据块料面层清单的工作内容，分析地面2营造做法中的每一层做法是否属于清单工作内容中的项目，如果属于工作内容中的项目，就不需要单独再列项，反之，工作内容中不包含的项目，是需要单独列项的。最后，还应该查找所列清单项目所对应套用的定额子目中包括的内容，如果营造做法的上一层价格中包含了下一层内容，也不需要单独再列项。所以，地面2的列项如下：

1）011102003001，块料楼地面。

2）010904002001，楼地面涂膜防水。

3）010501001001，混凝土垫层。

（2）上述地面2的清单项目所对应的项目特征描述见表15-1。

表 15-1　地面 2 项目特征描述表

序号	项目编码	项目名称	项目特征
1	011102003001	块料楼地面	1. 8～10mm 厚地砖（600mm×600mm）铺实拍平，水泥浆擦缝 2. 20mm 厚 1:4 干硬性水泥砂浆 3. 15mm 厚 1:2 水泥砂浆找平
2	010904002001	楼（地）面涂膜防水	1. 1.5mm 厚聚氨酯防水涂料，面撒黄沙，四周沿墙上翻 150mm 高 2. 刷基层处理剂一遍
3	010501001001	混凝土垫层	100mm 厚 AC15 混凝土

过关问题5：根据《房屋建筑与装饰工程工程量计算规范》（GB 50854—2013）和案例的背景资料，编制装饰工程中卫生间地面的招标工程量清单表，并填入表15-2。

答：分部分项工程和单价措施项目清单与计价表见表15-2。

表 15-2　分部分项工程和单价措施项目清单与计价表（装饰工程）

序号	项目编码	项目名称	项目特征	计量单位	工程量	金额（元）	
						综合单价	合价
1	011102003001	块料楼地面	1. 8～10mm 厚地砖（600mm×600mm）铺实拍平，水泥浆擦缝 2. 20mm 厚 1:4 干硬性水泥砂浆 3. 15mm 厚 1:2 水泥砂浆找平	m²	8.29		
2	010904002001	楼（地）面涂膜防水	1. 1.5mm 厚聚氨酯防水涂料，面撒黄沙，四周沿墙上翻 150mm 高 2. 刷基层处理剂一遍	m²	9.51		
3	010501001001	混凝土垫层	100mm 厚 AC15 混凝土	m³	0.83		

任务二　编制总价措施项目招标工程量清单表

过关问题1： 根据《房屋建筑与装饰工程工程量计算规范》（GB 50854—2013），叙述装饰装修工程中总价措施项目的内容有哪些。

答：装饰装修工程总价措施项目包括：安全文明施工费，夜间施工费，非夜间施工照明费，二次搬运费，冬雨季施工费，地上及地下设施、建筑物的历史保护设施，已完工程及设备保护费。

过关问题2： 根据《房屋建筑与装饰工程工程量计算规范》（GB 50854—2013）和案例中的背景资料，确定应该计取哪些总价措施项目，说明如何计取。并编制总价措施项目的招标工程量清单表，填入表15-3。

答：根据案例中的背景资料，装饰装修工程总价措施项目应包括：安全文明施工费、冬雨季施工费。

总价措施项目：工程量清单中以总价计价的项目，即此类项目在相关工程现行国家计量规范中无工程量计算规则，以总价（或计算基础乘费率）计算的项目。总价措施项目清单与计价表见表15-3。

表15-3　总价措施项目清单与计价表

序号	项目编码	项目名称	计算基础	费率（%）	金额（元）	备注
1	011707001001	安全文明施工				
2	011707005001	冬雨季施工				

任务三　编制装饰工程招标控制价

过关问题1： 根据任务一中装饰工程招标工程量清单中块料楼地面项目和《天津市装饰装修工程预算基价》（DBD 29－201－2020），分析应该套用哪些定额项目进行组价，并填写清单综合单价分析表。

答：（1）根据地面2块料面层项目包含的工作内容有：①8～10mm厚地砖铺实拍平，水泥浆擦缝；②20mm厚1:4干硬性水泥砂浆；③15mm厚1:2水泥砂浆找平。

（2）首先套取地面面层的定额，其定额中包含了"干硬性水泥砂浆"的工作内容，所以不需要另行套取；另外，块料面层的工作内容中包括找平层，所以还应套取找平层的定额。

（3）未计价材料计入总价。

因为1-54"陶瓷地砖楼地面"（表15-4）定额中的"1:3水泥砂浆"和"素水泥浆"只有消耗量，没有计入材料价格，所以用其市场价格乘以相应的消耗量计入总价。其中，两项的价格分别为 308.56 元/m^3 和 590.28 元/m^3，消耗量分别为 2.02m^3/100m^2 和 0.10m^3/100m^2。

（市场价－定额价）×定额含量＝[（308.56－0）×2.02]元/100m^2＝623元/100m^2

（市场价－定额价）×定额含量＝[（590.28－0）×0.10]元/100m^2＝59元/100m^2

1-299"水泥砂浆找平层"（表15-4）定额中的"1:3水泥砂浆"只有消耗量，没有计入材料价格，所以用其市场价格乘以相应的消耗量计入总价。其中，价格为308.56元/m^3，消耗量分别为 2.16m³/100m²。1-300（表15-4）调整方法相同。

（市场价 - 定额价）× 定额含量 = [（308.56 - 0）× 2.16]元/100m² = 666 元/100m²

（市场价 - 定额价）× 定额含量 = [（308.56 - 0）× 0.54]元/100m² = 167 元/100m²

（4）材料差价的调整。

定额中的主要材料价格是可以根据市场价格进行调整的，1-54"陶瓷地砖楼地面"中地砖的消耗量为 102.5m²/100m²，定额价为 83.25 元/m²，市场价格（600mm×600mm）为 43.58 元/片（121.06 元/m²），所以用消耗量乘以市场价和定额价的差价加入总价。

（市场价 - 定额价）× 定额含量 = [（121.06 - 83.25）× 102.5]元/100m² = 3876 元/100m²

另外，1-54"陶瓷地砖楼地面"中规定水泥砂浆配合比不同时，可以进行调整，营造做法表中水泥砂浆分别为"1:4 水泥砂浆"，而定额中是"1:3 水泥砂浆"，所以用其价格的差值乘以相应的消耗量计入总价。其中：两项的价格分别为 297.11 元/m³ 和 308.56 元/m³，消耗量为 2.02m³/100m²。

（市场价 - 定额价）× 定额含量 = [（297.11 - 308.56）× 2.02]元/100m² = -23 元/100m²

同理，1-299"水泥砂浆找平层"，营造做法表中水泥砂浆分别为"1:2 水泥砂浆"，而定额中是"1:3 水泥砂浆"，所以用其价格的差值乘以相应的消耗量计入总价。其中：两项的价格分别为 344.16 元/m³ 和 308.56 元/m³，消耗量为 2.16m³/100m²。1-300 调整方法相同。

（市场价 - 定额价）× 定额含量 = [（344.16 - 308.56）× 2.16]元/100m² = 77 元/100m²

（市场价 - 定额价）× 定额含量 = [（344.16 - 308.56）× 0.54]元/100m² = 19 元/100m²

（5）每100m² 陶瓷地砖楼地面清单工程量所含施工工程量：（8.29/8.29/100）m² = 0.01m²（100m²）

每100m² 水泥砂浆找平层清单工程量所含施工工程量：（8.29/8.29/100）m² = 0.01m²（100m²）

根据上述分析过程，块料楼地面的清单综合单价分析表见表15-4。

表15-4 清单综合单价分析表

项目编码	011102003001	项目名称	块料楼地面			计量单位	m²	工程量	8.29
清单综合单价组成明细									
定额编号	定额名称	定额单位	数量	单价（元）				合价（元）	

定额编号	定额名称	定额单位	数量	人工费	材料费	施工机具使用费	管理费和利润	人工费	材料费	施工机具使用费	管理费和利润
1-54	陶瓷地砖楼地面周长 2400mm 以内	100m²	0.01	4270.23	9303.98	78.17	1272.80	42.70	93.04	0.78	12.73
1-299	20mm 厚 1:2 水泥砂浆找平	100m²	0.01	837.00	666.59	55.93	253.39	8.37	6.67	0.56	2.53
1-300	每增减 5mm	100m²	-0.01	174.15	166.67	15.06	53.05	-1.74	-1.67	-0.15	-0.53
人工单价		小 计						49.33	98.04	1.19	14.73
—		材料差价						54.64			
清单项目综合单价								217.93			

（续）

主要材料名称、规格、型号	单位	数量	定额价（元）	市场价（元）	合价（元）
陶瓷地砖	m²	1.025	83.25	121.06	38.76
1:3 水泥砂浆（1-54）	m³	0.0202	0	308.56	6.23
素水泥浆（1-54）	m³	0.0010	0	590.28	0.59
1:3 水泥砂浆（1-299）	m³	0.0216	0	308.56	6.66
1:3 水泥砂浆（1-300）	m³	0.0054	0	308.56	1.67
1:4 水泥砂浆（1-54）	m³	0.0202	308.56	297.11	-0.23
1:2 水泥砂浆（1-299）	m³	0.0216	308.56	344.16	0.77
1:2 水泥砂浆（1-300）	m³	0.0054	308.56	344.16	0.19
材料差价小计					54.64

（第一列以上合并单元格标注"材料费明细"）

过关问题2：结合案例具体情况，根据《建设工程工程量清单计价规范》（GB 50500—2013）、《天津市装饰装修工程预算基价》（DBD 29-201-2020）和装饰工程地面2的招标工程量清单表，编制招标控制价，并填写分部分项工程和单价措施项目清单与计价表（装饰工程）（表15-5）和规费、税金项目计价表（装饰工程）（表15-6）。

答：分部分项工程和单价措施项目清单与计价表见表15-5。

表15-5 分部分项工程和单价措施项目清单与计价表（装饰工程）

序号	项目编码	项目名称	项目特征	计量单位	工程量	金额（元）	
						综合单价（其中：人工费，施工机具使用费）	合价（其中：人工费，施工机具使用费）
1	011102003001	块料楼地面	1. 8~10mm 厚地砖铺实拍平，水泥浆擦缝 2. 20mm 厚1:4 干硬性水泥砂浆 3. 15mm 厚1:2 水泥砂浆找平	m²	8.29	217.93（49.33, 1.19）	1807.61（409.17, 9.87）
2	010904002001	楼（地）面涂膜防水	1. 1.5mm 厚聚氨酯防水涂料，面撒黄沙，四周沿墙上翻150mm 高 2. 刷基层处理剂一遍	m²	9.51	108.20（52.97, 0）	1029.41（503.99, 0）
3	010501001002	混凝土垫层	100mm 厚 AC15 混凝土	m³	0.83	642.55（152.42, 1.65）	532.96（126.42, 1.37）
合计							3369.97（1039.58, 11.25）

规费、税金项目计价表见表15-6。

表 15-6 规费、税金项目计价表（装饰工程）

序号	项目名称	计算基础	计算基数（元）	计算费率（%）	金额（元）
1	规费	定额人工费	1039.58	37.64	391.30
2	税金	定额人工费 + 材料费 + 施工机具使用费 + 管理费 + 利润 + 规费	3761.27	9	338.51
合计					729.81

招标控制价（装饰工程）：（3369.97 + 729.81）元 = 4099.78 元

任务四 编制总价措施项目招标控制价

过关问题 1：假设分部分项工程费中的人工费为 50 万元，材料费为 60 万元，机械费为 70 万元，可以计量的措施项目费中的人工费为 10 万元，材料费为 20 万元，机械费为 30 万元，根据《建设工程工程量清单计价规范》（GB 50500—2013）和《天津市装饰装修工程预算基价》（DBD 29 – 201 – 2020），列式计算总价措施项目费及其人工费。

答：根据背景资料分析，应计取的总价措施项目有：安全文明施工措施费和冬雨季施工费。

根据《天津市装饰装修工程预算基价》（DBD 29 – 201 – 2020）的规定，安全文明施工费是以"分部分项工程项目和可计量的措施项目"之和的"人工费和施工机具使用费"作为基数，系数为 7.15%，其中人工费占 16%；冬雨季施工增加费是以"分部分项工程项目和可计量的措施项目"之和的"人工费和施工机具使用费"作为基数，系数为 0.73%，其中人工费占 60%。

（1）安全文明施工措施费 = 计算基数 × 7.15% = [（50 + 70 + 10 + 30）× 7.15%]万元
= 11.44 万元

其中人工费占 = （11.44 × 16%）万元 = 1.8304 万元

（2）冬雨季施工增加费 = 计算基数 × 0.73% = [（50 + 70 + 10 + 30）× 0.73%]万元
= 1.168 万元

其中人工费占 = （1.168 × 60%）万元 = 0.7008 万元

过关问题 2：结合案例具体情况，根据《建设工程工程量清单计价规范》（GB 50500—2013）、《天津市装饰装修工程预算基价》（DBD 29 – 201 – 2020）和总价措施项目的招标工程量清单表，编制招标控制价，并填写总价措施项目清单与计价表（表 15-7）和规费、税金项目计价表（总价措施项目）（表 15-8）。

答：总价措施项目清单与计价表见表 15-7。

规费、税金项目计价表见表 15-8。

表 15-7 总价措施项目清单与计价表

序号	项目编码	项目名称	计算基数（元）	费率（%）	金额 （其中：人工费）（元）	备注
1	011707001001	安全文明施工费	1029.67	7.15	73.62（11.78）	—
2	011707005001	冬雨季施工费	1029.67	0.73	7.52（4.51）	—
		合计			81.14（16.29）	—

表 15-8 规费、税金项目计价表（总价措施项目）

序号	项目名称	计算基础	计算基数（元）	计算费率（%）	金额（元）
1	规费	定额人工费	16.29	37.64	6.13
2	税金	定额人工费 + 材料费 + 施工机具 使用费 + 管理费 + 利润 + 规费	87.27	9	7.85
		合计			13.99

招标控制价（总价措施项目）：（81.14 + 13.99）元 = 95.12 元

成果与范例

一、项目概况

某住宅 1 号楼，该工程占地 984.99m^2，地上 6 层，檐高 19.8m，各层层高 2.8m，总建筑面积约 5500m^2。拟建建筑物周边场地宽敞，施工方法不受周边其他建筑物的影响。施工时间为 2020 年 4 月 1 日，到 2020 年 10 月 30 日。地区：华北地区。正常施工期完成。装饰工程费用的计取方式为：管理费为人工费、施工机具使用费（分部分项工程项目 + 可计量的措施项目）之和的 9.63%；规费为人工费合计（分部分项工程项目 + 措施项目）的 37.64%；装饰工程利润为人工费合计（分部分项工程项目 + 措施项目）的 20%；增值税税率为 9%；假设不计取其他项目。图样见附录。

二、项目其他信息

（1）假设隔断到 M1 门的距离为 500mm，4 和 5 轴右侧阳台的墙厚为 100mm，1～2 轴和 A～B 轴之间的地面按阳台计算。

（2）假设隔断、YC1、YC2、M2 门、阳台窗的厚度忽略不计。

（3）板厚按 100mm 计。

（4）假设架空层不做装修。

（5）假设首层平面图中的主卧室、卧室洞口尺寸为 900mm × 2000mm；厨房、卫生间洞口尺寸为 800mm × 2000mm。

营造做法表见表 15-9。

表 15-9 营造做法表

分 类	编 号	名 称	做 法
地面	地面 1	水泥砂浆防水地面	1. 20mm 厚干拌 M20 水泥砂浆抹面压光 2. 素水泥浆结合层一遍 3. 60mm 厚 AC15 细石混凝土防水层 4. 100mm 厚 AC15 混凝土 5. 150mm 厚 3:7 灰土 6. 素土夯实
	地面 2	地砖地面 防水地面	1. 8～10mm 厚地砖（600mm×600mm）铺实拍平，水泥浆擦缝 2. 20mm 厚 1:4 干硬性水泥砂浆 3. 1.5mm 厚聚氨酯防水涂料，面撒黄沙，四周沿墙上翻 150mm 高 4. 刷基层处理剂一遍 5. 15mm 厚 1:2 水泥砂浆找平 6. 100mm 厚 AC15 混凝土 7. 素土夯实
楼面	楼面 1	水泥砂浆防水地面	1. 20mm 厚 1:2 水泥砂浆抹面压光 2. 素水泥浆结合层一遍 3. 50mm 厚 AC15 细石混凝土防水层 4. 钢筋混凝土楼板
	楼面 2	地砖地面 防水地面	1. 8～10mm 厚地砖（600mm×600mm）铺实拍平，水泥浆擦缝 2. 20mm 厚 1:4 干硬性水泥砂浆 3. 1.5mm 厚聚氨酯防水涂料，面撒黄沙，四周沿墙上翻 150mm 高 4. 刷基层处理剂一遍 5. 15mm 厚 1:2 水泥砂浆找平 6. 50mm 厚 AC15 细石混凝土 7. 钢筋混凝土楼板
天棚	天棚 1		1. 石膏板天棚 2. U 形轻钢龙骨 500mm×500mm（不上人） 3. 15.5mm 厚 1:3:9 混合砂浆 4. 素水泥浆一道 5. 钢筋混凝土板底面清理干净
	天棚 2		1. 106 涂料两遍 2. 局部刮腻子，砂纸磨平 3. 8mm 厚 1:1:6 混合砂浆 4. 7.5mm 厚 1:1:4 混合砂浆 5. 素水泥浆一道 6. 钢筋混凝土板底面清理干净

（续）

分 类	编 号	名 称	做 法
内墙	内墙1	涂料	1. 乳胶漆两遍 2. 刷底漆一遍 3. 满刮腻子一遍 4. 清理抹灰基层 5. 1.5mm厚1:2.5水泥砂浆 6. 13mm厚1:1:6混合砂浆抹灰 7. 刷建筑胶素水泥浆一遍，配合比为：建筑胶:水=1:4
	内墙2	面砖	1. 8~10mm厚面砖（600mm×600mm），水泥浆擦缝 2. 5mm厚1:2水泥砂浆 3. 15mm厚1:3水泥砂浆

室内做法表见表15-10。

表15-10 室内做法表

层数	部 位	楼地面	天 棚	内 墙
一~六层	除卫生间以外的其他房间	地面1	天棚2	内墙2
	卫生间	地面2	天棚1	内墙1

三、编制依据

（1）《建设工程工程量清单计价规范》（GB 50500—2013）。

（2）《房屋建筑与装饰工程工程量计算规范》（GB 50854—2013）。

（3）《天津市装饰装修工程预算基价》（DBD 29 – 201 – 2020）。

（4）《天津市工程造价信息》（2020年第6期）。

四、编制说明

（1）本工程的水泥砂浆采用干拌砂浆。

（2）部分材料价格见表15-11。

表15-11 材料价格表（装饰工程及总价措施项目）

序 号	名 称	规格、型号	计量单位	市场价格（元）
1	陶瓷墙地砖	600mm×600mm	元/片	43.58
2	预拌混凝土	AC15	元/m³	435.00
3	石膏板	500mm×500mm	元/m²	11.45
4	106涂料		元/kg	3.57
5	乳胶漆		元/kg	8.74

（3）假设不计取其他项目。

五、编制招标工程量清单

编制分部分项工程和单价措施项目清单与计价表（装饰工程）和总价措施项目清单与计价表，见表 15-12 和表 15-13。

表 15-12 分部分项工程和单价措施项目清单与计价表（装饰工程）

序号	项目编码	项目名称	项目特征	计量单位	工程量	金额（元）	
						综合单价	合价
1	011102003001	块料楼地面	1. 8~10mm 厚地砖（600mm×600mm）铺实拍平，水泥浆擦缝 2. 20mm 厚 1:4 干硬性水泥砂浆 3. 15mm 厚 1:2 水泥砂浆找平	m²	49.77		
2	010904002001	楼（地）面涂膜防水	1. 1.5mm 厚聚氨酯防水涂料，面撒黄沙，四周沿墙上翻150mm 高 2. 刷基层处理剂一遍	m²	57.08		
3	010501001001	混凝土垫层	100mm 厚 AC15 混凝土	m³	4.98		
4	011101001001	水泥砂浆地面	1. 20mm 厚干拌 M20 水泥砂浆抹面压光 2. 素水泥浆结合层一遍	m²	818.54		
5	010904003001	楼地面砂浆防水	60mm 厚 AC15 细石混凝土防水层	m²	818.54		
6	010501001002	混凝土垫层	100mm 厚 AC15 混凝土	m³	81.85		
7	010404001001	垫层	150mm 厚 3:7 灰土	m³	122.78		
8	011102003002	块料楼地面	1. 8~10mm 厚地砖（600mm×600mm）铺实拍平，水泥浆擦缝 2. 20mm 厚 1:4 干硬性水泥砂浆 3. 15mm 厚 1:2 水泥砂浆找平	m²	248.83		
9	010904002002	楼（地）面涂膜防水	1. 1.5mm 厚聚氨酯防水涂料，面撒黄沙，四周沿墙上翻150mm 高 2. 刷基层处理剂一遍	m²	285.42		
10	010501001003	混凝土垫层	50mm 厚 AC15 混凝土	m³	12.44		
11	011101001003	水泥砂浆地面	1. 20mm 厚 1:2 水泥砂浆抹面压光 2. 素水泥浆结合层一遍	m²	3898.35		
12	010904003002	楼地面砂浆防水	50mm 厚 AC15 细石混凝土防水层	m²	3898.35		
13	011302001001	吊顶天棚	1. 石膏板天棚 2. U 形轻钢龙骨 500mm×500mm（不上人）	m²	298.60		
14	011301001001	天棚抹灰	1. 15.5mm 厚 1:3:9 混合砂浆 2. 素水泥浆一道	m²	298.60		
15	011407002001	天棚喷刷涂料	1. 106 涂料两遍 2. 局部刮腻子，砂纸磨平	m²	4716.90		

（续）

序号	项目编码	项目名称	项目特征	计量单位	工程量	金额（元）	
						综合单价	合价
16	011301001002	天棚抹灰	1. 8mm 厚 1:1:6 混合砂浆 2. 7.5mm 厚 1:1:4 混合砂浆 3. 素水泥浆一道	m²	4716.90		
17	011407001001	墙面喷刷涂料	1. 乳胶漆两遍 2. 刷底漆一遍 3. 满刮腻子一遍 4. 清理抹灰基层	m²	10906.61		
18	011201001001	墙面一般抹灰	1. 5mm 厚 1:2.5 水泥砂浆 2. 13mm 厚 1:1:6 混合砂浆抹灰 3. 刷建筑胶素水泥浆一遍，配合比为：建筑胶:水 = 1:4	m²	10906.61		
19	011204003001	块料墙面	1. 8~10mm 厚面砖（600mm×600mm），水泥浆擦缝或 1:1 水泥砂浆擦缝 2. 5mm 厚 1:2 水泥砂浆 3. 15mm 厚 1:3 水泥砂浆	m²	1471.10		

表 15-13　总价措施项目清单与计价表

序号	项目编码	项目名称	计算基础	费率（%）	金额（元）	备注
1	011707001001	安全文明施工费				
2	011707005001	冬雨季施工费				

六、编制招标控制价

编制分部分项工程和单价措施项目清单与计价表（装饰工程）和总计措施项目清单与计价表（表 15-14 和表 15-15）和规费、税金项目计价表（装饰工程和总价措施项目）（表15-16），并计算招标控制价（装饰工程和总价措施项目）。

表 15-14　分部分项工程和单价措施项目清单与计价表（装饰工程）

序号	项目编码	项目名称	项目特征	计量单位	工程量	金额（元）	
						综合单价 （其中：人工费，施工机具使用费）	合价 （其中：人工费，施工机具使用费）
1	011102003001	块料楼地面	1. 8~10mm 厚地砖（600mm×600mm）铺实拍平，水泥浆擦缝 2. 20mm 厚 1:4 干硬性水泥砂浆 3. 15mm 厚 1:2 水泥砂浆找平	m²	49.77	217.93 （49.33，1.19）	10845.64 （2455.02，59.24）

（续）

序号	项目编码	项目名称	项目特征	计量单位	工程量	金额（元）	
						综合单价（其中：人工费，施工机具使用费）	合价（其中：人工费，施工机具使用费）
2	010904002001	楼（地）面涂膜防水	1. 1.5mm 厚聚氨酯防水涂料，面撒黄沙，四周沿墙上翻150mm高 2. 刷基层处理剂一遍	m²	57.08	108.20（52.97，0）	6176.43（3023.97，0.00）
3	010501001001	混凝土垫层	100mm 厚 AC15 混凝土	m³	4.98	642.55（152.42，1.65）	3197.74（758.51，8.23）
4	011101001001	水泥砂浆地面	1. 20mm 厚干拌 M20 水泥砂浆抹面压光 2. 素水泥浆结合层一遍	m²	818.54	44.71（20.02，1.12）	36593.71（16387.65，915.46）
5	010904003001	楼地面砂浆防水	60mm 厚 AC15 细石混凝土防水层	m²	818.54	61.86（24.15，0.19）	50635.84（19769.06，156.26）
6	010501001002	混凝土垫层	100mm 厚 AC15 混凝土	m³	81.85	642.55（152.42，1.65）	52595.46（12475.83，135.39）
7	010404001001	垫层	150mm 厚 3∶7 灰土	m³	122.78	299.18（101.93，1.33）	36733.20（12514.51，163.05）
8	011102003002	块料楼地面	1. 8~10mm 厚地砖（600mm×600mm）铺实拍平，水泥浆擦缝 2. 20mm 厚 1∶4 干硬性水泥砂浆 3. 15mm 厚 1∶2 水泥砂浆找平	m²	248.83	217.93（49.33，1.19）	54228.21（12275.08，296.21）
9	010904002002	楼（地）面涂膜防水	1. 1.5mm 厚聚氨酯防水涂料，面撒黄沙，四周沿墙上翻150mm高 2. 刷基层处理剂一遍	m²	285.42	108.20（52.97，0）	30882.16（15119.84，0）
10	010501001003	混凝土垫层	50mm 厚 AC15 混凝土	m³	12.44	642.55（152.42，1.65）	7994.34（1896.29，20.58）
11	011101001003	水泥砂浆地面	1. 20mm 厚 1∶2 水泥砂浆抹面压光 2. 素水泥浆结合层一遍	m²	3898.35	44.71（20.02，1.12）	174279.26（78046.96，4359.92）
12	010904003002	楼地面砂浆防水	50mm 厚 AC15 细石混凝土防水层	m²	3898.35	61.86（24.15，0.19）	241155.56（94151.06，744.20）

（续）

序号	项目编码	项目 名称	项目特征	计量 单位	工程 量	金额（元）	
						综合单价 （其中：人工费， 施工机具使用费）	合价 （其中：人工费， 施工机具使用费）
13	011302001001	吊顶天棚	1. 石膏板天棚 2. U形轻钢龙骨500mm× 500mm（不上人）	m²	298.60	132.44 （47.43，0.09）	39545.74 （14162.52，26.28）
14	011301001001	天棚抹灰	1. 15.5mm 厚 1:3:9 混 合砂浆 2. 素水泥浆一道	m²	298.60	45.35 （23.04，1.80）	13540.81 （6881.05，538.25）
15	011407002001	天棚喷刷涂料	1. 106 涂料两遍 2. 局部刮腻子，砂纸 磨平	m²	4716.90	9.67 （6.12，0）	45635.74 （28867.40，0）
16	011301001002	天棚抹灰	1. 8mm 厚 1:1:6 混合 砂浆 2. 7.5mm 厚 1:1:4 混合 砂浆 3. 素水泥浆一道	m²	4716.90	44.41 （22.68，1.78）	209456.59 （106979.20， 8401.26）
17	011407001001	墙面喷刷 涂料	1. 乳胶漆两遍 2. 刷底漆一遍 3. 满刮腻子一遍 4. 清理抹灰基层	m²	10906.61	19.09 （11.26，0）	208227.05 （122817.18，0）
18	011201001001	墙面一般 抹灰	1. 5mm 厚 1:2.5 水泥 砂浆 2. 13mm 厚 1:1:6 混合 砂浆抹灰 3. 刷建筑胶素水泥浆一 遍，配合比为：建筑胶: 水 = 1:4	m²	10906.61	58.30 （30.16，2.43）	635859.42 （328932.52， 26510.70）
19	011204003001	块料墙面	1. 8～10mm 厚面砖 （600mm×600mm），水泥 浆擦缝或 1:1 水泥砂浆 擦缝 2. 5mm 厚 1:2 水泥砂浆 3. 15mm 厚 1:3 水泥砂 浆	m²	1471.10	224.19 （63.92，0.82）	329805.85 （94037.97，1210.87）
		合计					2187388.74 （971551.63， 43545.90）

表 15-15　总价措施项目清单与计价表

序号	项目编码	项目名称	计算基数（元）	费率（%）	金额（其中：人工费）（元）	备注
1	011707001001	安全文明施工费	971551.63 + 43545.90 = 1015097.52	7.15	72579.47（11612.72）	—
2	011707005001	冬雨季施工费	971551.63 + 43545.90 = 1015097.52	0.73	7410.21（4446.13）	—
合计					79989.68（16058.84）	—

表 15-16　规费、税金项目计价表（装饰工程和总价措施项目）

序号	项目名称	计算基础	计算基数（元）	计算费率（%）	金额（元）
1	规费	定额人工费	971551.63 + 16058.84 = 987610.47	37.64	371736.58
2	税金	定额人工费 + 材料费 + 施工机具使用费 + 管理费 + 利润 + 规费	2639115.00	9	237520.35
合计					609256.93

招标控制价（装饰工程和总计措施项目）：（2187388.74 + 79989.68 + 609256.93）元 = 2876635.35 元

七、计算底稿

1. 首层最左侧单元地面面积

主卧室：$S = [(3.3 - 0.24) \times (1.2 + 3 + 0.9 - 0.24) + (3.3 - 0.24) \times (1.2 + 3 - 0.24) + 1.8 \times (0.5 + 0.24) \times 2] m^2 = 29.65 m^2$

卧室：$S = [(3.3 - 0.24) \times (4.2 - 0.24)] m^2 = 12.12 m^2$

卫生间：$S = [1.92 \times (0.85 + 0.8 + 0.99 - 0.24 \times 2) \times 2] m^2 = 8.29 m^2$

卫生间防水：$S = [8.29 + (1.92 + 0.85 + 0.8 + 0.99 - 0.24 \times 2) \times 2 \times 0.15] m^2 = 9.51 m^2$

起居室：$S = [(4 - 0.24) \times (4.2 + 0.9 - 0.24) + (1.5 + 0.65) \times 0.74 + (3.3 + 2 - 0.24 - 1.92 - 0.12) \times (1.5 + 0.9) + (4.2 - 0.24) \times (1.5 + 0.9 + 3) + (0.9 + 0.12 - 0.24) \times (1.5 + 0.9 - 0.24) + (0.12 + 0.64 + 0.1 + 1 + 0.5) \times (2.9 - 0.24)] m^2 = 57.50 m^2$

厨房：$S = [(2.9 - 0.24) \times (4.2 + 0.9 - 0.64 - 0.1 - 1 - 0.5 - 0.12) + (3 - 0.24) \times (2 - 0.24)] m^2 = 12.15 m^2$

楼梯间：$S = [(2.6 - 0.24) \times (4.2 + 0.9 - 0.64) + (0.68 + 0.68 + 1.4) \times (2.4 - 0.12)] m^2 = 16.82 m^2$

阳台：$S = [(2.77 - 0.1) \times 1.2 + (4.2 - 1.12 - 0.12) \times 1.26 + (1.28 - 0.12) \times 2] m^2 = 9.25 m^2$

2. 首层最左侧单元天棚面积

主卧室：$S = [(3.3 - 0.24) \times (1.2 + 3 + 0.9 - 0.24) + (3.3 - 0.24) \times (1.2 + 3 - 0.24) + 1.8 \times (0.5 + 0.24) \times 2] m^2 = 29.65 m^2$

卧室：$S = [(3.3 - 0.24) \times (4.2 - 0.24)] m^2 = 12.12 m^2$

卫生间：$S = [1.92 \times (0.85 + 0.8 + 0.99 - 0.24 \times 2) \times 2] m^2 = 8.29 m^2$

起居室：$S = \{(4-0.24) \times (4.2+0.9-0.24) + (1.5+0.65) \times 0.74 + (3.3+2-0.24-$
$1.92-0.12) \times (1.5+0.9) + [(4.2-0.24) \times (1.5+0.9+3) + (0.9+0.12+$
$0.24) \times (1.5+0.9-0.24) + (0.12+0.64+0.1+1+0.5) \times (2.9-$
$0.24)]\} m^2 = 57.50 m^2$

厨房：$S = [(2.9-0.24) \times (4.2+0.9-0.64-0.1-1-0.5-0.12) + (3-0.24) \times (2-$
$0.24)] m^2 = 12.15 m^2$

楼梯间：$S = [(2.6-0.24) \times (4.2+0.9-0.64) + (0.68+0.68+1.4) \times (2.4-0.12)] m^2$
$= 16.82 m^2$

阳台：$S = [(2.77-0.1) \times 1.2 + (4.2-1.12-0.12) \times 1.26 + (1.28-0.12) \times 2] m^2 = 9.25 m^2$

3. 首层最左侧单元内墙面面积

主卧室：$S = [(3.3-0.24+0.5+0.12+1.2+3+0.9-0.24+3.3-0.24+0.5+0.12+$
$1.2+3-0.24) \times 2 \times (2.8-0.1) - 0.9 \times 2 \times 2 - 2.8 \times 1.9 \times 2] m^2$
$= 73.13 m^2$

卧室：$S = [(3.3-0.24+4.2-0.24) \times 2 \times (2.8-0.1) - 0.9 \times 2 - 1.8 \times 1.5] m^2 = 33.41 m^2$

卫生间：$S = \{[(1.92+0.85+0.8+0.99-0.24 \times 2) \times 2 \times (2.8-0.1) - 0.8 \times 2] \times 2\} m^2$
$= 40.86 m^2$

起居室：

$S = \{[(4+0.74+0.12-0.24+4.2+0.9+1.5+0.9-0.24) \times 2 + (4.2+0.12+0.12+0.9-$
$0.12+3+0.9+1.5+0.64+0.1+1+0.5-0.12) \times 2 - (2.9-0.24)] \times 2.8-0.1-$
$(1.8 \times 1.9+0.5 \times 1.9+1.5 \times 1.9+0.8 \times 2 \times 2+0.9 \times 2+1 \times 2.1) - (2.4 \times 2.4+$
$0.9 \times 2 \times 2+0.8 \times 2+1 \times 2.1)\} m^2$
$= 98.39 m^2$

厨房：

$S = \{[(2-0.24+3-0.24) \times 2+2.9-0.24+(4.2+0.9-0.64-0.1-1-0.5-0.12) \times 2] \times$
$2.8-0.1-(1 \times 2.4+0.8 \times 2)-1.5 \times 2.4\} m^2$
$= 38.79 m^2$

楼梯间：

$S = \{[2.6-0.24+(4.2+0.9-0.64) \times 2] \times (2.8-0.1)+(2.4-0.12+0.68+1.4+$
$0.68+0.12-2.6+0.12) \times (2.8-0.1)-1 \times 2.1 \times 2-1 \times 2-0.7 \times 2\} m^2$
$= 30.09 m^2$

阳台：

$S = \{[(4.2-1.12-0.12+1.26) \times 2+(2.77-0.1+1.2) \times 2+(2+1.28-0.12) \times 2] \times$
$(2.8-0.1)-(3.37 \times 2.3+2.4 \times 2.4)-(3.87 \times 1.55+1.5 \times 2.4)-(3.1 \times 1.35+1.0 \times$
$2.4)\} m^2$
$= 31.06 m^2$

4. 二层最左侧单元面积

除了楼梯间与首层不同，其他都相同。

楼梯间楼面：

$S = [16.82 - (0.68+0.68+1.4) \times (2.4-0.12)+(0.68+0.68+1.4) \times (0.72-$
$0.12)] m^2 = 12.18 m^2$

楼梯间天棚：$S = [16.82 - (0.68 + 0.68 + 1.4) \times (2.4 - 0.12) + (0.68 + 0.68 + 1.4) \times (0.72 - 0.12)] m^2 = 12.18 m^2$

楼梯间内墙面：

$S = \{[2.6 - 0.24 + (4.2 + 0.9 - 0.64) \times 2] \times (2.8 - 0.1) + (0.72 - 0.12 + 0.68 + 1.4 + 0.68 + 0.12 - 2.6 + 0.12) \times (2.8 - 0.1) - 1 \times 2.1 \times 2 - 1 \times 2 - 0.7 \times 2\} m^2$
$= 25.56 m^2$

5. 三 ~ 四层最左侧单元面积（单层）

除了楼梯间与首层不同，其他都相同。

楼梯间地面：$S = [(2.6 - 0.24) \times (4.2 + 0.9 - 0.64 - 0.24)] m^2 = 9.96 m^2$

楼梯间天棚：$S = [(2.6 - 0.24) \times (4.2 + 0.9 - 0.64 - 0.24)] m^2 = 9.96 m^2$

楼梯间内墙面：$S = [(2.6 - 0.24 + 4.2 + 0.9 - 0.64 - 0.24) \times 2 \times (2.8 - 0.1) - 1 \times 2.1 \times 2 - 1 \times 2 - 0.7 \times 2] m^2 = 27.93 m^2$

6. 五层最左侧单元面积

除了 1 轴左侧与三层不同，其他都相同。

起居室地面：

$S = [(4 - 0.24) \times (4.2 + 0.9 - 0.24) + 1.5 \times 0.74 + (3.3 + 2 - 0.24 - 1.92 - 0.12) \times (1.5 + 0.9) + (4.2 - 0.24) \times (1.5 + 0.9 + 3) + (0.9 + 0.12 + 0.24) \times (1.5 + 0.9 - 0.24) + (0.12 + 0.64 + 0.1 + 1 + 0.5) \times (2.9 - 0.24)] m^2$
$= 57.01 m^2$

起居室天棚：

$S = [(4 - 0.24) \times (4.2 + 0.9 - 0.24) + 1.5 \times 0.74 + (3.3 + 2 - 0.24 - 1.92 - 0.12) \times (1.5 + 0.9) + (4.2 - 0.24) \times (1.5 + 0.9 + 3) + (0.9 + 0.12 + 0.24) \times (1.5 + 0.9 - 0.24) + (0.12 + 0.64 + 0.1 + 1 + 0.5) \times (2.9 - 0.24)] m^2$
$= 57.01 m^2$

起居室内墙面：

$S = \{[(4 + 0.74 + 0.12 - 0.24 + 4.2 + 0.9 + 1.5 + 0.9 - 0.24) \times 2 + (4.2 + 0.12 + 0.12 + 0.9 - 0.12 + 3 + 0.9 + 1.5 + 0.64 + 0.1 + 1 + 0.5 - 0.12) \times 2 - (2.9 - 0.24)] \times (2.8 - 0.1) - (1.8 \times 1.9 + 3.1 \times 1.9 + 0.8 \times 2 \times 2 + 0.9 \times 2 + 1 \times 2.1) - (2.4 \times 2.4 + 0.9 \times 2 \times 2 + 0.8 \times 2 + 1 \times 2.1)\} m^2$
$= 96.30 m^2$

7. 六层最左侧单元面积

除了楼梯间的内墙面与五层不同，其他都相同。

楼梯间内墙面：

$S = [(2.6 - 0.24 + 4.2 + 0.9 - 0.64 - 0.24) \times 2 \times (2.8 - 0.1) - 1 \times 2.1 \times 2 - 1 \times 2 - 0.7 \times 2 - 0.48 \times 0.48 \times 4] m^2 = 27.01 m^2$

8. 地面、天棚、内墙面面积

地面、天棚、内墙面积汇总见表 15-17。

（1）最左侧单元与最右侧单元式完全一样的，与中间单元只差 1 轴外墙突出的部分。

（2）因为 C6 窗是高窗，只涉及内墙面的工程量，所以在汇总时整体扣除：$S = (1.2 \times 8.5) m^2 = 10.2 m^2$

表 15-17　地面、天棚、内墙面积汇总　　　　　　（单位：m²）

序号	分类	位置	首层	二层	三~四层	五层	六层	合计
1	地面面积	主卧室	177.92	177.92	355.84	177.92	177.92	1067.52
2		卧室	72.71	72.71	145.41	72.71	72.71	436.23
3		卫生间	49.77	49.77	99.53	49.77	49.77	298.60
4		卫生间防水	57.08	57.08	114.17	57.08	57.08	342.50
5		起居室	338.61	338.61	677.22	337.65	337.65	2029.74
6		厨房	72.88	72.88	145.75	72.88	72.88	437.26
7		楼梯间	100.91	73.09	119.51	59.76	59.76	413.02
8		阳台	55.52	55.52	111.04	55.52	55.52	333.13
9	天棚面积	主卧室	177.92	177.92	355.84	177.92	177.92	1067.52
10		卧室	72.71	72.71	145.41	72.71	72.71	436.23
11		卫生间	49.77	49.77	99.53	49.77	49.77	298.60
12		起居室	338.61	338.61	677.22	337.65	337.65	2029.74
13		厨房	72.88	72.88	145.75	72.88	72.88	437.26
14		楼梯间	100.91	73.09	119.51	59.76	59.76	413.02
15		阳台	55.52	55.52	111.04	55.52	55.52	333.13
16	内墙面面积	主卧室	438.79	438.79	877.58	438.79	438.79	2632.75
17		卧室	200.45	200.45	400.90	200.45	200.45	1202.69
18		卫生间	245.18	245.18	490.37	245.18	245.18	1471.10
19		起居室	599.41	599.41	1198.82	585.35	585.35	3568.35
20		厨房	232.72	232.72	465.43	232.72	232.72	1396.30
21		楼梯间	180.55	153.34	335.18	167.59	162.06	998.73
22		阳台	186.33	186.33	372.67	186.33	186.33	1118.00

根据营造做法及表 15-17，得出：

地面 1 面积：$S = (177.92 + 72.71 + 338.61 + 72.88 + 100.91 + 55.52) \text{m}^2 = 818.54 \text{m}^2$

地面 2 卫生间面积：49.77m^2

地面 2 卫生间防水面积：57.08m^2

楼面 1 面积：$S = (1067.52 + 436.23 + 2029.74 + 437.26 + 413.02 + 333.13 - 818.54) \text{m}^2$
　　　　　$= 3898.35 \text{m}^2$

楼面 2 卫生间面积：$S = (298.60 - 49.77) \text{m}^2 = 248.83 \text{m}^2$

楼面 2 卫生间防水面积：$S = (342.50 - 57.08) \text{m}^2 = 285.42 \text{m}^2$

天棚 1 面积：$S = (1067.52 + 436.23 + 2029.74 + 437.26 + 413.02 + 333.13) \text{m}^2 = 4716.90 \text{m}^2$

天棚 2 面积：298.60m^2

内墙 1 面积：$S = (2632.75 + 1202.69 + 3568.35 + 1396.30 + 998.73 + 1118.00 -$
　　　　　$10.2) \text{m}^2 = 10906.61 \text{m}^2$

内墙 2 面积：1471.10m^2

7

项目七
给排水工程招标控制价的编制

任务一　编制给水工程招标工程量清单表

过关问题 1：依据《建设工程工程量清单计价规范》，说明管道工程量计量时，不同公称通径管道的节点划分在什么位置。

答：通常通过管件变径，如三通、四通、异径管、弯头等。其中，通过三通或四通变径较常用。

过关问题 2：给水管道室内外界限的划分是什么？

答：给水管道室内外界限划分：以建筑物外墙皮 1.5m 为界，入口处设阀门者以阀门为界。

过关问题 3：给水管道的工程量计算规则是什么？

答：给水管道清单工程量按设计图示管道中心线以长度计算；计量单位是 "m"；管道工程量计算不扣除阀门、管件（包括减压器、疏水器、水表、伸缩器等组成安装）及附属构筑物所占长度；方形补偿器以其所占长度列入管道安装工程量。

过关问题 4：给排水管道的管件、套管、支架是否需要在清单中列项，请一一说明。

答：管件不需要在清单计价表中列项，其价格包含在相应管道的综合单价中。套管视项目特征不同需要分别列项。管道支架需要在清单中列项，既可以按设计图示质量以 "千克" 计量，也可以按设计图示数量以 "套" 计量。

过关问题 5：给水系统分部分项工程量清单中的项目特征如何描述？

答：根据《通用安装工程工程量计算规范》（GB 50856—2013）的规定，明确各个分项工程所要描述的项目特征涉及的具体方面，结合案例中的设计说明和图样，分别响应各分项工程的项目特征描述要求，把相关内容具体明确地表述出来。

过关问题 6：如何计算 1 号楼 1 单元给水管道的清单工程量？编制 1 号楼 1 单元给水工程的招标工程量清单表，并填入表 16-1。

答：给水工程工程量计量表见表 16-1。分部分项工程和单价措施项目清单与计价表见表 16-2。

表 16-1　1 号楼 1 单元给水工程工程量计算表

序号	项目名称	计算式	工程量	单位
1	DN50	$1.5+4.32+0.45+2.79+0.64+(1.35-0.9)+0.9+0.75$	11.80	m
2	DN40	$(8.4+0.75)-0.75=8.4$ 或者 2.8×3	8.4	m

（续）

序号	项目名称	计算式	工程量	单位
3	DN32	$(11.20+0.75)-(8.4+0.75)$	2.8	m
4	DN25	$(14.00+1.00)-(11.20+0.75)=3.05$ 或 $2.8+(1-0.75)$	3.05	m
5	DN20		112.92	m
5.1	每层主立管的左侧	$0.63+0.75+0.54+1.27+0.54+0.63+2.50+0.41+0.5$	7.78	m
5.2	每层主立管的右侧	$0.74+1.00+0.54+1.78+0.2+2.36+0.13+$ $1.50+1.85+0.54+0.5$	11.04	m
		小计：每层 DN20 小计：$7.78+11.04=18.82$ 共六层，DN20 合计：$18.82\times6=112.92$		m
6	DN15		62.40	m
6.1	每层主立管的左侧	$2.52+0.57+0.5$	3.60	m
6.2	每层主立管的右侧	$3.79+2.50+0.5$	6.80	m
		小计：每层 DN15 小计：$3.60+6.80=10.40$ 共六层，DN15 合计：$10.40\times6=62.4$		m
7	管道支架	$8.4\div3\times1.76+11.86\div3\times1.83=12.16$	12.16	kg
8	管道刷油		12.16	kg
9	管井内给水橡塑保温		0.079	m³
9.1	DN50	$3.14\times(0.05+1.033\times0.02)\times1.033\times0.02\times0.75$	0.0034	m³
9.2	DN40	$3.14\times(0.04+1.033\times0.02)\times1.033\times0.02\times8.4$	0.033	m³
9.3	DN32	$3.14\times(0.032+1.033\times0.02)\times1.033\times0.02\times2.8$	0.0095	m³
9.4	DN25	$3.14\times(0.025+1.033\times0.02)\times1.033\times0.02\times3.05$	0.0089	m³
9.5	DN20	$3.14\times(0.02+1.033\times0.02)\times1.033\times0.02\times$ $[(0.63+0.75)\div2\times6+(0.74+1.00)\div2\times6]$	0.024	m³
		小计： $V=3.14\times(0.05+1.033\times0.02)\times1.033\times0.02\times0.75+3.14\times(0.04+1.033\times$ $0.02)\times1.033\times0.02\times8.4+3.14\times(0.032+1.033\times0.02)\times1.033\times0.02\times$ $2.8+3.14\times(0.025+1.033\times0.02)\times1.033\times0.02\times3.05+3.14\times(0.02+$ $1.033\times0.02)\times1.033\times0.02\times[(0.63+0.75)\div2\times6+(0.74+1.00)\div2\times6]$ $=3.14\times1.033\times0.02\times(0.053+0.504+0.146+0.137+0.374)$ $=0.079$		m³

表 16-2　1 号楼 1 单元分部分项工程和单价措施项目清单与计价表（给水工程）

工程名称：给水管道系统　　　　　　　　标段：　　　　　第　页　共　页

序号	项目编码	项目名称	项目特征	计量单位	工程量	金额（元）	
						综合单价	合价
1	031001006001	塑料管	PP – R 给水塑料管，DN50，热熔连接，水压试验，消毒冲洗	m	11.8		
2	031001006002	塑料管	PP – R 给水塑料管，DN40，热熔连接，水压试验，消毒冲洗	m	8.4		
3	031001006003	塑料管	PP – R 给水塑料管，DN32，热熔连接，水压试验，消毒冲洗	m	2.8		
4	031001006004	塑料管	PP – R 给水塑料管，DN25，热熔连接，水压试验，消毒冲洗	m	3.05		
5	031001006005	塑料管	PP – R 给水塑料管，DN20，热熔连接，水压试验，消毒冲洗	m	112.92		
6	031001006006	塑料管	PP – R 给水塑料管，DN15，热熔连接，水压试验，消毒冲洗	m	62.4		
7	031002001001	管道支架	一般支架，材质，形式	kg	12.16		
8	031201003001	金属结构刷油	管道支架除锈、刷油	kg	12.16		
9	031002003001	套管	DN50 防水钢套管	个	1		
10	031002003002	套管	DN40 钢套管	个	3		
11	031002003003	套管	DN32 钢套管	个	1		
12	031002003004	套管	DN25 钢套管	个	1		
13	031002003005	套管	DN20 钢套管	个	12		
14	031002003006	套管	DN15 钢套管	个	6		
15	031208002001	管道绝热	橡塑保温管，厚度 2.0cm	m³	0.079		
16	031003001001	螺纹阀门	DN50 截止阀	个	1		
17	031003001002	螺纹阀门	DN20 截止阀	个	24		
18	031003001003	螺纹阀门	DN15 截止阀	个	12		
19	031003013001	水表	DN20 截止阀	组	12		
20	031004014001	给、排水附（配）件	DN20 水嘴	个	12		
21	031004014002	给、排水附（配）件	DN15 水嘴	个	12		
本页小计							

任务二　编制中水工程招标工程量清单表

过关问题1：当图样比例为1:50，用比例尺1:100测量出的尺寸数据该如何处理？

答：所测量的数据必须除以2。

过关问题2：中水管道室内外界限的划分是什么？中水的工程量计算规则与给水系统有无区别？

答：给水管道室内外界限划分：以建筑物外墙皮1.5m为界，入口处设阀门者以阀门为界。

中水的工程量计算规则与给水系统完全一致，没有区别。

过关问题3：中水系统清单列项时，管件是否需要单独在清单中列项？工程量计算时，管件所占的长度是否需要从管道长度中扣除？

答：管件在给水、中水系统中均不需要单独列项。管道工程量计算不扣除阀门、管件（包括减压器、疏水器、水表、伸缩器等组成安装）及附属构筑物所占长度；方形补偿器以其所占长度列入管道安装工程量。

过关问题4：穿墙、穿楼板等的套管的公称通径如何确定？

答：套管的公称通径通常比所套管道的公称通径大两号为宜，至少也应大一号。但在清单列项和套定额时均采用与所套管道一样的公称通径表示。

过关问题5：如何计算1号楼1单元中水管道的清单工程量？编制1号楼1单元中水工程的招标工程量清单表，并填入表16-3。

答：中水工程工程量计算表见表16-3。分部分项工程和单价措施项目清单与计价表见表16-4。

表16-3　1号楼1单元中水工程工程量计算表

序号	项目名称	计　算　式	工程量	单位
1	DN32	$1.5 + 4.52 + 0.76 + 2.75 + 0.90 + (1.35 - 0.9) + 0.9 + 0.25$	12.03	m
2	DN25	$(11.20 + 0.25) - 0.25$	11.20	m
3	DN20	$(14.00 + 0.50) - (11.20 + 0.25)$	3.05	m
4	DN15		120.96	m
4.1	每层主立管的左侧	$0.53 + 0.5 + 0.61 + 1.07 + 0.54 + 0.62 + 1.82 + 0.32 + 0.31 + 1.65 + 0.67$	8.64	m
4.2	每层主立管的右侧	$0.82 + 0.25 + 0.60 + 4.13 + 0.09 + 1.5 + 1.67 + 1.85 + 0.61$	11.52	m
	小计：每层 DN15 小计：$8.64 + 11.52 = 20.16$ 共六层，DN15 合计：$20.16 \times 6 = 120.96$			m
5	管井内中水橡塑保温		0.072	m³
5.1	DN32	$3.14 \times (0.032 + 1.033 \times 0.02) \times 1.033 \times 0.02 \times 0.25$		m³
5.2	DN25	$3.14 \times (0.025 + 1.033 \times 0.02) \times 1.033 \times 0.02 \times 11.2$		m³

（续）

序号	项目名称	计　算　式	工程量	单位
5.3	DN20	$3.14 \times (0.02 + 1.033 \times 0.02) \times 1.033 \times 0.02 \times 3.05$		m^3
5.4	DN15	$3.14 \times (0.015 + 1.033 \times 0.02) \times 1.033 \times 0.02 \times [(0.53 + 0.5) \times 6 + (0.82 + 0.25) \times 6]$		m^3
	小计：$V = 3.14 \times (0.032 + 1.033 \times 0.02) \times 1.033 \times 0.02 \times 0.25 + 3.14 \times (0.025 + 1.033 \times 0.02) \times 1.033 \times 0.02 \times 11.2 + 3.14 \times (0.02 + 1.033 \times 0.02) \times 1.033 \times 0.02 \times 3.05 + 3.14 \times (0.015 + 1.033 \times 0.02) \times 1.033 \times 0.02 \times [(0.53 + 0.5) \times 6 + (0.82 + 0.25) \times 6]$ $= 3.14 \times 1.033 \times 0.02 \times (0.013 + 0.51 + 0.124 + 0.45)$ $= 0.072$			m^3

表 16-4　1号楼1单元分部分项工程和单价措施项目清单与计价表（中水工程）

工程名称：中水管道系统　　　　　　标段：　　　　　　第 页 共 页

序号	项目编码	项目名称	项目特征	计量单位	工程量	金额（元）	
						综合单价	合价
1	031001006007	中水塑料管	PP – R 给水塑料管，DN32，热熔连接，水压试验	m	12.03		
2	031001006008	中水塑料管	PP – R 给水塑料管，DN25，热熔连接，水压试验	m	11.2		
3	031001006009	中水塑料管	PP – R 给水塑料管，DN20，热熔连接，水压试验	m	3.05		
4	031001006010	中水塑料管	PP – R 给水塑料管，DN15，热熔连接，水压试验	m	120.96		
5	031002003007	中水套管	DN32 防水钢套管	个	1		
6	031208002008	管道绝热	DN50 橡塑保温管，厚度 2.0cm	m^3	0.072		
7	031003001009	阀门	DN32 截止阀	个	1		
8	031003001004	阀门	DN15 截止阀	个	24		
9	031003013002	水表	DN20	组	12		
			本页小计				

任务三　编制排水及废水工程招标工程量清单表

过关问题1：在给排水工程图样中，排水管道是如何标注的？

答：排水管道用字母 P 和排水管道的序号来表示。在各个楼层，排水管道用 WLA 表示。

过关问题2：排水管道室内外界限的划分是什么？

答：排水管道室内外界限划分：以出户第一个排水检查井为界。

过关问题3：分析1号楼图样，可以发现 A 房型总计6层，1层给排水平面图有8个排水管道系统（P1～P8），但 A 房型卫生间排水管道投影图却只有 4 个（WLA－1～WLA－4），为什么？

答：1 楼有单独的排水系统（P2、P4、P5、P7），二至六层有 4 个共用的排水系统（P1、P3、P6、P8），因此只有 P3（WLA－1）、P1（WLA－2）、P6（WLA－3）、P8（WLA－4）涉及各层的排水管道投影图。而 1 层排水平面图需要反映出所有排水管道的出户管情形。

过关问题 4：排水管道平面图上，水平支管与水平干管的连接处管段均有一定的倾斜角度，为什么？

答：水平支管与水平干管的连接处通常采用顺水三通、顺水四通、斜三通或斜四通，这是为了让水平支管内的污水在流向水平干管时，对管道内的杂质、污物有进一步的冲刷作用。

过关问题 5：存水弯所占长度及卫生器具处的立管是否计入管道工程量？为什么？

答：不计入。卫生器具成组安装，其工作内容中已经包含了该部分的安装，价格已经计入综合单价，所以不必再计入管道安装工程量内。

过关问题 6：如何计算 1 号楼 1 单元排水及废水管道的清单工程量？如何编制 1 号楼 1 单元排水及废水工程的招标工程量清单表，并填入表 16-5。

答：排水、废水管道系统工程量计算表见表 16-5。分部分项工程和单价措施项目清单与计价表见表 16-6。

表 16-5　1 号楼 1 单元排水、废水管道系统工程量计算表

序号	项目名称	计 算 式	工程量	单位
1	P4			
	DN75	3 + 3.55 + 0.30 + 0.43 + 1.05	8.33	m
2	P3			
2.1	DN100	3 + 3.94 + 0.3 + 0.84 + 1.05 + 16.80 + 0.7	26.63	m
2.2	DN50	0.39 × 5	1.95	m
3	P2			
3.1	DN100	3 + 5.54 + 0.27 + 0.55 + 0.35	9.71	m
3.2	DN75	0.50	0.50	m
3.3	DN50	0.20 + 0.28 + 0.71 + 0.33 + 1.00 + 0.35 × 3	3.57	m
4	P1			m
4.1	DN150	3 + 6.80 = 9.8	9.80	m
4.2	DN100	0.40 + 0.60 + 1.05 + 16.80 + 0.7 = 19.55 二～六层： (0.72 + 0.44 + 0.35) × 5 = 7.56 小计：19.55 + 7.56 = 27.11	27.11	m
4.3	DN75	DN75：0.55 × 5	2.75	m
4.4	DN50	DN50：[(1.36 + 0.30) + (0.21 + 0.35) + 0.35 + 0.35] × 5	14.6	m

（续）

序号	项目名称	计 算 式	工程量	单位
5	P5			
5.1	DN75	3 + 3.55 + 0.29 + 0.85	7.69	m
5.2	DN50	0.32 + 0.88 + (0.30 + 1.05)	2.55	m
6	P6			
6.1	DN100	3 + 1.42 + 0.35 + 0.45 + 1.05 + 16.8 + 0.7	23.77	m
6.2	DN50	2.12 × 5	10.6	m
7	P7			
7.1	DN100	3 + 5.86 + 0.12 + 1.05	10.03	m
7.2	DN50	0.29 + 0.72 + 1.05 + 1.05 + 0.12 + 1.05	4.28	m
8	P8			
8.1	DN100	3 + 6.18 + 1.05 + 16.80 + 0.7 = 27.73 二～六层： [0.72 + (0.12 + 0.30) + 0.35] × 5 = 7.46 小计：27.73 + 7.46 = 35.19	35.19	m
8.2	DN75	0.56 × 5	2.8	m
8.3	DN50	[(0.72 + 0.30 + 0.25) + 0.35 + 0.3 + 0.35 + (0.12 + 0.30) + 0.35] × 5	15.2	m
	排水管道小计： DN150：9.8 DN100：26.63 + 9.71 + 27.11 + 23.77 + 10.03 + 35.19 = 132.44 DN75：8.33 + 0.5 + 2.75 + 7.69 + 2.8 = 22.07 DN50：1.95 + 3.57 + 14.60 + 2.55 + 10.6 + 4.28 + 15.2 = 52.75			m
9	废水管 F			
9.1	DN75	3 + 7.26 + 1.05 + 16.80 + 0.70	28.81	m
9.2	DN50	首层：0.3 + 2.76 + 0.25 = 3.31 二～六层：(0.30 + 0.15) × 5 = 2.25 小计：3.31 + 2.25 = 5.56	5.56	m
	废水管道小计：DN75：28.81 DN50：5.56			m
10	管道支架		130.98	kg
10.1	DN150	9.8 ÷ 5 × 2.38 = 4.66	4.66	kg
10.2	DN100	132.44 ÷ 4.5 × 2.3 = 67.69	67.69	kg
10.3	DN75	(22.07 ÷ 4 × 1.92) + (28.81 ÷ 4 × 1.92) = 24.42	24.42	kg
10.4	DN50	(52.75 ÷ 3 × 1.76) + (5.56 ÷ 3 × 1.76) = 34.21	34.21	kg
	支架合计：4.66 + 67.69 + 24.42 + 34.21 = 130.98			

表 16-6　1 号楼 1 单元分部分项工程和单价措施项目清单与计价表（排水和废水工程）

工程名称：排水、废水管道系统　　　　　标段：　　　　　　　第　页　共　页

序号	项目编码	项目名称	项目特征	计量单位	工程量	金额（元）	
						综合单价	合价
1	031001006011	排水塑料管	PVC－U 塑料管，DN150，粘接，灌水试验	m	9.8		
2	031001006012	排水塑料管	PVC－U 塑料管，DN100，粘接，灌水试验	m	132.44		
3	031001006013	排水塑料管	PVC－U 塑料管，DN75，粘接，灌水试验	m	22.07		
4	031001006014	排水塑料管	PVC－U 塑料管，DN50，粘接，灌水试验	m	52.75		
5	0310020001002	管道支架	一般支架，材质，形式	kg	130.98		
6	031201003002	金属结构刷油	管道支架除锈、刷油	kg	130.98		
7	031002003008	套管	DN150 防水钢套管	个	2		
8	031002003009	套管	DN150 钢套管	个	12		
9	031002003010	套管	DN100 防水钢套管	个	4		
10	031002003011	套管	DN100 钢套管	个	12		
11	031002003012	套管	DN75 防水钢套管	个	2		
12	031002003013	套管	DN75 钢套管	个	10		
13	031004006001	大便器		组	12		
14	031004003001	洗脸盆		组	12		
15	031004004001	洗涤盆		组	12		
16	031001006015	废水塑料管	UPVC 塑料管，DN75，粘接，灌水试验	m	31.89		
17	031001006016	废水塑料管	UPVC 塑料管，DN50，粘接，灌水试验	m	5.56		
18	031004014003	给、排水附（配）件	地漏 DN50	个	18		
本页小计							

任务四　编制给排水工程招标控制价

过关问题 1：根据给排水工程的招标工程量清单表，分析给水系统 DN50 塑料管、排水系统的金属结构刷油应该套用哪些定额项目进行组价，并填写清单综合单价分析表。

答：根据《天津市安装工程预算基价》（2020 年），定额中给出了预算基价（即总价）、人工费、材料费、机械费。企业管理费按分部分项工程费及可计量的措施项目费中的人工费与机械费的合计乘以企业管理费费率 13.57%。利润按人工费合计的 20.71% 计取。DN50 塑

料管清单综合单价的定额套价计算和综合单价分析见表 16-7 和表 16-8。

表 16-7　DN50 塑料管清单综合单价的定额套价计算表　　　　（单位：元）

定额编号	定额名称	定额单位	总价	人工费	材料费	机械费	管理费 =（人工费 + 机械费）×13.57%	利润 = 人工费 × 20.71%
8-414	塑料给水管 DN50（热熔连接）	10m	215.15	211.95	2.98	0.22	28.79	43.89
8-490	管道消毒冲洗（DN50 以内）	100m	108.44	70.20	38.24	—	9.53	14.54

表 16-8　DN50 塑料管综合单价分析表

项目编码	031001006001		项目名称	塑料管 DN50	计量单位	m	工程量	11.8

清单综合单价组成明细

定额编号	定额名称	定额单位	数量	单价（元）					合价（元）				
				人工费	材料费	机械费	管理费	利润	人工费	材料费	机械费	管理费	利润
8-414	塑料给水管，DN50，热熔连接，水压试验	10m	0.1	211.95	2.98	0.22	28.79	43.89	21.20	0.30	0.02	2.88	4.39
8-490	管道消毒冲洗	100m	0.01	70.20	38.24	—	9.53	14.54	0.70	0.38	—	0.10	0.15
人工单价			小计						21.90	0.68	0.02	2.98	4.54
		未计价材料费（元）							44.96				
		清单项目综合单价（元/m）							75.08				

材料费明细	主要材料名称、规格、型号	单位	数量	单价（元）	合价（元）	暂估单价（元）	暂估合价（元）
	塑料给水管	m	1.016	36.08	36.66		
	室内塑料给水管热熔管件	个	0.742	11.19	8.30		
	其他材料费（元）				0.68		
	材料费小计（元）				45.64		

注：根据塑料给水管 DN50（热熔连接）定额，安装 10m 时消耗的 DN50 塑料给水管主材量是 10.16m，室内塑料给水管热熔管件是 7.42 个。同时，查询天津市 2020 年 6 月的信息价，获取当月未计价主材的含税价格，经增值税抵扣后套入综合单价分析表。

　　排水系统金属结构刷油清单综合单价的定额套价计算和综合单价分析见表 16-9 和表 16-10。同时查得该清单项目不存在未计价主材费。由于刷油清单项目的工作内容本身包含除锈、刷漆工作，因此根据设计要求，本项清单综合单价的套价过程包括除锈、刷红丹防锈漆两遍的第一遍、刷红丹防锈漆两遍的第二遍。

　　过关问题 2：结合案例具体情况，根据给排水工程的招标工程量清单表，编制招标控制价，并填写分部分项工程和单价措施项目清单与计价表（给排水工程），施工措施项目费表（给排水工程）和规费、税金项目计价表（给排水工程）。

　　答：分部分项工程和单价项目措施项目清单与计价表见表 16-11。

表 16-9　金属结构刷油清单综合单价的定额套价计算表　　（单位：元）

定额编号	定额名称	定额单位	总价	人工费	材料费	机械费	管理费=（人工费+机械费）×13.57%	利润=人工费×20.71%
11-7	手工除锈（轻锈，金属结构除锈）	100kg	29.94	27.00	2.94	—	3.66	5.59
11-109	金属结构刷油（红丹防锈漆两遍的第一遍）	100kg	40.02	27.00	13.02	—	3.66	5.59
11-110	金属结构刷油（红丹防锈漆两遍的第二遍）	100kg	35.01	24.30	10.71	—	3.30	5.03

表 16-10　金属结构刷油综合单价分析表

项目编码	031201003002	项目名称	金属结构刷油	计量单位	kg	工程量	130.98

清单综合单价组成明细

定额编号	定额名称	定额单位	数量	单价（元）					合价（元）				
				人工费	材料费	机械费	管理费	利润	人工费	材料费	机械费	管理费	利润
11-7	手工除锈（轻锈，金属结构除锈）	100kg	0.01	27.00	2.94	—	3.66	5.59	0.27	0.03	—	0.04	0.06
11-109	金属结构刷油（红丹防锈漆两遍的第一遍）	100kg	0.01	27.00	13.02	—	3.66	5.59	0.27	0.13	—	0.04	0.06
11-110	金属结构刷油（红丹防锈漆两遍的第二遍）	100kg	0.01	24.30	10.71	—	3.30	5.03	0.24	0.11	—	0.03	0.05
人工单价		小计							0.78	0.27	—	0.11	0.17
		未计价材料费（元）									0		
清单项目综合单价（元/kg）											1.33		
材料费明细	主要材料名称、规格、型号			单位	数量		单价（元）	合价（元）	暂估单价（元）	暂估合价（元）			
	其他材料费（元）								0.27				
	材料费小计（元）								0.27				

表 16-11　1 号楼 1 单元分部分项工程和单价措施项目清单与计价表（给排水工程）

工程名称：给排水管道系统　　　　　　标段：　　　　　　第　页　共　页

序号	项目编码	项目名称	项目特征	计量单位	工程量	金额（元）	
						综合单价	合价
1	031001006001	塑料管	PP-R 给水塑料管，DN50，热熔连接，水压试验，消毒冲洗	m	11.8	75.08	885.94
2	031001006002	塑料管	PP-R 给水塑料管，DN40，热熔连接，水压试验，消毒冲洗	m	8.4	55.36	465.02

（续）

序号	项目编码	项目名称	项目特征	计量单位	工程量	金额（元）	
						综合单价	合价
3	031001006003	塑料管	PP-R 给水塑料管，DN32，热熔连接，水压试验，消毒冲洗	m	2.8	42.13	117.96
4	031001006004	塑料管	PP-R 给水塑料管，DN25，热熔连接，水压试验，消毒冲洗	m	3.05	35.08	106.99
5	031001006005	塑料管	PP-R 给水塑料管，DN20，热熔连接，水压试验，消毒冲洗	m	112.92	28.00	3161.76
6	031001006006	塑料管	PP-R 给水塑料管，DN15，热熔连接，水压试验，消毒冲洗	m	62.4	27.40	1709.76
7	031002001001	管道支架	一般支架，材质，形式	kg	12.16	21.10	256.58
8	031201003001	金属结构刷油	管道支架除锈、刷油	kg	12.16	1.33	16.17
9	031002003001	套管	DN50 防水钢套管	个	1	377.44	377.44
10	031002003002	套管	DN40 钢套管	个	3	47.44	142.32
11	031002003003	套管	DN32 钢套管	个	1	31.28	31.28
12	031002003004	套管	DN25 钢套管	个	1	31.28	31.28
13	031002003005	套管	DN20 钢套管	个	12	25.92	311.04
14	031002003006	套管	DN15 钢套管	个	6	25.92	155.52
15	031208002001	管道绝热	橡塑保温管，厚度2.0cm	m³	0.079	1723.21	136.13
16	031003001001	阀门	DN50 截止阀	个	1	183.04	183.04
17	031003001002	阀门	DN20 截止阀	个	24	55.01	1320.24
18	031003001003	阀门	DN15 截止阀	个	12	41.78	501.36
19	031003013001	水表	DN20 截止阀	组	12	537.22	6446.64
20	031004014001	给、排水附（配）件	DN20 水嘴	个	12	14.08	168.96
21	031004014002	给、排水附（配）件	DN15 水嘴	个	12	12.75	153
22	031001006011	排水塑料管	PVC-U 塑料管，DN150，粘接，灌水试验	m	9.8	121.22	1187.96
23	031001006012	排水塑料管	PVC-U 塑料管，DN100，粘接，灌水试验	m	132.44	77.45	10257.48
24	031001006013	排水塑料管	PVC-U 塑料管，DN75，粘接，灌水试验	m	22.07	58.44	1289.77
25	031001006014	排水塑料管	PVC-U 塑料管，DN50，粘接，灌水试验	m	52.75	35.49	1872.10
26	031002001002	管道支架	一般支架，材质，形式	kg	130.98	21.10	2763.68
27	031201003002	金属结构刷油	管道支架除锈、刷油	kg	130.98	1.33	174.20

（续）

序号	项目编码	项目名称	项目特征	计量单位	工程量	金额（元）	
						综合单价	合价
28	031002003008	套管	DN150 防水钢套管	个	2	586.43	1172.86
29	031002003009	套管	DN150 钢套管	个	12	191.28	2295.36
30	031002003010	套管	DN100 防水钢套管	个	4	500.62	2002.48
31	031002003011	套管	DN100 钢套管	个	12	123.99	1487.88
32	031002003012	套管	DN75 防水钢套管	个	2	432.23	864.46
33	031002003013	套管	DN75 钢套管	个	10	107.48	1074.8
34	031004006001	大便器		组	12	1384.54	16614.48
35	031004003001	洗脸盆		组	12	548.89	6586.68
36	031004004001	洗涤盆		组	12	456.65	5479.8
37	031001006015	废水塑料管	UPVC 塑料管，DN75，粘接，灌水试验	m	31.89	58.44	1863.65
38	031001006016	废水塑料管	UPVC 塑料管，DN50，粘接，灌水试验	m	5.56	35.49	197.32
39	031004014003	给、排水附（配）件	地漏 DN50	个	18	39.54	711.72
			本页小计				74575.07

在对上述清单计价表综合单价的定额套价计算过程中，可以得到：1 号楼 1 单元给排水工程的分部分项工程费为 74575.07 元；分部分项工程费中：人工费为 18678.45 元，人工费与机械费之和为 19319.64 元；给排水工程分部分项工程费应计取的规费为 18678.45 × 37.64% = 7030.57（元）；给排水工程分部分项工程费应计取的税金为（74575.07 + 7030.57）元 × 9% = 7344.51 元。

施工措施项目费表见表 16-12。

表 16-12　1 号楼 1 单元施工措施项目费表（给排水工程）

序号	项目编码	项目名称	计算基数（元）	一般计税下费率	金额（元）	人工费占比	其中：人工费（元）	管理费（元）	利润（元）
1	031301010001	安装与生产同时进行降效增加费	分部分项工程费中人工费 18678.45	10%	1867.85	100%	1867.85	253.47	386.83
2	031301011001	在有害身体健康的环境中施工降效增加费	分部分项工程费中人工费 18678.45	10%	1867.85	100%	1867.85	253.47	386.83
3	031301018001	脚手架措施费	分部分项工程费中人工费 18678.45	4%	747.14	35%	261.50	35.49	54.16

（续）

序号	项目编码	项目名称	计算基数（元）	一般计税下费率	金额（元）	人工费占比	其中：人工费(元)	管理费（元）	利润（元）
4	031302001001	安全文明施工措施费		9.16%	1793.63	16%	286.98	38.94	59.43
5	031302003001	非夜间施工照明费	人工费＋机械费（分部分项工程项目＋可计量的措施项目）19319.64＋261.50＝19581.14	0.12%	23.50	10%	2.35	0.32	0.49
6	031302005001	冬季施工增加费		1.49%	291.76	60%	175.06	23.76	36.25
7	定额费	竣工验收存档资料编制费		0.20%	39.16	—	—	—	—
8	031302006001	已完工程及设备保护措施费	被保护设备价值	1%	—	—	—	—	—
9		管理费小计	措施项目费中的人工费＋机械费4461.59	13.57%	605.44				
10		利润小计	措施项目费中的人工费4461.59	20.71%	924.00				
11		措施项目费合计	上述前八项措施项目费金额之和＋管理费＋利润	—	8160.33	—	4461.59	—	—

注：本表费率均按一般计税下的费率计取。

1号楼1单元给排水工程措施项目费、规费、税金等的计算说明如下：

措施项目费中的机械费没有说明，因此管理费的计算基数只按人工费计取。

1号楼1单元给排水工程安全文明施工措施费＝［1793.63＋286.98×（13.57%＋20.71%）］元＝1892.01元

1号楼1单元给排水工程措施项目费应计取的规费＝4461.59元×37.64%＝1679.34元

1号楼1单元给排水工程措施项目费应计取的税金＝（8160.33＋1679.34）元×9%＝885.57元

1号楼1单元给排水工程应计取的规费＝给排水工程分部分项工程费应计取的规费＋给排水工程措施项目费应计取的规费
＝（7030.57＋1679.34）元
＝8709.91元

1号楼1单元给排水工程应计取的税金＝给排水工程分部分项工程费应计取的税金＋给排水工程措施项目费应计取的税金
＝（7344.51＋885.57）元
＝8230.08元

规费、税金项目计价表见表16-13。

表 16-13 1 号楼 1 单元规费、税金项目计价表（给排水工程）

序号	项目名称	计算基础	计算基数（元）	计算费率（%）	金额（元）
1	规费	定额人工费	23140.04	37.64	8709.91
2	税金	定额人工费 + 材料费 + 施工机具使用费 + 管理费 + 利润 + 规费	91445.31	9	8230.08
合计					

1 号楼 1 单元给排水工程招标控制价汇总表（一般计税）见表 16-14。

表 16-14 1 号楼 1 单元给排水工程招标控制价汇总表（一般计税）

序号	汇总内容	金额（元）	其中：暂估价（元）
1	分部分项工程	74575.07	
1.1			
1.2			
...			
2	措施项目	8160.33	
2.1	其中：安全文明施工费	1892.01	
3	其他项目	—	
3.1	其中：暂列金额	—	
3.2	其中：专业工程暂估价	—	
3.3	其中：计日工	—	
3.4	其中：总包服务费	—	
4	规费	8709.91	
5	税金	8230.08	
招标控制价合计 =（1）+（2）+（3）+（4）+（5）		99675.39	

注：1 号楼 1 单元招标控制价合计：（74575.07 + 8160.33 + 8709.91 + 8230.08）元 = 99675.39 元。

任务五 编制中水工程招标控制价

过关问题 1：根据中水工程的招标工程量清单表，分析中水系统中 DN20 螺纹水表应该套用哪些定额项目进行组价，并填写清单综合单价分析表。

答：根据《天津市安装工程预算基价》（2020 年），定额中给出了预算基价（即总价）、人工费、材料费、机械费。企业管理费按分部分项工程费及可计量的措施项目费中的人工费与机械费的合计乘以企业管理费费率 13.57%。利润按人工费合计的 20.71% 计取。DN20 螺纹水表清单综合单价的定额套价计算和综合单价分析见表 16-15 和表 16-16。

表 16-15 DN20 螺纹水表清单综合单价的定额套价计算表 （单位：元）

定额编号	定额名称	定额单位	总价	人工费	材料费	机械费	管理费 =（人工费 + 机械费）×13.57%	利润 = 人工费 × 20.71%
8-759	DN20 螺纹水表	组	89.77	74.25	15.52	—	10.08	15.38

表 16-16　DN20 螺纹水表综合单价分析表

项目编码	031003013002	项目名称	DN20 螺纹水表	计量单位	组	工程量	12

清单综合单价组成明细

定额编号	定额名称	定额单位	数量	单价（元）					合价（元）				
				人工费	材料费	机械费	管理费	利润	人工费	材料费	机械费	管理费	利润
8－759	DN20 螺纹水表	组	1	74.25	15.52	0	10.08	15.38	74.25	15.52	0	10.08	15.38
人工单价				小计					74.25	15.52	0	10.08	15.38
				未计价材料费（元）					421.99				
				清单项目综合单价（元/m）					537.22				

材料费明细	主要材料名称、规格、型号	单位	数量	单价（元）	合价（元）	暂估单价（元）	暂估合价（元）
	DN20 螺纹水表	块	1	421.99	421.99		
	其他材料费（元）				15.52		
	材料费小计（元）				437.51		

　　说明：根据《天津市安装工程预算基价》（2020 年）查得 DN20 螺纹水表安装 1 组时消耗 DN20 螺纹水表 1 块。查询天津市 2020 年 6 月的信息价，获取当月未计价主材的含税价格，经增值税抵扣后套入综合单价分析表。

　　过关问题 2：结合案例具体情况，根据中水工程的招标工程量清单表，编制招标控制价，并填写分部分项工程和单价措施项目清单与计价表（中水工程），施工措施项目费表（中水工程）和规费、税金项目计价表（中水工程）。

　　答：分部分项工程和单价措施项目清单与计价表见表 16-17。

表 16-17　1 号楼 1 单元分部分项工程和单价措施项目清单与计价表（中水工程）

工程名称：中水管道系统　　　　　　标段：　　　　　　第　页　共　页

序号	项目编码	项目名称	项目特征	计量单位	工程量	金额（元）	
						综合单价	合价
1	031001006007	中水塑料管	PP－R 给水塑料管，DN32，热熔连接，水压试验	m	12.03	42.13	506.8239
2	031001006008	中水塑料管	PP－R 给水塑料管，DN25，热熔连接，水压试验	m	11.2	35.08	392.896
3	031001006009	中水塑料管	PP－R 给水塑料管，DN20，热熔连接，水压试验	m	3.05	28.00	85.4
4	031001006010	中水塑料管	PP－R 给水塑料管，DN15，热熔连接，水压试验	m	120.96	27.40	3314.304
5	031002003007	中水套管	DN32 防水钢套管	个	1	377.44	377.44

（续）

序号	项目编码	项目名称	项目特征	计量单位	工程量	金额（元）	
						综合单价	合价
6	031208002008	管道绝热	DN50 橡塑保温管，厚度 2.0cm	m³	0.072	1723.21	124.0711
7	031003001009	阀门	DN32 截止阀	个	1	93.69	93.69
8	031003001004	阀门	DN15 截止阀	个	24	41.78	1002.72
9	031003013002	水表	DN20	组	12	537.22	6446.64
本页小计							12343.99

在对上述清单计价表综合单价的定额套价计算过程中，可以计算得到：1 号楼 1 单元中水工程的分部分项工程费为 12343.99 元；分部分项工程费中：人工费为 2692.82 元，人工费与机械费之和为 2709.78 元；中水工程分部分项工程费应计取的规费为 2692.82 元×37.64% = 1013.58 元；中水工程分部分项工程费应计取的税金为 （12343.99 + 1013.58）元×9% = 1202.18 元。

施工措施项目费表见表 16-18。

表 16-18　1 号楼 1 单元施工措施项目费表（中水工程）

序号	项目编码	项目名称	计算基数（元）	一般计税下费率	金额（元）	人工费占比	其中：人工费(元)	管理费（元）	利润（元）
1	031301010001	安装与生产同时进行降效增加费	分部分项工程费中人工费 2692.82	10%	269.28	100%	269.28	36.54	55.77
2	031301011001	在有害身体健康的环境中施工降效增加费	分部分项工程费中人工费 2692.82	10%	269.28	100%	269.28	36.54	55.77
3	031301018001	脚手架措施费	分部分项工程费中人工费 2692.82	4%	107.71	35%	37.70	5.12	7.81
4	031302001001	安全文明施工措施费	人工费 + 机械费（分部分项工程项目 + 可计量的措施项目）2709.78 + 37.70 = 2747.48	9.16%	251.67	16%	40.27	5.46	8.34
5	031302003001	非夜间施工照明费		0.12%	3.30	10%	0.33	0.04	0.07
6	031302005001	冬季施工增加费		1.49%	40.94	60%	24.56	3.33	5.09
7	定额费	竣工验收存档资料编制费		0.20%	5.49	—	—	—	—
8	031302006001	已完工程及设备保护措施费	被保护设备价值	1%					
9	管理费小计		措施项目费中的人工费 + 机械费	13.57%	87.03				
10	利润小计		措施项目费中的人工费	20.71%	132.85				
11	措施项目费合计		上述前八项措施项目费金额之和 + 管理费 + 利润	—	1167.55	—	641.42	—	—

注：本表费率均按一般计税下的费率计取。

1 号楼 1 单元中水工程措施项目费、规费、税金等的计算说明如下：

1 号楼 1 单元安全文明施工费 = 安全文明施工措施费 + 安全文明施工措施费中所含人工费 × （13.57% + 20.71%）

= （251.67 + 40.27）元

= 265.47 元

1 号楼 1 单元中水工程措施项目费应计取的规费 = 641.42 元 × 37.64% = 241.43 元

1 号楼 1 单元中水工程措施项目费应计取的税金 = （1167.55 + 241.43）元 × 9%

= 126.81 元

1 号楼 1 单元中水工程应计取的规费 = 中水工程分部分项工程费应计取的规费 + 中水工程措施项目费应计取的规费

= （1013.58 + 241.43）元

= 1255.01 元

1 号楼 1 单元中水工程应计取的税金 = 中水工程分部分项工程费应计取的税金 + 中水工程措施项目费应计取的税金

= （1202.18 + 126.81）元

= 1328.99 元

规费、税金项目计价表见表 16-19，中水工程招标控制价汇总表见表 16-20。

表 16-19 1 号楼 1 单元规费、税金项目计价表（中水工程）

序号	项目名称	计算基础	计算基数（元）	计算费率（%）	金额（元）
1	规费	定额人工费	3334.25	37.64	1255.01
2	税金	定额人工费 + 材料费 + 施工机具使用费 + 管理费 + 利润 + 规费	14766.56	9	1328.99
合计					

表 16-20 1 号楼 1 单元中水工程招标控制价汇总表（一般计税）

序号	汇总内容	金额（元）	其中：暂估价（元）
1	分部分项工程	12343.99	
1.1			
1.2			
…			
2	措施项目	1167.55	
2.1	其中：安全文明施工费	265.47	
3	其他项目	—	
3.1	其中：暂列金额	—	
3.2	其中：专业工程暂估价	—	
3.3	其中：计日工	—	
3.4	其中：总包服务费	—	
4	规费	1255.01	
5	税金	1328.99	
招标控制价合计 = (1) + (2) + (3) + (4) + (5)		16095.54	

注：1 号楼 1 单元中水招标控制价合计：（12343.99 + 1167.55 + 1255.01 + 1328.99）元 = 16095.54 元。

成果与范例（一）

一、项目概况

某住宅 1 号楼，该工程占地 984.99m²，地上 6 层，檐高 19.8m，各层层高 2.8m，总建筑面积 5462.41m²，结构形式采用砖混结构，设计使用年限为 50 年，抗震设防烈度为七度，安全等级二级。该工程分为 6 个单元，每单元 2 种户型。利润按人工费的 20.71% 计取，规费按人工费的 37.64% 计取，增值税税率为 9%。生活给水系统采用市政水压直接供水，给水管道采用 PP - R 给水塑料管，热熔连接。给水管道压力试验，先将压力升至试验压力 0.6MPa 稳压 1h，压力降不大于 0.05MPa，再降至 0.3MPa，稳压 2h，压力降 ≤0.03MPa 为合格。室内排水系统采用污、废合流，排水采用排水塑料管，粘接。重力流排水管道应做灌水试验，其灌水高度不低于本层层高高度，满水 15min 后待液面下降，再灌，延续 5min 液面不降为合格。管道穿越楼板、剪力墙、梁时应预留钢套管，套管管径较所穿越管道大两号。管道支架按照一般给排水管道常规做法。给水管道 DN≤50mm 时采用与管道同质截止阀，管道 DN>50mm 时采用蝶阀。

二、编制依据

（1）《建设工程工程量清单计价规范》（GB 50500—2013）。
（2）《通用安装工程工程量计算规范》（GB 50856—2013）。
（3）《天津市安装工程预算基价》（2020 年）。
（4）《天津市工程造价信息》（2020 年第 6 期）。

三、编制说明

（1）给排水工程 1 号楼 1 单元对应的是 1 号楼 A 房型（轴线 1~7，轴线 A~M）的范围。

（2）给排水管道按设计图示管道中心线以长度计算，管道工程量计算不扣除阀门、管件（包括减压器、疏水器、水表、伸缩器等组成安装）及附属构筑物所占长度；方形补偿器以其所占长度列入管道安装工程量。

（3）给水管道室内外界限划分：以建筑物外墙皮 1.5m 为界，入口处设阀门者以阀门为界。排水管道室内外界限划分以出户第一个排水检查井为界。该项目室内外给水界限以单元门处的外墙皮 1.5m 为界，由于设计图中无检查井，计算时假定出户的第一个检查井距外墙皮 3m。

（4）管道支架以千克计量，一般给排水管道支架可按常规做法。大于 DN32 时管道的综合单价组价需要套用支架的定额费用；小于等于 DN32 时则不必单独套用支架的定额费用，因此时管道安装的定额费用中已经包含了管卡与托钩的制作安装、支架等的费用；该项目编制时，管道支架按刷红丹防锈漆套用定额。需要根据管道支架的做法和布置间距计算出重量。按照设计图中要求的规范和标准图集来计算单个支架的重量和支架间距，最后进行合计计算。也可以采用简便计算，即把管长除以 5，然后得到支架个数，一般一个支架用角钢 2m。管道支架间距见表 16-21。

表 16-21　管道支架间距

公称直径/mm	15	20	25	32	40	50	70	80	100	125	150	200	250	300
支架最大间距/m	2	2	2	3	3	3	4	4	4.5	5	6	7	8	8.5

（5）给、排水附（配）件是指独立安装的水嘴、地漏、地面扫出口等。排水配件包括存水弯、排水栓下水口等以及配备的连接管。排水管道安装包括立管检查口、透气帽。

（6）管道穿楼板、剪力墙、梁时，应预留钢套管。套管管径比所穿管道大两号，穿楼板所用的管道为一般钢套管。穿基础管道所用的套管为防水钢套管。套管套用定额时按被套管的管径来套用，主材单价则按被套管的管径大两号来算。套管调价时是按实际调价。给排水管道从基础到地面不需预留套管。

（7）管道刷油按图示中心线以延长米计算，不扣除附属构筑物、管件及阀门等所占长度。

（8）排水立管每层设检查口，设置高度距地 1.0m。伸顶通气管高出屋面高度为 700mm。排水管道不需要消毒冲洗。

（9）设备筒体、管道绝热工程量 $V = \pi(D + 1.033\delta) \times 1.033\delta \times L$。

（10）预算定额中的材料费、机械费均不含增值税可抵扣的进项税，在套用定额计算综合单价时，企业管理费 =（人工费 + 机械费）×13.57%；利润 = 人工费 ×20.71%。

（11）为简化计算，设置于管道间、管廊、管道井内的管道、阀门、法兰、支架，人工费均未乘以系数 1.30。

（12）竣工验收存档资料编制费在定额的措施费用中有此项，因此列入措施项目费的清单中，但无相应的清单项目编码。

四、编制招标工程量清单

编制分部分项工程和单价措施项目清单与计价表（给排水工程），见表 16-22。

表 16-22　1 号楼分部分项工程和单价措施项目清单与计价表（给排水工程）

工程名称：给排水管道系统　　　　　　　标段：　　　　　　第　页　共　页

序号	项目编码	项目名称	项目特征	计量单位	工程量	金额（元）	
						综合单价	合价
1	031001006001	塑料管	PP – R 给水塑料管，DN50，热熔连接，水压试验，消毒冲洗	m	70.8		
2	031001006002	塑料管	PP – R 给水塑料管，DN40，热熔连接，水压试验，消毒冲洗	m	50.4		
3	031001006003	塑料管	PP – R 给水塑料管，DN32，热熔连接，水压试验，消毒冲洗	m	16.8		
4	031001006004	塑料管	PP – R 给水塑料管，DN25，热熔连接，水压试验，消毒冲洗	m	18.3		
5	031001006005	塑料管	PP – R 给水塑料管，DN20，热熔连接，水压试验，消毒冲洗	m	677.52		

（续）

序号	项目编码	项目名称	项目特征	计量单位	工程量	金额（元）	
						综合单价	合价
6	031001006006	塑料管	PP－R 给水塑料管，DN15，热熔连接，水压试验，消毒冲洗	m	374.4		
7	031002001001	管道支架	一般支架，材质，形式	kg	72.96		
8	031201003001	金属结构刷油	管道支架除锈、刷油	kg	72.96		
9	031002003001	套管	DN50 防水钢套管	个	6		
10	031002003002	套管	DN40 钢套管	个	18		
11	031002003003	套管	DN32 钢套管	个	6		
12	031002003004	套管	DN25 钢套管	个	6		
13	031002003005	套管	DN20 钢套管	个	72		
14	031002003006	套管	DN15 钢套管	个	36		
15	031208002001	管道绝热	橡塑保温管，厚度2.0cm	m³	0.474		
16	031003001001	阀门	DN50 截止阀	个	6		
17	031003001002	阀门	DN20 截止阀	个	144		
18	031003001003	阀门	DN15 截止阀	个	72		
19	031003013001	水表	DN20 截止阀	组	72		
20	031004014001	给、排水附（配）件	DN20 水嘴	个	72		
21	031004014002	给、排水附（配）件	DN15 水嘴	个	72		
22	031001006011	排水塑料管	PVC－U 塑料管，DN150，粘接，灌水试验	m	58.8		
23	031001006012	排水塑料管	PVC－U 塑料管，DN100，粘接，灌水试验	m	794.64		
24	031001006013	排水塑料管	PVC－U 塑料管，DN75，粘接，灌水试验	m	132.42		
25	031001006014	排水塑料管	PVC－U 塑料管，DN50，粘接，灌水试验	m	316.5		
26	031002001002	管道支架	一般支架，材质，形式	kg	785.88		
27	031201003002	金属结构刷油	管道支架除锈、刷油	kg	785.88		
28	031002003008	套管	DN150 防水钢套管	个	12		
29	031002003009	套管	DN150 钢套管	个	72		
30	031002003010	套管	DN100 防水钢套管	个	24		
31	031002003011	套管	DN100 钢套管	个	72		
32	031002003012	套管	DN75 防水钢套管	个	12		
33	031002003013	套管	DN75 钢套管	个	60		

（续）

序号	项目编码	项目名称	项目特征	计量单位	工程量	金额（元）	
						综合单价	合价
34	031004006001	大便器		组	72		
35	031004003001	洗脸盆		组	72		
36	031004004001	洗涤盆		组	72		
37	031001006015	废水塑料管	UPVC 塑料管，DN75，粘接，灌水试验	m	191.34		
38	031001006016	废水塑料管	UPVC 塑料管，DN50，粘接，灌水试验	m	33.36		
39	031004014003	给、排水附（配）件	地漏 DN50	个	108		

五、编制招标控制价

编制分部分项工程和单价措施项目清单与计价表（给排水工程）（表16-23），施工措施项目费表（给排水工程）（表16-24），规费、税金项目计价表（给排水工程）（表16-25）给排水工程招标控制价汇总表（表16-26）。

表 16-23 1 号楼分部分项工程和单价措施项目清单与计价表（给排水工程）

工程名称：给排水工程　　　　　　　　标段：　　　　　　　第 页 共 页

序号	项目编码	项目名称	项目特征	计量单位	工程量	金额（元）	
						综合单价	合价
1	031001006001	塑料管	PP－R 给水塑料管，DN50，热熔连接，水压试验，消毒冲洗	m	70.8	75.08	5315.66
2	031001006002	塑料管	PP－R 给水塑料管，DN40，热熔连接，水压试验，消毒冲洗	m	50.4	55.36	2790.14
3	031001006003	塑料管	PP－R 给水塑料管，DN32，热熔连接，水压试验，消毒冲洗	m	16.8	42.13	707.78
4	031001006004	塑料管	PP－R 给水塑料管，DN25，热熔连接，水压试验，消毒冲洗	m	18.3	35.08	641.96
5	031001006005	塑料管	PP－R 给水塑料管，DN20，热熔连接，水压试验，消毒冲洗	m	677.52	28.00	18970.56
6	031001006006	塑料管	PP－R 给水塑料管，DN15，热熔连接，水压试验，消毒冲洗	m	374.4	27.40	10258.56
7	031002001001	管道支架	一般支架，材质，形式	kg	72.96	21.10	1539.456
8	031201003001	金属结构刷油	管道支架除锈、刷油	kg	72.96	1.33	97.037
9	031002003001	套管	DN50 防水钢套管	个	6	377.44	2264.64
10	031002003002	套管	DN40 钢套管	个	18	47.44	853.92
11	031002003003	套管	DN32 钢套管	个	6	31.28	187.68

（续）

序号	项目编码	项目名称	项目特征	计量单位	工程量	综合单价	合价
12	031002003004	套管	DN25 钢套管	个	6	31.28	187.68
13	031002003005	套管	DN20 钢套管	个	72	25.92	1866.24
14	031002003006	套管	DN15 钢套管	个	36	25.92	933.12
15	031208002001	管道绝热	橡塑保温管，厚度2.0cm	m³	0.474	1723.21	816.80
16	031003001001	阀门	DN50 截止阀	个	6	183.04	1098.24
17	031003001002	阀门	DN20 截止阀	个	144	55.01	7921.44
18	031003001003	阀门	DN15 截止阀	个	72	41.78	3008.16
19	031003013001	水表	DN20 截止阀	组	72	537.22	38679.84
20	031004014001	给排水附（配）件	DN20 水嘴	个	72	14.08	1013.76
21	031004014002	给排水附（配）件	DN15 水嘴	个	72	12.75	918
22	031001006011	排水塑料管	PVC–U 塑料管，DN150，粘接，灌水试验	m	58.8	121.22	7127.74
23	031001006012	排水塑料管	PVC–U 塑料管，DN100，粘接，灌水试验	m	794.64	77.45	61544.87
24	031001006013	排水塑料管	PVC–U 塑料管，DN75，粘接，灌水试验	m	132.42	58.44	7738.63
25	031001006014	排水塑料管	PVC–U 塑料管，DN50，粘接，灌水试验	m	316.5	35.49	11232.59
26	031002001002	管道支架	一般支架，材质，形式	kg	785.88	21.10	16582.07
27	031201003002	金属结构刷油	管道支架除锈、刷油	kg	785.88	1.33	1045.22
28	031002003008	套管	DN150 防水钢套管	个	12	586.43	7037.16
29	031002003009	套管	DN150 钢套管	个	72	191.28	13772.16
30	031002003010	套管	DN100 防水钢套管	个	24	500.62	12014.88
31	031002003011	套管	DN100 钢套管	个	72	123.99	8927.28
32	031002003012	套管	DN75 防水钢套管	个	12	432.23	5186.76
33	031002003013	套管	DN75 钢套管	个	60	107.48	6448.8
34	031004006001	大便器		组	72	1384.54	99686.88
35	031004003001	洗脸盆		组	72	548.89	39520.08
36	031004004001	洗涤盆		组	72	456.65	32878.8
37	031001006015	废水塑料管	UPVC 塑料管，DN75，粘接，灌水试验	m	191.34	58.44	11181.91
38	031001006016	废水塑料管	UPVC 塑料管，DN50，粘接，灌水试验	m	33.36	35.49	1183.95
39	031004014003	给、排水附（配）件	地漏 DN50	个	108	39.54	4270.32
			本页小计				447450.80

表 16-24　1 号楼施工措施项目费表（给排水工程）

序号	项目编码	项目名称	计算基数（元）	一般计税下费率	金额（元）	人工费占比	其中：人工费（元）	管理费（元）	利润（元）
1	031301010001	安装与生产同时进行降效增加费	分部分项工程费中人工费 112070.7	10%	11207.07	100%	11207.07	1520.80	2320.98
2	031301011001	在有害身体健康的环境中施工降效增加费	分部分项工程费中人工费 112070.7	10%	11207.07	100%	11207.07	1520.80	2320.98
3	031301018001	脚手架措施费	分部分项工程费中人工费 112070.7	4%	4482.83	35%	1568.99	212.91	324.94
4	031302001001	安全文明施工措施费	人工费＋机械费（分部分项工程项目＋可计量的措施项目）115917.84＋1569＝117486.84	9.16%	10761.78	16%	1721.88	233.64	356.58
5	031302003001	非夜间施工照明费		0.12%	141	10%	14.1	1.92	2.94
6	031302005001	冬季施工增加费		1.49%	1750.56	60%	1050.36	142.56	217.5
7	定额费	竣工验收存档资料编制费		0.20%	234.96	—			
8	031302006001	已完工程及设备保护措施费	被保护设备价值	1%	—				
9	管理费小计		措施项目费中的人工费＋机械费 26769.47	13.57%	3632.62				
10	利润小计		措施项目费中的人工费 26769.47	20.71%	5543.96				
11	措施项目费合计		上述前八项措施项目费金额之和＋管理费＋利润	—	48961.85	—	26769.47	—	—

注：本表费率均按一般计税下的费率计取。

表 16-25　1 号楼规费、税金项目计价表（给排水工程）

序号	项目名称	计算基础	计算基数（元）	计算费率（%）	金额（元）
1	规费	定额人工费	138840.17	37.64	52259.44
2	税金	定额人工费＋材料费＋施工机具使用费＋管理费＋利润＋规费	548672.09	9	49380.49
		合计			101639.93

表 16-26　1 号楼给排水工程招标控制价汇总表（一般计税）

序号	汇总内容	金额（元）	其中：暂估价（元）
1	分部分项工程	447450.80	
1.1			
1.2			

（续）

序号	汇总内容	金额（元）	其中：暂估价（元）
…			
2	措施项目	48961.85	
2.1	其中：安全文明施工费	11352.00	
3	其他项目	—	
3.1	其中：暂列金额	—	
3.2	其中：专业工程暂估价	—	
3.3	其中：计日工	—	
3.4	其中：总包服务费	—	
4	规费	52259.44	
5	税金	49380.49	
招标控制价合计 = (1) + (2) + (3) + (4) + (5)		598052.58	

1 号楼给排水工程分部分项工程费为 447450.80 元。

1 号楼给排水工程分部分项工程费中的人工费为 112070.7 元。

1 号楼给排水工程分部分项费中的人工费与机械费之和为 115917.84 元。

1 号楼给排水工程分部分项工程费应计取的规费为 112070.7 元 × 37.64% = 42183.41 元。

1 号楼给排水工程分部分项工程费应计取的税金为（447450.80 + 42183.41）元 × 9% = 44067.08 元。

1 号楼安全文明施工费 = 安全文明施工措施费 + 安全文明施工措施费中所含人工费 ×
$$（13.57\% + 20.71\%）$$
$$=（10761.78 + 1721.88）元$$
$$=11352.00 元$$

1 号楼给排水工程措施项目费应计取的规费为 26769.47 元 × 37.64% = 10076.03 元。

1 号楼给排水工程措施项目费应计取的税金 =（48961.85 + 10076.03）元 × 9%
$$=5313.41 元$$

1 号楼给排水工程应计取的规费 = 给排水工程分部分项工程费应计取的规费 + 给排水工程措施项目费应计取的规费
$$=（42183.41 + 10076.03）元$$
$$=52259.44 元$$

1 号楼给排水工程应计取的税金 = 给排水工程分部分项工程费应计取的税金 + 给排水工程措施项目费应计取的税金
$$=（44067.08 + 5313.41）元$$
$$=49380.49 元$$

1 号楼给排水招标控制价合计：（447450.80 + 48961.85 + 52259.44 + 49380.49）元
$$=598052.58 元$$

六、计算底稿

1 号楼给水系统工程量计算见表 16-27。

表 16-27 1 号楼给水系统工程量计算

序号	项目名称	1 号楼 1 单元计算式	1 号楼 1 单元工程量	1 号楼工程量	单位
1	DN50	$1.5+4.32+0.45+2.79+0.64+(1.35-0.9)+0.9+0.75$	11.80	70.8	m
2	DN40	$(8.4+0.75)-0.75$ 或 2.8×3	8.4	50.4	m
3	DN32	$(11.20+0.75)-(8.4+0.75)$	2.8	16.8	m
4	DN25	$(14.00+1.00)-(11.20+0.75)$ 或 $2.8+(1-0.75)$	3.05	18.3	m
5	DN20		112.92	677.52	m
5.1	每层主立管的左侧	$0.63+0.75+0.54+1.27+0.54+0.63+2.50+0.41+0.5$	7.78	46.68	m
5.2	每层主立管的右侧	$0.74+1.00+0.54+1.78+0.2+2.36+0.08+1.50+1.85+0.5+0.5$	11.04	66.24	m
		小计：每层 DN20 小计：$7.78+11.04=18.82$ 共六层，DN20 合计：$18.82\times6=112.92$			m
6	DN15		62.40	374.4	m
6.1	每层主立管的左侧	$2.52+0.57+0.5$	3.60	21.6	m
6.2	每层主立管的右侧	$3.79+2.50+0.5$	6.80	40.8	m
		小计：每层 DN15 小计：$3.60+6.80=10.40$ 共六层，DN15 合计：$10.40\times6=62.4$			m
7	管道支架	$8.4\div3\times1.76+11.86\div3\times1.83=12.16$	12.16	72.96	kg
8	金属结构刷油		12.16	72.96	kg
9	管井内给水橡塑保温		0.079	0.474	m³
9.1	DN50	$3.14\times(0.05+1.033\times0.02)\times1.033\times0.02\times0.75$	0.0034	0.0204	m³
9.2	DN40	$3.14\times(0.04+1.033\times0.02)\times1.033\times0.02\times8.4$	0.033	0.198	m³
9.3	DN32	$3.14\times(0.032+1.033\times0.02)\times1.033\times0.02\times2.8$	0.0095	0.057	m³
9.4	DN25	$3.14\times(0.025+1.033\times0.02)\times1.033\times0.02\times3.05$	0.0089	0.0534	m³
9.5	DN20	$3.14\times(0.02+1.033\times0.02)\times1.033\times0.02\times[(0.63+0.75)\div2\times6+(0.74+1.00)\div2\times6]$	0.024	0.144	m³
		小计： $V=3.14\times(0.05+1.033\times0.02)\times1.033\times0.02\times0.75+3.14\times(0.04+1.033\times0.02)\times1.033\times0.02\times8.4+3.14\times(0.032+1.033\times0.02)\times1.033\times0.02\times2.8+3.14\times(0.025+1.033\times0.02)\times1.033\times0.02\times3.05+3.14\times(0.02+1.033\times0.02)\times1.033\times0.02\times[(0.63+0.75)\div2\times6+(0.74+1.00)\div2\times6]$ $=3.14\times1.033\times0.02\times(0.053+0.504+0.146+0.137+0.374)$ $=0.079$			m³

1 号楼排水、废水管道系统工程量计算见表 16-28。

表 16-28　1 号楼排水、废水管道系统工程量计算

序号	项目名称	1 号楼 1 单元 计算式	1 号楼 1 单元 工程量	1 号楼 工程量	单位
1	P4				
	DN75	3 + 3.55 + 0.30 + 0.43 + 1.05	8.33	49.98	m
2	P3				
2.1	DN100	3 + 3.94 + 0.3 + 0.84 + 1.05 + 16.80 + 0.7	26.63	159.78	m
2.2	DN50	0.39 × 5	1.95	11.7	m
3	P2				
3.1	DN100	3 + 5.54 + 0.27 + 0.55 + 0.35	9.71	58.26	m
3.2	DN75	0.50	0.50	3	m
3.3	DN50	0.20 + 0.28 + 0.71 + 0.33 + 1.00 + 0.35 × 3	3.57	21.42	m
4	P1				
4.1	DN150	3 + 6.80	9.80	58.8	m
4.2	DN100	0.40 + 0.60 + 1.05 + 16.80 + 0.7 = 19.55 二 ~ 六层：(0.72 + 0.44 + 0.35) × 5 = 7.56 小计：19.55 + 7.56 = 27.11	27.11	162.66	m
4.3	DN75	DN75：0.55 × 5	2.75	16.5	m
4.4	DN50	DN50：[(1.36 + 0.30) + (0.21 + 0.35) + 0.35 + 0.35] × 5	14.6	87.6	m
5	P5				
5.1	DN75	3 + 3.55 + 0.29 + 0.85	7.69	46.14	m
5.2	DN50	0.32 + 0.88 + (0.30 + 1.05)	2.55	15.3	m
6	P6				
6.1	DN100	3 + 1.42 + 0.35 + 0.45 + 1.05 + 16.8 + 0.7	23.77	142.62	m
6.2	DN50	2.12 × 5	10.6	63.6	m
7	P7				
7.1	DN100	3 + 5.86 + 0.12 + 1.05	10.03	60.18	m
7.2	DN50	0.29 + 0.72 + 1.05 + 1.05 + 0.12 + 1.05	4.28	25.68	m
8	P8				
8.1	DN100	3 + 6.18 + 1.05 + 16.80 + 0.7 = 27.73 二 ~ 六层：[0.72 + (0.12 + 0.30) + 0.35] × 5 = 7.46 小计：27.73 + 7.46 = 35.19	35.19	211.14	m
8.2	DN75	0.56 × 5	2.8	16.8	m
8.3	DN50	[(0.72 + 0.30 + 0.25) + 0.35 + 0.3 + 0.35 + (0.12 + 0.30) + 0.35] × 5	15.2	91.2	m

（续）

序号	项目名称	1号楼1单元 计算式	1号楼1单元 工程量	1号楼 工程量	单位
	排水管道小计： DN150：9.8 DN100：26.63+9.71+27.11+23.77+10.03+35.19=132.44 DN75：8.33+0.5+2.75+7.69+2.8=22.07 DN50：1.95+3.57+14.60+2.55+10.6+4.28+15.2=52.75				m
9	废水管F				
9.1	DN75	3+7.26+1.05+16.80+0.70	28.81	172.86	m
9.2	DN50	首层：0.3+2.76+0.25=3.31 二~六层：（0.30+0.15）×5=2.25 小计：3.31+2.25=5.56	5.56	33.36	m
	废水管道小计：DN75：28.81 DN50：5.56				m
10	管道支架		130.98	785.88	kg
10.1	DN150	9.8÷5×2.38=4.66	4.66	27.96	kg
10.2	DN100	132.44÷4.5×2.3=67.69	67.69	406.14	kg
10.3	DN75	（22.07÷4×1.92）+（28.81÷4×1.92） =24.42	24.42	146.52	kg
10.4	DN50	（52.75÷3×1.76）+（5.56÷3×1.76） =34.21	34.21	205.26	kg
	支架合计：4.66+67.69+24.42+34.21=130.98		130.98	785.88	kg

　　说明：由于1号住宅楼6个单元门的施工图只有两种户型，并且每个单元的户型及给排水安装工程均具有对称性，因此本项目工程计量的计算底稿先针对1号楼1单元门的工程量进行计量，之后根据各单元分项工程的工程量具有一致性，借助倍乘关系，计算得出整个1号楼的工程量是1号楼1单元工程量表中结果的6倍。

<h1 style="text-align:center">成果与范例（二）</h1>

一、项目概况

　　某住宅1号楼，该工程占地984.99m²，地上6层，檐高19.8m，各层层高2.8m，总建筑面积5462.41m²，结构形式采用砖混结构，设计使用年限为50年，抗震设防烈度为七度，安全等级二级。该工程分为6个单元，每单元2种户型。利润按人工费的20.71%计取，规费按人工费的37.64%计取，增值税税率为9%。生活给水系统采用市政水压直接供水，给水管道采用PP-R给水塑料管，热熔连接。给水管道压力试验，先将压力升至试验压力0.6MPa稳压1h，压力降≤0.05MPa，再降至0.3MPa，稳压2h，压力降≤0.03MPa为合格。管道穿越楼板、剪力墙、梁时应预留钢套管，套管管径较所穿越管道大两号。管道支架按照一般给水、中水管道常规做法。给水管道DN≤50mm时采用与管道同质截止阀，管道DN>50mm时采用蝶阀。

二、编制依据

（1）《建设工程工程量清单计价规范》（GB 50500—2013）。
（2）《通用安装工程工程量计算规范》（GB 50856—2013）。
（3）《天津市安装工程预算基价》（2020年）。
（4）《天津市工程造价信息》（2020年第6期）。

三、编制说明

（1）中水工程1号楼1单元对应的是1号楼A房型（轴线1～7，轴线A～M）的范围。

（2）给排水（中水）管道按设计图示管道中心线以长度计算，管道工程量计算不扣除阀门、管件（包括减压器、疏水器、水表、伸缩器等组成安装）及附属构筑物所占长度；方形补偿器以其所占长度列入管道安装工程量。

（3）给水（中水）管道室内外界限划分：以建筑物外墙皮1.5m为界，入口处设阀门者以阀门为界。

（4）管道支架以千克计量，一般给水（中水）管道支架可按常规做法。大于DN32时管道的综合单价组价需要套用支架的定额费用；小于等于DN32时则不必单独套用支架的定额费用，因此时管道安装的定额费用中已经包含了管卡与托钩的制作安装、支架等的费用；该项目编制时，管道支架按刷红丹防锈漆套用定额。需要根据管道支架的做法和布置间距计算出重量。按照设计图中要求的规范和标准图集来计算单个支架的重量和支架间距，最后进行合计计算。也可以采用简便计算，即把管长除以5，然后得到支架个数，一般一个支架用角钢2m。管道支架间距见表16-29。

表16-29　管道支架间距

公称直径/mm	15	20	25	32	40	50	70	80	100	125	150	200	250	300
支架最大间距/m	2	2	2	3	3	3	4	4	4.5	5	6	7	8	8.5

（5）管道穿楼板、剪力墙、梁时，应预留钢套管。套管管径比所穿管道大两号，穿楼板所用的管道为一般钢套管。穿基础管道所用的套管为防水钢套管。套管套用定额时按被套管的管径来套用，主材单价则按比被套管的管径大两号来算。套管调价时是按实际调价。中水管道从基础到地面不需预留套管。

（6）管道刷油按图示中心线以延长米计算，不扣除附属构筑物、管件及阀门等所占长度。

（7）设备筒体、管道绝热工程量 $V = \pi(D + 1.033\delta) \times 1.033\delta \times L$。

（8）预算定额中的材料费、机械费均不含增值税可抵扣的进项税，在套用定额计算综合单价时，企业管理费 =（人工费 + 机械费）× 13.57%；利润 = 人工费 × 20.71%。

（9）为简化计算，设置于管道间、管廊、管道井内的管道、阀门、法兰、支架，人工费均未乘以系数 1.30。

（10）竣工验收存档资料编制费在定额的措施费用中有此项，因此列入措施项目费的清单中，但无相应的清单项目编码。

四、编制招标工程量清单

编制分部分项工程和单价措施项目清单与计价表（中水工程），见表 16-30。

表 16-30　1 号楼分部分项工程和单价措施项目清单与计价表（中水工程）

工程名称：中水管道系统　　　　　　　　标段：　　　　　　　　第　页　共　页

序号	项目编码	项目名称	项目特征	计量单位	工程量	金额（元）	
						综合单价	合价
1	031001006007	中水塑料管	PP - R 给水塑料管，DN32，热熔连接，水压试验	m	72.18		
2	031001006008	中水塑料管	PP - R 给水塑料管，DN25，热熔连接，水压试验	m	67.2		
3	031001006009	中水塑料管	PP - R 给水塑料管，DN20，热熔连接，水压试验	m	18.3		
4	031001006010	中水塑料管	PP - R 给水塑料管，DN15，热熔连接，水压试验	m	725.76		
5	031002003007	中水套管	DN32 防水钢套管	个	6		
6	031208002008	管道绝热	DN50 橡塑保温管，厚度 2.0cm	m³	0.432		
7	031003001009	阀门	DN32 截止阀	个	6		
8	031003001004	阀门	DN15 截止阀	个	144		
9	031003013002	水表	DN20	组	72		
			本页小计				

五、编制招标控制价

编制分部分项工程和单价措施项目清单与计价表（中水工程）（表 16-31），施工措施项目费表（中水工程）（表 16-32），规费、税金项目计价表（中水工程）（表 16-33）和中水工程招标控制价汇总表（表 16-34）。

表 16-31　1 号楼分部分项工程和单价措施项目清单与计价表（中水工程）

工程名称：中水管道系统　　　　　　　　标段：　　　　　　　　第　页　共　页

序号	项目编码	项目名称	项目特征	计量单位	工程量	金额（元）	
						综合单价	合价
1	031001006007	中水塑料管	PP - R 给水塑料管，DN32，热熔连接，水压试验	m	72.18	42.13	3040.94
2	031001006008	中水塑料管	PP - R 给水塑料管，DN25，热熔连接，水压试验	m	67.2	35.08	2357.38

（续）

序号	项目编码	项目名称	项目特征	计量单位	工程量	金额（元）	
						综合单价	合价
3	031001006009	中水塑料管	PP－R 给水塑料管，DN20，热熔连接，水压试验	m	18.3	28.00	512.4
4	031001006010	中水塑料管	PP－R 给水塑料管，DN15，热熔连接，水压试验	m	725.76	27.40	19885.82
5	031002003007	中水套管	DN32 防水钢套管	个	6	377.44	2264.64
6	031208002008	管道绝热	DN50 橡塑保温管，厚度 2.0cm	m^3	0.432	1723.21	744.43
7	031003001009	阀门	DN32 截止阀	个	6	93.69	562.14
8	031003001004	阀门	DN15 截止阀	个	144	41.78	6016.32
9	031003013002	水表	DN20	组	72	537.22	38679.84
		本页小计					74063.91

表 16-32　1 号楼施工措施项目费表（中水工程）

序号	项目编码	项目名称	计算基数（元）	一般计税下费率	金额（元）	人工费占比	其中：人工费（元）	管理费（元）	利润（元）
1	031301010001	安装与生产同时进行降效增加费	分部分项工程费中人工费 16156.92	10%	1615.69	100%	1615.69	219.25	334.61
2	031301011001	在有害身体健康的环境中施工降效增加费	分部分项工程费中人工费 16156.92	10%	1615.69	100%	1615.69	219.25	334.61
3	031301018001	脚手架措施费	分部分项工程费中人工费 16156.92	4%	646.28	35%	226.20	30.70	46.85
4	031302001001	安全文明施工措施费	人工费＋机械费（分部分项工程项目＋可计量的措施项目）16484.88	9.16%	1510.02	16%	241.62	32.76	50.04
5	031302003001	非夜间施工照明费		0.12%	19.8	10%	1.98	0.24	0.42
6	031302005001	冬季施工增加费		1.49%	245.64	60%	147.36	19.98	30.54
7	定额费	竣工验收存档资料编制费		0.20%	32.94	—	—		
8	031302006001	已完工程及设备保护措施费	被保护设备价值	1%	—	—	—		
9	管理费小计		措施项目费中的人工费＋机械费	13.57%	522.18				
10	利润小计		措施项目费中的人工费	20.71%	797.07				
11	措施项目费合计		上述前八项措施项目费金额之和＋管理费＋利润	—	7005.31	—	3848.54	—	

注：本表费率均按一般计税下的费率计取。

表 16-33　1 号楼规费、税金项目计价表（中水工程）

序号	项目名称	计算基础	计算基数（元）	计算费率（%）	金额（元）
1	规费	定额人工费	20005.46	37.64	7530.06
2	税金	定额人工费+材料费+施工机具使用费+管理费+利润+规费	88599.28	9	7973.94
合计					

表 16-34　1 号楼中水工程招标控制价汇总表（一般计税）

序号	汇总内容	金额（元）	其中：暂估价（元）
1	分部分项工程	74063.91	
1.1			
1.2			
...			
2	措施项目	7005.31	
2.1	其中：安全文明施工费	1592.85	
3	其他项目	—	
3.1	其中：暂列金额	—	
3.2	其中：专业工程暂估价	—	
3.3	其中：计日工	—	
3.4	其中：总包服务费	—	
4	规费	7530.06	
5	税金	7973.94	
招标控制价合计 =（1）+（2）+（3）+（4）+（5）		96573.20	

1 号楼中水工程分部分项工程费为 74063.91 元。

1 号楼中水工程分部分项工程费中的人工费为 16156.92 元。

1 号楼中水工程分部分项费中的人工费与机械费之和为 16258.68 元。

1 号楼中水工程分部分项工程费应计取的规费为 16156.92 元 ×37.64% =6081.46 元。

1 号楼中水工程分部分项工程费应计取的税金为（74063.91 + 6081.46）元 ×9% =7213.08 元。

1 号楼安全文明施工费 = 安全文明施工措施费 + 安全文明施工措施费中所含人工费 ×

（13.57% +20.71%）

=[1510.02 +241.62 ×（13.57% +20.71%）]元

=1592.85 元

1 号楼中水工程措施项目费应计取的规费为 3848.54 元 ×37.64% =1448.59 元。

1 号楼中水工程措施项目费应计取的税金 =（7005.31 +1448.59）元 ×9% =760.85 元。

1 号楼中水工程应计取的规费 = 中水工程分部分项工程费应计取的规费 + 中水工程措施项目费应计取的规费

$$= (6081.46 + 1448.59) \, 元$$
$$= 7530.05 \, 元$$

1 号楼中水工程应计取的税金 = 中水工程分部分项工程费应计取的税金 + 中水工程措施项目费应计取的税金

$$= (7213.08 + 760.85) \, 元$$
$$= 7973.93 \, 元$$

1 号楼中水招标控制价合计：（74063.91 + 7005.31 + 7530.05 + 7973.93）元 = 96573.20 元。

六、计算底稿

1 号楼中水系统工程量计算表见表 16-35。

表 16-35 1 号楼中水系统工程量计算表

序号	项目名称	1 号楼 1 单元 计算式	1 号楼 1 单元 工程量	1 号楼 工程量	单位
1	DN32	$1.5 + 4.52 + 0.76 + 2.75 + 0.90 + (1.35 - 0.9) + 0.9 + 0.25$	12.03	72.18	m
2	DN25	$(11.20 + 0.25) - 0.25$	11.20	67.2	m
3	DN20	$(14.00 + 0.50) - (11.20 + 0.25)$	3.05	18.3	m
4	DN15		120.96	725.76	m
4.1	每层主立管的左侧	$0.53 + 0.5 + 0.61 + 1.07 + 0.54 + 0.62 + 1.82 + 0.32 + 0.31 + 1.65 + 0.67$	8.64	51.84	m
4.2	每层主立管的右侧	$0.82 + 0.25 + 0.60 + 4.13 + 0.09 + 1.5 + 1.67 + 1.85 + 0.61$	11.52	69.12	m
		小计：每层 DN15 小计：8.64 + 11.52 = 20.16 共六层，DN15 合计：20.16 × 6 = 120.96			m
5	管井内中水橡塑保温		0.072	0.432	m³
5.1	DN32	$3.14 \times (0.032 + 1.033 \times 0.02) \times 1.033 \times 0.02 \times 0.25$			m³
5.2	DN25	$3.14 \times (0.025 + 1.033 \times 0.02) \times 1.033 \times 0.02 \times 11.2$			m³
5.3	DN20	$3.14 \times (0.02 + 1.033 \times 0.02) \times 1.033 \times 0.02 \times 3.05$			m³
5.4	DN15	$3.14 \times (0.015 + 1.033 \times 0.02) \times 1.033 \times 0.02 \times [(0.53 + 0.5) \times 6 + (0.82 + 0.25) \times 6]$			m³
	小计： $V = 3.14 \times (0.032 + 1.033 \times 0.02) \times 1.033 \times 0.02 \times 0.25 + 3.14 \times (0.025 + 1.033 \times 0.02) \times 1.033 \times 0.02 \times 11.2 + 3.14 \times (0.02 + 1.033 \times 0.02) \times 1.033 \times 0.02 \times 3.05 + 3.14 \times (0.015 + 1.033 \times 0.02) \times 1.033 \times 0.02 \times [(0.53 + 0.5) \times 6 + (0.82 + 0.25) \times 6]$ $= 3.14 \times 1.033 \times 0.02 \times (0.013 + 0.51 + 0.124 + 0.45)$ $= 0.072$				m³

8

采暖工程招标控制价的编制

任务一　编制采暖工程招标工程量清单表

过关问题1：管道表面与周围墙面的净距、管与管之间的净距留取需考虑哪些因素？

答：净距留取需要考虑管道本身的直径、是否有保温层，管内输送的介质种类，管道、管件、阀门等安装、维护的便利性。在满足上述条件下，与墙的净距越小越好。管与管的净距还需考虑输送介质的安全性，避免管的相互影响。

过关问题2：采暖管道室内外界限的划分是什么？

答：采暖管道室内外界限划分：以建筑物外墙皮 1.5m 为界，入口处设阀门者以阀门为界。

过关问题3：采暖系统散热器的工程量如何计量？

答：对于铸铁散热器、钢制散热器、其他成品散热器计量时按照设计图示数量计算，可以按片计量，也可以按组计量，按组计量时要区分不同片数散热器的类型分别列项。散热器所占长度要从管道工程量中扣除。光排管散热器按设计图示排管长度计算，计量单位是 m。

过关问题4：采暖管道系统中常见的阀门类型有哪些？

答：锁闭阀、平衡阀、球阀、自动排气阀、手动跑风阀、温度控制阀等。

过关问题5：散热器处的供回水横支管、立管的计量与散热器的规格型号有无关系？

答：有关系。这部分管道长度的计算需要知道散热器的参数，如供回水中心距、散热器的足片、中片长度等。

过关问题6：如何计算 1 号楼 1 单元采暖管道的清单工程量？编制 1 号楼 1 单元采暖工程的招标工程量清单表。

答：1 号楼 1 单元采暖工程清单工程量计算表见表 17-1。

表 17-1　1 号楼 1 单元采暖工程清单工程量计算表

序号	项目名称	计　算　式	工程量	单位	备注
1	进户及主立管供水				
1.1	DN50	1.5 + 7.09 + 1.00 + 1.6	11.19	m	
1.2	DN40	2.8 + 2.8	5.6	m	
1.3	DN32	2.8 + 2.8	5.6	m	
1.4	DN25	2.8	2.8	m	

（续）

序号	项目名称	计 算 式	工程量	单位	备注
1.5	DN15	1.1	1.1	m	
2	出户及主立管回水				
2.1	DN50	1.5 + 7.24 + 1.00 + 1.4	11.14	m	
2.2	DN40	2.8 + 2.8	5.6	m	
2.3	DN32	2.8 + 2.8	5.6	m	
2.4	DN25	2.8	2.8	m	
2.5	DN15	2.7 − 1.4	1.3	m	
3	主立管出来的各楼层管				
3.1	单一楼层 DN25 镀锌钢管供水	0.73 + 0.87 + 1.2 + 1.6	4.40	m	
3.2	单一楼层 DN25 镀锌钢管回水	0.64 + 1.00 + 1.0 + 1.4	4.04	m	
	一~六层镀锌钢管 DN25 小计：(4.40 + 4.04) × 6 = 50.64		50.64	m	
3.3	单一楼层 DN20PB 管供水	1.22 + 1.6 + 0.9 + 1.30 + 4 − 0.12 × 2 + 10.36 + 0.85 × 2 + 5.02 + 1.12 + 4.35	31.31	m	
3.4	单一楼层 DN20PB 管回水	1.02 + 1.4 + 1.36 + 7.62 + 2.00 + 5.05 + 10.36 + 0.85 × 2 + 1.73	32.24	m	
	一~六层 PB 管 DN20 小计：(31.31 + 32.24) × 6 = 381.3		381.3	m	
4	散热器支管 DN15	每一层 A 型散热器总计 6 组，B 型总计 4 组。注意每一组的散热器片数不同 例如：足片 780 的，中片 690，所以足片脚长 90	71.4	m	
4.1	A 型	$\{[0.09 + (0.48 − 0.09 − 0.3) \div 2] × 2 + 0.25 + 0.3 + 0.25\} × 6$	6.42	m	
4.2	B 型	$\{[0.09 + (0.78 − 0.09 − 0.6) \div 2] × 2 + 0.25 + 0.6 + 0.25\} × 4$	5.48	m	
	一~六层 A 房型 PB 管 DN15 小计：(6.42 + 5.48) × 6 = 71.4				
5	散热器		632	片	
5.1	A 型	一层、六层：(22 + 22 + 14 + 4 + 5 + 18) × 2 = 170 二~五层：(19 + 19 + 11 + 3 + 4 + 14) × 4 = 280 A 型小计：170 + 280 = 450	450	片	
5.2	B 型	一层、六层：(4 + 7 + 10 + 14) × 2 = 70 二~五层：(3 + 6 + 9 + 10) × 4 = 112 B 型小计：70 + 112 = 182	182	片	

（续）

序号	项目名称	计 算 式	工程量	单位	备注
	散热器小计：$450 + 182 = 632$			片	
6	采暖管道保温				
6.1	外网入户支管，正负零以下的 DN50 保温	DN50：$1.5 + 7.09 + 1.00 + 1.5 + 7.24 + 1.00$ $= 19.33$ $V = 3.14 \times (0.057 + 1.033 \times 0.04) \times 1.033 \times 0.04 \times 19.33 = 0.25$	0.25	m^3	氢聚塑直埋保温管，厚度40mm
6.2	管井内立管保温	管井内立管： 正负零以上的 DN50：$1.6 + 1.4 = 3$ DN40：$5.6 \times 2 = 11.2$ DN32：$5.6 \times 2 = 11.2$ DN25：$2.8 \times 2 = 5.6$ DN15：$1.1 \times 2 = 2.2$ $V = 3.14 \times 1.033 \times 0.03 \times [(0.057 + 1.033 \times 0.03) \times 3 + (0.045 + 1.033 \times 0.03) \times 11.2 + (0.038 + 1.033 \times 0.03) \times 11.2 + (0.032 + 1.033 \times 0.03) \times 5.6 + (0.018 + 1.033 \times 0.03) \times 2.2]$ $= 3.14 \times 1.033 \times 0.03 \times (0.264 + 0.851 + 0.773 + 0.353 + 0.108) = 0.23$	0.23	m^3	加筋铝箔离心玻璃棉管壳保温，厚度30mm
6.3	一～六层管井内支干管	六层管井内镀锌钢管供、回水 DN25：$(4.40 + 4.04) \times 6 = 50.64$ 六层管井内 PB20 管供、回水 DN20：$(1.2 + 1.6) + (1.0 + 1.4) \times 6 = (2.8 + 2.4) \times 6 = 31.2$ $V = 3.14 \times 1.033 \times 0.025 \times [(0.032 + 1.033 \times 0.025) \times 50.64 + (0.025 + 1.033 \times 0.025) \times 31.2]$ $= 3.14 \times 1.033 \times 0.025 \times (2.93 + 1.59)$ $= 0.37$	0.37	m^3	一级黑色发泡橡塑绝热材，厚度25mm
6.4	一～六层户内各层埋地管保温	一～六层户内各层埋地供、回水 PB20： $(0.9 + 1.30 + 4 - 0.12 \times 2 + 10.36 + 0.85 \times 2 + 5.02 + 1.12 + 4.35) \times 6 + (1.36 + 7.62 + 2.03 + 5.04 + 10.36 + 0.85 \times 2 + 1.73) \times 6$ $= 28.51 + 29.84$ $= 58.35$ $V = 3.14 \times (0.025 + 1.033 \times 0.01) \times 1.033 \times 0.01 \times 58.35 = 0.07$	0.07	m^3	聚苯板，厚度10mm
7	管道支架	DN32 以内支架含在管道安装中，DN40，DN50 管道最间距不超3m布置一个支架（$1.4 + 1.6$ 地面以上 DN50）11.2（DN40）考虑供回水，取 2 个 5 号支架，4 个 4 号支架，每个支架估算2m长 $2.422 \times 4 + 3.059 \times 2 = 15.81kg$ $15.81 \times 2 = 31.62kg$	31.62	kg	

分部分项工程和单价措施项目清单与计价表见表17-2。

表17-2 1号楼1单元分部分项工程和单价措施项目清单与计价表（采暖工程）

工程名称：采暖管道系统　　　　　　　标段：　　　　　　　第　页　共　页

序号	项目编码	项目名称	项目特征	计量单位	工程量	金额（元）	
						综合单价	合价
1	031001001001	镀锌钢管	室内，采暖管道，热镀锌钢管DN50，螺纹连接，水压试验，水冲洗	m	22.33		
2	031001001002	镀锌钢管	室内，采暖管道，热镀锌钢管DN40，螺纹连接，水压试验，水冲洗	m	11.2		
3	031001001003	镀锌钢管	室内，采暖管道，热镀锌钢管DN32，螺纹连接，水压试验，水冲洗	m	11.2		
4	031001001004	镀锌钢管	室内，采暖管道，热镀锌钢管DN25，螺纹连接，水压试验，水冲洗	m	56.24		
5	031001001005	镀锌钢管	室内，采暖管道，热镀锌钢管DN15，螺纹连接，水压试验，水冲洗	m	2.4		
6	031001006001	塑料管	室内，采暖管道，聚丁烯管（PB）DN20，热熔连接，水压试验，水冲洗	m	381.4		
7	031001006002	塑料管	室内，采暖管道，聚丁烯管（PB）DN15，热熔连接，水压试验，水冲洗	m	71.4		
8	031002001001	管道支架	一般支架，材质，形式	kg	31.62		
9	031002003001	套管	防水钢套管DN50，采暖系统	个	2		
10	031002003002	套管	钢套管DN50，采暖系统	个	21		
11	031002003003	套管	钢套管DN40，采暖系统	个	4		
12	031002003004	套管	钢套管DN32，采暖系统	个	4		
13	031002003005	套管	钢套管DN25，采暖系统	个	50		
14	031003001001	螺纹阀门	球阀DN50，螺纹连接	个	4		
15	031003001002	螺纹阀门	球阀DN32，螺纹连接	个	1		
16	031003001003	螺纹阀门	球阀DN15，螺纹连接	个	60		
17	031003001004	螺纹阀门	自力式温控阀DN15，螺纹连接	个	60		
18	031003001005	螺纹阀门	自力式压差控制阀DN50，螺纹连接	个	1		
19	031003001006	螺纹阀门	E121型自动放气阀DN15，螺纹连接	个	2		
20	031003001007	螺纹阀门	锁闭调节过滤一体阀DN25，螺纹连接	个	12		
21	031003001008	螺纹阀门	测温球阀DN25，螺纹连接	个	12		
22	031003001009	螺纹阀门	平衡阀DN25，螺纹连接	个	12		
23	031003001010	螺纹阀门	手动跑风门DN3，螺纹连接	个	60		
24	030601002001	压力表	DN50	台	4		
25	031003008001	除污器	60目水过滤器DN50	组	2		

（续）

序号	项目编码	项目名称	项目特征	计量单位	工程量	金额（元）	
						综合单价	合价
26	030601001001	温度计	DN50	支	1		
27	031003014001	热量表	DN32	块	12		
28	031005001001	铸铁散热器	TZY－2型散热器，A型，中心距300mm，总高480mm	片	450		
29	031005001002	铸铁散热器	TZY－2型散热器，B型，中心距600mm，总高780mm	片	182		
30	031208002001	管道绝热	外网入户支管，氢聚塑直埋保温管，厚度40mm	m³	0.25		
31	031208002002	管道绝热	管井内立管，加筋铝箔离心玻璃棉管壳保温，厚度30mm	m³	0.23		
32	031208002003	管道绝热	管井内支干管，一级黑色发泡橡塑绝热材，厚度25mm	m³	0.37		
33	031208002004	管道绝热	户内各层埋地管，聚苯板，厚度10mm	m³	0.07		
34	031201003001	金属结构刷油	管道支架除锈、刷油	kg	31.62		
35	031009001001	采暖工程系统调试		系统	1		
			本页小计				

任务二　编制采暖工程招标控制价

过关问题1：根据采暖工程的招标工程量清单表，分析 PB20 采暖管应该套用哪些定额项目进行组价，并填写 PB20 采暖管综合单价分析表（表 17-4）。

答：根据《天津市安装工程预算基价》（2020 年），定额中给出了预算基价（即总价）、人工费、材料费、机械费。企业管理费按分部分项工程费及可计量的措施项目费中的人工费与机械费的合计乘以企业管理费费率 13.57%。利润按人工费合计的 20.71% 计取。对于 PB20 采暖管清单综合单价的定额套价计算表见表 17-3，综合单价分析表见表 17-4。

表 17-3　PB20 采暖管清单综合单价的定额套价计算表　　　　（单位：元）

定额编号	定额名称	定额单位	总价	人工费	材料费	机械费	管理费＝（人工费＋机械费）×13.57%	利润＝人工费×20.71%
8－410	塑料给水管 DN20（热熔连接）	10m	135.83	133.65	2.05	0.13	18.15	27.68
8－490	管道消毒冲洗（DN50 以内）	100m	108.44	70.20	38.24	—	14.72	22.46

安装定额中的费用通常未包括主材费用，因此在套用定额组综合单价时，需要考虑未计价主材的费用。计算时需查阅该项定额表中主材的消耗量，然后换算出每安装一个单位清单

量所需消耗的主材量，同时查阅 2020 年 6 月的材料信息价，取定一个合理的主材价格，完成未计价主材费用的计算。对于 PB20 采暖管，根据塑料给水管 DN20（热熔连接）定额，查得 PB20 采暖管安装 10m 时消耗的 PB20 采暖管主材量是 10.16m，管件是 15.20 个。因此，PB20 采暖管安装一个单位清单量即 1m 时，消耗的 PB20 采暖管主材量是 1.016m，管件是 1.52 个。同时，查询天津市 2020 年 6 月的信息价，获取当月未计价主材的含税价格，经增值税抵扣后套入综合单价分析表。

表 17-4　PB20 采暖管综合单价分析表

项目编码	031001006001	项目名称	PB20 采暖管	计量单位	m	工程量	381.4

清单综合单价组成明细

定额编号	定额名称	定额单位	数量	单价（元）					合价（元）				
				人工费	材料费	机械费	管理费	利润	人工费	材料费	机械费	管理费	利润
8-410	塑料给水管 DN20（热熔连接）	10m	0.1	133.65	2.05	0.13	18.15	27.68	13.37	0.21	0.01	1.82	2.77
8-490	管道消毒冲洗（DN50 以内）	100m	0.01	70.20	38.24	0	14.72	22.46	0.70	0.38	0	0.15	0.22
人工单价			小计						14.07	0.59	0.01	1.97	2.99
			未计价材料费（元）										
			清单项目综合单价（元/m）						28				

材料费明细	主要材料名称、规格、型号	单位	数量	单价（元）	合价（元）	暂估单价（元）	暂估合价（元）
	塑料给水管	m	1.016	6.13	6.23		
	室内塑料给水管热熔管件	个	1.52	1.41	2.14		
	其他材料费（元）				0.59		
	材料费小计（元）				8.96		

过关问题2：结合案例具体情况，根据采暖工程的招标工程量清单表，编制1号楼1单元招标控制价，并填写分部分项工程和单价措施项目清单与计价表（采暖工程）（表17-5），施工措施项目费表（采暖工程）（表17-6）和规费、税金项目计价表（采暖工程）（表17-7）。

答：分部分项工程和单价措施项目清单与计价表见表17-5。

表 17-5　1号楼1单元分部分项工程和单价措施项目清单与计价表（采暖工程）

工程名称：采暖管道系统　　　标段：　　　　　　　　　　　　第　页　共　页

序号	项目编码	项目名称	项目特征	计量单位	工程量	金额（元）	
						综合单价	合价
1	031001001001	镀锌钢管	室内，采暖管道，热镀锌钢管 DN50，螺纹连接，水压试验，水冲洗	m	22.33	81.79	1826.37
2	031001001002	镀锌钢管	室内，采暖管道，热镀锌钢管 DN40，螺纹连接，水压试验，水冲洗	m	11.2	73.76	826.11

（续）

序号	项目编码	项目名称	项目特征	计量单位	工程量	金额（元）综合单价	金额（元）合价
3	031001001003	镀锌钢管	室内，采暖管道，热镀锌钢管 DN32，螺纹连接，水压试验，水冲洗	m	11.2	63.09	706.61
4	031001001004	镀锌钢管	室内，采暖管道，热镀锌钢管 DN25，螺纹连接，水压试验，水冲洗	m	56.24	58.80	3306.91
5	031001001005	镀锌钢管	室内，采暖管道，热镀锌钢管 DN15，螺纹连接，水压试验，水冲洗	m	2.4	45.49	109.17
6	031001006001	塑料管	室内，采暖管道，聚丁烯管（PB）DN20，热熔连接，水压试验，水冲洗	m	381.4	28	10679.2
7	031001006002	塑料管	室内，采暖管道，聚丁烯管（PB）DN15，热熔连接，水压试验，水冲洗	m	71.4	27.87	1989.92
8	031002001001	管道支架	一般支架，材质，形式	kg	31.62	21.10	667.18
9	031002003001	套管	防水钢套管 DN50，采暖系统	个	2	377.44	754.88
10	031002003002	套管	钢套管 DN50，采暖系统	个	21	51.61	1083.81
11	031002003003	套管	钢套管 DN40，采暖系统	个	4	47.44	189.76
12	031002003004	套管	钢套管 DN32，采暖系统	个	4	31.28	125.12
13	031002003005	套管	钢套管 DN25，采暖系统	个	50	31.28	1564
14	031003001001	螺纹阀门	球阀 DN50，螺纹连接	个	4	170.36	681.44
15	031003001002	螺纹阀门	球阀 DN32，螺纹连接	个	1	83.57	83.57
16	031003001003	螺纹阀门	球阀 DN15，螺纹连接	个	60	36.13	2167.8
17	031003001004	螺纹阀门	自力式温控阀 DN15，螺纹连接	个	60	163.75	9825
18	031003001005	螺纹阀门	自力式压差控制阀 DN50，螺纹连接	个	1	1184.48	1184.48
19	031003001006	螺纹阀门	E121 型自动放气阀 DN15，螺纹连接	个	2	80.05	160.1
20	031003001007	螺纹阀门	锁闭调节过滤一体阀 DN25，螺纹连接	个	12	4.99	539.88
21	031003001008	螺纹阀门	测温球阀 DN25，螺纹连接	个	12	63.13	757.56
22	031003001009	螺纹阀门	平衡阀 DN25，螺纹连接	个	12	185.23	2222.76
23	031003001010	螺纹阀门	手动跑风门 DN3，螺纹连接	个	60	22.86	1371.6
24	030601002001	压力表	DN50	台	4	152.82	611.28
25	030601001001	温度计	DN50	支	1	131.83	131.83
26	031003014001	热量表	DN32	块	12	2930.54	35166.48
27	031005001001	铸铁散热器	TZY－2 型散热器，A 型，中心距 300mm，总高 480mm	片	450	31.84	14328
28	031005001002	铸铁散热器	TZY－2 型散热器，B 型，中心距 600mm，总高 780mm	片	182	37.60	6843.2
29	031208002001	管道绝热	外网入户支管，氢聚塑直埋保温管，厚度 40mm	m^3	0.25	6350.14	1587.54

（续）

序号	项目编码	项目名称	项目特征	计量单位	工程量	综合单价	合价
						金额（元）	
30	031208002002	管道绝热	管井内立管，加筋铝箔离心玻璃棉管壳保温，厚度30mm	m³	0.23	970.18	223.14
31	031208002003	管道绝热	管井内支干管，一级黑色发泡橡塑绝热材，厚度25mm	m³	0.37	1394.64	516.02
32	031208002004	管道绝热	户内各层埋地管，聚苯板，厚度10mm	m³	0.07	2500.62	175.04
33	031201003001	金属结构刷油	管道支架除锈、刷油	kg	31.62	1.33	42.05
34	031009001001	采暖工程系统调试		系统	1	4238.56	4238.56
本页小计							106686.35

1号楼1单元分部分项费中（不含采暖工程系统调试）的人工费为35082.05元，人工费与机械费之和（不含采暖工程系统调试）为36170.39元。

根据《天津市安装工程预算基价》（2020年），采暖工程系统调整费按采暖系统工程人工费的10%计取，其中人工费占35%。因此，1号楼1单元采暖工程系统调整费 = 35082.05元×10% = 3508.21元。其中，采暖工程系统调试中的人工费占35%，人工费为3508.21元×35% = 1227.87元。

1号楼1单元采暖工程系统调整费项的管理费 = 3508.21元×13.57% = 476.06元

1号楼1单元采暖工程系统调整费项的利润 = 1227.87元×20.71% = 254.29元

1号楼1单元采暖工程系统调整费项的清单综合单价 = （3508.21 + 476.06 + 254.29）元
= 4238.56元

经计算得出：1号楼1单元分部分项费中的人工费 = （35082.05 + 1227.87）元 = 36309.92元，1号楼1单元分部分项费为106686.35元。采暖工程分部分项工程费应计取的规费为36309.92元×37.64% = 13667.05元；采暖工程分部分项工程费应计取的税金为（106686.35 + 13667.05）元×9% = 10831.81元。

施工措施项目费表见表17-6。

表17-6　1号楼1单元施工措施项目费表（采暖工程）

序号	项目编码	项目名称	计算基数（元）	一般计税下费率	金额（元）	人工费占比	其中：人工费（元）	管理费（元）	利润（元）
1	031301010001	安装与生产同时进行降效增加费	分部分项工程费中人工费 36309.92	10%	3630.99	100%	3630.99	492.73	751.98
2	031301011001	在有害身体健康的环境中施工降效增加费	分部分项工程费中人工费 36309.92	10%	3630.99	100%	3630.99	492.73	751.98
3	031301018001	脚手架措施费	分部分项工程费中人工费 36309.92	4%	1452.40	35%	508.34	68.98	105.28

（续）

序号	项目编码	项目名称	计算基数（元）	一般计税下费率	金额（元）	人工费占比	其中：人工费（元）	管理费（元）	利润（元）
4	031302001001	安全文明施工措施费	人工费＋机械费（分部分项工程项目＋可计量的措施项目）36170.39＋508.34＝36678.73	9.16%	3359.77	16%	537.56	72.95	111.33
5	031302003001	非夜间施工照明费		0.12%	44.01	10%	4.40	0.60	0.91
6	031302005001	冬季施工增加费		1.49%	546.51	60%	327.91	44.50	67.91
7	定额费	竣工验收存档资料编制费		0.20%	73.36	—	—	—	—
8	031302006001	已完工程及设备保护措施费	被保护设备价值	1%	—	—	—	—	—
9		管理费小计	措施项目费中的人工费＋机械费8640.19	13.57%	1172.47				
10		利润小计	措施项目费中的人工费8640.19	20.71%	1789.38				
11		措施项目费合计	上述前八项措施项目费金额之和＋管理费＋利润	—	15699.88	—	8640.19	—	

注：本表费率均按一般计税下的费率计取。

1号楼1单元采暖工程措施项目费、规费、税金等的计算说明如下：

措施项目费中的机械费没有说明，因此管理费的计算基数只按人工费计取。

1号楼1单元采暖工程安全文明施工措施费＝［3359.77＋537.56×（13.57%＋20.71%）］元＝3544.05元

1号楼1单元采暖工程措施项目费应计取的规费＝8640.19元×37.64%＝3252.17元

1号楼1单元采暖工程措施项目费应计取的税金＝（12738.03＋1172.47＋1789.38＋3252.17）元×9%＝1705.68元

1号楼1单元采暖工程应计取的规费＝采暖工程分部分项工程费应计取的规费＋采暖工程措施项目费应计取的规费＝（13667.05＋3252.17）元＝16919.22元

1号楼1单元采暖工程应计取的税金＝采暖工程分部分项工程费应计取的税金＋采暖工程措施项目费应计取的税金＝（10831.81＋1705.68）元＝12537.49元

规费、税金项目计价表见表17-7。

表17-7　1号楼1单元规费、税金项目计价表（采暖工程）

序号	项目名称	计算基础	计算基数（元）	计算费率（%）	金额（元）
1	规费	定额人工费	44950.11	37.64	16919.22
2	税金	定额人工费＋材料费＋施工机具使用费＋管理费＋利润＋规费	139305.44	9	12537.49
		合计			

招标控制价汇总表见表17-8。

表17-8 1号楼1单元采暖工程招标控制价汇总表（一般计税）

序号	汇总内容	金额（元）	其中：暂估价（元）
1	分部分项工程	106686.35	
1.1			
1.2			
...			
2	措施项目	15699.88	
2.1	其中：安全文明施工费	3544.05	
3	其他项目	—	
3.1	其中：暂列金额	—	
3.2	其中：专业工程暂估价	—	
3.3	其中：计日工	—	
3.4	其中：总包服务费	—	
4	规费	16919.22	
5	税金	12537.49	
招标控制价合计 = (1)+(2)+(3)+(4)+(5)		151842.54	

注：1号楼1单元采暖工程招标控制价合计：（106686.35+15699.88+16919.22+12537.49）元=151842.54元。

成果与范例

一、项目概况

某住宅1号楼，该工程占地984.99m²，地上6层，檐高19.8m，各层层高2.8m，总建筑面积5462.41m²，结构形式采用砖混结构，设计使用年限为50年，抗震设防烈度为七度，安全等级二级。该工程分为6个单元，每单元2种户型。利润按人工费的20.71%计取，规费按人工费的37.64%计取，增值税税率为9%。该工程冬季设集中热水采暖系统，热源由小区换热站提供，设计供、回水温度为80℃/60℃。该工程采用共用供、回水主立管的按户分环水平双管计量供热系统，户内系统形式为下供下回。

热力入口处：外网入户支管采用氢聚塑直埋保温管，保温厚度40mm。热力入口设置在管沟内，旁通管及泄水管管径均为DN32。

管井部分：供、回水主立管及户用热计量表等装置均安装于楼梯间管道井内。管道井内供、回水主立管采用热镀锌钢管、螺纹连接。每户均在管道井内供水支干管上暗装锁闭调节过滤一体阀（60目）、热量表及球阀，回水支干管上安装平衡阀，热计量表额定流量不大于0.6m/h。管井内立管采用加筋铝箔玻璃棉管壳保温，保温厚度30mm。管井内支干管采用DN20热镀锌钢管，在进入后浇层前变为聚丁烯管（PB管），管径为DN20/DN25。管井内支干管均应保温，保温材料采用25mm厚一级黑色发泡橡塑绝热材料。

户内系统均采用聚丁烯管（PB管，热水型），热熔连接，所有连接散热器的支管管径均为DN15/DN20。所采购的PB管适用条件等级为5级，并应保证在本工程温度与压力条件下的平均寿命不低于 50 年。该工程最高工作压力是 0.6MPa，设计最高采暖供水温度为80℃。户内系统敷设方式为暗埋敷设，沿管道做沟槽。埋地直管段每 1000mm 设一固定管卡，管件两端距管件 150mm 各设固定卡一个。户内各层所有埋地管均需在管下皮铺设聚苯板保温，厚度为 10mm。该工程选用内腔无砂铸铁 TZY2 型散热器，落地明装，每组散热器暗装 DN3 手动跑风门一个。所选散热器除锈后涂银粉两道，工作压力为 0.6MPa。散热器有两大类型，A 型中心距 300mm，总高 480mm。B 型中心距 600mm，总高 780mm。所有散热器供水支管均安装同管径自力式温控阀一个，回水支管均安装同管径球阀一个。埋地管与散热器安装完毕，后浇层管槽回填前以 0.9MPa 压力对各层进行水压试验。管道穿墙处预埋大两号套管，套管两端与墙平。管道安装完毕需冲洗干净方可安装热表及温控阀。

二、编制依据

（1）《建设工程工程量清单计价规范》（GB 50500—2013）。
（2）《通用安装工程工程量计算规范》（GB 50856—2013）。
（3）《天津市安装工程预算基价》（2020 年）。
（4）《天津市工程造价信息》（2020 年第 6 期）。

三、编制说明

（1）采暖管道按设计图示管道中心线以长度计算，管道工程量计算不扣除阀门、管件（包括减压器、疏水器、水表、伸缩器等组成安装）及附属构筑物所占长度；方形补偿器以其所占长度列入管道安装工程量。

（2）采暖管道室内外界限划分：以建筑物外墙皮 1.5m 为界，入口处设阀门者以阀门为界。该项目室内外界限以外墙皮 1.5m 为界。

（3）采暖管道系统中，当散热器支管长度大于 1.5m 时，设管卡或钩钉；采暖立管管卡，层高小于等于 5m，每层设一个，层高大于 5m，每层设两个。采暖管道支架的设置同给排水管道。

采暖管道支架和给排水管道一样，大于 DN32 时管道的综合单价组价需要套用支架的定额费用。小于等于 DN32 时则不必单独套用支架的定额费用，因此时管道安装的定额费用中已经包含了支架的费用。计量支架时，首先应按照设计说明和图样中要求的规范、标准图集明确管道支架的做法、布置支架的间距，计算单个支架的重量，最后进行合计计算。最简单的估算方法就是把管长除以 5，然后得到支架个数，一般一个支架用角钢 2m。管道支架间距见表 17-9。

表 17-9　管道支架间距

公称直径/mm	15	20	25	32	40	50	70	80	100	125	150	200	250	300
支架最大间距/m	2	2	2	3	3	3	4	4	4.5	5	6	7	8	8.5

（4）管道穿基础、楼板、剪力墙应预留套管。套管管径比所穿管道大两号，穿楼板所用的管道为一般套管。穿基础管道所用的套管为防水套管。套管套用定额时按被套管道的管径来套用，主材单价则按被套管的管径大两号来算。套管调价时是按实际调价。一层出地面处无须预留套管。

（5）管道井内支干管采用 DN25 热镀锌钢管，在进入后浇层前变为聚丁烯管，管径为 DN20/DN25，所有连接散热器的支管管径均为 DN15/DN20。后浇层管槽回填前应对各层进行水压试验，管道安装完毕后需冲洗干净后方可安装热表及温控阀。管道进行水压试验和水冲洗，无须消毒。

（6）水暖管距墙距离，一般 DN32 以下管道中心距墙表面 50mm 为宜，DN40 以上取 60mm 为宜。管外皮距墙表面约 30mm。采暖干管距墙尺寸，当管径小于 DN80 时，供水干管距墙尺寸为 150mm。采暖立管距墙尺寸，立管中心距墙尺寸 50mm，立管后墙或侧墙有散热器时，安装距离相应增大。另外，为了使管道少占用使用面积，与散热器相连的支管需要做乙字弯。综合考虑，该项目管道量取长度时不再扣除管道距墙的安装距离，也不再考虑乙字弯所增加的管道长度。

（7）采暖工程系统调试费按采暖系统工程人工费的 10% 计取，其中人工费占 35%。

（8）人、材、机价格按照天津市相关专业预算基价规定执行。预算定额中的材料费、机械费均不含增值税可抵扣的进项税，在套用定额计算综合单价时，企业管理费 =（人工费 + 机械费）×13.57%；利润 = 人工费 ×20.71%。计算规费时按人工费合计的 37.64% 计取；增值税按一般计税的税率 9% 计取。

（9）为简化计算，设置于管道间、管廊、管道井内的管道、阀门、法兰、支架，人工费均未乘以系数 1.30。

（10）竣工验收存档资料编制费在定额的措施费用中有此项，因此列入措施项目费的清单中，但无相应的清单项目编码。

四、编制招标工程量清单

编制分部分项工程和单价措施项目清单与计价表（采暖工程），见表 17-10。

表 17-10　1 号楼分部分项工程和单价措施项目清单与计价表（采暖工程）

工程名称：采暖管道系统　　　　标段：　　　　　　　第　页　共　页

序号	项目编码	项目名称	项目特征	计量单位	工程量	综合单价	合价
1	031001001001	镀锌钢管	室内，采暖管道，热镀锌钢管 DN50，螺纹连接，水压试验，水冲洗	m	133.98		
2	031001001002	镀锌钢管	室内，采暖管道，热镀锌钢管 DN40，螺纹连接，水压试验，水冲洗	m	67.2		
3	031001001003	镀锌钢管	室内，采暖管道，热镀锌钢管 DN32，螺纹连接，水压试验，水冲洗	m	67.2		
4	031001001004	镀锌钢管	室内，采暖管道，热镀锌钢管 DN25，螺纹连接，水压试验，水冲洗	m	337.44		
5	031001001005	镀锌钢管	室内，采暖管道，热镀锌钢管 DN15，螺纹连接，水压试验，水冲洗	m	14.4		
6	031001006001	塑料管	室内，采暖管道，聚丁烯管（PB）DN20，热熔连接，水压试验，水冲洗	m	2288.4		

（续）

序号	项目编码	项目名称	项目特征	计量单位	工程量	金额（元）	
						综合单价	合价
7	031001006002	塑料管	室内，采暖管道，聚丁烯管（PB）DN15，热熔连接，水压试验，水冲洗	m	428.4		
8	031002001001	管道支架	一般支架，材质，形式	kg	189.72		
9	031002003001	套管	防水钢套管DN50，采暖系统	个	12		
10	031002003002	套管	钢套管DN50，采暖系统	个	126		
11	031002003003	套管	钢套管DN40，采暖系统	个	24		
12	031002003004	套管	钢套管DN32，采暖系统	个	24		
13	031002003005	套管	钢套管DN25，采暖系统	个	300		
14	031003001001	螺纹阀门	球阀DN50，螺纹连接	个	24		
15	031003001002	螺纹阀门	球阀DN32，螺纹连接	个	6		
16	031003001003	螺纹阀门	球阀DN15，螺纹连接	个	360		
17	031003001004	螺纹阀门	自力式温控阀DN15，螺纹连接	个	360		
18	031003001005	螺纹阀门	自力式压差控制阀DN50，螺纹连接	个	6		
19	031003001006	螺纹阀门	E121型自动放气阀DN15，螺纹连接	个	12		
20	031003001007	螺纹阀门	锁闭调节过滤一体阀DN25，螺纹连接	个	72		
21	031003001008	螺纹阀门	测温球阀DN25，螺纹连接	个	72		
22	031003001009	螺纹阀门	平衡阀DN25，螺纹连接	个	72		
23	031003001010	螺纹阀门	手动跑风门DN3，螺纹连接	个	360		
24	030601002001	压力表	DN50	台	24		
25	030601001001	温度计	DN50	支	6		
26	031003014001	热量表	DN32	块	72		
27	031005001001	铸铁散热器	TZY-2型散热器，A型，中心距300mm，总高480mm	片	2228		
28	031005001002	铸铁散热器	TZY-2型散热器，B型，中心距600mm，总高780mm	片	1150		
29	031208002001	管道绝热	外网入户支管，氢聚塑直埋保温管，厚度40mm	m³	1.5		
30	031208002002	管道绝热	管井内立管，加筋铝箔离心玻璃棉管壳保温，厚度30mm	m³	1.38		
31	031208002003	管道绝热	管井内支干管，一级黑色发泡橡塑绝热材料，厚度25mm	m³	2.22		
32	031208002004	管道绝热	户内各层埋地管，聚苯板，厚度10mm	m³	0.42		
33	031201003001	金属结构刷油	管道支架除锈、刷油	kg	189.72		
34	031009001001	采暖工程系统调试		系统	6		

本页小计

五、编制招标控制价

编制分部分项工程和单价措施项目清单与计价表（采暖工程）（表17-11），施工措施项目费表（采暖工程）（表17-12），规费、税金项目计价表（采暖工程）（表17-13）和采暖工程招标控制价汇总表（表17-14）。

表17-11　1号楼分部分项工程和单价措施项目清单与计价表（采暖工程）

工程名称：采暖管道系统　　　　　　　　　标段：　　　　　　　第　页　共　页

序号	项目编码	项目名称	项目特征	计量单位	工程量	金额（元）	
						综合单价	合价
1	031001001001	镀锌钢管	室内，采暖管道，热镀锌钢管DN50，螺纹连接，水压试验，水冲洗	m	133.98	81.79	10958.22
2	031001001002	镀锌钢管	室内，采暖管道，热镀锌钢管DN40，螺纹连接，水压试验，水冲洗	m	67.2	73.76	4956.67
3	031001001003	镀锌钢管	室内，采暖管道，热镀锌钢管DN32，螺纹连接，水压试验，水冲洗	m	67.2	63.09	4239.65
4	031001001004	镀锌钢管	室内，采暖管道，热镀锌钢管DN25，螺纹连接，水压试验，水冲洗	m	337.44	58.80	19841.47
5	031001001005	镀锌钢管	室内，采暖管道，热镀锌钢管DN15，螺纹连接，水压试验，水冲洗	m	14.4	45.49	655.06
6	031001006001	塑料管	室内，采暖管道，聚丁烯管（PB）DN20，热熔连接，水压试验，水冲洗	m	2288.4	28	64075.2
7	031001006002	塑料管	室内，采暖管道，聚丁烯管（PB）DN15，热熔连接，水压试验，水冲洗	m	428.4	27.87	11939.51
8	031002001001	管道支架	一般支架，材质，形式	kg	189.72	21.10	4003.09
9	031002003001	套管	防水钢套管DN50，采暖系统	个	12	377.44	4529.28
10	031002003002	套管	钢套管DN50，采暖系统	个	126	51.61	6502.86
11	031002003003	套管	钢套管DN40，采暖系统	个	24	47.44	1138.56
12	031002003004	套管	钢套管DN32，采暖系统	个	24	31.28	750.72
13	031002003005	套管	钢套管DN25，采暖系统	个	300	31.28	9384
14	031003001001	螺纹阀门	球阀DN50，螺纹连接	个	24	170.36	4088.64
15	031003001002	螺纹阀门	球阀DN32，螺纹连接	个	6	83.57	501.42
16	031003001003	螺纹阀门	球阀DN15，螺纹连接	个	360	36.13	13006.8

（续）

序号	项目编码	项目名称	项目特征	计量单位	工程量	金额（元）	
						综合单价	合价
17	031003001004	螺纹阀门	自力式温控阀 DN15，螺纹连接	个	360	163.75	58950
18	031003001005	螺纹阀门	自力式压差控制阀 DN50，螺纹连接	个	6	1184.48	7106.88
19	031003001006	螺纹阀门	E121 型自动放气阀 DN15，螺纹连接	个	12	80.05	960.6
20	031003001007	螺纹阀门	锁闭调节过滤一体阀 DN25，螺纹连接	个	72	44.99	3239.28
21	031003001008	螺纹阀门	测温球阀 DN25，螺纹连接	个	72	63.13	4545.36
22	031003001009	螺纹阀门	平衡阀 DN25，螺纹连接	个	72	185.23	13336.56
23	031003001010	螺纹阀门	手动跑风门 DN3，螺纹连接	个	360	22.86	8229.6
24	030601002001	压力表	DN50	台	24	152.82	3667.68
25	030601001001	温度计	DN50	支	6	131.83	790.98
26	031003014001	热量表	DN32	块	72	2930.54	210998.9
27	031005001001	铸铁散热器	TZY－2 型散热器，A 型，中心距 300mm，总高 480mm	片	2228	31.84	70939.52
28	031005001002	铸铁散热器	TZY－2 型散热器，B 型，中心距 600mm，总高 780mm	片	1150	37.60	43240
29	031208002001	管道绝热	外网入户支管，氢聚塑直埋保温管，厚度 40mm	m³	1.5	6350.14	9525.21
30	031208002002	管道绝热	管井内立管，加筋铝箔离心玻璃棉管壳保温，厚度 30mm	m³	1.38	970.18	1338.85
31	031208002003	管道绝热	管井内支干管，一级黑色发泡橡塑绝热材料，厚度 25mm	m³	2.22	1394.64	3096.10
32	031208002004	管道绝热	户内各层埋地管，聚苯板，厚度 10mm	m³	0.42	2500.62	1050.26
33	031201003001	金属结构刷油	管道支架除锈、刷油	kg	189.72	1.33	252.33
34	031009001001	采暖工程系统调试		系统	6	4238.56	25431.36
			本页小计				627270.59

表 17-12　1 号楼施工措施项目费表（采暖工程）

序号	项目编码	项目名称	计算基数（元）	一般计税下费率	金额（元）	人工费占比	其中：人工费（元）	管理费（元）	利润（元）
1	031301010001	安装与生产同时进行降效增加费	分部分项工程费中人工费 216703.92	10%	21670.39	100%	21670.39	2940.67	4487.94
2	031301011001	在有害身体健康的环境中施工降效增加费	分部分项工程费中人工费 216703.92	10%	21670.39	100%	21670.39	2940.67	4487.94

（续）

序号	项目编码	项目名称	计算基数（元）	一般计税下费率	金额（元）	人工费占比	其中：人工费（元）	管理费（元）	利润（元）
3	031301018001	脚手架措施费	分部分项工程费中人工费 216703.92	4%	8668.16	35%	3033.86	411.69	628.31
4	031302001001	安全文明施工措施费	人工费＋机械费（分部分项工程项目＋可计量的措施项目）236916＋3033.86＝239949.86	9.16%	21979.41	16%	3516.71	477.22	728.31
5	031302003001	非夜间施工照明费		0.12%	287.94	10%	28.79	3.91	5.96
6	031302005001	冬季施工增加费		1.49%	3575.25	60%	2145.15	291.10	444.26
7	定额费	竣工验收存档资料编制费		0.20%	479.90	—	—	—	—
8	031302006001	已完工程及设备保护措施费	被保护设备价值	1%	—	—	—	—	—
9	管理费小计		措施项目费中的人工费＋机械费 52065.29	13.57%	7065.26				
10	利润小计		措施项目费中的人工费 52065.29	20.71%	10782.72				
11	措施项目费合计		上述前八项措施项目费金额之和＋管理费＋利润	—	96179.42	—	52065.29	—	—

注：本表费率均按一般计税下的费率计取。

表 17-13　1号楼规费、税金项目计价表（采暖工程）

序号	项目名称	计算基础	计算基数（元）	计算费率（%）	金额（元）
1	规费	定额人工费	268769.23	37.64	101164.74
2	税金	定额人工费＋材料费＋施工机具使用费＋管理费＋利润＋规费	913856.44	9	82247.08
	合计				

表 17-14　1号楼采暖工程招标控制价汇总表（一般计税）

序号	汇总内容	金额（元）	其中：暂估价（元）
1	分部分项工程	627270.59	
1.1			
1.2			
...			
2	措施项目	96179.42	
2.1	其中：安全文明施工费	23184.94	

（续）

序号	汇总内容	金额（元）	其中：暂估价（元）
3	其他项目	—	
3.1	其中：暂列金额	—	
3.2	其中：专业工程暂估价	—	
3.3	其中：计日工	—	
3.4	其中：总包服务费	—	
4	规费	101164.74	
5	税金	74215.33	
招标控制价合计 = (1) + (2) + (3) + (4) + (5)		898830.08	

1 号楼采暖工程的分部分项工程费为 627270.59 元。

1 号楼采暖工程分部分项工程费中的人工费为 216703.92 元。

1 号楼采暖工程分部分项费中的人工费与机械费之和为 236916 元。

1 号楼采暖工程分部分项工程费应计取的规费为 216703.92 元 × 37.64% = 81567.36 元。

1 号楼采暖工程分部分项工程费应计取的税金为（627270.59 + 81567.36）元 × 9% = 63795.42 元。

1 号楼安全文明施工费 = 安全文明施工措施费 + 安全文明施工措施费中所含人工费 ×

$$（13.57\% + 20.71\%）$$
$$= [21979.41 + 3516.71 × (13.57\% + 20.71)] 元$$
$$= 23184.94 元$$

1 号楼采暖工程措施项目费应计取的规费为 52065.29 元 × 37.64% = 19597.38 元。

1 号楼采暖工程措施项目费应计取的税金 =（78331.44 + 7065.26 + 10782.72 +

$$19597.38）元 × 9\% = 10419.91 元$$

1 号楼采暖工程应计取的规费 = 采暖工程分部分项工程费应计取的规费 + 采暖工程措施

项目费应计取的规费
$$= (81567.36 + 19597.38) 元$$
$$= 101164.74 元$$

1 号楼采暖工程应计取的税金 = 采暖工程分部分项工程费应计取的税金 + 采暖工程措施

项目费应计取的税金
$$= （63795.42 + 10419.91）元$$
$$= 74215.33 元$$

1 号楼采暖工程招标控制价合计：（627270.59 + 96179.42 + 101164.74 + 74215.33）元

$$= 898830.08 元$$

六、计算底稿

1 号楼采暖专业工程工程量计算表见表 17-15。

表 17-15 1 号楼采暖专业工程工程量计算表

序号	项目名称	1号楼1单元计算式	1号楼1单元工程量	1号楼工程量	单位	备注
1	进户及主立管供水					
1.1	DN50	1.5+7.09+1.00+1.6	11.19	67.14	m	
1.2	DN40	2.8+2.8	5.6	33.6	m	
1.3	DN32	2.8+2.8	5.6	33.6	m	
1.4	DN25	2.8	2.8	16.8	m	
1.5	DN15	1.1	1.1	6.6	m	
2	出户及主立管回水					
2.1	DN50	1.5+7.24+1.00+1.4	11.14	68.4	m	
2.2	DN40	2.8+2.8	5.6	33.6	m	
2.3	DN32	2.8+2.8	5.6	33.6	m	
2.4	DN25	2.8	2.8	16.8	m	
2.5	DN15	2.7-1.4	1.3	7.8	m	
3	主立管出来的各楼层管					
3.1	单一楼层 DN25 镀锌钢管供水	0.73+0.87+1.2+1.6	4.40	26.4	m	
3.2	单一楼层 DN25 镀锌钢管回水	0.64+1.00+1.0+1.4	4.04	24.24	m	
	一~六层镀锌钢管 DN25 小计：(4.40+4.04)×6=50.64		50.64	303.84	m	
3.3	单一楼层 DN20 PB 管供水	1.22+1.6+0.9+1.30+4-0.12×2+10.36+0.85×2+5.02+1.12+4.35	31.31	187.86	m	
3.4	单一楼层 DN20 PB 管回水	1.02+1.4+1.36+7.62+2.00+5.05+10.36+0.85×2+1.73	32.24	193.44	m	
	一~六层 PB 管 DN20 小计：(31.31+32.24)×6=381.3		381.3	2287.8	m	
4	散热器支管 DN15	每一层 A 型散热器总计 6 组，B 型总计 4 组，注意每一组的散热器片数不同 例如：足片 780mm 的，中片 690mm，所以足片脚长 90mm	71.4	428.4	m	
4.1	A 型	{[0.09+(0.48-0.09-0.3)÷2]×2+0.25+0.3+0.25}×6	6.42	38.52	m	
4.2	B 型	{[0.09+(0.78-0.09-0.6)÷2]×2+0.25+0.6+0.25}×4	5.48	32.88	m	
	一~六层 A 房型 PB 管 DN15 小计：(6.42+5.48)×6=71.4				m	

（续）

序号	项目名称	1 号楼 1 单元 计算式	1 号楼 1 单元 工程量	1 号楼 工程量	单位	备注
5	散热器		632	见表 17-16	片	
5.1	A 型	一层、六层：（22 + 22 + 14 + 4 + 5 + 18）×2 = 170 二～五层：（19 + 19 + 11 + 3 + 4 + 14）×4 = 280 A 型小计：170 + 280 = 450	450	见表 17-16	片	
5.2	B 型	一层、六层：（4 + 7 + 10 + 14）× 2 = 70 二～五层：（3 + 6 + 9 + 10）× 4 = 112 B 型小计：70 + 112 = 182	182	见表 17-16	片	
	散热器小计 450 + 182 = 632				片	
6	采暖管道保温					
6.1	外网入户支管，正负零以下 的 DN50 保温	DN50：1.5 + 7.09 + 1.00 + 1.5 + 7.24 + 1.00 = 18.88 V = 3.14 ×（0.057 + 1.033 × 0.04）×1.033 ×0.04 ×18.88 = 2.41	2.41	14.46	m³	氢聚塑直埋 保温管，厚 度 40mm
6.2	管井内立管保温	管井内立管： 正负零以上的 DN50：1.6 + 1.4 = 3 DN40：5.6 ×2 = 11.2 DN32：5.6 ×2 = 11.2 DN25：2.8 ×2 = 5.6 DN15：1.1 ×2 = 2.2 V = 3.14 × 1.033 × 0.03 × ［（0.057 + 1.033 ×0.03）× 3 +（0.045 + 1.033 ×0.03）× 11.2 +（0.038 + 1.033 × 0.03）× 11.2 +（0.032 + 1.033 × 0.03）× 5.6 + （0.018 + 1.033 × 0.03）× 2.2］= 3.14 ×1.033 ×0.03 × （0.264 + 0.851 + 0.773 + 0.353 + 0.108）= 0.23	0.23	1.38	m³	加筋铝箔离 心玻璃棉管壳 保温，厚 度 30mm

（续）

序号	项目名称	1号楼1单元计算式	1号楼1单元工程量	1号楼工程量	单位	备注
6.3	一～六层管井内支干管	六层管井内镀锌钢管供、回水DN25：（4.40＋4.04）×6＝50.64 六层管井内PB20管供、回水DN20：（1.2＋1.6）＋（1.0＋1.4）×6＝（2.8＋2.4）×6＝31.2 V＝3.14×1.033×0.025×［（0.032＋1.033×0.025）×50.64＋（0.025＋1.033×0.025）×31.2］ ＝3.14×1.033×0.025×（2.93＋1.59）＝0.37	0.37	2.22	m³	一级黑色发泡橡塑绝热材，厚度25mm
6.4	一～六层户内各层埋地管保温	一～六层户内各层埋地供、回水PB20： （0.9＋1.30＋4－0.12×2＋10.36＋0.85×2＋5.02＋1.12＋4.35）×6＋（1.36＋7.62＋2.03＋5.04＋10.36＋0.85×2＋1.73）×6 ＝28.51＋29.84 ＝58.35 V＝3.14×（0.025＋1.033×0.01）×1.033×0.01×58.35 ＝0.07	0.07	0.42	m³	聚苯板，厚度10mm
7	管道支架	DN32以内支架含在管道安装中，DN40、DN50管道最大间距不超3m布置一个支架，取2个5号支架，4个4号支架，每个支架估算2m长 2.422×4＋3.059×2＝15.81 15.81×2＝31.62	31.62	189.72	kg	

由于1号住宅楼6个单元的施工图只有两种户型，并且每个单元的户型及采暖安装工程均具有对称性（散热器的工程量除外，需分别计算汇总），因此该项目工程计量的计算底稿先针对1号楼1单元的工程量进行计量，之后根据各单元分项工程的工程量具有一致性，借助倍乘关系，计算得出整个1号楼的工程量是1号楼1单元工程量表中结果的6倍。

由于散热器各个单元不尽相同，因此每个单元的散热器分别计量，之后再汇总。1号楼散热器工程量计算见表17-16。

表 17-16 1 号楼散热器工程量计算

序号	项目名称	计算式	工程量	单位	备注
一~六单元	A 型散热器	A 型小计：450 + 384 + 304 + 334 + 330 + 426 = 2228	2228	片	
	B 型散热器	B 型小计：182 + 200 + 192 + 206 + 206 + 164 = 1150	1150	片	
一单元	散热器				
1	A 型	一层、六层：(22 + 22 + 14 + 4 + 5 + 18) × 2 = 170 二~五层：(19 + 19 + 11 + 3 + 4 + 14) × 4 = 280 A 型小计：170 + 280 = 450	450	片	
2	B 型	一层、六层：(4 + 7 + 10 + 14) × 2 = 70 二~五层：(3 + 6 + 9 + 10) × 4 = 112 B 型小计：70 + 112 = 182	182	片	
二单元	散热器				
1	A 型	一层、六层：(5 + 20 + 25 + 14 + 4) × 2 = 136 二~五层：(4 + 16 + 17 + 11 + 14) × 4 = 248 A 型小计：136 + 248 = 384	384	片	
2	B 型	一层、六层：(7 + 9 + 14 + 5 + 3) × 2 = 76 二~五层：(6 + 7 + 10 + 5 + 3) × 4 = 124 B 型小计：76 + 124 = 200	200	片	
三单元	散热器				
1	A 型	一层、六层：(25 + 14 + 4 + 3 + 14) × 2 = 120 二~五层：(17 + 11 + 4 + 3 + 11) × 4 = 184 A 型小计：120 + 184 = 304	304	片	
2	B 型	一层、六层：(5 + 3 + 7 + 7 + 14) × 2 = 72 二~五层：(5 + 3 + 6 + 6 + 10) × 4 = 120 B 型小计：72 + 120 = 192	192	片	
四单元	散热器				
1	A 型	一层、六层：(3 + 14 + 25 + 14 + 3) × 2 = 118 二~五层：(3 + 11 + 25 + 11 + 4) × 4 = 216 A 型小计：118 + 216 = 334	334	片	
2	B 型	一层、六层：(7 + 7 + 14 + 9 + 4) × 2 = 82 二~五层：(6 + 6 + 10 + 6 + 3) × 4 = 124 B 型小计：82 + 124 = 206	206	片	
五单元	散热器				
1	A 型	一层、六层：(25 + 14 + 3 + 3 + 14) × 2 = 118 二~五层：(25 + 11 + 3 + 3 + 11) × 4 = 212 A 型小计：118 + 212 = 330	330	片	
2	B 型	一层、六层：(9 + 4 + 7 + 7 + 14) × 2 = 82 二~五层：(6 + 3 + 6 + 6 + 10) × 4 = 124 B 型小计：82 + 124 = 206	206	片	

（续）

序号	项目名称	计算式	工程量	单位	备注
六单元	散热器				
1	A 型	一层、六层：（3 + 14 + 22 + 22 + 14 + 4）×2 = 158 二~五层：（3 + 11 + 19 + 19 + 11 + 4）×4 = 268 A 型小计：158 + 268 = 426	426	片	
2	B 型	一层、六层：（7 + 7 + 14 + 4）×2 = 64 二~五层：（6 + 6 + 10 + 3）×4 = 100 B 型小计：64 + 100 = 164	164	片	

项目九
电气工程招标控制价的编制

任务一　编制照明系统的招标工程量清单表

过关问题1：从电气图上量尺寸时，到插座的配管量至何处？

答：从插座位于墙体上的位置量取尺寸。

过关问题2：根据《通用安装工程工程量计算规范》（GB 50856—2013）的规定，电气工程中，接线盒是如何计算的？

答：只要有开关、插座、灯具的地方，就对应有一个接线盒。明装或挂装的箱体配电时需一个接线箱或接线盒。线的长度超过一定规定时，需要加装拉线盒，具体如下：

电线管路水平敷设超过下列长度时，中间应加接线盒：

（1）管子长度每超过30m、无弯曲时。

（2）管子长度超过20m、有1个弯时。

（3）管子长度超过15m、有2个弯时。

（4）管子长度超过8m、有3个弯时。

过关问题3：电缆、配线的工程量预留规则有哪些？

答：电缆敷设预留及附加长度见表18-1，配线进入箱、柜、板的预留长度见表18-2。

表 18-1　电缆敷设预留及附加长度

序号	项　　目	预留长度	说　　明
1	电缆敷设弛度、波形弯度、交叉	2.5%	按电缆全长计算
2	电缆进入建筑物	2.0m	规范规定最小值
3	电缆进入沟内或吊架时引上（下）预留	1.5m	规范规定最小值
4	变电所进线、出线	1.5m	规范规定最小值
5	电力电缆终端头	1.5m	检修余量最小值
6	电缆中间接头盒	两端各留2.0m	检修余量最小值
7	电缆进控制、保护屏及模拟盘、配电箱等	高＋宽	按盘面尺寸
8	高压开关柜及低压配电盘、箱	2.0m	盘下进出线
9	电缆至电动机	0.5m	从电动机接线盒算起

（续）

序号	项　目	预留长度	说　明
10	厂用变压器	3.0m	从地坪算起
11	电缆绕过梁柱等增加长度	按实计算	按被绕物的断面情况计算增加长度
12	电梯电缆与电缆架固定点	每处0.5m	规范规定最小值

表18-2　配线进入箱、柜、板的预留长度

序号	项　目	预留长度	说　明
1	各种开关箱、柜、板	高+宽	盘面尺寸
2	单独安装（无箱、盘）的铁壳开关、闸刀开关、启动器、线槽进出线盒等	0.3m	从安装对象中心算起
3	由地面管子出口引至动力接线箱	1.0m	从管口计算
4	电源与管内导线连接（管内穿线与软、硬母线接点）	1.5m	从管口计算
5	出户线	1.5m	从管口计算

过关问题4：电气工程配管的垂直长度如何计算？

答：电气工程的平面图只能反映出水平配管的位置和长度，垂直长度需要根据配管敷设的标高、电气设备的安装高度来确定。

过关问题5：以普通插座为例说明插座处的配管的立管如何计量。

答：终端插座只计算给插座配电的一根立管；中间插座则涉及多根立管计算。如果图中通过该中间插座只与另外一个插座相连，则中间插座处需要有一进一出两根立管，如果图中通过该中间插座与另外两个插座相连，则该中间插座处有一进两出三根立管，以此类推。

过关问题6：1号住宅楼的6个单元的施工图只有两种户型，在计量时如何快速算量？

答：由于1号住宅楼6个单元的施工图只有两种户型，并且每个单元的户型及电气安装工程均具有对称性，因此本项目工程计量的计算底稿先针对1号楼1单元门的工程量进行计量，之后根据各单元分项工程的工程量具有一致性，借助倍乘关系，计算得出整个1号楼的工程量是1号楼1单元工程量表中结果的6倍。

过关问题7：如何计算1号楼1单元电气照明工程的清单工程量？编制1号楼1单元电气照明工程的招标工程量清单表。

答：电气照明系统清单工程量计算表见表18-3。

表18-3　1号楼1单元电气照明系统清单工程量计算表

序号	项目名称	计　算　式	工程量	单位	备　注
1	由室外引至电缆终端箱DZM				室外地坪下埋深0.8m
	RC管（热镀锌钢管）	0.8（散水宽度）+1.0+7.21+0.8（埋深）+0.3	10.11	m	YJV22电缆穿RC100钢管，进户管伸出散水1.0m
	YJV22-1KV	0.8（散水宽度）+1.0+7.21+0.8（埋深）+0.3+（0.52+0.5）（电缆换线箱预留）+1.5（电力电缆头预留）	12.63	m	DZM暗装，下皮距地0.3m。电力电缆计量及预留仅考虑与电缆终端箱DZM相连的一端，另一端不考虑

（续）

序号	项目名称	计 算 式	工程量	单位	备　注
2	由电缆终端箱 DZM 至各层电表箱				BV – 500V – 4 × 35 – PC50 – WE
2.1	由电缆终端箱 DZM 至首层电表箱				
	PC50	1.6 – 0.3 – 0.5	0.8	m	电缆终端箱 520mm × 500mm × 160mm
	BV35	$[(0.52 + 0.5) + (1.6 - 0.3 - 0.5) + (0.7 + 0.51)] × 4$	12.12	m	首层电表箱 700mm × 510mm × 160mm 下皮距地 1.6m
2.2	由电缆终端箱 DZM 至二～六层分层集中表箱				
	PC50	$(2.8 + 1.6 - 0.3 - 0.5)（至二层）+ (2.8 × 2 + 1.6 - 0.3 - 0.5)（至三层）+ (2.8 × 3 + 1.6 - 0.3 - 0.5)（至四层）+ (2.8 × 4 + 1.6 - 0.3 - 0.5)（至五层）+ (2.8 × 5 + 1.6 - 0.3 - 0.5)（至六层）$	43.6	m	DZM 520mm × 500mm × 160mm 下皮距地 0.3m
	BV35	$(0.52 + 0.5) × 5 × 4 + (0.55 + 0.51) × 5 × 4 + [(2.8 + 1.6 - 0.3 - 0.5)（至二层）+ (2.8 × 2 + 1.6 - 0.3 - 0.5)（至三层）+ (2.8 × 3 + 1.6 - 0.3 - 0.5)（至四层）+ (2.8 × 4 + 1.6 - 0.3 - 0.5)（至五层）+ (2.8 × 5 + 1.6 - 0.3 - 0.5)（至六层）] × 4$	225.6	m	分层集中表箱 550mm × 510mm × 160mm 下皮距地 1.6m
3	由各层电表箱至各层相应分户配电箱AL – C				BV – 3 × 10 – PC32 – FC
3.1	由首层电表箱至首层分户配电箱 AL – C				BV – 3 × 10 – PC32 – FC
	PC32	1.6 + 0.55 + 1.93 + 0.55 + 1.6	6.23	m	首层电表箱 700mm × 510mm × 160mm
	BV – 3 × 10	$[(0.7 + 0.51) + (1.6 + 0.55 + 1.93 + 0.55 + 1.6) + (0.32 + 0.25)] × 3$	24.03	m	分户配电箱 320mm × 250mm × 90mm
3.2	其余各层（二～六层）电表箱至各层分户配电箱 AL – C				
	PC32	$(1.6 + 0.55 + 1.93 + 0.55 + 1.6) × 5$	31.15	m	分层电表箱 550mm × 510mm × 160mm

（续）

序号	项目名称	计 算 式	工程量	单位	备 注
	BV－3×10	$[(0.55+0.51)+(1.6+0.55+1.93+0.55+1.6)+(0.32+0.25)]×3×5$	117.9	m	分户配电箱320mm×250mm×90mm
4	首层 AL－C 照明线路				BV－2×2.5－PC16－CC BV－3×2.5－PC20－CC BV－4×2.5－PC25－CC
4.1	WL1 厨房插座				
	PC20	$1.6+3.21+5.93+0.28+1.72+0.5+1.5×2+2.0×3+1.5×2+1.5×2+1.5$	29.74	m	
	BV2.5	$[(0.32+0.25)+(1.6+3.21+5.93+0.28+1.72+0.5+1.5×2+2.0×3+1.5×2+1.5×2+1.5)]×3$	90.93	m	
4.2	WL2 卫生间插座				
	PC20	$1.6+0.26+1.5×2+0.37+1.8×2+2.18+0.67+1.5$	13.18	m	
	BV2.5	$[(0.32+0.25)+(1.6+0.26+1.5×2+0.37+1.8×2+2.18+0.67+1.5)]×3$	41.25	m	
4.3	WL3 一般插座				
	PC20	$1.6+3.38+0.3×2×2+3.73+0.3×2+5.27+0.3×2×3+2.75+2.18+0.24+0.3×2+3.22+0.3×2+2.12+0.3$	29.59	m	
	BV2.5	$[(0.32+0.25)+(1.6+3.38+0.3×2×2+3.73+0.3×2+5.27+0.3×2×3+2.75+2.18+0.24+0.3×2+3.22+0.3×2+2.12+0.3)]×3$	90.48	m	
4.4	WL4 空调插座				
	PC20	$1.6+4.52+0.3+(2.3-0.3)$	8.42	m	GK 在0.3与2.3m处各设一个
	BV2.5	$[(0.32+0.25)+1.6+4.52+0.3+(2.3-0.3)]×3$	26.97	m	
4.5	WL5 空调插座				
	PC20	$1.6+0.54+6.29+0.7+2.3$	11.43	m	
	BV2.5	$[(0.32+0.25)+(1.6+0.54+6.29+0.7+2.3)]×3$	36	m	
4.6	WL6 照明				

（续）

序号	项目名称	计 算 式	工程量	单位	备 注
	PC20	$[2.06 + (2.8 - 1.4)] + [1.11 + (2.8 - 1.4)] + 2.97 + [1.73 + (2.8 - 1.4)]$	12.07	m	
	PC16	$(2.8 - 1.6 - 0.25) + 1.71 + 2.42 + 2.22 + 2.52 + 1.21 + (2.8 - 2.3) + 2.71 + 1.99 + (2.8 - 1.4) + 2.23 + 1.43 + (2.8 - 1.4)$	23.69	m	
	BV2.5	$(0.32 + 0.25) \times 2 + [(2.8 - 1.6 - 0.25) + 1.71 + 2.42 + 2.22 + 2.52 + 1.21 + (2.8 - 2.3) + 2.71 + 1.99 + (2.8 - 1.4) + 2.23 + 1.43 + (2.8 - 1.4)] \times 2 + \{[2.06 + (2.8 - 1.4)] + [1.11 + (2.8 - 1.4)] + 2.97 + [1.73 + (2.8 - 1.4)]\} \times 3$	82.73	m	

AL – C 照明线路一～六层小计：

PC20：$(29.74 + 13.18 + 29.59 + 8.42 + 11.43 + 12.07) \times 6 = 626.58$

PC16：$23.69 \times 6 = 142.14$

BV2.5：$(90.93 + 41.25 + 90.48 + 26.97 + 36 + 82.73) \times 6 = 370.36 \times 6 = 2210.16$

序号	项目名称	计 算 式	工程量	单位	备 注
5	由电表箱至各层分户配电箱 AL – A				
5.1	由首层电表箱至首层分户配电箱 AL – A				
	PC32	0.24	0.24	m	首层电表箱 700mm × 510mm × 160mm
	BV – 3 × 10	$[(0.7 + 0.51) + 0.24 + (0.32 + 0.25)] \times 3$	6.06	m	分户配电箱 320mm × 250mm × 90mm
5.2	其余各层（二～六层）电表箱至各层分户配电箱 AL – A				
	PC32	0.24×5	1.2	m	分层电表箱 550mm × 510mm × 160mm
	BV – 3 × 10	$[(0.55 + 0.51) + 0.24 + (0.32 + 0.25)] \times 3 \times 5$	28.05	m	分户配电箱 320mm × 250mm × 90mm
6	首层 AL – A 照明线路				BV – 2 × 2.5 – PC16 – CC BV – 3 × 2.5 – PC20 – CC BV – 4 × 2.5 – PC25 – CC
6.1	WL1 厨房插座				

（续）

序号	项目名称	计　算　式	工程量	单位	备　注
	PC20	1.6 + 1.12 + 2.71 + 0.76 + 1.5 × 2 + 1.26 + 1.5 × 2 + 0.25 + 0.91 + 0.33 + 1.94 + 0.25 + 1.5 × 2 + 3.08 + 0.3 + 2.0 × 2 + 1.5	29.01	m	
	BV2.5	[(0.32 + 0.25) + (1.6 + 1.12 + 2.71 + 0.76 + 1.5 × 2 + 1.26 + 1.5 × 2 + 0.25 + 0.91 + 0.33 + 1.94 + 0.25 + 1.5 × 2 + 3.08 + 0.3 + 2.0 × 2 + 1.5)] × 3	88.74	m	
6.2	WL2 卫生间插座				
	PC20	1.6 + 0.18 + 0.2 + 2.04 + 3.11 + 1.5 × 2 + 0.50 + 1.8 × 2 + 2.15 + 0.25 + 1.5	18.13	m	
	BV2.5	[(0.32 + 0.25) + (1.6 + 0.18 + 0.2 + 2.04 + 3.11 + 1.5 × 2 + 0.50 + 1.8 × 2 + 2.15 + 0.25 + 1.5)] × 3	56.1	m	
6.3	WL3 一般插座				
	PC20	1.6 + 0.17 + 4.95 + 0.3 × 2 + 0.3 × 2 + 2.67 + 1.69 + 0.3 × 3 + 0.24 + 0.23 + 0.3 × 2 + 3.27 + 0.3 × 2 + 2.42 + 0.3 + 1.67 + 0.65 + 5.46 + 0.3 × 2 + 3.19 + 0.3 × 2 + 2.32 + 0.3	35.63	m	
	BV2.5	[(0.32 + 0.25) + (1.6 + 0.17 + 4.95 + 0.3 × 2 + 0.3 × 2 + 2.67 + 1.69 + 0.3 × 3 + 0.24 + 0.23 + 0.3 × 2 + 3.27 + 0.3 × 2 + 2.42 + 0.3 + 1.67 + 0.65 + 5.46 + 0.3 × 2 + 3.19 + 0.3 × 2 + 2.32 + 0.3)] × 3	108.6	m	
6.4	WL4 空调插座				
	PC20	1.6 + 4.83 + 3.94 + 0.3 + (2.3 - 0.3)	12.67	m	GK 在 0.3 与 2.3m 处各设一个
	BV2.5	[(0.32 + 0.25) + 1.6 + 4.83 + 3.94 + 0.3 + (2.3 - 0.3)] × 3	39.72	m	
6.5	WL5 空调插座				
	PC20	(1.6 + 2.08 + 1.88 + 4.09 + 2.3) + (1.6 + 0.85 + 4.23 + 1.85 + 1.27 + 0.22 × 3 + 2.3)（两个空调回路）	24.71	m	
	BV2.5	[(0.32 + 0.25) × 3 × 2 + [(1.6 + 2.08 + 1.88 + 4.09 + 2.3) + (1.6 + 0.85 + 4.23 + 1.85 + 1.27 + 0.22 × 3 + 2.3)] × 3	77.55	m	
6.6	WL6 照明				

（续）

序号	项目名称	计 算 式	工程量	单位	备　注
	PC20	$1.74+2.81+1.65+(2.8-1.4)$	7.6	m	
	PC16	$(2.8-1.6-0.25)+0.33+2.81+2.37+(2.8-1.4)+2.5+(2.8-1.4)+1.83+3.87+0.81+(2.8-1.4)+0.94+(2.8-2.3)+3.88+2.46+(2.8-1.4)+2.03+1.66+2.02+(2.8-1.4)+2.61+1.02+2.23+1.32+(2.8-1.4)$	44.54	m	
	BV2.5	$(0.32+0.25)\times2+[(2.8-1.6-0.25)+0.33+2.81+2.37+(2.8-1.4)+2.5+(2.8-1.4)+1.83+3.87+0.81+(2.8-1.4)+0.94+(2.8-2.3)+3.88+2.46+(2.8-1.4)+2.03+1.66+2.02+(2.8-1.4)+2.61+1.02+2.23+1.32+(2.8-1.4)]\times2+[1.74+2.81+1.65+(2.8-1.4)]\times3$	113.02	m	

AL-C 照明线路一～六层小计：

PC20：$(29.01+18.13+35.63+12.67+24.71+7.6)\times6=127.75\times6=766.5$

PC16：$44.54\times6=267.24$

BV2.5：$(88.74+56.1+108.6+39.72+77.55+113.02)\times6=483.73\times6=2902.38$

序号	项目名称	计 算 式	工程量	单位	备　注
7	由首层电表箱至（对讲、电视电源、走道照明）				
7.1	由首层电表箱至六层的所有走道照明				
	阻燃 PVC 管 PC16	$(2.8-1.6-0.51)+0.7+0.69+[0.77+(2.8-1.4)+1.12+0.97]+[2.8+0.77+(2.8-1.4)+1.12+0.97]\times5+0.82+3.77+1.36+2.11(3根线)+(2.8-1.4)(3根线)+2.8+1.59+0.58+(2.8-2.0)+(2.8-1.4)(一层壁灯)$	58.27	m	首层电表箱 700mm × 510mm × 160mm
	BV2.5	$[0.7+0.51]\times2+[(2.8-1.6-0.51)+0.7+0.69+[0.77+(2.8-1.4)+1.12+0.97]+[2.8+0.77+(2.8-1.4)+1.12+0.97]\times5+0.82+3.77+1.36]\times2+[2.11+(2.8-1.4)]\times3+[2.8+1.59+0.58+(2.8-2.0)+(2.8-1.4)]\times2$	122.47	m	
7.2	由首层电表箱至楼宇对讲电源箱、有线电视前端箱				

（续）

序号	项目名称	计 算 式	工程量	单位	备 注
	由首层电表箱至楼宇对讲电源箱、有线电视前端箱的配管（XS – PVC 假设为 PC16）	1.6 + 4.5 + 1.4 + 1.4 + 2.09 + 1.4	12.39	m	
8	A 型 MEB 回路				
	室外至 MEB 盒至各层电表箱 PC25 管	从户外实线算起：0.57 + 1.54 + 0.3 × 2 + 2.1 + 2.87 + 0.3 + 1.6 − 0.3 − 0.5（DZM 的高）+ 2.8 × 5 − 0.51 × 5（集中表箱的高度）	20.23	m	BV – 500V – 1 × 25 – PC25 – FC（WE）
	室外至 MEB 盒至各层电表箱 PC25 管，管内穿线 BV25	从户外实线算起：[0.57 + 1.54 + 0.3 × 2 + 2.1 + 2.87 + 0.3 + 1.6 − 0.3 − 0.5（DZM 的高）+ 2.8 × 5 − 0.51 × 5（集中表箱的高度）] + (0.7 + 0.51) × 2 + (0.55 + 0.51) × 9	32.19	m	

分部分项工程和单价措施项目清单与计价表见表18-4。

表 18-4 1 号楼 1 单元分部分项工程和单价措施项目清单与计价表（电气照明工程）

工程名称：电气照明系统　　　　　　　　　标段：　　　　　　　　第 页 共 页

序号	项目编码	项目名称	项目特征	计量单位	工程量	综合单价	合价
						金额（元）	
1	030408003001	电缆保护管	热镀锌钢管 DN100（RC100）	m	10.11		
2	030408001001	电力电缆	YJV22 电缆，截面 240 以内	m	12.63		
3	030408006001	电力电缆头	YJV22 电缆头，截面 240mm² 以内，室外	个	1		
4	030408006002	电力电缆头	YJV22 电缆头，截面 240mm² 以内，室内	个	1		
5	030404017001	配电箱	电缆终端箱 DZM 520mm × 500mm × 160mm，暗装	台	1		
6	030411001001	配管	聚碳酸酯塑料管 PC50	m	44.4		
7	030411004001	配线	BV – 500V – 4 × 35	m	237.72		
8	030404017002	配电箱	首层电表箱 700mm × 510mm × 160mm，明装	台	1		
9	030404017003	配电箱	分层集中表箱 550mm × 510mm × 160mm，明装	台	5		
10	030411001002	配管	PC32	m	38.82		
11	030411004002	配线	BV – 3 × 10	m	176.04		
12	030404017004	配电箱	分户配电箱 320mm × 250mm × 90mm，暗装	台	12		

（续）

序号	项目编码	项目名称	项目特征	计量单位	工程量	金额（元）	
						综合单价	合价
13	030411001003	配管	PC25	m	20.23		
14	030411001004	配管	PC20	m	1393.08		
15	030411001005	配管	PC16	m	480.04		
16	030411004003	配线	BV2.5	m	5237.01		
17	030411004004	配线	BV25	m	32.19		
18	030409008001	等电位接地端子箱	MEB总等电位接地端子箱	台	1		
19	030404035001	插座	单相两级三级组合带保护门插座	个	150		
20	030404035002	插座	单相三级插座	个	12		
21	030404035003	插座	单相三级带开关带保护门防溅式插座	个	24		
22	030404035004	插座	单相三级带开关插座	个	42		
23	030404035005	插座	单相两级插座	个	12		
24	03040403506	插座	单相两级三级带开关防溅式插座	个	12		
25	030412001001	普通灯具	220V 22W	套	30		
26	030412001002	普通灯具	220V 22W，瓷质灯口	套	54		
27	030412001003	普通灯具	声控（微波）自动照明灯220V 25W	套	7		
28	030412001004	普通灯具	壁灯220V 25W	套	1		
29	030412002001	工厂灯	防水防尘灯，220V 25W	套	12		
30	030404034001	照明开关	单联平板开关250V 10A	个	42		
31	030404034002	照明开关	双联平板开关250V	个	24		
32	030404034003	照明开关	三联平板开关250V	个	6		
33	030404034004	照明开关	延时自熄开关（双控）	个	7		
34	030411006001	接线盒	灯头盒104个，插座盒252个	个	356		
35	030411006002	接线盒	开关盒	个	79		
36	030411006003	等电位连接接线盒	等电位连接接线盒88mm×88mm×53mm	个	12		
小计							

任务二　编制防雷接地系统的招标工程量清单表

过关问题1：计算防雷接地系统工程量时，避雷网、引下线、接地母线的清单工程量如何计算？

答：对于制作的接地母线、引下线、避雷网，计算清单工程量时，需要在图示长度的基础上考虑3.9%的附加长度，见表18-5。

表 18-5　接地母线、引下线、避雷网附加长度

项　目	附加长度	说　明
接地母线、引下线、避雷网附加长度	3.9%	按接地母线、引下线、避雷网全长计算

当引下线是利用柱内主筋引下时，引下线的清单工程量只需按照图示尺寸计算即可，不必考虑附加长度。

过关问题 2：利用基础外圈主筋作为环形接地极时，根据《通用安装工程工程量计算规范》（GB 50856—2013），此接地极如何列项？

答：按照均压环列项。

过关问题 3：利用定额套价时，综合单价的值与清单工程量的大小有无关系？以引下线的综合单价为例进行说明。

答：有关系。因为引下线的综合单价涉及多项定额的套用。A 房型有四处引下线，即使引下线工程量改变，但断接卡子的费用是固定的，因此综合单价会随着引下线工程量的增加而减小，即清单工程量对综合单价的值有影响。

过关问题 4：避雷网是否只能水平布置？

答：不是，避雷网也可以垂直布置，例如突出主体建筑物顶部的电梯机房、楼梯间等顶部的避雷网，在与主体建筑连通时可以布置竖向避雷网，也可以利用一段引下线与主体建筑避雷网连通。

过关问题 5：引下线与接地母线的分界线在哪里？

答：断接卡子是引下线与接地母线的分水岭，断接卡子的制作安装属于引下线的工作内容。

过关问题 6：如何计算 1 号楼 1 单元防雷接地系统的清单工程量？编制 1 号楼 1 单元防雷接地系统的招标工程量清单表。

答：防雷接地系统清单工程量计算表见表 18-6。

表 18-6　1 号楼 1 单元防雷接地系统清单工程量计算表

序号	项目名称	计　算　式	工程量	单位	备　注
1	避雷网	$(12.89+11.83)\times2+(2.01+2.89)+8.15+3.98\times2+4.19+[5.472+(2.4+0.6)^2]^{0.5}\times2+2.52\times\{1+[(2.4+0.6)\div5.47]^2\}^{0.5}+[2.72+(19.8-18.3)^2]^{0.5}+(3.14\times2+5.72)\times\{1+[(19.8-18.3)\div2.7]^2\}^{0.5}+1.6\times2$ $=74.64+12.48+2.874+3.089+13.728+3.2$ $=104.28$ 上列式子算出的值需要整体乘以（1+3.9%） $110.011\times(1+3.9\%)=108.35$	108.35	m	屋脊线标高 19.8m，坡屋顶水平部分标高 18.3m，屋顶板上皮 16.8m
2	引下线	$(17.4+0.45-0.5)\times6+[(19.8-16.8)\times(6.67-5.72)\div6.67]\times2=104.96$	104.96	m	室外地坪下 0.8m 处与引下线主筋焊接，利用主筋，无附加
3	接地母线	$[(0.5+0.45+0.8)\times4+1\times2]\times(1+3.9\%)=9.35$	9.35	m	40mm×4mm 镀锌扁钢
4	均压环	$(12.89+13.80)\times2=53.38$	53.38		利用主筋，无附加，联合接地极（人工接地极未显示，不计算）

分部分项工程和单价措施项目清单与计价表见表 18-7。

表 18-7 1 号楼 1 单元分部分项工程和单价措施项目清单与计价表（防雷接地系统工程）

工程名称：防雷接地系统　　　　　　标段：　　　　　　　　　第 页 共 页

序号	项目编码	项目名称	项目特征	计量单位	工程量	金额（元）	
						综合单价	合价
1	030409005001	避雷网	φ8mm 镀锌圆钢，支架高 150mm，间距 1m	m	108.35		
2	030409003001	引下线	利用柱内主筋引下	m	104.96		
3	030409002001	接地母线	40mm×4mm 镀锌扁铁	m	9.35		
4	030409004001	均压环	利用基础外圈主筋 2 根做接地极，联合接地极	m	53.38		
5	030414011001	接地装置	不大于 1Ω，系统调试	系统	1		
小计							

任务三　编制弱电系统的招标工程量清单表

过关问题 1：本工程弱电图中，字母 T、S、F、V 分别代表什么？

答：T 表示网络线路，S 表示安保线路，F 表示电话线路，V 表示电视线路。

网络线路有 T KBG20，为计算机网络箱到网络插座。安保线路有 S KBG20，为楼宇对讲接线箱到对讲户内分机；S KBG16、S2 KBG20，为对讲户内分机到其他家居安保电器。电话线路有 F1 KBG16、F2 KBG20，为层电话分线箱到电话插座。电视线路有 V KBG20，为层分支分配器到分户分支分配器；V1 KBG16、V2 KBG20 为分户分支分配器到电视插座。

过关问题 2：弱电系统中配管的基本计算方法是什么？

答：应按照不同的配管规格分别计量；确定各种型号配管的根数，计算配管长度时应扣除箱体的高度。

过关问题 3：如何计算 1 号楼 1 单元弱电工程的清单工程量？编制 1 号楼 1 单元弱电工程的招标工程量清单表。

答：弱电系统清单工程量计算表见表 18-8。

表 18-8 1 号楼 1 单元弱电系统清单工程量计算表

序号	项目名称	计 算 式	工程量	单位	备 注
1	有线电视				
1.1	RC50	(6.12+1.13+0.8+1.4)×2=18.9 其中：埋地敷设 13.3m	18.9	m	
1.2	KBG25	[(2.8-1.4-0.5)+(2.8-0.25)×4+1.6]×2=25.4	25.4	m	
1.3	KBG20（V+V2）	首层：VH-VP（户） 左户：1.4+0.72+4.04+0.30+0.3=6.76 右户：1.4+0.07+2.78+1.45+1.25+0.3=7.25 二~六层：VP（层）-VP（户） 左户：1.6+0.72+4.04+0.30+0.3=6.96 右户：1.6+0.07+2.78+1.45+1.25+0.3=7.45 一~六层：VP（户）-TV 左户：0.3+0.19+2.74+0.3=3.53 右户：0.3+3.24+3.26+0.3=7.10 合计：6.76+7.25+（6.96+7.45）×5+（3.53+7.10）×6 =14.01+72.05+63.78=149.84	149.84	m	详见编制说明

（续）

序号	项目名称	计 算 式	工程量	单位	备 注
1.4	KBG16 （V1）	VP（户）－TV 左户：0.3＋1.44＋4.85＋0.3＝6.89 右户：0.3＋0.28＋0.97＋0.3＝1.85 一～六层合计：（6.89＋1.85）×6＝52.44	52.44	m	
2	电话				
2.1	RC50	8.80＋0.3＋0.8＋1.84＋1.4＝13.14 其中：埋地敷设9.9m	13.14	m	
2.2	KBG25	（2.8－1.4－0.25）＋（2.8－0.25）×4＋1.6＝12.95	12.95	m	
2.3	KBG20	首层： 左户：1.4＋4.30＋0.3＝6 右户：1.4＋2.05＋2.55＋0.3＝6.30 二～六层： 左户：1.6＋4＋0.3＝5.9 右户：1.6＋2.19＋2.05＋2.55＋0.3＝8.69 合计：6＋6.30＋（5.9＋8.69）×5＝85.25	85.25	m	
2.4	KBG16	左户：0.3＋9.97＋5.35＋0.3＝15.92 右户：0.3＋3.28＋7.27＋0.3＝11.15 一～六层合计：（11.15＋15.92）×6＝162.42	162.42	m	
3	宽带网				
3.1	RC50	首层入户： 6.79＋0.3＋0.8＋1.4＝9.29 其中：埋地敷设7.89m 立管：（2.8－1.4－0.5）＋（2.8－0.25）×2＋1.6＝7.6 合计：9.29＋7.6＝16.89	16.89	m	
3.2	RC32	（2.8－1.6－0.25）＋（2.8－0.25）＋1.6＝5.1	5.1	m	
3.3	KGB20	首层： 左户：1.4＋2.36＋4.02＋6.16＋0.3＝14.24 右户：1.4＋3.14＋0.3＝4.84 二～六层： 左户：1.6＋2.36＋4.02＋6.16＋0.3＝14.44 右户：1.6＋3.143＋0.3＝5.04 合计：14.24＋4.84＋（14.44＋5.04）×5＝116.48	116.48	m	
4	家居安保				
4.1	RC25	（6.35＋0.18＋0.8＋1.4）×2＝17.46	17.46	m	
4.2	KBG25	首层： 左户：1.4＋2.65＋2.39＋1.4＝7.84 右户：1.4＋0.65＋3.70＋1.4＝7.15 二～六层： 左户：1.6＋2.65＋2.39＋1.4＝8.04 右户：1.6＋0.65＋3.70＋1.4＝7.35 立管：［（2.8－1.4－0.5）＋（2.8－0.25）×4＋1.6］×2 　　＝25.4 合计：7.84＋7.15＋（8.04＋7.35）×5＋25.4＝117.34	117.34	m	

（续）

序号	项目名称	计 算 式	工程量	单位	备 注
4.3	KBG20	门口机 - DJ （1.6 + 2.47 + 1.4）× 4 = 21.88 1.4 + 3.53 + 1 + 1.4 = 7.33 合计：7.33 × 6 + 21.88 = 65.86	65.86	m	
4.4	KBG16	左户：1.4 + 4.39 + 4.55 + 1.4 + 1.4 + 3.27 + 1.4 + 2.3 + 2.94 + 1.20 + 2.3 + 2.3 + 0.94 + 3.7 + 2.4 + 2.4 + 0.5 + 1.4 + 2.3 + 0.4 + 4.79 + 1.11 + 2.4 + 2.4 + 0.77 + 3.24 + 2.3 + 1.4 + 2.81 + 6.15 + 2.8 = 73.06 右户：1.4 + 2.11 + 0.62 + 2.8 + 1.4 + 2.31 + 2.4 + 2.4 + 0.31 + 2.70 + 2.3 + 2.3 + 5.48 + 2.3 + 2.3 + 10.76 + 2.3 + 2.3 + 2.95 + 1.14 + 2.3 + 1.4 + 0.43 + 3.18 + 1.4 + 1.4 + 4.54 + 1.4 + 1.51 + 5.42 + 1.4 = 76.96 合计：（73.06 + 76.96）× 6 = 900.12	900.12	m	
5	合计			m	
5.1	RC50	18.9 + 13.14 + 16.89 = 48.93 其中：埋地敷设 13.3 + 7.89 + 9.9 = 31.09	48.93	m	
5.2	RC32	5.1	5.1	m	
5.3	RC25	17.46	17.46	m	
5.4	KBG25	25.4 + 12.95 + 117.34 = 155.69	155.69	m	
5.5	KBG20	149.84 + 85.25 + 116.48 + 65.86 = 417.43	417.43	m	
5.6	KBG16	52.44 + 162.42 + 900.12 = 1114.98	1114.98	m	

分部分项工程和单价措施项目清单与计价表见表 18-9。

表 18-9　1 号楼 1 单元分部分项工程和单价措施项目清单与计价表（弱电工程）

工程名称：弱电系统　　　　　　　　　　标段：　　　　　　　　　第 页 共 页

序号	项目编码	项目名称	项目特征	计量单位	工程量	金额（元）	
						综合单价	合价
1	030411001006	配管	镀锌钢管 RC50，砖、混凝土结构暗配	m	31.09		
2	030411001007	配管	镀锌钢管 RC50，埋地敷设	m	17.84		
3	030411001008	配管	镀锌钢管 RC32，砖、混凝土结构暗配	m	5.10		
4	030411001009	配管	镀锌钢管 RC25，埋地敷设	m	17.46		
5	030411001010	配管	电线管 KBG25，砖、混凝土结构暗配	m	155.69		
6	030411001011	配管	电线管 KBG20，砖、混凝土结构暗配	m	417.43		

（续）

序号	项目编码	项目名称	项目特征	计量单位	工程量	金额（元）	
						综合单价	合价
7	030411001012	配管	电线管 KBG16，砖、混凝土结构暗配	m	1114.98		
8	030501012001	交换机	计算机网络箱（IDE）尺寸为500mm×500mm×200mm，下皮距地均为1.4m，安装于首层	台	1		
9	030501012002	交换机	计算机网络箱（T）尺寸为200mm×250mm×120mm，下皮距地均为1.6m，安装于标准层	台	5		
10	030502001001	机柜	电话分线箱尺寸为300mm×250mm×140mm，下皮距地均为1.4m，安装于首层	台	1		
11	030502001002	机柜	层电话分线箱尺寸为150mm×250mm×120mm，下皮距地均为1.6m，安装于标准层	台	5		
12	030502003001	分线接线箱	楼宇对讲接线箱（S）尺寸为200mm×250mm×120mm	台	5		
13	030502004001	电视插座	距地 0.3m，暗装（TV）	个	24		
14	030502004002	电话插座	单孔，距地 0.3m，暗装（TP）	个	24		
15	030502012001	信息插座	网络插座（TO）单孔，距地0.3m暗装	个	12		
16	030503004001	控制箱	楼宇对讲电源箱（DJ）尺寸为400mm×500mm×150mm，下皮距地 1.4m	台	1		
17	030505003001	前端机柜	有线电视前端箱（VH）尺寸为400mm×500mm×150mm，下皮距地均为1.4m，暗装，安装于首层	个	1		
18	030505013001	分配网络	层分支分配器箱（VP）尺寸为200mm×250mm×120mm，下皮距地均为0.3m，暗装，安装于标准层	个	5		
19	030505013002	分配网络	分户分支分配器箱（VP）尺寸为200mm×250mm×120mm，下皮距地均为1.6m，暗装，安装于户内	个	12		
20	030507001001	入侵探测设备	紧急手动开关下皮距地 1.4m，暗装	套	36		
21	030307001002	入侵探测设备	被动红外探测器，下皮距地2.3m，暗装	套	12		

（续）

序号	项目编码	项目名称	项目特征	计量单位	工程量	金额（元）	
						综合单价	合价
22	030507006001	出入口控制设备	对讲户内分机，下皮距地 1.4m，暗装	台	12		
23	030507007001	出入口执行机构设备	电磁吸力锁（门磁开关）下皮距地 2.4m，暗装	台	18		
24	030507012001	视频传输设备	对讲门口主机，与入户门一并安装，下皮距地 1.6m，暗装	台	1		
25	030904001001	点型探测器	气体探测器，吸顶安装	个	42		
小计							

任务四　编制电气工程招标控制价

过关问题 1：根据电气照明、防雷接地、弱电工程的招标工程量清单表，分析 PC32 配管，避雷引下线，镀锌钢管 RC50 沿砖、混凝土结构暗配应该套用哪些定额项目进行组价？填写清单综合单价分析表。

答：根据《天津市安装工程预算基价》（2020 年），定额中给出了预算基价（即总价）、人工费、材料费、机械费。企业管理费按分部分项工程费及可计量的措施项目费中的人工费与机械费的合计乘以企业管理费费率 13.57%。利润按人工费合计的 20.71% 计取。PC32 配管清单综合单价的定额套价计算表见表 18-10，PC32 配管综合单价分析表见表 18-11。

表 18-10　PC32 配管清单综合单价的定额套价计算表

定额编号	定额名称	定额单位	总价	人工费	材料费	机械费	管理费 =（人工费 + 机械费）×13.57%	利润 = 人工费 ×20.71%
2－1251	PC32 刚性阻燃管砖、混结构暗配	100m	854.35	826.20	28.15	—	112.12	171.11

表 18-11　PC32 配管综合单价分析表

项目编码	030411001002	项目名称		PC32 配管		计量单位	m	工程量	38.82

清单综合单价组成明细

定额编号	定额名称	定额单位	数量	单价（元）					合价（元）				
				人工费	材料费	机械费	管理费	利润	人工费	材料费	机械费	管理费	利润
2-1251	PC32 刚性阻燃管砖、混结构暗配	100m	0.01	826.20	28.15	—	112.12	171.11	8.26	0.28	0	1.12	1.71
人工单价		小计							8.26	0.28	0	1.12	1.71
		未计价材料费（元）							6.26				

（续）

	清单项目综合单价（元/m）				17.63			
材料费明细	主要材料名称、规格、型号	单位	数量	单价（元）	合价（元）	暂估单价（元）	暂估合价（元）	
	PC32 塑料管	m	1.06	5.91	6.26			
	其他材料费（元）				0.28			
	材料费小计（元）				6.54			

说明：根据 PC32 电气配管定额，安装 100m 的 PC32 配管时消耗的主材量是 106m。则安装 1m 的 PC32 配管消耗的主材量为 1.06m。同时，查询天津市 2020 年 6 月的信息价，获取当月未计价主材的含税价格，经增值税抵扣后套入综合单价分析表。

引下线综合单价的定额套价计算表见表 18-12。

表 18-12　引下线综合单价的定额套价计算表

定额编号	定额名称	定额单位	总价	人工费	材料费	机械费	管理费 =（人工费 + 机械费）×13.57%	利润 = 人工费 ×20.71%
2 - 880	利用建筑物主筋引下	根	78.60	55.35	7.55	15.70	9.64	11.46
2 - 881	断接卡子制作安装	10 套	526.55	486.00	40.46	0.09	65.96	100.65

引下线综合单价分析表见表 18-13。

表 18-13　引下线综合单价分析表

项目编码	030409003001	项目名称	引下线（利用柱内主筋引下）		计量单位	m	工程量	104.96

清单综合单价组成明细

定额编号	定额名称	定额单位	数量	单价（元）					合价（元）				
				人工费	材料费	机械费	管理费	利润	人工费	材料费	机械费	管理费	利润
2 - 880	利用建筑物主筋引下	根	0.057	55.35	7.55	15.70	9.64	11.46	3.15	0.43	0.89	0.55	0.65
2 - 881	断接卡子制作安装	10 套	0.0057	486.00	40.46	0.09	65.96	100.65	2.77	0.23	0.00	0.38	0.57
人工单价			小计						5.92	0.66	0.89	0.93	1.22
			未计价材料费（元）						0				
清单项目综合单价（元/m）									9.62				

材料费明细	主要材料名称、规格、型号		单位	数量	单价（元）	合价（元）	暂估单价（元）	暂估合价（元）
	其他材料费（元）					0.66		
	材料费小计（元）					0.66		

镀锌钢管 RC50 沿砖、混凝土结构暗配综合单价的定额套价计算表见表 18-14。

表 18-14　镀锌钢管 RC50 沿砖、混凝土结构暗配综合单价的定额套价计算表

定额编号	定额名称	定额单位	总价	人工费	材料费	机械费	管理费 =（人工费 + 机械费）×13.57%	利润 = 人工费 ×20.71%
2 - 1155	镀锌钢管沿砖、混凝土结构暗配，公称直径 50mm 以内	100m	1773.57	1381.05	383.17	9.35	188.68	286.02

镀锌钢管 RC50 沿砖、混凝土结构暗配综合单价分析表见表 18-15。

表 18-15　镀锌钢管 RC50 沿砖、混凝土结构暗配综合单价分析表

项目编码	030411001001	项目名称	镀锌钢管 RC50，砖、混凝土结构暗配		计量单位	m	工程量	31.09

清单综合单价组成明细

定额编号	定额名称	定额单位	数量	单价（元）					合价（元）				
				人工费	材料费	机械费	管理费	利润	人工费	材料费	机械费	管理费	利润
2-1155	镀锌钢管沿砖、混凝土结构暗配，公称直径 50mm 以内	100m	0.01	1381.05	383.17	9.35	188.68	286.02	13.81	3.83	0.094	1.89	2.86
									13.81	3.83	0.094	1.89	2.86

人工单价	小计		
	未计价材料费（元）		30.52
	清单项目综合单价（元/m）		53.00

材料费明细	主要材料名称、规格、型号	单位	数量	单价（元）	合价（元）	暂估单价（元）	暂估合价（元）
	镀锌钢管 RC50	m	1.03	29.63	30.52		
	其他材料费（元）				3.83		
	材料费小计（元）				34.35		

说明：根据镀锌钢管 RC50 沿砖、混凝土结构暗配定额，安装 100m 镀锌钢管 RC50 时消耗的主材量是 103m。则安装 1m 镀锌钢管消耗的主材量是 1.03m。同时，查询天津市 2020 年 6 月的信息价，获取当月未计价主材的含税价格，经增值税抵扣后套入综合单价分析表。

过关问题 2：结合案例具体情况，根据电气工程的招标工程量清单表，编制招标控制价，并填写分部分项工程和单价措施项目清单与计价表（电气工程）（表 18-16），施工措施项目费表（电气工程）（表 18-17），规费、税金项目计价表（电气工程）（表 18-18）和招标控制价汇总表（表 18-19）。

表18-16　1号楼1单元分部分项工程和单价措施项目清单与计价表（电气工程）

工程名称：电气工程　　　　　　　　　　　标段：　　　　　　　　第　页　共　页

序号	项目编码	项目名称	项目特征	计量单位	工程量	综合单价	合价
1	030408003001	电缆保护管	热镀锌钢管 DN100（RC100）	m	10.11	75.41	762.40
2	030408001001	电力电缆	YJV22 电缆，截面 240mm² 以内	m	12.63	132.771	1676.90
3	030408006001	电力电缆头	YJV22 电缆头，截面 240mm² 以内，室外	个	1	1221.80	1221.8
4	030408006002	电力电缆头	YJV22 电缆头，截面 240mm² 以内，室内	个	1	1009.94	1009.94
5	030404017001	配电箱	电缆终端箱 DZM 520mm×500mm×160mm，暗装	台	1	728.21	728.21
6	030411001001	配管	聚碳酸酯塑料管 PC50	m	44.4	25.09	1114.00
7	030411004001	配线	BV－500V－4×35	m	237.72	24.02	5709.84
8	030404017002	配电箱	首层电表箱 700mm×510mm×160mm，明装	台	1	1039.56	1039.56
9	030404017003	配电箱	分层集中表箱 550mm×510mm×160mm，明装	台	5	804.21	4021.05
10	030411001002	配管	PC32	m	38.82	17.63	684.40
11	030411004002	配线	BV－3×10	m	176.04	9.31	1638.93
12	030404017004	配电箱	分户配电箱 320mm×250mm×90mm，暗装	台	12	594.54	7134.48
13	030411001003	配管	PC25	m	20.23	16.64	336.63
14	030411001004	配管	PC20	m	1393.08	14.07	19600.64
15	030411001005	配管	PC16	m	480.04	12.11	5813.28
16	030411004003	配线	BV2.5	m	5237.01	4.85	25395.53
17	030411004004	配线	BV25	m	32.19	18.82	605.82
18	030409008001	等电位接地端子箱	MEB 总等电位接地端子箱	台	1	609.92	609.92
19	030404035001	插座	单相两级三级组合带保护门插座	个	150	29.56	4434
20	030404035002	插座	单相三级插座	个	12	26.12	313.44
21	030404035003	插座	单相三级带开关带保护门防溅式插座	个	24	26.84	644.16
22	030404035004	插座	单相三级带开关插座	个	42	27.14	1139.88
23	030404035005	插座	单相两级插座	个	12	24.61	295.32
24	03040403506	插座	单相两级三级带开关防溅式插座	个	12	30.28	363.36
25	030412001001	普通灯具	220V 22W	套	30	46.34	1390.2
26	030412001002	普通灯具	220V 22W，瓷质灯口	套	54	49.88	2693.52

（续）

序号	项目编码	项目名称	项目特征	计量单位	工程量	综合单价	合价
						金额（元）	
27	030412001003	普通灯具	声控（微波）自动照明灯 220V 25W	套	7	62.97	440.79
28	030412001004	普通灯具	壁灯 220V 25W	套	1	69.25	69.25
29	030412002001	工厂灯	防水防尘灯，220V 25W	套	12	55.30	663.6
30	030404034001	照明开关	单联平板开关 250V 10A	个	42	24.62	1034.04
31	030404034002	照明开关	双联平板开关 250V	个	24	26.27	630.48
32	030404034003	照明开关	三联平板开关 250V	个	6	28.86	173.16
33	030404034004	照明开关	延时自熄开关（双控）	个	7	33.02	231.14
34	030411006001	接线盒	灯头盒 104 个，插座盒 252 个	个	356	9.86	3510.16
35	030411006002	接线盒	开关盒	个	79	9.59	757.61
36	030411006003	等电位连接接线盒	等电位连接接线盒 88mm×88mm×53mm	个	12	10.74	128.88
37	030409005001	避雷网	ϕ8mm 镀锌圆钢，支架高 150mm，间距 1m	m	108.35	57.09	6185.70
38	030409003001	引下线	利用柱内主筋引下	m	104.96	9.62	1009.72
39	030409002001	接地母线	40mm×4mm 镀锌扁铁	m	9.35	55.76	521.36
40	030409004001	均压环	利用基础外圈主筋 2 根做接地极，联合接地极	m	53.38	8.70	464.41
41	030414011001	接地装置	不大于 1Ω，系统调试	系统	1	1119.32	1119.32
42	030411001006	配管	镀锌钢管 RC50，砖、混凝土结构暗配	m	31.09	53.00	1647.77
43	030411001007	配管	镀锌钢管 RC50，埋地敷设	m	17.84	50.03	892.54
44	030411001008	配管	镀锌钢管 RC32，砖、混凝土结构暗配	m	5.1	31.72	161.77
45	030411001009	配管	镀锌钢管 RC25，埋地敷设	m	17.46	24.31	424.45
46	030411001010	配管	电线管 KBG25，砖、混凝土结构暗配	m	155.69	24.78	3858.00
47	030411001011	配管	电线管 KBG20，砖、混凝土结构暗配	m	417.43	17.07	7125.53
48	030411001012	配管	电线管 KBG16，砖、混凝土结构暗配	m	1114.98	15.01	16735.85
49	030501012001	交换机	计算机网络箱（IDE）尺寸为 500mm×500mm×200mm，下皮距地均为 1.4m，安装于首层	台	1	366.04	366.04

（续）

序号	项目编码	项目名称	项目特征	计量单位	工程量	金额（元）	
						综合单价	合价
50	030501012002	交换机	计算机网络箱（T）尺寸为200mm×250mm×120mm，下皮距地均为1.6m，安装于标准层	台	5	255.46	277.3
51	030502001001	机柜	电话分线箱尺寸为300mm×250mm×140mm，下皮距地均为1.4m，安装于首层	台	1	375.32	375.32
52	030502001002	机柜	层电话分线箱尺寸为150mm×250mm×120mm，下皮距地均为1.6m，安装于标准层	台	5	229.45	1147.25
53	030502003001	分线接线箱	楼宇对讲接线箱（S）尺寸为200mm×250mm×120mm	台	5	230.66	1153.3
54	030502004001	电视插座	距地0.3m，暗装（TV）	个	24	43.70	1048.8
55	030502004002	电话插座	单孔，距地0.3m，暗装（TP）	个	24	34.11	818.64
56	030502012001	信息插座	网络插座（TO），单孔，距地0.3m暗装	个	12	57.34	688.08
57	030503004001	控制箱	楼宇对讲电源箱（DJ）尺寸为400mm×500mm×150mm，下皮距地1.4m	台	1	169.84	169.84
58	030505003001	前端机柜	有线电视前端箱（VH）尺寸为400mm×500mm×150mm，下皮距地均为1.4m，暗装，安装于首层	个	1	577.26	577.26
59	030505013001	分配网络	层分支分配器箱（VP）尺寸为200mm×250mm×120mm，下皮距地均为0.3m，暗装，安装于标准层	个	5	258.67	1293.35
60	030505013002	分配网络	分户分支分配器箱（VP）尺寸为200mm×250mm×120mm，下皮距地均为1.6m，暗装，安装于户内	个	12	258.67	3104.04
61	030507001001	入侵探测设备	紧急手动开关下皮距地1.4m，暗装	套	36	40.51	1458.36
62	030307001002	入侵探测设备	被动红外探测器，下皮距地2.3m，暗装	套	12	687.66	8251.92
63	030507006001	出入口控制设备	对讲户内分机，下皮距地1.4m，暗装	台	12	753.59	9043.08
64	030507007001	出入口执行机构设备	电磁吸力锁（门磁开关）下皮距地2.4m，暗装	台	18	800.70	14412.6

（续）

序号	项目编码	项目名称	项目特征	计量单位	工程量	综合单价	合价
						金额（元）	
65	030507012001	视频传输设备	对讲门口主机，与入户门一并安装，下皮距地1.6m，暗装	台	1	1881.41	1881.41
66	030904001001	点型探测器	气体探测器，吸顶安装	个	42	134.25	5638.5
		合计					190867.85

在对上述清单计价表综合单价的定额套价计算过程中，经计算得出：1号楼1单元电气工程的分部分项工程费为190867.85元；分部分项工程费中：人工费为63868.98元，人工费与机械费之和为65066.77元；电气工程分部分项工程费应计取的规费为63868.98元×37.64%=24040.28元；电气工程分部分项工程费应计取的税金为（190867.85 + 24040.28）元×9%=19341.73元。

表 18-17 1号楼1单元施工措施项目费表（电气工程）

序号	项目编码	项目名称	计算基数（元）	一般计税下费率	金额（元）	人工费占比	其中：人工费（元）	管理费（元）	利润（元）
1	031301010001	安装与生产同时进行降效增加费	分部分项工程费中人工费 63868.98	10%	6386.90	100%	6386.90	866.70	1322.73
2	031301011001	在有害身体健康的环境中施工降效增加费	分部分项工程费中人工费 63868.98	10%	6386.90	100%	6386.90	866.70	1322.73
3	031301018001	脚手架措施费	分部分项工程费中人工费 63868.98	4%	2554.76	35%	894.17	121.34	185.18
4	031302001001	安全文明施工措施费	人工费＋机械费（分部分项工程项目＋可计量的措施项目）65066.77 + 894.17 = 65960.94	9.16%	6042.02	16%	966.72	131.18	200.21
5	031302003001	非夜间施工照明费		0.12%	79.15	10%	7.92	1.07	1.64
6	031302005001	冬季施工增加费		1.49%	982.82	60%	589.69	80.02	122.12
7	定额费	竣工验收存档资料编制费		0.20%	131.92	—	—	—	—
8	031302006001	已完工程及设备保护措施费	被保护设备价值	1%	—	—	—	—	—
9		管理费小计	措施项目费中的人工费＋机械费15232.3	13.57%	2067.02				
10		利润小计	措施项目费中的人工费15232.3	20.71%	3154.61				
11		措施项目费合计	上述前八项措施项目费金额之和＋管理费＋利润	—	27786.1	—	15232.3	—	—

注：本表费率均按一般计税下的费率计取。

1号楼1单元电气工程措施项目费、规费、税金等的计算说明如下：

1号楼1单元安全文明施工费 = 安全文明施工措施费 + 安全文明施工措施费中所含人工

$$费 \times (13.57\% + 20.71\%)$$

$$= [6042.02 + 966.72 \times (13.57\% + 20.71\%)]元$$

$$= 6373.41 元$$

1号楼1单元电气工程措施项目费应计取的规费 = 15232.3 元 × 37.64% = 5733.44 元

1号楼1单元电气工程措施项目费应计取的税金 = (22564.47 + 2067.02 + 3154.61 +

$$5733.44)元 \times 9\% = 3016.76 元$$

1号楼1单元电气工程应计取的规费 = 电气工程分部分项工程费应计取的规费 + 电气工程措施项目费应计取的规费 = (24040.28 + 5733.44)元 = 29773.72 元

1号楼1单元电气工程应计取的税金 = 电气工程分部分项工程费应计取的税金 + 电气工程措施项目费应计取的税金 = (19341.73 + 3016.76)元 = 22358.49 元

表 18-18　1号楼1单元规费、税金项目计价表（电气工程）

序号	项目名称	计算基础	计算基数（元）	计算费率（%）	金额（元）
1	规费	定额人工费	79101.28	37.64	29773.72
2	税金	定额人工费 + 材料费 + 施工机具使用费 + 管理费 + 利润 + 规费	248247.69	9	22358.49
合计					

表 18-19　1号楼1单元电气工程招标控制价汇总表（一般计税）

序号	汇总内容	金额（元）	其中：暂估价（元）
1	分部分项工程	190867.85	
1.1			
1.2			
…			
2	措施项目	27786.1	
2.1	其中：安全文明施工费	6373.41	
3	其他项目	—	
3.1	其中：暂列金额	—	
3.2	其中：专业工程暂估价	—	
3.3	其中：计日工	—	
3.4	其中：总包服务费	—	
4	规费	29773.72	
5	税金	22358.49	
招标控制价合计 =（1）+（2）+（3）+（4）+（5）		270786.16	

注：1号楼1单元电气招标控制价合计：(190867.85 + 27786.1 + 29773.72 + 22358.49)元 = 270786.16元。

成果与范例

一、项目概况

某住宅1号楼，该工程占地 984.99m²，地上6层，檐高 19.8m，各层层高 2.8m，总建筑面积 5462.41m², 结构形式采用砖混结构, 设计使用年限为 50 年, 抗震设防烈度为七度, 安全等级二级。该工程分为 6 个单元, 每单元 2 种户型。利润按人工费的 20.71% 计取, 规费按人工费的 37.64% 计取, 增值税税率为 9%。

配电装置: 电源由户外配电箱采用 YJV22 四芯电缆直埋引入各单元终端箱 DZM, 进户管伸出散水 1.0m。DZM 箱暗装, 下皮距地 0.3m, 每楼层楼梯间内设置分层集中表箱, 明装, 下皮距地均为 1.6m。每户设分户配电箱, 暗装, 下皮距地 1.6m。由室外至电缆终端箱间采用 YJV22 - 1KV 电缆穿钢管, 其他线路均穿 XS - PVC 阻燃 PVC 管敷设。由电缆终端箱至电表箱导线型号为 BV - 500V 铜芯导线, 电表箱至分户配电箱之间管线为 BV - 3 × 10 - PC32 - FC, 分户配电箱至用户负荷端之间导线为照明线路 BV - 2 × 2.5 - PC16 - CC, BV - 3 × 2.5 - PC20 - CC, BV - 4 × 2.5 - PC25 - CC, 未标注插座线路均为 BV - 3 × 2.5 - PC20 - FC。在施工中, 相、零、地导线应分颜色施工, I 类灯具及灯具安装高度低于 2.4m 时须增设保护线 BV - 1 × 2.5。

防雷与接地: 该工程按三类防雷建筑设置防雷措施, 屋顶有避雷带, 避雷带采用 ϕ8mm 镀锌圆钢, 间距 1m, 支架高度 150mm。利用柱内四根主筋做防雷引下线, 与基础接地极可靠连接。接地极采用联合接地极, 利用基础外圈主筋两根作为环形接地极, 环形接地极间应可靠焊接, 并与基础内横向钢筋网连接, 组成基础接地网接地电阻不大于 1Ω。电气保护接地采用 TN - C - S 系统, 入户处设有 MEB 总等电位接地端子箱, 与基础接地极可靠连接, 电气 PE 排, 各种金属管道入户均与 MEB 做等电位连接。采用 -40mm × 4mm 镀锌扁钢, 在室外地坪下 0.8m 处与引下线主筋焊接, 并引出建筑物外墙 1m 以外, 作为连接人工接地极备用。同时在室外地上 0.5m 处由引下线焊出检测接点, 并设置暗盒共四处。

有线电视: 各单元只预留进户管, 首层预留放大器箱, 暗装, 尺寸为 400mm × 500mm × 150mm, 下皮距地均为 1.4m; 各层预留分支分配器箱, 暗装, 尺寸为 200mm × 250mm × 120mm, 下皮距地均为 1.6m; 每户预留分支分配器箱, 暗装, 尺寸为 200mm × 250mm × 120mm, 下皮距地均为 0.3m; 电视终端插座距地 0.3m, 暗装。

电话: 各单元只预留进户管, 各层预留电话分线箱, 暗装, 首层电话分线箱尺寸为 300mm × 250mm × 140mm, 下皮距地均为 1.4m; 其他各层电话分线箱尺寸为 150mm × 250mm × 120mm, 下皮距地均为 1.6m; 电话插座为单孔, 距地 0.3m 暗装。

家居安保: 安保系统产品由业主选定, 本次设计只负责预埋管, 在每户话机安装处预留接线箱, 下皮距地 1.4m 暗装。

宽带网预留: 各单元只预留进户管, 各层预留宽带网分线箱, 暗装, 首层交换机箱尺寸为 200mm × 250mm × 120mm, 下皮距地均为 1.6m; 网络插座为单孔, 距地 0.3m 暗装。

二、编制依据

(1)《建设工程工程量清单计价规范》(GB 50500—2013)。

(2)《通用安装工程工程量计算规范》(GB 50856—2013)。

(3)《天津市安装工程预算基价》(2020 年)。

(4)《天津市工程造价信息》(2020 年第 6 期)。

三、编制说明

（1）配管、线槽安装不扣除管路中间的接线箱（盒）、灯头盒、开关盒所占长度。

（2）电源由户外配电箱采用 YJV22 四芯电缆直埋引入各单元集中表箱，进户管伸出散水 1m。电力电缆及其终端头的计量及预留仅考虑与电缆终端箱 DZM 相连的一端，另一端不做计算。

管线进户算量时，从散水处开始计取。电缆进户穿 RC100 的钢管，其他电气线路均穿阻燃 PVC 管，电表箱至分户配电箱之间管线 BV – 3 × 10 – PC32 – FC，分户配电箱至用电负荷之间导线为照明线路，穿截面积为 2.5mm² 的铜芯塑料线，其他未注明插座线路为 BV – 3 × 2.5 – PC20 – FC。

（3）插座回路的水平敷设长度算量，按插座所依附的墙上两点的实际距离量取。卫生间插座 S 距地 1.5m。

（4）对讲、电视电源、走道照明管道采用 PC16 的管，管内穿 2 根线。壁灯的立管按距本楼层地面 2.3m 计算。

（5）防雷接地装置接地母线与避雷引下线以断接卡子为界。接地母线、避雷网附加长度为 3.9%。本工程利用柱筋作引下线，因此引下线无须考虑附加长度。MEB 距地 0.5m。

（6）弱电系统所有进户套管均按室外地坪下 0.8m 计算。弱电设备均测量到墙边，部分管路按实际敷设距离计算。

（7）预算定额中的材料费、机械费均不含增值税可抵扣的进项税，在套用定额计算综合单价时，企业管理费 =（人工费 + 机械费）× 13.57%；利润 = 人工费 × 20.71%。

（8）竣工验收存档资料编制费在定额的措施费用中有此项，因此列入措施项目费的清单中，但无相应的清单项目编码。

四、编制招标工程量清单

编制分部分项工程和单价措施项目清单与计价表（电气工程），见表 18-20。

表 18-20　1 号楼分部分项工程和单价措施项目清单与计价表（电气工程）

工程名称：电气工程　　　　　　　　　标段：　　　　　　　　　第　页　共　页

序号	项目编码	项目名称	项目特征	计量单位	工程量	综合单价	合价
1	030408003001	电缆保护管	热镀锌钢管 DN100（RC100）	m	60.66		
2	030408001001	电力电缆	YJV22 电缆，截面 240mm² 以内	m	75.78		
3	030408006001	电力电缆头	YJV22 电缆头，截面 240mm² 以内，室内	个	6		
4	030408006002	电力电缆头	YJV22 电缆头，截面 240mm² 以内，室外	个	6		
5	030404017001	配电箱	电缆终端箱 DZM 520mm × 500mm × 160mm，暗装	台	6		
6	030411001001	配管	聚碳酸酯塑料管 PC50	m	266.4		
7	030411004001	配线	BV – 500V – 4 × 35	m	1426.32		

（续）

序号	项目编码	项目名称	项目特征	计量单位	工程量	金额（元）	
						综合单价	合价
8	030404017002	配电箱	首层电表箱 700mm × 510mm × 160mm，明装	台	6		
9	030404017003	配电箱	分层集中表箱 550mm × 510mm × 160mm，明装	台	30		
10	030411001002	配管	PC32	m	232.92		
11	030411004002	配线	BV - 3 × 10	m	1056.24		
12	030404017004	配电箱	分户配电箱 320mm × 250mm × 90mm，暗装	台	72		
13	030411001003	配管	PC25	m	121.38		
14	030411001004	配管	PC20	m	8358.48		
15	030411001005	配管	PC16	m	2880.24		
16	030411004003	配线	BV2.5	m	31422.06		
17	030411004004	配线	BV25	m	193.14		
18	030409008001	等电位接地端子箱	MEB 总等电位接地端子箱	台	6		
19	030404035001	插座	单相两级三级组合带保护门插座	个	900		
20	030404035002	插座	厨房抽油烟机插座，单相三级插座	个	72		
21	030404035003	插座	单相三级带开关带保护门防溅式插座	个	144		
22	030404035004	插座	空调插座，单相三级带开关插座	个	252		
23	030404035005	插座	卫生间排气扇插座，单相两级插座	个	72		
24	03040403506	插座	卫生间使用插座，单相两级三级带开关防溅式插座	个	72		
25	030412001001	普通灯具	220V 22W	套	180		
26	030412001002	普通灯具	220V 22W，瓷质灯口	套	324		
27	030412001003	普通灯具	声控（微波）自动照明灯 220V 25W	套	42		
28	030412001004	普通灯具	壁灯 220V 25W	套	6		
29	030412001001	工厂灯	防水防尘灯，220V 25W	套	72		
30	030404034001	照明开关	单联平板开关 250V 10A	个	252		
31	030404034002	照明开关	双联平板开关 250V	个	144		
32	030404034003	照明开关	三联平板开关 250V	个	36		
33	030404034004	照明开关	延时自熄开关（双控）	个	42		

（续）

序号	项目编码	项目名称	项目特征	计量单位	工程量	金额（元）	
						综合单价	合价
34	030411006001	接线盒	灯头盒624个，插座盒1512个	个	2136		
35	030411006002	接线盒	开关盒	个	474		
36	030411006003	等电位连接接线盒	等电位连接接线盒88mm×88mm×53mm	个	72		
37	030409005001	避雷网	φ8mm镀锌圆钢，支架高150mm，间距1m	m	605.6		
38	030409003001	引下线	利用柱内主筋引下	m	402.47		
39	030409002001	接地母线	40mm×4mm镀锌扁铁	m	56.1		
40	030409004001	均压环	利用基础外圈主筋2根做接地极，联合接地极	m	320.28		
41	030414011001	接地装置	不大于1Ω，系统调试	系统	6		
42	030411001006	配管	镀锌钢管RC50，砖、混凝土结构暗配	m	107.04		
43	030411001007	配管	镀锌钢管RC50，埋地敷设	m	186.54		
44	030411001008	配管	镀锌钢管RC32，砖、混凝土结构暗配	m	30.6		
45	030411001009	配管	镀锌钢管RC25，埋地敷设	m	104.76		
46	030411001010	配管	电线管KBG25，砖、混凝土结构暗配	m	934.14		
47	030411001011	配管	电线管KBG20，砖、混凝土结构暗配	m	2504.58		
48	030411001012	配管	电线管KBG16，砖、混凝土结构暗配	m	6689.88		
49	030501012001	交换机	计算机网络箱（IDE）尺寸为500mm×500mm×200mm，下皮距地均为1.4m，安装于首层	台	6		
50	030501012002	交换机	计算机网络箱（T）尺寸为200mm×250mm×120mm，下皮距地均为1.6m，安装于标准层	台	30		
51	030502001001	机柜	电话分线箱尺寸为300mm×250mm×140mm，下皮距地均为1.4m，安装于首层	台	6		
52	030502001002	机柜	层电话分线箱尺寸为150mm×250mm×120mm，下皮距地均为1.6m，安装于标准层	台	30		

（续）

序号	项目编码	项目名称	项目特征	计量单位	工程量	综合单价	合价
53	030502003001	分线接线箱	楼宇对讲接线箱（S）尺寸为200mm×250mm×120mm	台	30		
54	030502004001	电视插座	距地0.3m，暗装（TV）	个	144		
55	030502004002	电话插座	单孔，距地0.3m，暗装（TP）	个	144		
56	030502012001	信息插座	网络插座（TO）单孔，距地0.3m暗装	个	72		
57	030503004001	控制箱	楼宇对讲电源箱（DJ）尺寸为400mm×500mm×150mm，下皮距地1.4m	台	6		
58	030505003001	前端机柜	有线电视前端箱（VH）尺寸为400mm×500mm×150mm，下皮距地均为1.4m，暗装，安装于首层	个	6		
59	030505013001	分配网络	层分支分配器箱（VP）尺寸为200mm×250mm×120mm，下皮距地均为0.3m，暗装，安装于标准层	个	30		
60	030505013002	分配网络	分户分支分配器箱（VP）尺寸为200mm×250mm×120mm，下皮距地均为1.6m，暗装，安装于户内	个	72		
61	030507001001	入侵探测设备	紧急手动开关，下皮距地1.4m，暗装	套	216		
62	030307001002	入侵探测设备	被动红外探测器，下皮距地2.3m，暗装	套	72		
63	030507006001	出入口控制设备	对讲户内分机，下皮距地1.4m，暗装	台	72		
64	030507007001	出入口执行机构设备	电磁吸力锁（门磁开关）下皮距地2.4m，暗装	台	108		
65	030507012001	视频传输设备	对讲门口主机，与入户门一并安装，下皮距地1.6m，暗装	台	6		
66	030904001001	点型探测器	气体探测器，吸顶安装	个	252		

五、编制招标控制价

编制分部分项工程和单价措施项目清单与计价表（电气工程）（表18-21），施工措施项目费表（电气工程）（表18-22），规费、税金项目计价表（电气工程）（表18-23）和电气工程招标控制价汇总表（表18-24）。

表 18-21　1 号楼分部分项工程和单价措施项目清单与计价表（电气工程）

工程名称：电气工程　　　　　　　　　　　标段：　　　　　　　　　第　页　共　页

序号	项目编码	项目名称	项目特征	计量单位	工程量	综合单价	合价
						金额（元）	
1	030408003001	电缆保护管	热镀锌钢管 DN100（RC100）	m	60.66	75.41	4574.37
2	030408001001	电力电缆	YJV22 电缆，截面 240mm² 以内	m	75.78	132.771	10061.39
3	030408006001	电力电缆头	YJV22 电缆头，截面 240mm² 以内，室外	个	6	1221.80	7330.8
4	030408006002	电力电缆头	YJV22 电缆头，截面 240mm² 以内，室内	个	6	1009.94	6059.64
5	030404017001	配电箱	电缆终端箱 DZM 520mm×500mm×160mm，暗装	台	6	728.21	4369.26
6	030411001001	配管	聚碳酸酯塑料管 PC50	m	266.4	25.09	6683.98
7	030411004001	配线	BV‑500V‑4×35	m	1426.32	24.02	34259.06
8	030404017002	配电箱	首层电表箱 700mm×510mm×160mm，明装	台	6	1039.56	6237.36
9	030404017003	配电箱	分层集中表箱 550mm×510mm×160mm，明装	台	30	804.21	24126.3
10	030411001002	配管	PC32	m	232.92	17.63	4106.38
11	030411004002	配线	BV‑3×10	m	1056.24	9.31	9833.59
12	030404017004	配电箱	分户配电箱 320mm×250mm×90mm，暗装	台	72	594.54	42806.88
13	030411001003	配管	PC25	m	121.38	16.64	2019.76
14	030411001004	配管	PC20	m	8358.48	14.07	117603.8
15	030411001005	配管	PC16	m	2880.24	12.11	34879.71
16	030411004003	配线	BV2.5	m	31422.06	4.849	152373.2
17	030411004004	配线	BV25	m	193.14	18.82	3634.90
18	030409008001	等电位接地端子箱	MEB 总等电位接地端子箱	台	6	609.92	3659.52
19	030404035001	插座	单相两级三级组合带保护门插座	个	900	29.56	26604
20	030404035002	插座	厨房抽油烟机插座，单相三级插座	个	72	26.12	1880.64
21	030404035003	插座	单相三级带开关带保护门防溅式插座	个	144	26.84	3864.96
22	030404035004	插座	空调插座，单相三级带开关插座	个	252	27.14	6839.28
23	030404035005	插座	卫生间排气扇插座，单相两级插座	个	72	24.61	1771.92
24	03040403506	插座	卫生间使用插座，单相两级三级带开关防溅式插座	个	72	30.28	2180.16

（续）

序号	项目编码	项目名称	项目特征	计量单位	工程量	综合单价	合价
						金额（元）	
25	030412001001	普通灯具	220V 22W	套	180	46.34	8341.2
26	030412001002	普通灯具	220V 22W，瓷质灯口	套	324	49.88	16161.12
27	030412001003	普通灯具	声控（微波）自动照明灯 220V 25W	套	42	62.97	2644.74
28	030412001004	普通灯具	壁灯 220V 25W	套	6	69.25	415.5
29	030412001001	工厂灯	防水防尘灯，220V 25W	套	72	55.30	3981.6
30	030404034001	照明开关	单联平板开关250V 10A	个	252	24.62	6204.24
31	030404034002	照明开关	双联平板开关250V	个	144	26.27	3782.88
32	030404034003	照明开关	三联平板开关250V	个	36	28.86	1038.96
33	030404034004	照明开关	延时自熄开关（双控）	个	42	33.02	1386.84
34	030411006001	接线盒	灯头盒624个，插座盒1512个	个	2136	9.86	21060.96
35	030411006002	接线盒	开关盒	个	474	9.59	4545.66
36	030411006003	等电位连接接线盒	等电位连接接线盒88mm×88mm×53mm	个	72	10.74	773.28
37	030409005001	避雷网	φ8mm镀锌圆钢，支架高150mm，间距1m	m	605.6	57.09	34573.70
38	030409003001	引下线	利用柱内主筋引下	m	402.47	9.72	3912.01
39	030409002001	接地母线	40mm×4mm镀锌扁铁	m	45.91	55.76	2559.94
40	030409004001	均压环	利用基础外圈主筋2根做接地极，联合接地极	m	320.28	8.70	2786.44
41	030414011001	接地装置	不大于1Ω，系统调试	系统	1	1119.32	1119.32
42	030411001006	配管	镀锌钢管 RC50，砖、混凝土结构暗配	m	107.04	53.00	5673.12
43	030411001007	配管	镀锌钢管 RC50，埋地敷设	m	186.54	50.03	9332.60
44	030411001008	配管	镀锌钢管 RC32，砖、混凝土结构暗配	m	30.6	31.72	970.63
45	030411001009	配管	镀锌钢管 RC25，埋地敷设	m	104.76	24.31	2546.72
46	030411001010	配管	电线管 KBG25，砖、混凝土结构暗配	m	934.14	24.78	23147.99
47	030411001011	配管	电线管 KBG20，砖、混凝土结构暗配	m	2504.58	17.07	42753.18
48	030411001012	配管	电线管 KBG16，砖、混凝土结构暗配	m	6689.88	15.01	100415.1
49	030501012001	交换机	计算机网络箱（IDE）尺寸为500mm×500mm×200mm，下皮距地均为1.4m，安装于首层	台	6	366.04	2196.24

（续）

序号	项目编码	项目名称	项目特征	计量单位	工程量	金额（元）	
						综合单价	合价
50	030501012002	交换机	计算机网络箱（T）尺寸为200mm×250mm×120mm，下皮距地均为1.6m，安装于标准层	台	30	255.46	7663.8
51	030502001001	机柜	电话分线箱尺寸为300mm×250mm×140mm，下皮距地均为1.4m，安装于首层	台	6	375.32	2251.92
52	030502001002	机柜	层电话分线箱尺寸为150mm×250mm×120mm，下皮距地为1.6m，安装于标准层	台	30	229.45	6883.5
53	030502003001	分线接线箱	楼宇对讲接线箱（S）尺寸为200mm×250mm×120mm	台	30	230.66	6919.8
54	030502004001	电视插座	距地0.3m，暗装（TV）	个	144	43.70	6292.8
55	030502004002	电话插座	单孔，距地0.3m，暗装（TP）	个	144	34.11	4911.84
56	030502012001	信息插座	网络插座（TO）单孔，距地0.3m暗装	个	72	57.34	4128.48
57	030503004001	控制箱	楼宇对讲电源箱（DJ）尺寸为400mm×500mm×150mm，下皮距地1.4m	台	6	169.84	1019.04
58	030505003001	前端机柜	有线电视前端箱（VH）尺寸为400mm×500mm×150mm，下皮距地均为1.4m，暗装，安装于首层	个	6	577.26	3463.56
59	030505013001	分配网络	层分支分配器箱（VP）尺寸为200mm×250mm×120mm，下皮距地均为0.3m，暗装，安装于标准层	个	30	258.67	7760.1
60	030505013002	分配网络	户分支分配器箱（VP）尺寸为200mm×250mm×120mm，下皮距地均为1.6m，暗装，安装于户内	个	72	258.67	18624.24
61	030507001001	入侵探测设备	紧急手动开关下皮距地1.4m，暗装	套	216	40.51	8750.16
62	030307001002	入侵探测设备	被动红外探测器，下皮距地2.3m，暗装	套	72	687.66	49511.52
63	030507006001	出入口控制设备	对讲户内分机，下皮距地1.4m，暗装	台	72	753.59	54258.48
64	030507007001	出入口执行机构设备	电磁吸力锁（门磁开关）下皮距地2.4m，暗装	台	108	800.70	86475.6

（续）

序号	项目编码	项目名称	项目特征	计量单位	工程量	综合单价	合价
						金额（元）	
65	030507012001	视频传输设备	对讲门口主机，与入户门一并安装，下皮距地1.6m，暗装	台	6	1881.41	11288.46
66	030904001001	点型探测器	气体探测器，吸顶安装	个	252	134.25	33831
小计							1134119.16

表 18-22　1号楼施工措施项目费表（电气工程）

序号	项目编码	项目名称	计算基数（元）	一般计税下费率	金额（元）	人工费占比	其中：人工费(元)	管理费（元）	利润（元）
1	031301010001	安装与生产同时进行降效增加费	分部分项工程费中人工费 383213.88	10%	38321.39	100%	38321.39	5200.21	7936.36
2	031301011001	在有害身体健康的环境中施工降效增加费	分部分项工程费中人工费 383213.88	10%	38321.39	100%	38321.39	5200.21	7936.36
3	031301018001	脚手架措施费	分部分项工程费中人工费 383213.88	4%	15328.56	35%	5365.00	728.03	1111.09
4	031302001001	安全文明施工措施费	人工费＋机械费（分部分项工程项目＋可计量的措施项目）390400.62＋5365.00＝395765.62	9.16%	36252.13	16%	5800.34	787.11	1201.25
5	031302003001	非夜间施工照明费		0.12%	474.92	10%	47.49	6.44	9.84
6	031302005001	冬季施工增加费		1.49%	5896.91	60%	3538.14	480.13	732.75
7	定额费	竣工验收存档资料编制费		0.20%	791.53	—	—	—	—
8	031302006001	已完工程及设备保护措施费	被保护设备价值	1%	—	—	—	—	—
9	管理费小计		措施项目费中的人工费＋机械费91393.75	13.57%	12402.13				
10	利润小计		措施项目费中的人工费91393.75	20.71%	18927.65				
11	措施项目费合计		上述前八项措施项目费金额之和＋管理费＋利润	—	166716.58	—	91393.75	—	—

注：本表费率均按一般计税下的费率计取。

表 18-23　1号楼规费、税金项目计价表（电气工程）

序号	项目名称	计算基础	计算基数（元）	计算费率（%）	金额（元）
1	规费	定额人工费	474607.62	37.64	178642.31
2	税金	定额人工费＋材料费＋施工机具使用费＋管理费＋利润＋规费	3512996.33	9	316169.67
合计					

表 18-24　1 号楼电气工程招标控制价汇总表（一般计税）

序号	汇总内容	金额（元）	其中：暂估价（元）
1	分部分项工程	1134119.16	
1.1			
1.2			
...			
2	措施项目	166716.58	
2.1	其中：安全文明施工费	38240.49	
3	其他项目	—	
3.1	其中：暂列金额	—	
3.2	其中：专业工程暂估价	—	
3.3	其中：计日工	—	
3.4	其中：总包服务费	—	
4	规费	178642.31	
5	税金	316169.67	
招标控制价合计 =（1）+（2）+（3）+（4）+（5）		1795647.72	

　　1 号楼电气工程的分部分项工程费为 1134119.16 元；分部分项工程费中：人工费为 383213.88 元，人工费与机械费之和为 390400.62 元；电气工程分部分项工程费应计取的规费为 383213.88 元 ×37.64% = 144241.70 元；电气工程分部分项工程费应计取的税金为（1134119.16 + 144241.70）元 ×9% = 115052.48 元。

　　1 号楼电气工程措施项目费 =（135386.8 + 12402.13 + 18927.65）元 = 166716.58 元

　　1 号楼安全文明施工费 = 安全文明施工措施费 + 安全文明施工措施费中所含人工费 ×

$$（13.57\% + 20.71\%）$$
$$= [36252.13 + 5800.34 ×（13.57\% + 20.71\%）] 元$$
$$= 38240.49 元$$

　　1 号楼电气工程措施项目费应计取的规费 = 91393.75 元 ×37.64% = 34400.61 元

　　1 号楼电气工程措施项目费应计取的税金 =（166716.58 + 34400.61）元 × 9%
$$= 201117.19 元$$

　　1 号楼电气工程应计取的规费 = 电气工程分部分项工程费应计取的规费 + 电气工程措施项目费应计取的规费 =（144241.70 + 34400.61）元 = 178642.31 元

　　1 号楼电气工程应计取的税金 = 电气工程分部分项工程费应计取的税金 + 电气工程措施项目费应计取的税金 =（115052.48 + 201117.19）元 = 316169.67 元

　　1 号楼电气招标控制价合计：（1134119.16 + 166716.58 + 178642.31 + 316169.67）元 = 1795647.72 元

六、计算底稿

　　1 号楼电气照明系统工程量计算表见表 18-25。

表 18-25　1 号楼电气照明系统工程量计算表

序号	项目名称	1 号楼 1 单元计算式	1 号楼 1 单元工程量	1 号楼工程量	单位	备　注
1	由室外引至电缆终端箱 DZM					室外地坪下埋深 0.8m
	RC 管（热镀锌钢管）	0.8（散水宽度）+1.0+7.21+0.8（埋深）+0.3	10.11	60.66	m	YJV22 电缆穿 RC100 钢管，进户管伸出散水 1.0m
	YJV22 – 1KV	0.8（散水宽度）+1.0+7.21+0.8（埋深）+0.3+（0.52+0.5）（电缆换线箱预留）+1.5（电力电缆头预留）	12.63	75.78	m	DZM 暗装，下皮距地 0.3m
2	由电缆终端箱 DZM 至各层电表箱					BV –500V –4×35 – PC50 – WE
2.1	由电缆终端箱 DZM 至首层电表箱					
	PC50	1.6 – 0.3 – 0.5	0.8	4.8	m	电缆终端箱 520mm × 500mm × 160mm
	BV35	［（0.52+0.5）+（1.6 – 0.3 – 0.5）+（0.7+0.51）］×4	12.12	72.72	m	首层电表箱 700mm × 510mm × 160mm 下皮距地 1.6m
2.2	由电缆终端箱 DZM 至二～六层分层集中表箱					
	PC50	（2.8+1.6 – 0.3 – 0.5）（至二层）+（2.8×2+1.6 – 0.3 – 0.5）（至三层）+（2.8×3+1.6 – 0.3 – 0.5）（至四层）+（2.8×4+1.6 – 0.3 – 0.5）（至五层）+（2.8×5+1.6 – 0.3 – 0.5）（至六层）	43.6	261.6	m	DZM520mm × 500mm × 160mm 下皮距地 0.3m
	BV35	（0.52+0.5）×5×4+（0.55+0.51）×5×4+［（2.8+1.6 – 0.3 – 0.5）（至二层）+（2.8×2+1.6 – 0.3 – 0.5）（至三层）+（2.8×3+1.6 – 0.3 – 0.5）（至四层）+（2.8×4+1.6 – 0.3 – 0.5）（至五层）+（2.8×5+1.6 – 0.3 – 0.5）（至六层）］×4	225.6	1353.6	m	分层集中表箱 550mm × 510mm × 160mm 下皮距地 1.6m
3	由各层电表箱至各层相应分户配电箱 AL – C					BV – 3×10 – PC32 – FC

（续）

序号	项目名称	1号楼1单元计算式	1号楼1单元工程量	1号楼工程量	单位	备注
3.1	由首层电表箱至首层分户配电箱 AL－C					BV－3×10－PC32－FC
	PC32	1.6＋0.55＋1.93＋0.55＋1.6	6.23	37.38	m	首层电表箱700mm×510mm×160mm
	BV－3×10	［(0.7＋0.51)＋(1.6＋0.55＋1.93＋0.55＋1.6)＋(0.32＋0.25)］×3	24.03	144.18	m	分户配电箱320mm×250mm×90mm
3.2	其余各层（二～六层）电表箱至各层分户配电箱 AL－C					
	PC32	［1.6＋0.55＋1.93＋0.55＋1.6］×5	31.15	186.9	m	分层电表箱550mm×510mm×160mm
	BV－3×10	［(0.55＋0.51)＋(1.6＋0.55＋1.93＋0.55＋1.6)＋(0.32＋0.25)］×3×5	117.9	707.4	m	分户配电箱320mm×250mm×90mm
4	首层 AL－C 照明线路					BV－2×2.5－PC16－CC BV－3×2.5－PC20－CC BV－4×2.5－PC25－CC
4.1	WL1 厨房插座					
	PC20	1.6＋3.21＋5.93＋0.28＋1.72＋0.5＋1.5×2＋2.0×3＋1.5×2＋1.5×2＋1.5	29.74	178.44	m	
	BV2.5	［(0.32＋0.25)＋(1.6＋3.21＋5.93＋0.28＋1.72＋0.5＋1.5×2＋2.0×3＋1.5×2＋1.5×2＋1.5)］×3	90.93	545.58	m	
4.2	WL2 卫生间插座					
	PC20	1.6＋0.26＋1.5×2＋0.37＋1.8×2＋2.18＋0.67＋1.5	13.18	79.08	m	
	BV2.5	［(0.32＋0.25)＋(1.6＋0.26＋1.5×2＋0.37＋1.8×2＋2.18＋0.67＋1.5)］×3	41.25	247.5	m	
4.3	WL3 一般插座					

（续）

序号	项目名称	1号楼1单元计算式	1号楼1单元工程量	1号楼工程量	单位	备 注
	PC20	$1.6+3.38+0.3\times2\times2+3.73+0.3\times2+5.27+0.3\times2\times3+2.75+2.18+0.24+0.3\times2+3.22+0.3\times2+2.12+0.3$	29.59	177.54	m	
	BV2.5	$[(0.32+0.25)+(1.6+3.38+0.3\times2\times2+3.73+0.3\times2+5.27+0.3\times2\times3+2.75+2.18+0.24+0.3\times2+3.22+0.3\times2+2.12+0.3)]\times3$	90.48	542.88	m	
4.4	WL4 空调插座					
	PC20	$1.6+4.52+0.3+(2.3-0.3)$	8.42	50.52	m	GK 在 0.3m 与 2.3m 处各设一个
	BV2.5	$[(0.32+0.25)+1.6+4.52+0.3+(2.3-0.3)]\times3$	26.97	161.82	m	
4.5	WL5 空调插座					
	PC20	$1.6+0.54+6.29+0.7+2.3$	11.43	68.58	m	
	BV2.5	$[(0.32+0.25)+(1.6+0.54+6.29+0.7+2.3)]\times3$	36	216	m	
4.6	WL6 照明					
	PC20	$[2.06+(2.8-1.4)]+[1.11+(2.8-1.4)]+2.97+[1.73+(2.8-1.4)]$	12.07	72.42	m	
	PC16	$(2.8-1.6-0.25)+1.71+2.42+2.22+2.52+1.21+(2.8-2.3)+2.71+1.99+(2.8-1.4)+2.23+1.43+(2.8-1.4)$	23.69	142.14	m	
	BV2.5	$(0.32+0.25)\times2+\{(2.8-1.6-0.25)+1.71+2.42+2.22+2.52+1.21+(2.8-2.3)+2.71+1.99+(2.8-1.4)+2.23+1.43+(2.8-1.4)\}\times2+\{[2.06+(2.8-1.4)]+[1.11+(2.8-1.4)]+2.97+[1.73+(2.8-1.4)]\}\times3$	82.73	508.38	m	

1号楼1单元 AL－C 照明线路一～六层小计：

PC20：$(29.74+13.18+29.59+8.42+11.43+12.07)\times6=626.58$

PC16：$23.69\times6=142.14m$

BV2.5：$(90.93+41.25+90.48+26.97+36+82.73)\times6=370.36\times6=2210.16$

1号楼 AL－C 照明线路一～六层小计：

PC20：$(29.74+13.18+29.59+8.42+11.43+12.07)\times6\times6=3759.48$

PC16：$23.69\times6\times6=852.84$

BV2.5：$(90.93+41.25+90.48+26.97+36+82.73)\times6\times6=13260.96$

（续）

序号	项目名称	1号楼1单元计算式	1号楼1单元工程量	1号楼工程量	单位	备 注
5	由电表箱至各层分户配电箱AL－A					
5.1	由首层电表箱至首层分户配电箱AL－A					
	PC32	0.24	0.24	1.44	m	首层电表箱700mm×510mm×160mm
	BV－3×10	$[(0.7+0.51)+0.24+(0.32+0.25)]×3$	6.06	36.36	m	分户配电箱320mm×250mm×90mm
5.2	其余各层（二~六层）电表箱至各层分户配电箱AL－A					
	PC32	0.24×5	1.2	7.2	m	分层电表箱550mm×510mm×160mm
	BV－3×10	$[(0.55+0.51)+0.24+(0.32+0.25)]×3×5$	28.05	168.3	m	分户配电箱320mm×250mm×90mm
6	首层AL－A照明线路					BV－2×2.5－PC16－CC BV－3×2.5－PC20－CC BV－4×2.5－PC25－CC
6.1	WL1厨房插座					
	PC20	$1.6+1.12+2.71+0.76+1.5×2+1.26+1.5×2+0.25+0.91+0.33+1.94+0.25+1.5×2+3.08+0.3+2.0×2+1.5$	29.01	174.06	m	
	BV2.5	$[(0.32+0.25)+(1.6+1.12+2.71+0.76+1.5×2+1.26+1.5×2+0.25+0.91+0.33+1.94+0.25+1.5×2+3.08+0.3+2.0×2+1.5)]×3$	88.74	532.44	m	
6.2	WL2卫生间插座					
	PC20	$1.6+0.18+0.2+2.04+3.11+1.5×2+0.50+1.8×2+2.15+0.25+1.5$	18.13	108.78	m	

（续）

序号	项目名称	1 号楼 1 单元计算式	1 号楼 1 单元 工程量	1 号楼 工程量	单位	备　注
	BV2.5	$[(0.32+0.25)+(1.6+0.18+0.2+$ $2.04+3.11+1.5\times2+0.50+1.8\times2+$ $2.15+0.25+1.5)]\times3$	56.1	336.6	m	
6.3	WL3 一般插座					
	PC20	$1.6+0.17+4.95+0.3\times2+0.3\times2+$ $2.67+1.69+0.3\times3+0.24+0.23+0.3\times$ $2+3.27+0.3\times2+2.42+0.3+1.67+$ $0.65+5.46+0.3\times2+3.19+0.3\times2+$ $2.32+0.3$	35.63	213.78	m	
	BV2.5	$[(0.32+0.25)+(1.6+0.17+4.95+$ $0.3\times2+0.3\times2+2.67+1.69+0.3\times3+$ $0.24+0.23+0.3\times2+3.27+0.3\times2+$ $2.42+0.3+1.67+0.65+5.46+0.3\times2+$ $3.19+0.3\times2+2.32+0.3)]\times3$	108.6	651.6	m	
6.4	WL4 空调插座					
	PC20	$1.6+4.83+3.94+0.3+(2.3-0.3)$	12.67	76.02	m	GK 在 0.3 与 2.3m 处 各设一个
	BV2.5	$[(0.32+0.25)+1.6+4.83+3.94+$ $0.3+(2.3-0.3)]\times3$	39.72	238.32	m	
6.5	WL5 空调插座					
	PC20	$[1.6+2.08+1.88+4.09+2.3]+$ $[1.6+0.85+4.23+1.85+1.27+0.22\times$ $3+2.3]$（两个空调回路）	24.71	148.26	m	
	BV2.5	$(0.32+0.25)\times3\times2+[(1.6+2.08+$ $1.88+4.09+2.3]+[1.6+0.85+4.23+$ $1.85+1.27+0.22\times3+2.3)]\times3$	77.55	465.3	m	
6.6	WL6 照明					
	PC20	$1.74+2.81+1.65+(2.8-1.4)$	7.6	45.6	m	
	PC16	$(2.8-1.6-0.25)+0.33+2.81+$ $2.37+(2.8-1.4)+2.5+(2.8-1.4)+$ $1.83+3.87+0.81+(2.8-1.4)+0.94+$ $(2.8-2.3)+3.88+2.46+(2.8-1.4)+$ $2.03+1.66+2.02+(2.8-1.4)+2.61+$ $1.02+2.23+1.32+(2.8-1.4)$	44.54	267.24	m	

（续）

序号	项目名称	1号楼1单元计算式	1号楼1单元工程量	1号楼工程量	单位	备注
	BV2.5	（0.32 + 0.25）× 2 + [（2.8 - 1.6 - 0.25）+ 0.33 + 2.81 + 2.37 + （2.8 - 1.4）+ 2.5 + （2.8 - 1.4）+ 1.83 + 3.87 + 0.81 + （2.8 - 1.4）+ 0.94 + （2.8 - 2.3）+ 3.88 + 2.46 + （2.8 - 1.4）+ 2.03 + 1.66 + 2.02 + （2.8 - 1.4）+ 2.61 + 1.02 + 2.23 + 1.32 + （2.8 - 1.4）]× 2 + [1.74 + 2.81 + 1.65 + （2.8 - 1.4）]× 3	113.02	678.12	m	
		1号楼1单元 AL - A 照明线路一 ~ 六层小计： PC20：（29.01 + 18.13 + 35.63 + 12.67 + 24.71 + 7.6）× 6 = 127.75 × 6 = 766.5 PC16：44.54 × 6 = 267.24 BV2.5：（88.74 + 56.1 + 108.6 + 39.72 + 77.55 + 113.02）× 6 = 483.73 × 6 = 2902.38 1号楼 AL - A 照明线路一 ~ 六层小计： PC20：（29.01 + 18.13 + 35.63 + 12.67 + 24.71 + 7.6）× 6 × 6 = 4599 PC16：44.54 × 6 × 6 = 1603.44 BV2.5：（88.74 + 56.1 + 108.6 + 39.72 + 77.55 + 113.02）× 6 × 6 = 17414.28				
7	由首层电表箱至（对讲、电视电源、走道照明）					
7.1	由首层电表箱至六层的所有走道照明					
	阻燃 PVC 管 PC16	（2.8 - 1.6 - 0.51）+ 0.7 + 0.69 + [0.77 + （2.8 - 1.4）+ 1.12 + 0.97]+ 2.8 + 0.77 + （2.8 - 1.4）+ 1.12 + 0.97]× 5 + 0.82 + 3.77 + 1.36 + 2.11（3根线）+ （2.8 - 1.4）（3 根线）+ 2.8 + 1.59 + 0.58 + （2.8 - 2.0）+ （2.8 - 1.4）（一层壁灯）	58.27	349.62	m	首层电表箱 700mm × 510mm × 160mm
	BV2.5	[0.7 + 0.51]× 2 + [（2.8 - 1.6 - 0.51）+ 0.7 + 0.69 + [0.77 + （2.8 - 1.4）+ 1.12 + 0.97]+ [2.8 + 0.77 + （2.8 - 1.4）+ 1.12 + 0.97]× 5 + 0.82 + 3.77 + 1.36]× 2 + [2.11 + （2.8 - 1.4）]× 3 + [2.8 + 1.59 + 0.58 + （2.8 - 2.0）+ （2.8 - 1.4）]× 2	122.47	734.82	m	
7.2	由首层电表箱至楼宇对讲电源箱、有线电视前端箱					

（续）

序号	项目名称	1号楼1单元计算式	1号楼1单元工程量	1号楼工程量	单位	备 注
	由首层电表箱至楼宇对讲电源箱、有线电视前端箱的配管（XS-PVC假设为PC16）	1.6+4.5+1.4+1.4+2.09+1.4	12.39	74.34	m	
	由首层电表箱至楼宇对讲电源箱、有线电视前端箱的配线	[（0.7+0.51）+1.6+4.5+1.4+（0.4+0.5）+（0.4+0.5）+1.4+2.09+1.4+（0.4+0.5）]×待定线（若只算管不算线则无此项计算）				DJ400mm×500mm×150mm，下皮距地1.4m，VH400mm×500mm×150mm，下皮距地1.4m，电表箱700mm×510mm×160mm
8	A型MEB回路					
	室外至MEB盒至各层电表箱PC25管	（从户外实线算起）0.57+1.54+0.3×2+2.1+2.87+0.3+1.6-0.3-0.5（DZM的高）+2.8×5-0.51×5（集中表箱的高度）	20.23	121.38	m	BV-500V-1×25-PC25-FC（WE）
	室外至MEB盒至各层电表箱PC25管，管内穿线BV25	[（从户外实线算起）0.57+1.54+0.3×2+2.1+2.87+0.3+1.6-0.3-0.5（DZM的高）+2.8×5-0.51×5（集中表箱的高度）]+（0.7+0.51）×2+（0.55+0.51）×9	32.19	193.14	m	

1号楼防雷接地系统工程量计算表见表18-26。

表18-26 1号楼防雷接地系统工程量计算表

序号	项目名称	1号楼工程量计算式	1号楼1单元工程量	1号楼工程量	单位	备 注
1	避雷网	1号楼1单元计算式： （12.89+11.83）×2+（2.01+2.89）+8.15+3.98×2+4.19+[5.472+（2.4+0.6）^{2}]$^{0.5}$×2+2.52×{1+[（2.4+0.6）÷5.47]^2}$^{0.5}$+[2.72+（19.8-18.3）^{2}]$^{0.5}$+（3.14×2+5.72）×{1+[（19.8-18.3）÷2.7]^2}$^{0.5}$+1.6×2 =74.64+12.48+2.874+3.089+13.728+3.2 =104.28 上列式子算出的值需要整体乘以（1+3.9%） 110.01×（1+3.9%）=108.35 1号楼2~5单元的计算式：	108.35	605.6	m	屋脊线标高19.8m，坡屋顶水平部分标高18.3m，屋顶板上皮16.8m

（续）

序号	项目名称	1号楼工程量计算式	1号楼1单元工程量	1号楼工程量	单位	备　注
1	避雷网	$12.89 \times 2 \times 4 + 11.83 \times 3 + \{(2.01 + 2.89) + 8.15 + 5.98 \times 2 + 4.19 + [5.472 + (2.4 + 0.6)^2]^{0.5} \times 2 + [2.72 + (19.8 - 18.3)^2]^{0.5} + (3.14 \times 2 + 5.72) \times \{1 + [(19.8 - 18.3) \div 2.7]^2\}^{0.5} + 1.6 \times 2\} \times 4 = 362.47$ 上列式子算出的值需要整体乘以（1 + 3.9%） $362.47 \times (1 + 3.9\%) = 376.61$ 1号楼6单元计算式： 1单元比6单元多轴线⑦上 A – L 轴之间的 11.83m，其余计算同1号楼1单元，工程量（104.28 – 11.83）×（1 + 3.9%）= 120.64 1号楼避雷网合计：108.35 + 376.61 + 120.64 = 605.6	108.35	605.6	m	屋脊线标高 19.8m，坡屋顶水平部分标高 18.3m，屋顶板上皮 16.8m
2	引下线	$(17.4 + 0.45 - 0.5) \times 15 + [(19.8 - 16.8) \times (6.67 - 5.72) \div 6.67 + (17.4 + 0.45 - 0.5)] \times 8 = 402.47$	70.26	402.47	m	室外地坪下 0.8m 处与引下线主筋焊接，利用主筋，无附加
3	接地母线	$[(0.5 + 0.45 + 0.8) \times 23 + 1 \times 4] \times (1 + 3.9\%) = 45.98$	9.35	45.98	m	40mm × 4mm 镀锌扁钢
4	均压环	$(12.89 + 13.80) \times 2 \times 6 = 320.28$	53.38	320.28		利用主筋，无附加，联合接地极（人工接地极未显示，不计算）

1号楼弱电系统工程量计算表见表18-27。

表18-27　1号楼弱电系统工程量计算表

序号	项目名称	1号楼1单元计算式	1号楼1单元工程量	1号楼工程量	单　位
1	有线电视				
1.1	RC50	$(6.12 + 1.13 + 0.8 + 1.4) \times 2 = 18.9$ 其中埋地敷设13.3m	18.9	79.8	m
1.2	KBG25	$[(2.8 - 1.4 - 0.5) + (2.8 - 0.25) \times 4 + 1.6] \times 2 = 25.4$	25.4	152.4	m

（续）

序号	项目名称	1号楼1单元计算式	1号楼1单元 工程量	1号楼 工程量	单　位
1.3	KBG20（V + V2）	首层：VH – VP（户） 左户：1.4 + 0.72 + 4.04 + 0.30 + 0.3 　　　= 6.76 右户：1.4 + 0.07 + 2.78 + 1.45 + 1.25 + 　　　0.3 = 7.25 二～六层：VP（层）– VP（户） 左户：1.6 + 0.72 + 4.04 + 0.30 + 0.3 　　　= 6.96 右户：1.6 + 0.07 + 2.78 + 1.45 + 1.25 + 　　　0.3 = 7.45 一～六层：VP（户）– TV 左户：0.3 + 0.19 + 2.74 + 0.3 = 3.53 右户：0.3 + 3.24 + 3.26 + 0.3 = 7.10 合计：6.76 + 7.25 + （6.96 + 7.45）× 5 + 　　　（3.53 + 7.10）× 6 　　　= 14.01 + 72.05 + 63.78 = 149.84	149.84	899.04	m
1.4	KBG16（V1）	VP（户）– TV 左户：0.3 + 1.44 + 4.85 + 0.3 = 6.89 右户：0.3 + 0.28 + 0.97 + 0.3 = 1.85 一～六层合计：（6.89 + 1.85）× 6 = 52.44	52.44	314.64	m
2	电话				
2.1	RC50	8.80 + 0.3 + 0.8 + 1.84 + 1.4 = 13.14 其中：埋地敷设9.9m	13.14	78.84	m
2.2	KBG25	（2.8 – 1.4 – 0.25）+（2.8 – 0.25）× 4 + 1.6 = 12.95	12.95	77.7	m
2.3	KBG20	首层： 左户：1.4 + 4.30 + 0.3 = 6 右户：1.4 + 2.05 + 2.55 + 0.3 = 6.30 二～六层： 左户：1.6 + 4 + 0.3 = 5.9 右户：1.6 + 2.19 + 2.05 + 2.55 + 0.3 　　　= 8.69 合计：6 + 6.30 +（5.9 + 8.69）× 5 = 85.25	85.25	511.5	m
2.4	KBG16	左户：0.3 + 9.97 + 5.35 + 0.3 = 15.92 右户：0.3 + 3.28 + 7.27 + 0.3 = 11.15 一～六层合计：（11.15 + 15.92）× 6 　　　= 162.42	162.42	974.52	m

（续）

序号	项目名称	1号楼1单元计算式	1号楼1单元工程量	1号楼工程量	单　位
3	宽带网				
3.1	RC50	首层入户： 6.79 + 0.3 + 0.8 + 1.4 = 9.29 其中：埋地敷设7.89m 立管：(2.8 - 1.4 - 0.5) + (2.8 - 0.25) × 2 + 1.6 = 7.6 合计：9.29 + 7.6 = 16.89	16.89	101.34	m
3.2	RC32	(2.8 - 1.6 - 0.25) + (2.8 - 0.25) + 1.6 = 5.1	5.1	30.6	m
3.3	KGB20	首层： 左户：1.4 + 2.36 + 4.02 + 6.16 + 0.3 = 14.24 右户：1.4 + 3.14 + 0.3 = 4.84 二~六层： 左户：1.6 + 2.36 + 4.02 + 6.16 + 0.3 = 14.44 右户：1.6 + 3.143 + 0.3 = 5.04 合计：14.24 + 4.84 + (14.44 + 5.04) × 5 = 116.48	116.48	698.88	m
4	家居安保				
4.1	RC25	(6.35 + 0.18 + 0.8 + 1.4) × 2 = 17.46	17.46	104.76	m
4.2	KBG25	首层： 左户：1.4 + 2.65 + 2.39 + 1.4 = 7.84 右户：1.4 + 0.65 + 3.70 + 1.4 = 7.15 二~六层： 左户：1.6 + 2.65 + 2.39 + 1.4 = 8.04 右户：1.6 + 0.65 + 3.70 + 1.4 = 7.35 立管：[(2.8 - 1.4 - 0.5) + (2.8 - 0.25) × 4 + 1.6] × 2 = 25.4 合计：7.84 + 7.15 + (8.04 + 7.35) × 5 + 25.4 = 117.34	117.34	704.04	m
4.3	KBG20	门口机 - DJ (1.6 + 2.47 + 1.4) × 4 = 21.88 1.4 + 3.53 + 1 + 1.4 = 7.33 合计：7.33 × 6 + 21.88 = 65.86	65.86	395.16	m

（续）

序号	项目名称	1号楼1单元计算式	1号楼1单元工程量	1号楼工程量	单 位
4.4	KBG16	左户：1.4 + 4.39 + 4.55 + 1.4 + 1.4 + 3.27 + 1.4 + 2.3 + 2.94 + 1.20 + 2.3 + 2.3 + 0.94 + 3.7 + 2.4 + 2.4 + 0.5 + 1.4 + 2.3 + 0.4 + 4.79 + 1.11 + 2.4 + 2.4 + 0.77 + 3.24 + 2.3 + 1.4 + 2.81 + 6.15 + 2.8 = 73.06 右户：1.4 + 2.11 + 0.62 + 2.8 + 1.4 + 2.31 + 2.4 + 2.4 + 0.31 + 2.70 + 2.3 + 2.3 + 5.48 + 2.3 + 2.3 + 10.76 + 2.3 + 2.3 + 2.95 + 1.14 + 2.3 + 1.4 + 0.43 + 3.18 + 1.4 + 1.4 + 4.54 + 1.4 + 1.51 + 5.42 + 1.4 = 76.96 合计：(73.06 + 76.96) × 6 = 900.12	900.12	5400.72	m
5	合计				m
5.1	RC50	18.9 + 13.14 + 16.89 = 48.93 其中：埋地敷设 13.3 + 7.89 + 9.9 = 31.09	39.48	293.58	m
5.2	RC32	5.1	5.1	30.6	m
5.3	RC25	17.46	17.46	104.76	m
5.4	KBG25	25.4 + 12.95 + 117.34 = 155.69	155.69	934.14	m
5.5	KBG20	149.84 + 85.25 + 116.48 + 65.86 = 417.43	417.43	2504.58	m
5.6	KBG16	52.44 + 162.42 + 900.12 = 1114.98	1114.98	6689.88	m

一、结构图

手机浏览器扫描二维码可下载案例结构图

二、建筑图

手机浏览器扫描二维码可下载案例建筑图

三、给排水工程图

手机浏览器扫描二维码可下载案例给排水工程图

四、采暖工程图

手机浏览器扫描二维码可下载案例采暖工程图

五、电气工程图

手机浏览器扫描二维码可下载案例电气工程图

参 考 文 献

［1］中华人民共和国住房和城乡建设部．房屋建筑与装饰工程工程量计算规范：GB 50854—2013［S］．北京：中国计划出版社，2013.

［2］中华人民共和国住房和城乡建设部．建筑工程建筑面积计算规范：GB/T 50353—2013［S］．北京：中国计划出版社，2014.

［3］中华人民共和国住房和城乡建设部．通用安装工程工程量计算规范：GB 50856—2013［S］．北京：中国计划出版社，2013.

［4］天津市住房和城乡建设委员会，天津市建筑市场服务中心．天津市建筑工程预算基价：DBD 29 - 101 - 2020［S］．北京：中国计划出版社，2020.

［5］天津市住房和城乡建设委员会，天津市建筑市场服务中心．天津市装饰装修工程预算基价：DBD 29 - 201 - 2020［S］．北京：中国计划出版社，2020.

［6］天津市住房和城乡建设委员会，天津市建筑市场服务中心．天津市安装工程预算基价：第二册 电气设备安装工程：DBD 29 - 302 - 2020［S］．北京：中国计划出版社，2020.

［7］天津市住房和城乡建设委员会，天津市建筑市场服务中心．天津市安装工程预算基价：第六册 工业管道工程：DBD 29 - 306 - 2020［S］．北京：中国计划出版社，2020.

［8］天津市住房和城乡建设委员会，天津市建筑市场服务中心．天津市安装工程预算基价：第八册 给排水、采暖、燃气工程：DBD 29 - 308 - 2020［S］．北京：中国计划出版社，2020.

［9］天津市住房和城乡建设委员会，天津市建筑市场服务中心．天津市安装工程预算基价：第十册 自动化控制仪表安装工程：DBD 29 - 310 - 2020［S］．北京：中国计划出版社，2020.

［10］天津市住房和城乡建设委员会，天津市建筑市场服务中心．天津市安装工程预算基价：第十一册 刷油、防腐蚀、绝热工程：DBD 29 - 311 - 2020［S］．北京：中国计划出版社，2020.

［11］天津市住房和城乡建设委员会，天津市建筑市场服务中心．天津市安装工程预算基价：第十二册 建筑智能化系统设备安装过程 通用册 费用组成、措施项目及计算方法：DBD 29 - 312 - 2020［S］．北京：中国计划出版社，2020.